普通高等教育“十一五”国家级规划教材（高职高专教育）
PUTONG. GAODENG JIAOYU SHIYIWU GUOJIAJI GUIHUA JIAOCAI

JIDIAN BAOHU JI ZIDONG ZHUANGZHI JIANYAN YU TIAOSHI

继电保护及自动装置检验与调试

主　编　杨利水
编　写　崔宝华　张　弘
主　审　李火元　夏瑞华

中国电力出版社
http://jc.cepp.com.cn

Electric Power Technology

内 容 提 要

本书为普通高等教育“十一五”国家级规划教材（高职高专教育）。

全书共分七章，主要内容包括测试仪器与测试装置、互感器及二次回路的检验、继电器的检验与调试、继电保护及自动装置的检验与调试、CSC-103A/B微机线路保护装置的检验与调试、CSC-326系列数字式变压器保护装置的检验与调试、CSC-150型数字式母线保护装置的检验与调试。本书注重对学生进行继电保护及自动装置检验调试方法和技能的培养。

本书可作为高职高专院校发电厂及电力系统专业、电力系统继电保护及自动化专业的实验指导书和继电保护调试的教材，也可作为从事相关工作的工程技术人员的参考用书。

图书在版编目（CIP）数据

继电保护及自动装置检验与调试/杨利水主编．—北京：中国电力出版社，2008.1（2018.8重印）

普通高等教育“十一五”国家级规划教材．高职高专教育

ISBN 978-7-5083-6543-5

Ⅰ．继… Ⅱ．杨… Ⅲ．①继电自动装置—检验—高等学校—教材②继电自动装置—调试—高等学校—教材 Ⅳ．TM774

中国版本图书馆CIP数据核字（2008）第008246号

中国电力出版社出版、发行

（北京市东城区北京站西街19号 100005 http://jc.cepp.com.cn）

三河市百盛印装有限公司印刷

各地新华书店经售

*

2008年1月第一版 2018年8月北京第三次印刷

787毫米×1092毫米 16开本 17.25印张 421千字

定价 **26.00** 元

前　言

为突出高等职业技术教育的特色，培养掌握继电保护及自动装置理论知识与专业技能的高等技术应用性专门人才，编者编写了这本教材。由于电力系统继电保护及自动装置种类繁多，不可能一本书包罗所有的装置，而同一种类不同型号的保护装置的调试方法是类同的，故本书主要注重对学生进行继电保护及自动装置检验调试方法和技能的培养。

本书第一章至第四章主要讲述继电保护及自动装置检验所用仪器设备（主要介绍博电、昂立、天进微机保护校验仪）的功能及使用，互感器及二次回路的检验，常用继电器的检验，常规保护装置及自动装置的检验；第五章至第七章讲述北京四方公司新型的数字式线路保护装置、变压器保护装置和母线保护装置的检验与调试。本书不仅能使在校学生掌握继电保护及自动装置检验调试的方法和技能，而且对现场从事继电保护工作的工程技术人员也有很重要的参考价值。在实际的检测和调试工作中，要针对具体装置的调试大纲和调试方法进行。

全书共分七章，第一、三章由崔宝华编写，第二章由张弘编写，第四、五、六、七章由杨利水编写。杨利水担任主编并承担统稿工作。夏瑞华老师和李火元老师主审了此书，并提出了许多宝贵意见，在此表示衷心的感谢。在编写过程中，北京四方公司给予了大力协助，其他相关单位也给予了热忱帮助，在此一并表示诚挚的谢意。

由于编者水平所限及时间仓促，书中难免存在不妥和错误，诚请读者批评指正。

编者

2007 年 8 月于保定

目　录

第一章　测试仪器与测试装置

继电保护测试装置是保证电力系统安全可靠运行的重要测试工具。随着现代现力系统规模的不断扩大，对电力系统运行的可靠性和高效性的要求也日益提高。继电保护人员的测试工作变得更加频繁和复杂。随着计算机技术、微电子技术、电力电子技术在继电保护测试仪中的应用，使得测试仪（装置）体积更加小巧、操作更加灵活、功能更加完善、可靠性和测试精度更高、性价比也日趋合理。目前，继电保护及自动装置的各种测试仪、测试装置产品种类很多，生产厂家众多。各发电厂及变电站应用测试仪的情况相差较大，并没有统一要求。本章主要介绍继电保护及自动装置的检验与调试中常用的几种测试仪器、仪表（装置）的功能、使用方法及注意事项，目的是使学生了解一般的使用方法，能达到触类旁通的目的。

第一节　概　　述

随着电力系统的不断发展，系统中各个设备和元件的继电保护及自动装置的配置日益完善、复杂。与此同时，生产现场对继电保护和自动装置的试验测试要求不论是测试精度、可靠性还是方便灵活性、易用等方面的要求也越来越高。传统的试验方法一般是采用移相器、自耦调压器、升流器、滑线变阻器等主要测试设备，同时配合电压表、电流表、相位表、频率计、毫秒计等仪表一起完成三线电压和三相电流的幅值及相位测试。采用这些传统的测试设备准确度差、接线复杂、效率低、易出错，有时甚至不能满足测试要求。这些不足尤其是在对新型保护进行测试时显得更为突出。

当前，电网中特别是新建发电厂、变电站都大量应用为微型继电保护装置及各种微机型的自动装置。所以，微机型测试装置也逐渐取代了传统的测试设备和测试方法，并广泛应用于工程现场。

一、微机型继电保护测试仪的发展

微机型继电保护试验仪大体经过了以下四个阶段。

1. 第一代微机型继电保护试验仪

第一代微机型试验仪以单片机作为智能控制器，它的工作原理框图如图 1-1 所示。

单片机的计算速度较慢，它只能产生每周波 30～60 点的正弦函数，因此第一代微机型继电保护试验仪对当时的微机型线路保护的试验带来了一些方便，但仍存在许多不足之处。其主要表现为：①只能叠加 3 次谐波；②不能叠加直流衰减；③不能连续变化频率；④幅值、频率、相位的精度较差。

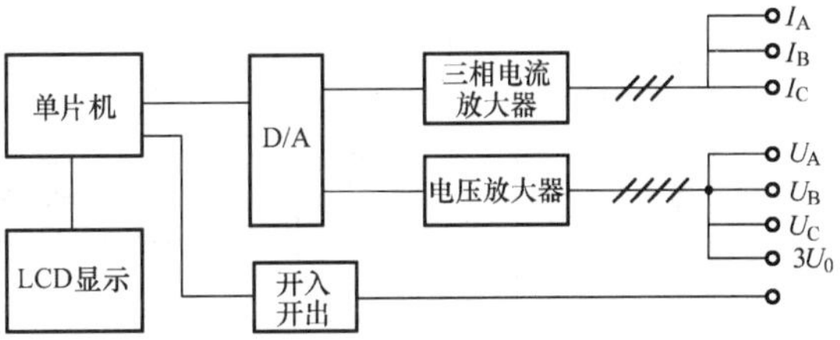

图 1-1　第一代微机型继电保护试验仪工作原理框图

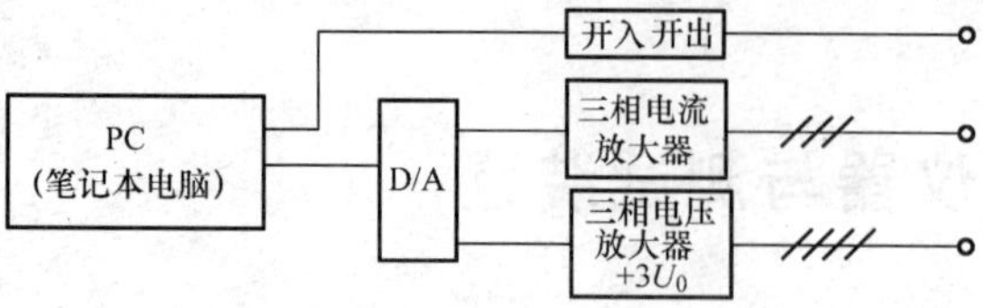

图 1-2　第二代微机型继电保护试验仪工作原理框图

2. 第二代微机型继电保护试验仪

第二代微机型试验仪以 PC 机作为智能控制器，它的工作原理框图如图 1-2 所示。

PC 机具有较强的计算功能，适时计算达到每周波 100～200 点，使用 DOS 操作界面，较第一代试验仪有很大进步。其主要性能有：①能叠加 2～10 次谐波；②能叠加非周期分量；③能连续变化频率；④幅值、频率、相位的精度能达到 0.5 级。

3. 第三代微机型继电保护试验仪

随着微机型继电保护装置试验要求的提高和 Windows 操作系统的广泛使用，以 Windows 软件为界面，产生了 PC 与主机串口通信的第三代微机型继电保护试验仪，它的工作原理框图如图 1-3 所示。

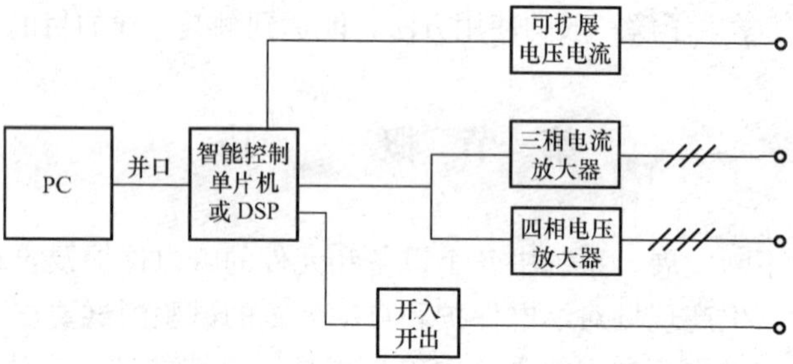

图 1-3　第三代微机型继电保护试验仪工作原理框图

第三代微机型继电保护试验仪比第二代试验仪有较好的软件界面，并能方便地使用 Windows 的资源，如 Word、Excel、编辑报告等功能。同时第三代试验仪具有可扩展电压、电流插件，并能实现连续变频，完成较多复杂试验。

以上试验仪在进行复杂的继电保护及自动装置的试验、动作性能分析时，往往需要增加外设才能完成。完整的试验系统构成的工作原理框图如图 1-4 所示。

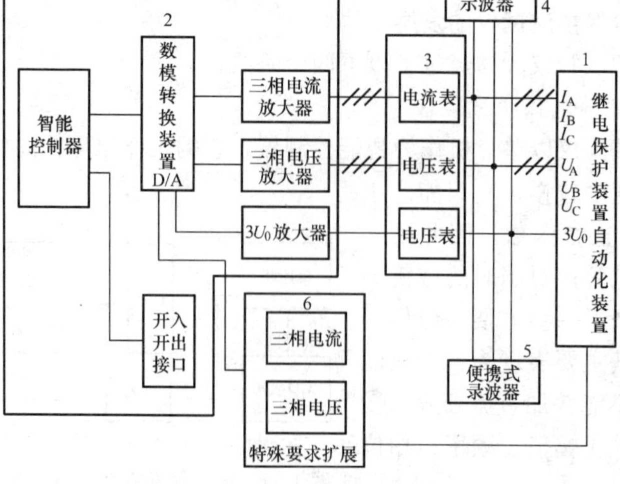

图 1-4　继电保护试验仪完整的工作原理框图

4. 第四代微机型继电保护试验仪

在第三代微机继电保护试验仪的基础上，第四代微机型继电保护试验仪充分利用现代化的网络技术对现场试验进行技术支持，对试验过程能进行实时有效的监督，并能以数据库的形式管理各站点保护装置的信息，试验报告形式灵活、内容丰富，构成了一个完整的现场试验系统。它具有良好的技术支持、方便的用户服务方式及灵活的硬件扩展形式。其工作原理框图如图 1-5 所示。

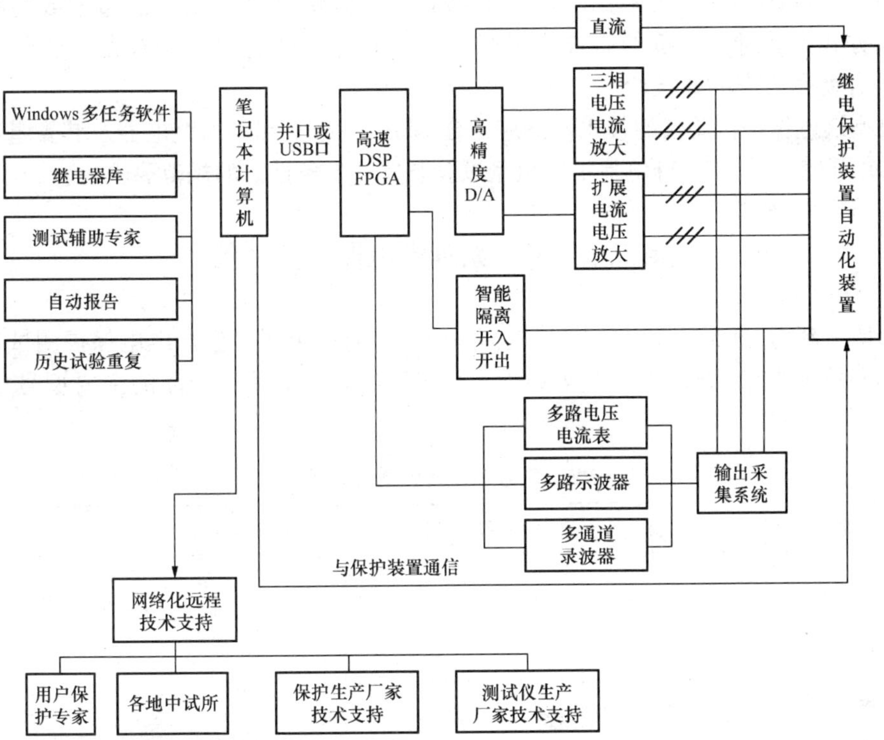

图 1-5　第四代微机型继电保护试验仪工作原理框图

它具有如下功能：

（1）高性能、高精度的三相电压、电流发生器；

（2）多通道电压、电流示波器；

（3）多项电流、电压表计；

（4）多通道电压、电流、开关量录波；

（5）内置式多相电压、电流扩展功能；

（6）与保护装置通信交换信息（如定值、动作情况等）动能；

（7）继电器库；

（8）继电保护测试辅助专家功能；

（9）试验报告自动生成动能；

（10）通过网络远程操作及技术支持。

二、常用微机型继电保护试验仪构成特点

目前国内使用的微机型继电保护试验仪的种类繁多，但大多数的试验仪是由主机、计

算机及辅助设备组成。主机部分是将标准的电流、电压信号通过电流放大器及电压放大器进行放大，增大电流、电压信号的输出功率及最大输出电流、电压幅值，以满足继电保护及自动化装置对试验电源的需求。同时根据各种产品性能试验程序的要求通过计算机的软件进行编程，完成对某种产品的某项性能试验。试验仪的试验方式分手动和自动试验两种，对于手动试验，有的试验仪是通过主机上的手动控制开关，使变量（如电流、电压、相位、频率等）按设置的步长进行增减，完成对产品性能的试验；有的试验仪的手动试验是通过计算机上的鼠标和键盘上的有关功能键来完成变量的递增或递减。对于自动试验方式是通过计算机的软件，将试验项目全部试验过程中所有参数变化的要求进行编程，自动完成产品的试验。

微机型继电保护试验仪的技术性能应符合 GB/T7261—2000《继电器及装置基本试验方法》及 DL/T624—1997《继电保护微机型试验装置技术条件》的规范要求。

第二节 PW 系列继电保护测试仪

北京博电新力（Power Advance）电力系统仪器有限公司是生产继电保护测试仪的专业公司，其产品主要有 PW、S 和 PWA 等三个系列，该三个系列产品的主要型号如表 1-1 所示。

表 1-1 PW、S、PWA 系列测试仪型号

<table>
<tr><th>型号</th><th>额定电流</th><th>电压输出路数</th><th>电流输出路数</th><th>备注</th></tr>
<tr><td>PW30</td><td>30A</td><td rowspan="3">4 路电压输出</td><td rowspan="4">3 路电流输出</td><td rowspan="5"></td></tr>
<tr><td>PW40</td><td>40A</td></tr>
<tr><td>PW60</td><td>60A</td></tr>
<tr><td>S40</td><td>40A</td><td rowspan="2">3 路电压输出</td></tr>
<tr><td>S100</td><td>100A</td><td>1 路电流输出</td></tr>
<tr><td>PW30A</td><td>30A</td><td rowspan="5">4 路电压输出</td><td rowspan="3">3 路电流输出</td><td rowspan="10">有直流输出</td></tr>
<tr><td>PW40A</td><td>40A</td></tr>
<tr><td>PW60A</td><td>60A</td></tr>
<tr><td>PW336A</td><td>30A</td><td rowspan="2">6 路电流输出</td></tr>
<tr><td>PW436A</td><td>40A</td></tr>
<tr><td>PW363A</td><td>30A</td><td rowspan="4">6 路电压输出</td><td rowspan="2">3 路电流输出</td></tr>
<tr><td>PW463A</td><td>40A</td></tr>
<tr><td>PW366A</td><td>30A</td><td rowspan="2">6 路电流输出</td></tr>
<tr><td>PW466A</td><td>40A</td></tr>
<tr><td>PW31（可脱机）</td><td>30A</td><td>4 路电压输出</td><td>3 路电流输出</td></tr>
</table>

以 PW466A 型测试仪为例，其面板如图 1-6 所示，其中图 1-6（a）为测试仪的正面面板示意图，图 1-6（b）为测试仪的背面面板示意图。该型号测试仪具有 6 路电压输出和 6 路电流输出，Uz 接线端子可接线路电压，做自动重合闸装置试验用。

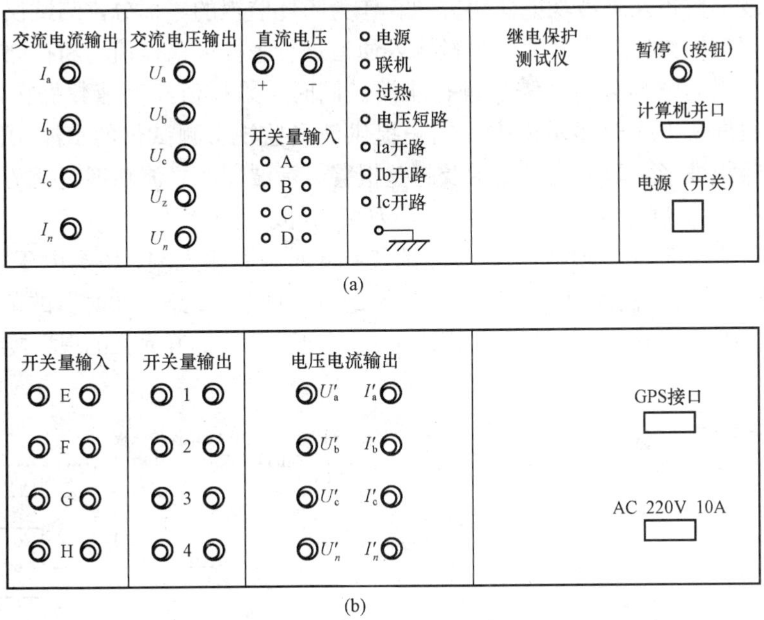

图 1-6　测试仪的面板示意图

(a) 正面；(b) 背面

一、硬件特点及技术数据

1. 硬件特点

(1) 采用 DSP 技术、结合 FPGA 技术构成数字信号处理系统。PW 系列测试仪采用最新一代 DSP 数字信号处理技术以及 16 位的数模转换和 32 位的数值计算精度。由于 DSP 具有高速运算能力，采用该技术使 PW 系列测试仪每个工频周期输出的数据点达到 600 点，大大提高和改善了测试仪的暂态响应速度和幅频特性，幅频特性平坦，信号输出范围较宽，测试仪也因此具有十分强大的实时闭环功能。利用 DSP 技术（高速数字信号处理）和 FPGA 技术（可编程门阵列）的结合构成的数字信号处理系统，使测试仪在小信号输出精度和输出波形方面有了极大的提高和改善，稳态波形平滑真实，暂态相应波形控制更加精确。图 1-7 所示为波形示例。

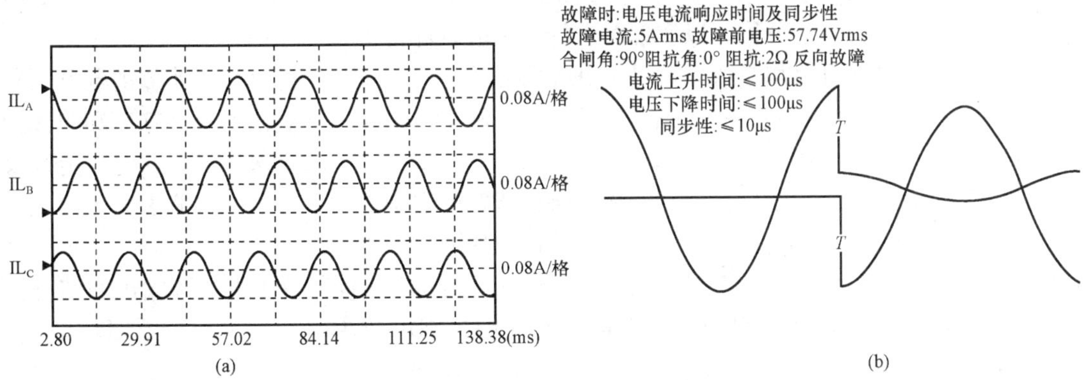

图 1-7　波形示例

(a) 50mA 电流稳态波形图；(b) 精确的暂态相应波形

(2) 输出波形监视及录波功能使用方便。作为闭环监视的一部分，测试仪以较高的采样速率对7路模拟量输出通道和8路开关量输入通道进行采样。采样值不断存储在测试仪的数据存储区中，为以后波形分析的需要进行录波。同时，采样值经高速数据接口传回给计算机，并在计算机屏幕上实时显示出来为用户提供波形监视。测试仪的示波功能包括三相电流、四相电压输出波形、幅值实时显示及超差报警。示波器的录波功能包括7路模拟量、12路开关量、16位试验过程录波，最长16s试验过程录波。

(3) 开入量适用于各种现场接线。该测试仪有8对独立输入端，隔离电压500V，空接点与15～250V电位兼容，极性可自动识别。开入量可扩展至64路。计时器的范围为0.1ms～999999.999s，分辨率为0.1ms，计时精度为1ms（小于1s时）。开入量的现场接线如图1-8所示。

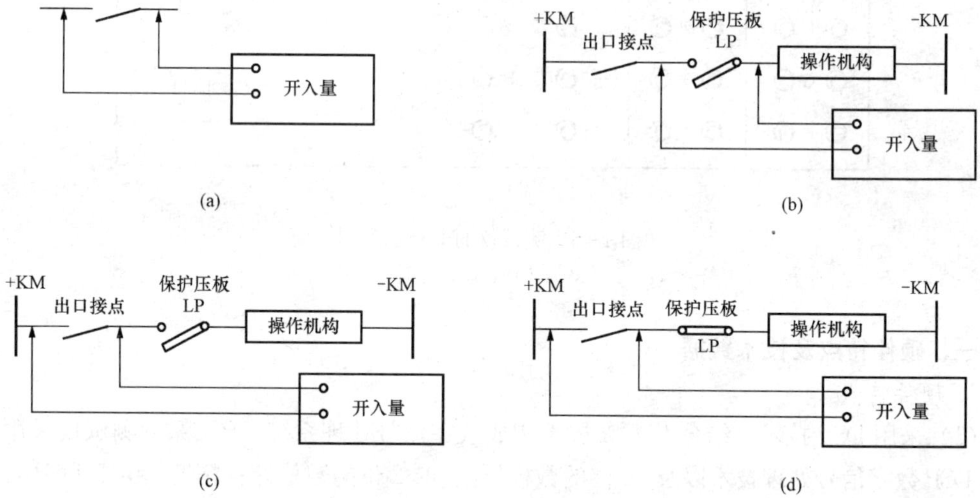

图1-8 开入量的现场接线
(a) 空接点；(b)、(c)、(d) 带电接点

(4) 完善的异常工况报警功能。PW系列测试仪具有两套独立的自检系统，即硬件自检和软件自检。通过纯硬件完成电压源短路、电流源开路、过热及信号失真检测进行硬件自检。由软件通过对采样值（包括测试装置的供电电压和主机温度）进行离散傅立叶（DFT）计算，对输出值进行数学分析，以实现对运行工况的软件自检。

硬件自检和软件自检相互独立，对于电源信号的开路、短路、过负荷、外部供电电压异常及超温等不正常工况，测试仪本身具有良好的保护功能。同时，测试仪还为防止保护定值的误整定以及被测保护装置的安全提供了必要的保障措施。测试仪的报警指示如图1-9所示。

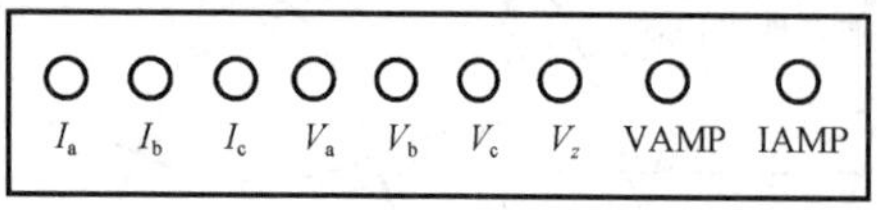

图1-9 测试仪的报警指示

PW(A) 系列测试仪当发生电流源输出回路开路或负载阻抗大于最大负载而引起输出电流失真（即过载电流失真）时，面板上对应的 I_a、I_b、I_c 指示灯出现闪烁信号，指示电流开路或过载失真。

PW(A) 系列测试仪当发生电压源输出回路短路或负载阻抗大于最大负载而引起输出电压失真（即过载电压失真）时，失真检测电路自动关闭电压放大器，同时点亮面板上的电压输出短路指示灯。短路或过载状态消失后，电压放入器自动恢复工作。

(5) 具有实时多任务功能。PW 系列测试仪采用并行通信口与电脑相连，保证电脑的串行口空闲（这一点对笔记本电脑尤为必要），这样该串行口就可以与所测试的保护装置相连。在一台计算机上同时操作测试仪和被测试的保护装置，使得测试过程非常方便，同时，并口有较高的传输速率，可提高测试装置的相应速度，实现测试仪的实时控制和快速测试，如图 1-10 所示。

(6) 输出精度校正方便、快捷。精度校正时，传统的测试仪一般是通过调整装置内部的电位器来实现的，校正工作量大，且校正精度受读数等人为因素的影响。PW 系列测试仪采用软件校正，校正时通过数字式标准表的串口连接到计算机，计算机经并口连接到测试仪。校正时，计算机给出电压值、电流值到测试仪，同时通过串口自动读取标准表的读数。得出的校正系数下传给测试仪并固化到测试仪的 Flash，完成测试仪的精度校正。输出精度校正如图 1-11 所示。

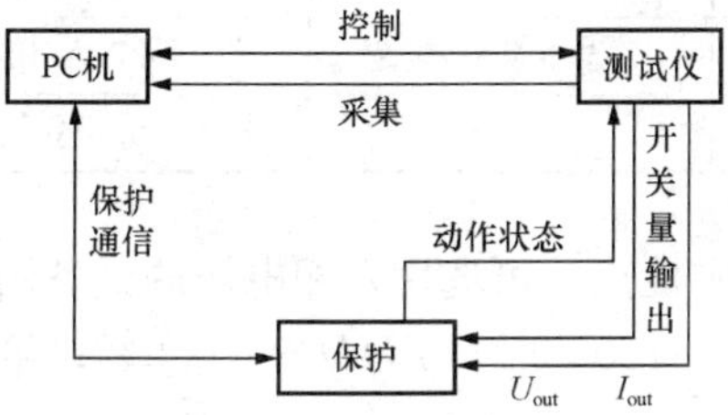

图 1-10 实时控制示意图

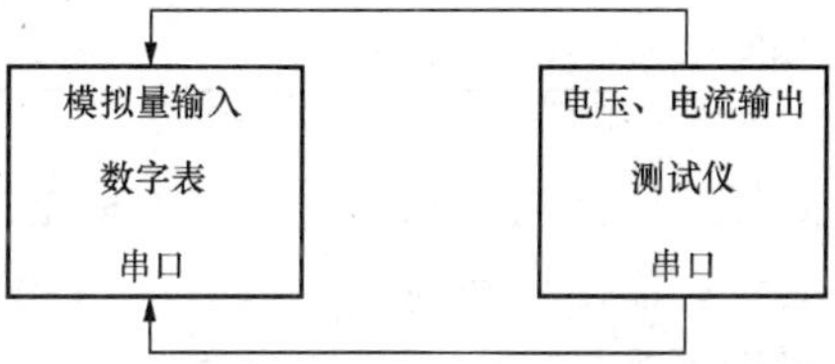

图 1-11 输出精度校正

(7) 散热及启动方式。大型风冷散热器，将风道与箱内电路板的电子元件完全隔离，并在机箱内形成负压防止有害气体、粉尘对电路的污染，保证长期工作后机箱内电路的清洁。PW 系列测试仪采用了智能风机系统，风量由机箱内的温度传感器控制。正常工作时，风机低速运转以保持工作环境安静。当机箱内温度达到 50℃以上时，风扇转速自动加快，大大提高散热能力。PW 系列测试仪的结构和散热设计，使测试仪具有重负荷、大电流长时间的工作能力，大大提高了测试仪运行的稳定性和可靠性。

PW 测试仪电源采用手动软启动方式，提高了电源的可靠性，同时避免了在开机、关机时测试仪对被测试保护装置及电网对测试仪的冲击，保证了被测试装置不因测试仪的开机而误动。

2. 主要技术参数

(1) 交流电流源。交流电流源的主要技术参数如表 1-2 所示。

表 1-2　　交流电流源的主要技术参数

型　号	PW30(A)	PW40(A)	PW466A	PW60(A)
最大输出电流（RMS）	3×30A/相	3×40A/相	3×40A/相或 6×20A/相	3×60A/相
三相并联	90A	120A	120A	180A
最大输出功率	≥450VA/相	≥520VA/相	≥520VA/相	≥600VA/相
准确度（0.5～30A）	0.1%	0.1%	0.1%	0.1%

此外，交流电流源还具有如下特点：三相有共用中性点；可选用六相电流输出做差动保

护试验；输出精度为±0.1%(0.5～30A)、±0.2%(0.2A)、±0.5%(0.1A) 及±0.2%(60A)；电流在 0.5A～I_{max}时，$THD\%\leqslant0.5\%$。

当使用电流超过测试仪每相输出的最大电流时，PW(A) 系列测试仪的三相输出电流源可并联使用。并联使用时，一般应使每相输出幅值相等、相位相同。两相并联时，总输出电流为单相电流的 2 倍；三相并联时，总输出电流为单相电流的 3 倍。

当要求电流放大器的输出功率大于每相电流的最大输出功率时，测试仪的三相输出电流源可串联使用。例如，I_a、I_b 串联使用时，两相幅值相等，相位差 180°，输出功率可提高一倍。

(2) 交流电压源。交流电压源的主要技术参数如表 1-3 所示。

表 1-3　交流电压源的主要技术参数

型　号	PW30(A)	PW40(A)	PW466A	PW60(A)
最大输出电压 (RMS)	4×120V/相	4×120V/相	6×120V/相	4×120V/相
电压最大输出功率	≥60VA/相	≥60VA/相	≥60VA/相	≥60VA/相
准确度 (2～120V)	0.1%	0.1%	0.1%	0.1%

此外，交流电压源还具有如下特点：四相有共用中性点；可选用六相电压调试备用电源自投装置；输出精度为±0.1%(2～120V)；电压在 2～120V 时，$THD\%\leqslant0.5\%$；第四路电压可设置为零序电压或任意值。

交流电流源和交流电压源共同具有的特点是：各相输出电流（电压）幅值、频率和相位独立可调；波形精度 32bit；分辨率为 1mA(1mV)；电流（电压）上升、下降时间小于 100μs；过载或失真自动检测并显示；输出频率为 0Hz～1kHz；在 10～1000Hz 范围内，幅值变化≤±0.1%～0.5%（幅频特性）。

注意，测试仪不能用来测试一次设备（如断路器）线圈的跳、合闸电压；U_a、U_b 不能直接并联。

(3) 直流源电压、电流输出。主要技术参数有：直流电压输出 0.5～300V，容量 100W，可连续运行，分辨率 1mV；直流电流输出 0.5～20A，分辨率 1mA，最大输出功率 300W，可连续运行。直流电压、电流输出精度均为 0.5%，具有过载自动检测保护功能。PWA 系列测试仪有单独的直流电压源，由软件控制，可作为保护装置的供电电源。

(4) 角度。测试仪的角度范围为 0°～360°，相角分辨率为 0.1°，相角精度为±0.2°。

(5) 输出频率。测试仪的输出频率能叠加 2～20 次任意幅值的谐波及直流，分辨率为 1mHz，输出频率及其精度如表 1-4 所示。

表 1-4　测试仪的输出频率及其精度

频率范围	20～65Hz	65～450Hz	450～1000Hz
频率精度	<2mHz	<20mHz	<50mHz

(6) 同步性。测试仪的电压电流同步性≤10μs。

(7) 开出量。测试仪具有 4 组可编程辅助触点，可扩展至 32 路，接点容量为 250VDC，0.5A；250VAC，0.5A。

(8) 电源。测试仪的电源采用 AC220V，±10%，40～60Hz，10A(max)。

二、软件特点及功能

1. 软件特点

(1) 测试软件基于 Windows 操作系统。保护装置进行测试的同时，通过计算机串口与所测试的保护装置相连，与保护装置进行通信。软件的每一个测试模块以测试、波形监视、历史状态、矢量图和时间信号图等多个视窗的形式为用户提供可视化的测试进程和全方位的测试信息。用户可以从不同侧面全方位了解和控制测试进程，并进行测试结果的分析和研究。测试软件基于 Windows 操作系统，测试过程中的人机交互性好，测试软件提供的信息量大，有利于用户对测试的掌握及对保护装置工作原理的深入分析和研究。

以整组试验为例，测试仪的测试窗口如图 1-12 所示。测试窗口按功能可分成八个区：A 为测试工具条；B 为测试控制窗口，所有的测试项目选择和数据设置都在这里进行；C 为示波窗口，实时显示测试仪输出波形和幅值信息；D 为变化趋势分析和接点动作状态；E 为测试仪主机自检显示区；F 为测试仪状态和开入/开出接点状态显示区；G 为试验过程录波显示窗口，在这里对测试全过程（包括保护装置的反应）进行录波和数据分析；H 为矢量显示窗口，显示测试输出矢量图。

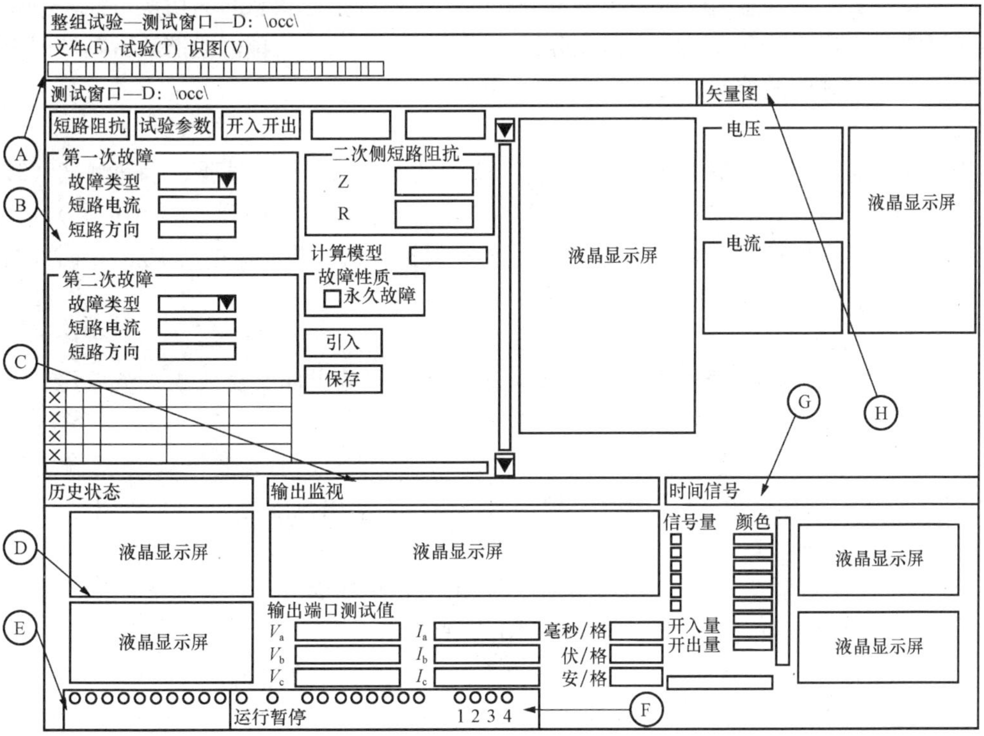

图 1-12　测试窗口示意图

(2) 测试步骤方便简捷。新保护第一次测试时，按以下步骤进行：定义保护特性参数→定义试验参数→编辑接线图→定制测试报告格式→接线→执行自动测试程序→打印测试报告。对于曾经测试过的保护装置，只需按以下步骤进行：从数据库中调出历史数据文件→按提示接线→自动执行测试程序→打印测试报告。

（3）测试报告格式灵活。PW 测试软件可通过选择相关的项目生成测试报告，测试报告可包括尽可能多的测试信息，如保护安装地点、保护特性曲线图、时间信号图、矢量图和测试结果等，也可以只包括用户所关心的测试结果。测试完成后，测试报告中的测试结果是不可以改变的。这有利于相应管理者对现场测试情况的了解和掌握。测试报告可以文本文件的格式导出，可插入 Word 文档、Excel 表格及 BMP 图像，这样有利于对导出的测试报告进行编辑，使用户创建满足自身需要的测试报告。

（4）测试功能丰富。测试对象包括线路保护、元件保护、自动装置、通用测试和录波回放等。继电器的测试包括各类电压、电流、频率、相位、功率方向、阻抗和突变量继电器。线路保护的测试包括定值校验、特性扫描、整组试验。其中，整组测试可以实现各种短路形式及瞬时故障、永久故障、转换性故障的设定；通过设置开入量可同时测试两套保护；实现模拟带负荷运行工况下的各种试验；可设置短路开始时刻的合闸角、直流分量；可利用 GPS 进行纵联保护调试。

通用测试单元使用灵活方便。①手动测试可实现某个状态的灵活控制，如设置任意一相或多相电压电流的幅值、相位和频率为变量，在试验中改变其大小；也可手动测试时间。②复杂过程通过状态序列进行灵活控制，如可定义多个连续的试验状态；每个状态的电压、电流可任意设置，该状态的电压、频率可变，变化过程可控；状态间的切换可控。③在基波上每相可叠加直流分量和 2～20 次谐波分量，还可以设置谐波的幅值或谐波占基波的百分比为变量，从而实现谐波控制。

2. 软件功能简介

PW(A) 测试软件 2.32 版本包含多达 18 个测试模块，即手动试验、手动测试（6×I 扩展）、递变测试、状态序列测试、状态序列（6×V 扩展）、状态序列（6×I 扩展）、线路保护定值校验、距离保护（扩展）、整组试验、差动保护测试、差动保护（扩展）、时间特性测试、谐波测试、故障回放、同期装置、振荡等。

（1）手动测试。

1）作为电压和电流源能完成各种手动测试，测试仪输出四路交流或直流电压、三路交流或直流电流，具有输出保持功能。

2）PW 型号的测试仪可以由 U_a、U_b、U_c、U_z 端子输出直流电压，每相输出范围为 0～120V，PWA 型号的测试仪仅由 U_{DC}输出直流电压，输出范围为 0～300V。U_a、U_b、U_c、U_z 端子只输出交流电压。

3）能以任意一相或多相电压电流的幅值、相位和频率为变量，在试验中随意改变其大小；也可以以阻抗值和阻抗角为变量改变输出值的大小。

4）各相的频率可以分别设置，同时输出不同频率的电压和电流。

5）可以根据给定的阻抗值，选择“短路计算”方式，确定电流、电压的输出值。

6）选择接收 GPS 同步信号，实现多套测试仪的同步输出。

（2）手动测试（6×I 扩展）。

1）仅适用于 PWA 型 6 路电流输出的测试仪。

2）测试仪输出 1 路交流、1 路直流电压和 6 路交流电流，具有输出保持功能。

3）该测试模块主要用于差动保护的测试，可以实现两侧三相的同时差动测试。

4）各相的频率可以分别设置，同时输出不同频率的电压和电流。

5）选择接收 GPS 同步信号，实现多套测试仪的同步输出。

6）能以任意一相或多相电压电流的幅值、相位和频率为变量，在试验中随意改变其大小。

（3）递变。

1）电压、电流的幅值、相位和频率按用户设置的步长和变化时间递增或递减。测试保护的动作值、返回值、返回系数和动作时间。

2）根据继电保护装置的测试规范和标准，集成了六大类保护的测试模板。

3）所有测试项目用测试计划表方式被添加到列表中，一次可完成多个试验项目的测试。

4）通过重复次数的设置可对同一项目进行多次试验。

5）试验结束后，根据精度要求对试验结果进行自动评估。

（4）状态序列。

1）该模块可以输出 4 路交流电压和 3 路交流或直流电流。

2）由用户定义多个试验状态，对保护装置的动作时间、返回时间以及重合闸，特别是多次重合闸进行测试。

3）各状态可以分别设置电压、电流的幅值、相位和频率、直流值，并且在同一状态中可以设定电压的变化（$\mathrm{d}U/\mathrm{d}t$）及范围和频率变化（$\mathrm{d}f/\mathrm{d}t$）及范围。

4）提供自动短路计算，可自动计算出各种故障情况下的短路电压、电流的幅值和相位。

5）触发条件有多种，可以根据试验要求分别设置。

6）有 4 路开入量输入接点（A、B、C、D）和 4 路开出量输出接点（1、2、3、4）。

（5）状态序列（6×V 扩展）。

1）仅适用于 PWA 型 6 路电压输出的测试仪。该模块可以输出 6 路交流电压、1 路交流电流和 1 路直流电压输出。

2）可对备用电源的快速切换装置及低频低压减载装置进行测试。

3）各状态可以分别设置电压、电流的幅值、相位和频率、直流值，并且在同一状态中可以设定电压的变化（$\mathrm{d}U/\mathrm{d}t$）及范围和频率变化（$\mathrm{d}f/\mathrm{d}t$）及范围。

4）触发条件有多种，可以根据试验要求分别设置。

5）有 4 路开入量输入接点（A、B、C、D）和 4 路开出量输出接点（1、2、3、4）。

（6）状态序列（6×I 扩展）。

1）仅适用于 PWA 型 6 路电流输出的测试仪。该模块可以输出 6 路交流电流、1 路交流电压和 1 路直流电压输出。

2）6 路交流电流输出，可以实现差动保护两侧三相差动的同时测试。

3）各状态可以分别设置电压、电流的幅值、相位和频率、直流值。

4）触发条件有多种，可以根据试验要求分别设置。

5）有 4 路开入量输入接点（A、B、C、D）和 4 路开出量输出接点（1、2、3、4）。

（7）时间特性。

1）绘制 i、u、f 及 U/f 的动作时间特性曲线。

2）可以应用在方向过流或过流继电器的单相接地短路、两相短路和三相短路时过流保护以及零序和负序分量的动作时间特性，应用在发电机、电动机保护单元中的零序和负序过流保护的动作时间特性。当保护不带方向时，在电压输出端子上无电压输出；当保护选择带方向时，输出根据故障类型确定的故障电压。

3）可以应用在发电机保护中的低频保护以及过激磁保护的频率和 U/f 动作时间特性。

（8）线路保护定值校验。

1）根据保护整定值，通过设置整定值的倍数向测试列表中添加多个测试项目（测试点），从而对线路保护（包括距离、零序、高频、负序、自动重合闸、阻抗/时间动作特性、阻抗动作边界、电流保护）进行定值校验。

2）线路保护装置的阻抗特性可从软件预定义的特性曲线库中直接选取调用，也可由用户通过专用的特性编辑器自行定义。

（9）距离保护（扩展）。

1）通过设置阻抗扫描范围自动搜索阻抗保护的阻抗动作边界，绘制 $Z=f(l)$ 以及 $Z=f(U)$ 特性曲线。

2）可扫描各种形状的阻抗特性，包括多边形、圆形、弧型及直线等动作边界。

3）可设置序列扫描线，也可添加特定的单条扫描线。通过添加特定阻抗角下的扫描线，找出某一具体角度下的阻抗动作边界。

（10）整组试验。

1）对高频、距离、零序保护装置以及重合闸进行整组试验或定值校验。

2）可控制故障时的合闸角，可在故障瞬间叠加按时间常数衰减的直流分量，用于测试量度继电器的暂态超越。

3）可设置线路抽取电压的幅值、相位，校验线路保护重合闸的检同期或检无压。

4）可模拟高频收发信机与保护的配合（通过故障时刻或跳闸时刻开出接点控制），完成无收发信机时的高频保护测试。

5）通过 GPS 统一时刻，进行线路两端保护联调。

6）有多种故障触发方式。

7）可向测试计划列表中添加多个测试项目，一次完成所有测试项。

（11）差动保护。

1）用于自动测试变压器、发电机和电动机差动保护的比例制动特性、谐波制动特性、动作时间特性、间断角闭锁以及直流助磁特性。

2）提供多种比例和谐波制动方式，既可对微机差动保护也可对常规差动保护进行测试。

3）CT 二次电流校正方式可以是内转角（内部校正）或外转角。

4）提供多种制动电流计算公式。

5）可预先绘制（定制）比例制动和谐波制动特性曲线。

（12）差动保护（扩展）。

1）仅适用于 PWA 型 6 路电流输出的测试仪。同时输出 6 路交流电流，在变压器或发电机差动的两侧加入三相电流，分相和三相进行测试，测试过程中不必改变接线。

2）用于自动测试变压器、发电机和电动机差动保护的比例制动特性、谐波制动特性。

3）提供了多种比例和谐波制动方式，多种制动电流计算公式。预先绘制（定制）比例制动和谐波制动特性曲线。

4）提供静态输出按钮，对某一点的差动电流输出，可以在保护装置上观察差动电流的值。

（13）复式比率差动。

1）用于自动测试复式比率差动母线保护的大差高值和低值、小差的动作特性。

2）提供了针对大差、小差的不同自动测试方法。

3）提供复式比率差动保护的动作方程。

4）可预先绘制标准的比率制动特性曲线。

（14）同期装置。测试同期装置的电压闭锁值、频率闭锁值、导前角及导前时间、电气零点、调压脉宽、调频脉宽以及自动准同期装置的自动调整试验。

（15）故障回放。将以 COMTRADE（Common Format for Transient Data Exchange）格式记录的数据文件用测试仪播放，实现故障重演。

（16）故障回放（6×I）。

1）仅适用于 PWA 型 6 路电流输出的测试仪，可同时输出 6 路交流电流和 1 路交流电压。

2）将以 COMTRADE（Common Format for Transient Data Exchange）格式记录的数据文件用测试仪播放，实现故障重演。

（17）谐波。所有 4 路电压、3 路电流可输出基波、谐波（2～20 次）。需要在一个通道上叠加多次谐波时，可直接设置谐波含量的幅值和相位，设置完毕后可以直接试验输出多次谐波的叠加量。

（18）振荡。

1）用来模拟系统动态振荡过程，用于自动测试发电机的失磁保护、振荡解列装置在系统振荡过程中的动作情况。可以根据系统阻抗、系统电压自动判别出系统振荡中心及最大振荡电压、电流，直观显示每一次振荡的波形。

2）可以模拟系统在振荡过程中发生故障的试验。

第三节　ONLLY 系列计算机继电保护测试系统

一、概述

广州昂立（ONLLY）电气公司参照中华人民共和国电力行业标准 DL/T624—1997《继电保护微机型试验装置技术条件》生产的继电保护测试仪（系统）广泛适用于电力、铁路、石化等行业的科研、生产和电气试验现场，可以独立完成继电保护、励磁、计量、故障录波等专业领域内的装置和元器件测试与调试。其 ONLLY 测试仪有 G 系列 6108G、4350G、4630G、6630G 等产品，A 系列 A430、A460、A660、A860 等产品，以及即将面试的 D 系列全数字化产品。

ONLLY 系列继电保护测试仪（系统）在测试精度、幅频特性、散热、可靠性，特别是小信号波形和精度的处理等方面的主要特点表现为：

（1）双操作系统，可以外接计算机运行，也可脱机独立运行（内置工控机一体化），两者的软件界面风格及操作方法保持一致；

（2）测试仪面板兼具键盘设计，无需附加任何 PC 外设即可直接使用，现场操作尤为方便；

（3）8.4 寸彩色液晶显示屏；

（4）多路电压设计，U_x 相电压能提供多种输出方式，可以满足各种不同的测试需求；

（5）装置可以立式或卧式放置，更好地适应于现场及其他各类调试场所；

（6）测试仪内置USB和网络接口，可直接通过USB线或网络线和外接计算机相连；

（7）脱机运行亦可支持鼠标操作；

（8）脱机运行状态下，软件功能同样丰富；测试报告可保存于测试仪以便查阅，也可以上传到外接计算机中进行编辑、打印等处理；

（9）测试仪内置软件升级简单快捷，直接下传最新软件，无需改动任何硬件；

（10）辅助计算功能强大，可自动计算正、负、零序电压电流，一、二次侧有功、无功、功率因数，以及各种故障量等；

（11）单机多达12路D/A同时输出，满足变压器保护等全方位的调试。

二、测试仪版面说明

ONLLY系列测试仪的版面大致相同，不同型号测试仪的具体版面说明参照产品出厂时的硬件说明书或用户手册。以下以4630G型测试仪为例，定性说明其面板。测试仪的侧面设有工作用交流220V电源插孔，正面设有电压输出接线端子、电流输出接线端子、开出量接线端子、开入量接线端子、多机同步接口、外设接口、脱机操作用键盘、液晶显示屏等几大部分，正面版面如图1-13所示。

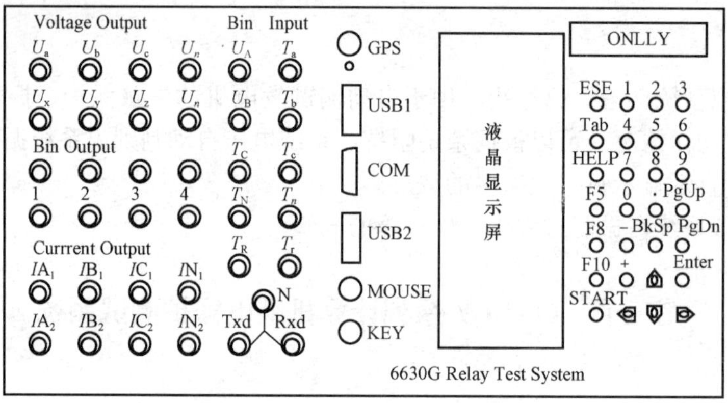

图1-13 4630测试仪面板（正面）

1. 接线端子

（1）Voltage Output电压输出。一般地，U_a、U_b、U_c 分别对应A、B、C三相电压，第4路电压 U_x 的输出方式由软件设定，N为电压接地端子（4630G四个黑色端子内部均相通）。

（2）Current Output电流输出。一般地，I_a、I_b、I_c 分别对应A、B、C三相电流，N为电流接地端子（I_a、I_b、I_c 任意两并或三并输出大电流时，建议将两个N端子并联输出）：4630G有两组电流输出 I_{a1}、I_{b1}、I_{c1}、I_{a2}、I_{b2}、I_{c2}。

（3）inary Input开入量。A、B、C、a、b、c、r共用TN公共端，R单独使用RN，TN和RN之间互相绝缘。开入量可以接空接点，也可以接10～250V的带电位接点，正电位应接于公共端。开关量的现场接线如图1-14所示。

一般地，A、B、C分别连接保护的跳A、跳B、跳C接点，R连接保护的重合闸接点。

（4）inary Output 开出量。开出量为空接点，接点容量 250V/2A，其断开、闭合的状态切换由软件控制。

（5）Txd、Rxd、N（与电压、电流 N 绝缘）多机同步输出控制信号连接插孔。所有机器的 Rxd 和 N 分别短接，任何其中一台机器的 Txd 与 Rxd 相连，便可实现多机同步输出功能。

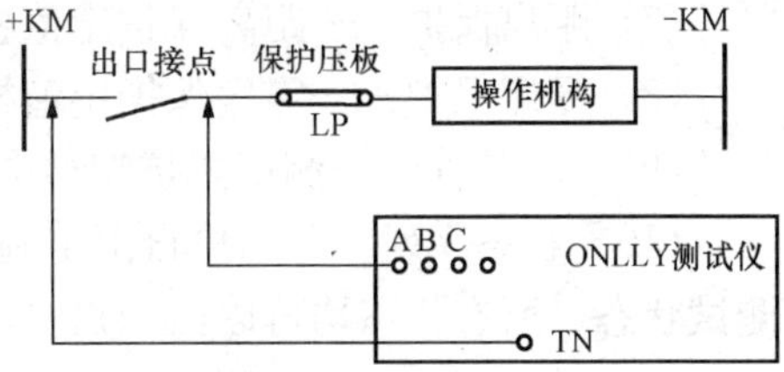

图 1-14　开关量的现场接线

2. 指示灯

仅 6108G 和 A 系列有此功能，其余型号的产品取消指示灯，改由液晶显示屏显示相应内容。

3. 操作按钮及键盘

（1）Power：功放投切按钮，仅 6108G 有此功能，其余型号为软件实现该功能。

（2）Bak：备用按钮，有些型号取消此按钮，通过软件功能实现。

（3）1、2、3、4、5、6、7、8、9、0，·：数字输入键。

（4）+、-：数字输入键，作“+”、“-”号用，亦可作为试验时增加、减小控制键使用，详见相应的测试软件。

（5）BkSp：退格键，用于数字输入时，退格删除前一个字符。

（6）Enter：确认键。

（7）Esc：取消键。

（8）PgUp、PgDn：上、下翻页键。

（9）↑、↓、←、→：上、下、左、右光标移动键。

（10）Tab：切换键，具体功能由相应的测试软件设定。

（11）Help：帮助键。

（12）Start：开始“试验”的快捷键。

（13）F8、FIO：试验过程中的辅助旋钮，具体功能由相应的测试软件设定。

三、软件测试功能

（1）电压/电流——测试电压、电流、功率方向等各类交流型继电器的动作值、返回值以及灵敏角等。本菜单同时也是整套测试软件中最基本的菜单，可以同时提供 4 路电压、3 路电流；手控试验方式下，各路电压电流的幅值、角度和频率可以任意调整。

（2）交流时间——测试电压、电流、功率方向等各类交流型继电器的动作时间，以及阻抗继电器的记忆时间等。

（3）i/t 特性——测试反时限过电流继电器的 $I(t)$ 动作特性。

（4）直流——测试直流电压继电器、直流电流继电器、中间继电器等各类直流型继电器的动作值和返回值。

（5）直流时间——测试直流电压继电器、直流电流继电器、中间继电器以及时间继电器等各类直流型继电器的动作时间。

（6）试验——测试距离、零序等保护的整组特性，可以模拟电力系统中各种简单的单相接地、两相相间、两相接地和三相短路故障，包括瞬时性、永久性以及转换性故障。

(7) 距离保护——距离保护定值校验，定性分析保护动作的可靠性。

(8) 零序保护——零序保护定值校验，定性分析保护动作的可靠性。

(9) z/t 特性——测试阻抗型继电器（保护）的 $z(t)$ 阶梯动作特性。

(10) 状态序列——用户自由定制的试验方式，除起始态和结束态外，程序提供了 5 种测试状态，所有状态均可以由用户自由设置，并可以循环输出，状态之间的切换由时间控制或用户按键控制。各状态下 4 对（2 对）开出量的开合能自由控制，可用于模拟保护出口接点的动作情况，尤其方便于故障录波器的独立调试。

(11) 阻抗继电器——测试阻抗型继电器的动作值、返回值以及灵敏角。

(12) 阻抗特性——测试阻抗型继电器在不同线路阻抗角下的动作边界，即 $z(\phi)$ 动作边界特性。

(13) 精工电流——测试阻抗型继电器在不同的短路电流下的动作边界，即 $z(I)$ 精工电流特性。

(14) 计量仪表——校验交流型电压表、电流表、有功功率表、无功功率表以及变送器等计量类仪表。本菜单同时也是电压/电流测试菜单的一个补充，试验方式为手动控制，三相电压和三相电流可以按照不同的步长同时发生变化。

(15) GPS 同步对调——利用 GPS 进行同步协调，测试高频保护的整组性能。

(16) 频率/滑差试验——测试频率继电器、低周减载装置等的动作值、动作时间以及滑差闭锁特性。

(17) 谐波试验——测试谐波继电器的动作值、返回值，可同时进行谐波叠加。

(18) u/t 特性——测试反时限电压继电器的 $U(t)$ 动作特性。

(19) 同期试验——测试同期继电器或同期装置的动作电压、动作频率和动作角度，也可以进行自动调整试验。

(20) 差动试验——测试差动继电器（保护）的比例制动特性曲线和谐波制动特性等。

(21) 元件测试——测试单个常规继电器的动作值、返回值以及动作时间。

(22) 多次重合闸——用于具有多次重合功能的线路保护的整组动作特性测试。

(23) 功率振荡——模拟双端电源供电的线路发生振荡时的电压电流波形输出。

(24) 故障再现——根据故障录波文件重现故障发生时的各相电压电流输出。支持 COMTRADE 标准格式的录波文件。

四、操作步骤及注意事项

1. 操作步骤

(1) 关闭所有与测试仪连接的电源。

(2) 利用专用测试导线，①将测试仪的电压、电流输出端子接至被测试的保护屏或其他装置；②将被测试保护屏或其他装置上的动作出口接点引回到测试仪相应的开入端子。有带电位接点时，应将正电位接于公共端。A、B、C、a、b、c、r 共用公共端 TN，R 单独使用 RN，TN 和 RN 之间互相绝缘。

(3) 开启电源开关，启动测试仪，此时液晶屏显示：“请选择测试装置的运行方式：1. 脱机运行；2. 外接 PC 机控制；3. 退出”，此时可利用↑、↓键移动光标，按 Enter 选择所要求的测试仪运行方式。

1) 脱机运行——即测试仪脱机独立运行，使用内置的工控测试软件进行试验操作，测试结果将直接存储在内置硬盘中。该方式省去了外接计算机的接线以及计算机和测试仪之间的连接，比较适合于现场空间狭小的测试场所；

2）外接 PC 机控制——选择该方式时，测试仪内的 T 控软件将自动退出，测试仪完全由外接的 PC 机控制；

a. 根据提示，选择测试仪和外接 PC 机的通信端口：COM1、COM2 或 USB，屏幕显示"提示：外接 PC 控制（串口 COM1/COM2/通用串行总线 USB）"；

b. 启动外接 PC 机内的 ONLLY 测试软件 Windows 版本，根据需要进行操作，如工控机软件上传、工控机软件升级等，双击相应的图标，即可进入相关子菜单界面，若子菜单界面显示"Welcome to ONLLY"，表示上下联机成功，否则将出现"联机失败"。一旦出现"联机失败"，请确认连接线端口选择是否正确，连接是否可靠，然后用鼠标点击界面上方的"联机"菜单或图标按钮，尝试重新联机。

3）退出——测试仪进入屏幕保护状态。

2. 注意事项

启动测试仪前，应确认使用电源必须是 220V 单相交流电，严禁误接入 380V 交流电；测试仪可靠接地（接地线端孔位于电源插座旁）；绝对禁止将外部的交直流电源引入到测试仪的电压电流输出插孔；开入量外接带电位接点时，正电源侧应接于公共端 TN 或 RN（黑色）。

五、测试软件操作说明举例

以交流电压/电流测试为例，测试软件操作主界面如图 1 - 15 所示。

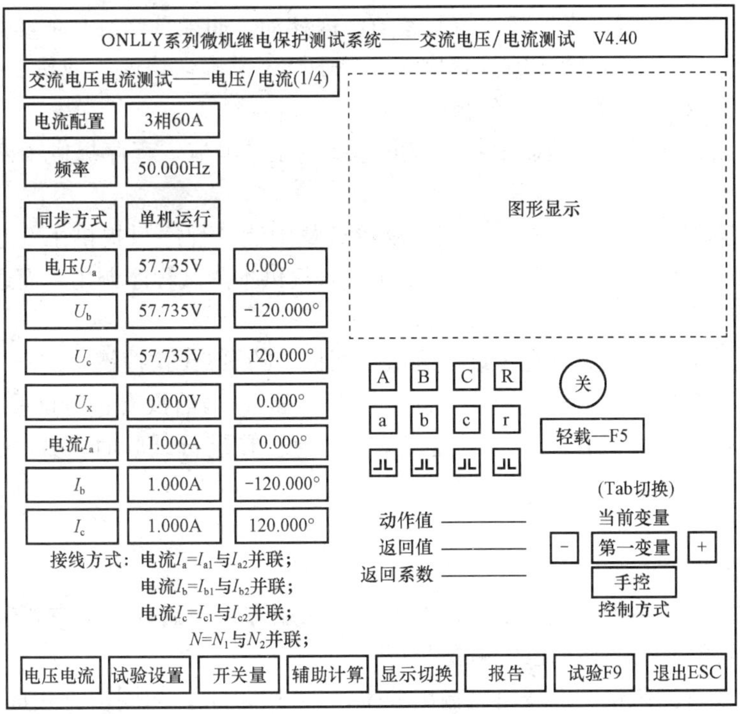

图 1 - 15　测试软件操作主界面

1. 显示区域说明

本菜单主要用于测试电压继电器、电流继电器、功率方向继电器等各类交流型继电器的动作值、返回值以及灵敏角等。

本菜单也是整套测试软件包中最基本的菜单，可以同时提供4路电压、3路（或6路）电流输出，而且手控试验方式下，各路电压电流的幅值、角度和频率可以任意调整。

主界面分为三个区域：

(1) 左半区：控制参数设置区，用于设置试验时的控制参数，分四页显示，包括电压电流、试验设置、开关量以及辅助计算；

(2) 右上区：电压、电流辅助参数显示区，根据“显示切换”的选择，程序提供了两种辅助显示方式，包括矢量图和线序分量；

(3) 右下区：试验控制及试验结果的辅助显示区，辅助显示当前变量、试验控制方式、开入/开出量状态、试验结果等。

“轻载—F5”按钮用于测试仪轻重负载的切换。一般情况下测试仪输出为轻载状态，当测试仪所带负载的阻抗值较大或需要输出较大电流时，建议试验前按下F5按钮，将测试仪切换到重载状态。

主界面的最下一行为菜单行，按↑、↓、←、→移动光标，按Enter执行相应的菜单项：

1）电压电流、试验设置、开关量、辅助计算：此四项分别对应控制参数设置区的四页参数，光标移动到此四项上时，控制参数翻到相应页面（也可以按PgDn、PgUp键翻页），此时按Enter键则光标切换进入主界面的控制参数设置区。

按↑、↓、←、→键，光标将在控制参数区内移动。如果欲修改某项参数，按Enter键进入参数输入或选择状态，输入或选择完毕，按Enter键确认修改，或按Esc键撤消修改。按Esc键则光标切换返回菜单行中的相应项。

2）显示切换：选择不同的显示方式辅助显示电压、电流，程序提供了两种方式，包括矢量图和线序分量。

3）报告：查阅试验报告。由于工控机硬盘容量限制，程序只提供了5个专用报告和5个通用报告用于试验结果的储存、显示。专用报告仅供本测试程序调用，而通用报告可供软件包内的所有测试程序调用。

4）试验：启动本次试验（也可以按测试仪面板上的Start快捷键）。

5）退出：本菜单项具有双重功能（也可按Esc键），当前没有进行试验时（开/关按钮显示为绿色），退出本测试程序，返回主菜单；当前正在进行试验时（开/关按钮显示为红色），结束试验。

2. 变量说明

(1) 电压电流。

1）电流配置：选择测试仪的电流输出方式，三相方式输出或六相方式输出。本选项仅对硬件上具有6路电流输出功能的测试仪有效。

2）频率：设置测试仪的电压电流输出频率，1～1000Hz。当同步方式选择“电网同步”时，本选项固定为当前电网频率大小。

3）同步方式：选择单台或多台测试仪运行时的电压电流输出同步方式。程序提供了单机运行、电网同步、多机同步和 GPS 同步等四种同步方式。单机运行即独立运行，各台测试仪之间的电压电流输出相互独立。电网同步即测试仪输出的电压电流与所连接电网的电压同步，亦即输出频率由当前的电网频率决定。多机同步即通过测试仪之间的硬件连接（Tx 同步信号发送，Rx 同步信号接收，N 公共端），提供多台测试仪之间的电压电流同步输出。GPS 同步即通过 GPS 连接，提供多台测试仪之间的电压电流同步输出。

4）电压 U_a、U_b、U_c、U_x，电流 I_a、I_b、I_c（I_{a1}，I_{b1}，I_{c1}，I_{a2}，I_{b2}，I_{c2}）：根据电流配置方式，设置测试仪各路电压、电流的输出幅值和相位。试验控制方式设置为手控时，各路电压电流的幅值、相位在试验过程中可根据需要进行实时修改调整。

（2）试验设置。

1）第一、二、三变量：设置试验过程中的变化量及其变化步长，一般地，根据测试要求选择合适的步长，步长越小，测试精度越高。程控试验时，仅第一变量有效；手控试验时，第一、二、三变量均有效，试验过程中的当前变量可以通过 Tab 键在三者之间切换。

2）记录变量：试验过程中动作返回时需要记录的变量，默认和第一变量相同，也可另行选择。

3）U_x设置：第 4 路电压的输出方式，程序提供了 8 种不同的输出方式，包括 $+3U_0$、$-3U_0$、$+\sqrt{3}U_0$、$-\sqrt{3}U_0$、U_A、U_B、U_C和任意方式。

4）程控/手控：选择试验过程的控制方式，若选择程控方式，则试验过程中，当前变量的变化过程完全由程序控制，用户对试验的干预仅限于通过 Esc 键中止试验。若选择手控方式，则试验过程中，当前变量的变化过程完全由用户控制，包括按 Tab 切换当前变量，按“+”、“−”键增加、减小当前变量值，按 F8（Aux2）记录动作值，按 F9（Aux3）记录返回值等。

5）变化范围：第一变量变化的起点和终点，起点可以大于终点，也可以小于终点。一般地，变化范围的设置应能覆盖继电器的动作/返回值。

6）变化方式：第一变量的变化方式，“始”为变化范围的起点，“终”为终点。从“始—终”为单程变化，只能测量动作值；从“始—终—始”为双程变化，可以同时测量动作值、返回值。

7）每步时间：第一变量按其步长变化时，每一步大小的保持时间。一般地，每步时间的设置应大于继电器的动作（或返回）时间。

8）返回方式：第一变量的返回方式有两种，即动作返回和全程变化。采用“动作返回”时，第一变量在从起点—终点的变化过程中，一旦程序确认继电器动作，则根据变化方式确定是否继续试验；变化方式为“始—终”，结束试验；变化方式为“始—终—始”，改变第一变量的变化方向，向起点返回。采用“全程变化”时，无论继电器动作与否，第一变量仅仅根据变化范围的设置进行变化，直至到达终点或返回到起点。此外，灵敏角的测试必须采用“始—终—始”，“全程变化”的方式。

以上第 5）～8）项参数仅对程控试验有效。

3. 开关量

（1）动作接点：被测试继电器出口接点在测试仪 8 对开入接点中的接入位置，试验时，程序将根据该开入接点的状态变化情况确定动作或返回。开入接点 A、B、c、a、b、c、r 共用公共端 TN，R 单独使用 RN；开入接点兼容空接点和带电位接点，但带电位接点的

“+”电位端应接于公共端 TN（RN）。

（2）确认时间：躲开临界处接点的抖动，接点状态变化后的保持时间大于确认时间时，程序方予以认可记录，一般取 10～20ms。

（3）开出量控制：控制测试仪上的 2（或 4）对开出接点状态，闭合或断开。

4. 辅助计算

提供变压器一次、二次侧 CT 二次电流的相互归算。

（1）接线方式：选择变压器的接线方式，程序提供了 Y/Y－12、Y/△－11、Y/△－1 三种接线方式。

（2）变压器 S_N，U_{1N}，U_{2N}：分别设置变压器的额定容量、一次侧额定电压、二次侧额定电压。

（3）CT 变比 CT1、CT2：分别设置变压器一、二次侧的 CT 变比，接线方式均已默认为 Y/Y－12。

（4）I_{1n}/I_{2n}：根据前面所设置的变压器参数，程序自动计算出变压器一、二次侧的 CT 二次额定电流之比。

（5）$I_{1(a)}$、$I_{2(a)}$：输入变压器某一侧的 CT 二次电流，程序自动计算出另一侧与之相平衡的 CT 二次电流。

六、产品型号简介

ONLLY 测试仪的产品型号如表 1-5 所示。

表 1-5　ONLLY 测试仪的产品型号

型号	6108G	4350G	4630G	6630G	A430	A460	A660	A680
输出电压	4×130V	4×130V	4×130V	6×130V	4×130V	4×130V	6×130V	8×130V
输出电流	3×40A	3×50A	6×30A	6×30A	3×30A	6×30A	6×30A	6×30A
开入量	8 对	8 对	8 对	8 对	8 对	8 对	8 对	8 对
开出量	4 对	4 对	4 对	4 对	4 对	4 对	4 对	4 对
备注 1		电网同步输出	电网同步输出	电网同步输出	电网同步输出	电网同步输出	电网同步输出	电网同步输出
备注 2					可网络通信	可网络通信	可网络通信	可网络通信

第四节　MD2000 系列继电保护测试仪

一、概述

成都天进（TESIENT）仪器有限公司是生产微机继电保护测试仪、微机继电保护测试及仿真系统、大功率电流电压放大器等产品的专业公司，其 M 系列产品主要有 MD2000、MD2000A、M2000、MC2000、MC2000A、MS2000、MH2000 以及 MT2000 等型号。M 系列继电保护测试仪软件在可靠性、稳定性、易用性、通用性、专用性以及用户自定义测试的灵活性等方面均具有良好的性能。开关放大器技术与 DSP（数字信号处理器）的结合在测试仪中的应用使产品品质更加可靠、稳定。

MD2000 型测试仪的背面面板设有 9 针 COM 接口、USB 接口及 AC220V 电源插座，其正面面板设计如图 1 - 16 所示，该测试仪为四相电压及六相电流设计，可用于差动整组试验等。测试仪的电流组合方式较为方便，如果作为三相电流使用，应将 I_A 和 I_a、I_B 和 I_b、I_C 和 I_c 每两相关联在一起分别作为 I_A、I_B、I_C 使用，否则，每一相的输出值只有设置值的 50%。

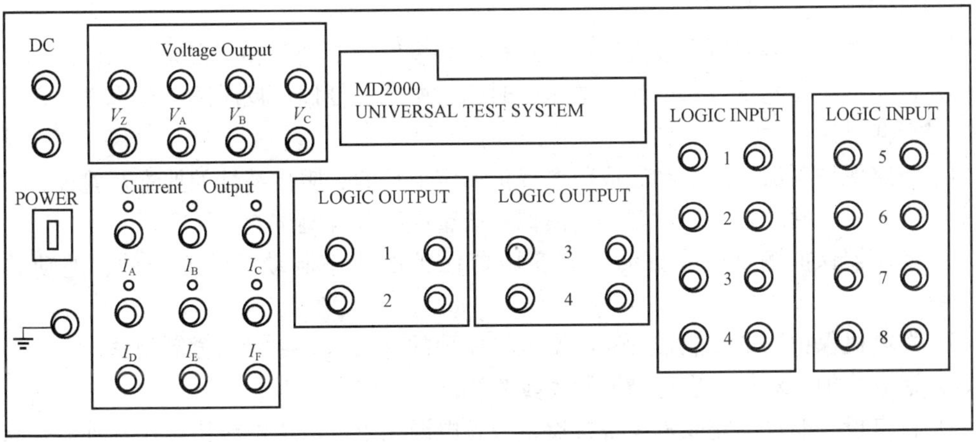

图 1 - 16　MD2000 型测试仪面板（正面）

MD2000（MD2000A）测试仪的技术参数如表 1 - 6 所示。MD2000A 型测试仪为六相电压及六相电流设计。

表 1 - 6　　MD2000（MD2000A）测试仪的技术参数

电流源	交流	6×25A	3×50A	1×150A	相位	0～360°
	直流	6×±35A	3×±70A	1×±210A	辅助直流	15～240V、100W
	功率	6×280VA			接口	RS232（带光隔）或 USB
电压源	交流	MD2000	MD2000A		开入量	8 对空接点或电位 3.5～250V（直流）
		4×300V	6×125V			
	直流	4×±423V	6×±176V		开出量	4 对空接点
	功率	交流 50VA/相、直流 80W/相				
频率	静态范围	0～1000Hz			供电电源	120～250V、AC、50/60Hz
	暂态范围	0～1000Hz			重量	15kg

二、软件介绍

该测试仪的测试软件从分类上就为通用性打下了基础，其中的任意测试和常用继电器测试中的各测试模块，能完成通用的单体继电器的测试，而且增加了测试方案、状态序列、交流采样等功能模块，可用 GPS 进行多台试验仪的同步测试。菜单化设计，界面更加友好。

易用性力面，在软件的测试方案中，定义了常用的成套微机保护，如南瑞 RCS - 900 系列、南自 WXB 系列等，这样可以选取对应的测试方案，快速地完成工作，提高测试效率，节约停电时间。用户可以通过公司网站下载最新的成套继电保护测试方案。

在灵活性方面，用户可以针对变电站或发电厂的特殊情况定义自己的继电保护测试方案。

1. 软件测试模块功能

（1）测试方案。用户可以直接调用预定义的常用成套保护测试方案或根据自己的保护添加测试方案，并预设各种参数；将自己添加的测试方案保存，以后测试时随时可以调用，缩短保护测试和现场停电时间。

（2）任意测试。可对所有装置和组件进行“触发”、“手动”和“自动”测试。

（3）常用继电器测试。对电流、电压、时间、中间、低周、反时限、功率方向、差动等继电器进行测试。

（4）线路保护测试。能自动完成距离保护的定值校验、阻抗特性的搜索及验证、零序定值校验、模拟重合闸故障、故障转换、模拟系统整组试验等测试。

（5）变压器保护测试。能自动完成变压器保护的比率制动、谐波制动、差动整组等测试。

（6）发电机保护测试。能自动完成发电机保护的差动、失磁、励磁等测试。

（7）谐波叠加。对保护进行谐波制动校验测试。

（8）备自投。能自动完成常规备自投、主备电源相争、厂用电源快切在各种故障状态时的动作测试。

（9）同期测试。对同期装置进行测试。

（10）暂态回收。对故障录波器记录的故障数据用测试仪进行回放，而且可以通过 GPS 控制，使多台测试仪对故障数据进行同时回放。

（11）电流曲线。按照给定的过流继电器的反时限曲线输出，从而验证继电器的动作是否正确。

（12）状态序列。用户可以定义各种不同类型的故障测试。

（13）自校准。对测试仪精度进行自校准。

（14）继电器库。用户可以添加各种继电器，做试验时可以进行调用和参考，主要是距离保护。

（15）特殊测试。

交流采样测试：用于测试或校验计量仪表，包括电流、电压、有功、无功表计。

高阻测试：用于测试负载比较重的元件。

继电器联：用于同时对多个继电器进行测试。

（16）报告中心。对测试结果进行处理，可以查看、打印、合并、导出。

2. 接线方式

（1）电流接线方式。电流接线方式的选择如图 1-17 所示。其中，图 1-17（a）为接线方式的软件选择界面。对于有三相电流输出的测试仪而言，图 1-17（b）、（c）、（d）分别为单相、两相并联、三相并联输出接线方式。MD 型测试仪作为 6 个电流时，各自独立输出，如图 1-17（e）所示；作为 3 个电流时，每两相并联作为一相输出，并联方式为 I_A 和 I_a 并联、I_B 和 I_b 并联、I_C 和 I_c 并联，如图 1-17（f）所示。

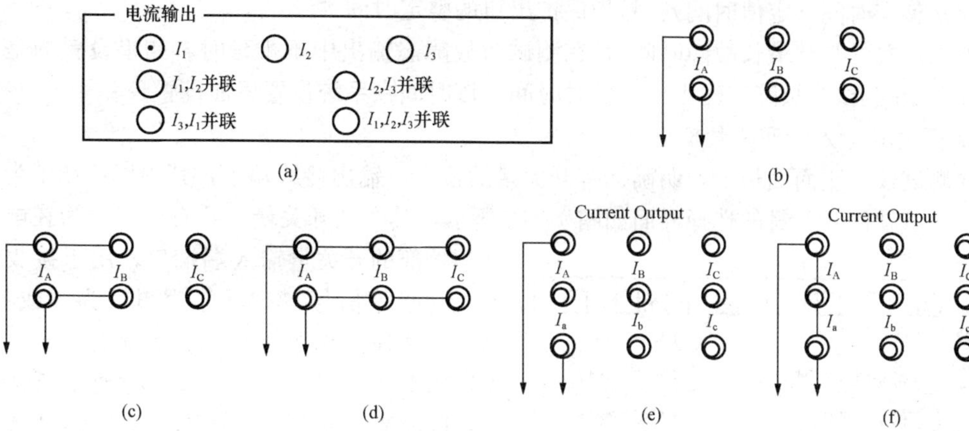

图 1 - 17　电流接线方式的选择

(a) 软件选择界面；(b) 单相；(c) 两相并联；(d) 三相并联；(e) 6 个电流；(f) 3 个电流

(2) 电压接线方式的选择。电压接线方式的选择如图 1 - 18 所示。其中，图 1 - 18 (a) 为接线方式的软件选择界面。MD 型测试仪单相输出、两相串联、三相串联接线方式分别如图 1 - 18 (b)、(c)、(d) 所示。

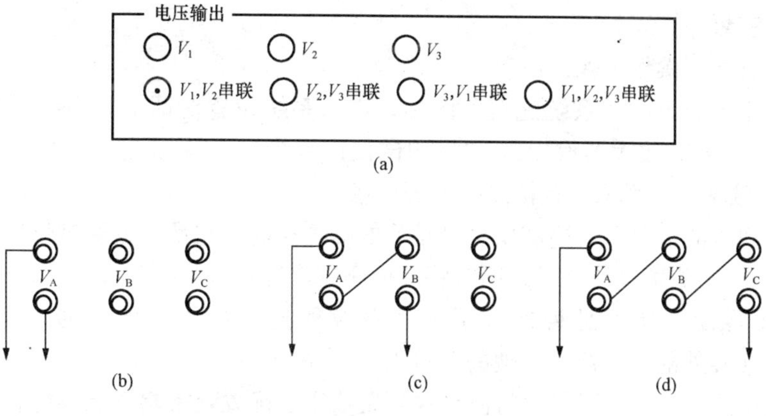

图 1 - 18　电压接线方式的选择

(a) 软件选择界面；(b) 单相；(c) 两相并联；(d) 三相串联

3. 使用测试软件应注意的几个概念

(1) 故障前时间：是指故障发生之前的正常态输出时间。

(2) 最长故障时间：是指模拟故障发生时的最长输出时间。

(3) 间隔时间：是指上一次故障结束与下一次输出正常态前之间的时间。在此之间，测试仪没有任何输出。

(4) 动作停止：是指测试仪一接收到动作信号就停止输出，用于测试继电器的动作值和动作时间。

(5) 动作返回：指测试仪在接收到动作信号后还按程序设置继续输出，用于测试继电器的动作值、返回值、动作时间，求返回系数。

（6）整定时间（定值时间）：是指保护出口的整定时间。

如果设置的是“最长故障时间”，在测试时故障态输出中不带延时，如果设置的是“整定时间”，在测试时故障态输出中有延时时间，该时间在系统设置里面设置。

4. 开关量输入、开关量输出

在测试仪的正面面板上，明确标有开关量的输入、输出接线端子，其中黑色端子为公共端子。测试软件开关量的选择界面如图 1 - 19 所示，其中“开关量”共有 8 对，为在电气上互相隔离的开关量输入端端口，用于接收保护的跳合闸等信号。“动作逻辑”为“或”时，当多选时任意一个接点动作就满足条件；“动作逻辑”为“与”时，当多选时要求所选的开关量同时满足条件。“动作方式”为“常开接点闭合/常闭接点打开”指空接点的接点状况；“低电平变高/高电平变低”指带电位（3.5～250V DC）的接点情况。特别注意，带电位时直流的正负接线，红色端子接正，黑色端子接负，黑端作为公共端。

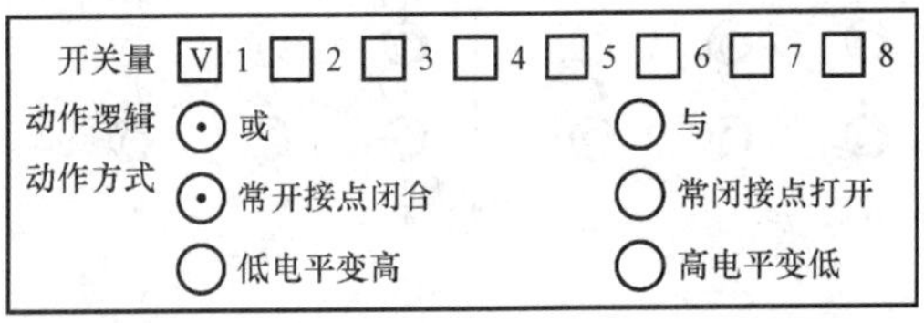

图 1 - 19 测试软件开关量输入选择界面

在电气上互相隔离的开关量输出端口共 4 对，用于模拟与被测保护（元件）相配合的有关外围设备，如二次回路的“手合”、“发信”等的控制信号，或启动“故障录波器”。

三、系统配置

系统配置有以下操作步骤：

（1）点击主界面上的“系统配置”图标，进入系统设置对话框。系统设置对话框包括“测试仪型号”、“外部放大器设置”、“将测试仪设置为”、“系统电压（L－N）、系统电压（L－L）、系统频率”、“系统配置接线图”等信息。

在测试仪联机的情况下，测试仪型号是不能够选择的，它是根据测试仪反馈过来的信息（序列号）自动选中测试仪的型号，同时将其他测试仪屏蔽。

外部放大器设置是指是否外接了放大器及所连接放大器的型号，只有 M2000 和 MH2000 可以连接外部放大器，其他的不可以。

根据所联机测试仪的情况可以将测试仪配置成很多配置，本软件已经将它配置成一系列常用的配置方案，同时配有接线图。系统配置是为了满足不同系统的需要，可以设置系统电压和电流。

（2）如果外部接放大器，测试仪可设置为很多配置，选择“3I＋3V”，将自动配置为三相系统；选择“6I＋3V”，将自动配置为六相电流、三相电压系统；选择“3I＋6V”，将自动配置为三相电流、六相电压系统；选择“自定义”，将由用户自行对测试进行配置。

四、系统参数设置

系统参数设置有以下操作步骤：

（1）进入每一个测试模块后，单击“设置”图标。

（2）单击“设置”图标后，在弹出的窗口中点击“系统设置”图标，在“设置”对话框中，设置“开关量分辨率”、“开关驱动延时”、“故障量输出延时”、“同步设置”等选项。

开关量的分辨率应大于接点的抖动时间，对电子型的设为 5～6ms，对微机型的设为 2～3ms。如果是带电接点，测试时动作后却不能接收到动作信号，就将开关量的分辨率设置为 0.1ms。

开关量驱动延时是指开入端口测到开关量变化后输出延时的时间。

同步设置包括正常/GPS 设置，“正常”是指点击“开始测试”，就能输出；“GPS”指用 GPS 脉冲或开关量接点控制测试仪的输出，只能用开关量的通道“1”。

故障量输出延时是指故障量输出时，在所设置的整定时间（整定的保护的出口时间）的基础上再延时所设置的“故障量输出延时”时间。

叠加直流分量是指在输出开始后在电流上叠加直流分量，然后按照给定的“时间常数”进行衰减。

（3）设置完后点击“确认”。

（4）报告头设置，点击“设置”图标，打开后，点击“报告头设置”，弹出相应的对话框。

（5）在“报告设置”对话框中输入测试报告的表头，如报告的标题、测试对象的名称等，点击“确认”。

经过以上五步即可完成系统参数设置。

五、软件使用入门

完成测试软件的安装并正确连接测试仪的信号线后，即可进行软件测试。

1. 测试仪信号线的连接

将 M 系列继电保护测试仪与 PC 机相连，可采用串口连接、USB 口连接和网口连接三种方式。以下简单介绍使用网口的方法。

（1）设置网卡 IP 地址。配置 PC 机的 IP 地址及子网掩码。IP 地址为 192.168.0.x，x 可以设置为 1 至 255 之间的任意数，但 199 不能用），子网掩码为 255.255 255.0。

（2）用随机配送的交叉网线连接 PC 机的网卡接口和测试仪的网卡接口，运行 M 系列测试软件进行测试。

2. 软件使用

（1）正确连接测试仪的输出电压、输出电流和输入开关量至被测装置的电压、电流、开关量（动作接点）。

（2）如果是外接电脑，正确用串口线或网线将电脑与测试仪连接。

（3）双击桌面上的“M 系列继电保护测试系统图标”图标即可运行程序，如果在软件封面的下边有测试仪的系列号，说明联机成功；如果没有测试仪的系列号，说明联机不成功，应检查通信线是否可靠接触，或单击“重新联机”。

（4）点击“系统配置”，将测试仪配置为所要的系统，缺省为“三相系统”。按照系统配置界面右侧的接线图检查测试仪器端的接线是否正确。

（5）点击所需的测试模块或点击测试方案进入测试环节。

六、常用继电器测试举例

1. 操作步骤

以过电流继电器为例，介绍 M 系列软件的使用和操作方法。进入常用继电器测试→过电流继电器测试主界面后，按以下操作步骤进行操作：

（1）单击“设置”图标，进行“系统设置”和“报告头设置”，设置方法与前述“4 系统参数设置”相同。

(2) 选择电流输出方式，如图 1-17 (a) 所示。

(3) 选择测试方式，如图 1-20 所示。

(4) 设置参数，如图 1-21 所示。

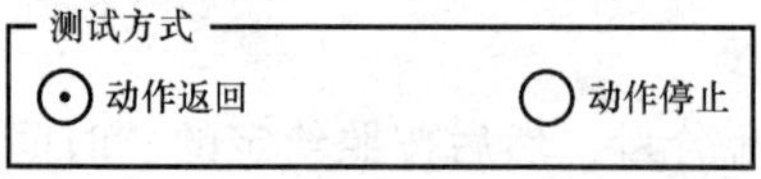

图 1-20 测试方式选择界面

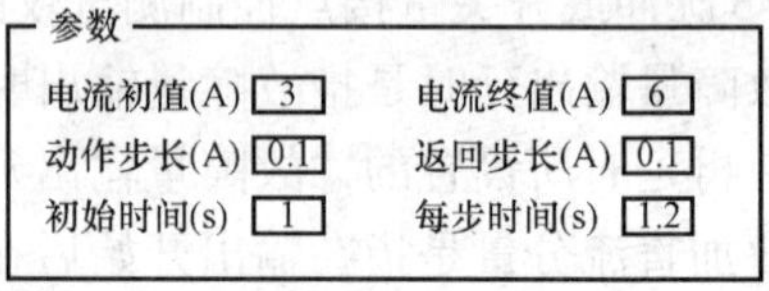

图 1-21 参数设置

参数设置对话框中的几个参数的含义分别为：

电流初值、终值：指电流输出的初始值和终止值。

动作步长：测试动作值时，电流向上升的每步电流变化值。

返回步长：测试返回值时，电流向下降的每步电流变化值。

初始时间：电流初值的持续时间。

每步时间：测试动作值及返回值的步长间隔时间。

(5) 设置开关量的端口、动作逻辑和动作方式，如图 1-19 所示。

(6) 设置完后，根据电流输出方式，将测试仪与被测试对象正确连接，点击“开始测试”，即可输出；点击“停止测试”，立即关断输出。

2. 测试报告

当测试完成后，点击工具栏中的“报告 (K)”菜单下的“测试报告 (T)”子菜单，将弹出测试报告界面，如图 1-22 所示。在左边列表框中选择要操作的测试报告，点击“显示”按钮，就可以显示出所选的测试报告；点击“保存”按钮，将选中的测试报告保存到测试方案（用户自定义的测试方案或系统缺省的测试方案）文件中，同时将选中的测试报告从当前报告中删除；点击“删除”按钮，将选中的测试报告从当前报告中删除。

未保存的测试报告在退出该测试模块后将全部丢失。

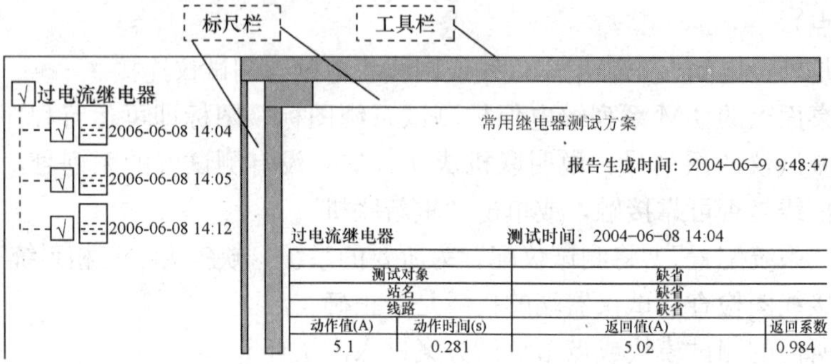

图 1-22 测试报告

3. 测试流程

(1) 测试动作值：电流从初始值开始并持续所设定的初始时间之后，按照步长及每步时间上升至测试对象动作，测试仪自动记下动作值。

(2) 测试返回值：当动作后，输出值突升至实际动作值的 1.2 倍，开始按照返同步长及每步时间下降至测试对象动作，测试仪自动记下返回值。

（3）测试动作时间：测试完返回值后，输出将自动关断 2s 后突升到实际动作值的 1.1 倍电流，自动记下动作时间。

（4）计算返回系数：根据实际动作值和实际返回值自动计算返回系数。

4. 注意事项

（1）电流为并联输出时，接线方式应与所选择的输出方式一致。

（2）电流终值的设定应比整定值大，当电流增加到终值并持续所设定的每步时间后动作接点仍未动作，则该测试自动结束。

（3）如果返回后要等待较长的时间才输出测试动作时间，请耐心等待，因为被测试的装置接点抖动得厉害，这时的数据特别大，这段时间用于读数据。

复习思考题

1-1　简述微机型继电保护测试仪的发展阶段及其特点。

1-2　说明博电 PW 系列测试仪的硬件特点。

1-3　说明博电 PW 系列测试仪的测试软件的功能及特点。

1-4　PW 系列测试仪作为交流电流源输出时有何特点？当需要电流超过测试仪每相输出的最大电流时，如何使用？

1-5　PW 系列测试仪作为交流电压源输出时有何特点？能否用测试仪测量断路器的跳闸或合闸电压？

1-6　使用 ONLLY 测试仪时应注意哪些问题？

1-7　以 ONLLY4630G 测试仪为例，说明其接线端子的种类和特点。

1-8　画出 ONLLY 测试仪开入量的现场接线图，对带电位接点的接线应注意什么？

1-9　利用 MD2000 测试仪测试过电流继电器的动作电流、返回电流，写出其测试步骤。

1-10　MD200 测试仪作为三相电流输出、六相电流输出时，其电流输出端子分别应如何连接？

1-11　MD2000 测试仪如何进行系统配置和系统参数设置？

1-12　MD2000 测试仪的软件有哪些测试模块？各有何功能？

第二章　互感器及二次回路的检验

第一节　电流互感器概述

电流互感器是一次电气回路和二次电气回路之间的连接设备。其基本作用是进行交流电流的变换，即将高压电流及低压大电流变换成适合继电保护装置、自动装置及测量仪表等工作的小电流（其额定值一般为 5A 或 1A），从而大大提高了二次设备的准确性和可靠性，并实现了二次设备生产的标准化，另外，互感器二次回路与一次高压系统是隔离的，保证了继电器等二次设备运行及检修的安全。顺便指出，互感器的二次侧应有可靠的保护接地，以防止一、二次绕组间的绝缘损坏时高电压对二次设备和工作人员造成危害。

一、基本工作原理、分类

电流互感器的原理性结构，如图 2-1 所示。在硅钢片（或镍合金片）叠成的铁芯 1 上绕有一次绕组（又称原绕组）2 和二次绕组（又称副绕组）3。一次绕组的匝数很少，使用时直接串联在一次回路中；二次绕组的匝数很多，与二次负载连接。

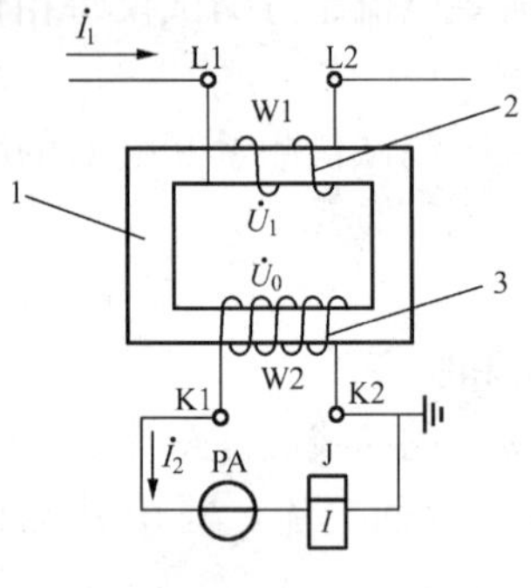

图 2-1　电流互感器原理
1—铁芯；2—一次绕组；
3—二次绕组

电流互感器的基本工作原理与一般变压器工作原理相同，当一次绕组通过电流 $\dot{I}_1$ 时，铁芯中出现交变主磁通，二次绕组上产生感应电动势 $\dot{E}_2$，在二次绕组和负载构成的闭合回路内产生二次电流 $\dot{I}_2$，一次电流和二次电流的比值称为变流比。二次电流产生的磁通对一次电流建立的主磁通产生去磁作用，使铁芯中的磁通密度大大降低。

电流互感器正常工作时二次负载阻抗很小，二次绕组接近于短路状态，二次电流的大小由一次电流决定，几乎不受负载变化的影响，这是互感器的显著特点。

电流互感器的种类和分类方法很多。按工作电压不同分为高压电流互感器和低压电流互感器；按使用环境和安装地点不同分为户内式、户外式和套管式；按绝缘形式不同分为干式、油浸式和浇注式；按铁芯结构不同分为单铁芯式、多铁芯式；按准确度等级不同分为 0.2、0.5、1、3、10 五个等级。

二、电流互感器的极性与一、二次电流的正方向

电流互感器的一、二次绕组必须标注极性，以便保证其二次回路接线的正确性。极性的标注方法如图 2-2（a）所示。用 L1、L2 表示一次绕组的两个端子，K1、K2 表示二次绕组的两个端子，L1 与 K1 为一、二次绕组的同极性端（简称同名端）。当一次电流从 L1 流入一次绕组时，二次电流即从 K1 流出。其一、二次电流的相位关系如图 2-2（b）所示。以上标注极性的方法是遵循了“减极性原则”，即一、二次电流产生的磁通在磁路中方向相反。电流互感器采用减极性原则标注极性，使电路分析计算工作变得简单、清楚，在电力系

统继电保护、自动装置和二次接线技术中被广泛采用。

三、电流互感器的10%误差

由于励磁电流及一、二次绕组漏阻抗上压降的存在和影响，使电流（或电压）互感器的一次电流（或电压）与二次电流（或电压）之比，不等于它的额定变比。这种误差相对值的百分数称为变比误差。除了变比误差，互感器还存在角误差。所谓角误差是指折算到一次侧的二次电流（或电压）与一次电流（或电压）之间的相角差。

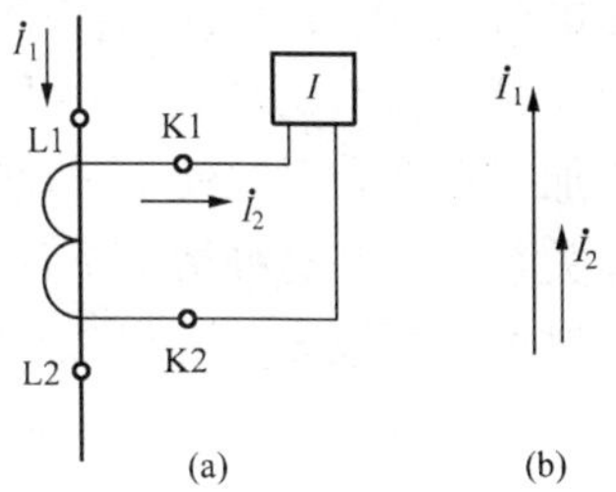

图2-2　电流互感器的极性和一、二次电流相量
(a) 极性标注；
(b) 一、二次电流相量

继电保护对互感器准确度的要求，与电工仪表有很大的不同。这种不同首先表现在工作条件上。电工测量要求互感器在其额定工作条件（额定电流、额定电压）下，保证误差极限不超过准确度等级的要求。例如，准确度等级为1级的电流互感器，当一次电流为额定电流的100%～120%时，其变比误差的限值为±1%，角误差限值为±60′。但对继电保护而言，只要求在发生短路故障的情况下，互感器有一定的准确度就可以了。其次，继电保护对互感器准确度的要求通常要比电工测量的要求低。这是因为互感器的误差将直接影响仪表的指示值，而在继电保护中还可借助于可靠系数、灵敏系数等来修正互感器误差的影响。所以，对保护用电流互感器的要求是变比误差不超过±10%（实际上是−10%），角误差不超过7°（以二次电流超前于一次电流相量时的角误差为正值）。这就是通常所说继电保护对电流互感器10%误差的要求。

对已制成的用于继电保护的电流互感器，产生误差的主要原因是励磁电流的存在及铁芯饱和的影响。具体说来，在使用中决定互感器误差的因素有两个，其一是电流互感器工作时的一次电流倍数，再者是电流互感器的二次负载。

一次电流倍数是指电流互感器一次电流 I_1 与其一次额定电流 I_{1N} 的比值，用 n_{TA} 来表示，则有

$$n_{TA}=\frac{I_1}{I_{1N}}$$

当 I_1 和 n 较小时，铁芯未饱和，因此互感器的二次电流 I_2 随 I_1 成正比变化。但当 I_1 和 n 增大到某一数值时，铁芯开始饱和，于是随着 I_1 的增大，励磁电流就会大幅度增加，使 I_2 不再与 I_1 保持线性的关系，造成变比误差大大增加，如图2-3所示。所以，用于继电保护用的电流互感器要考虑发生短路故障时，在一次电流值很大的条件下保证其误差不超过10%。图2-3中互感器的二次负载为一定，且误差达到10%时所对应的最大一次电流倍数 n_{10}，称为10%倍数。二次侧接额定负载时对应的10%倍数，称为额定10%倍数。显然，10%倍数是保护用电流互感器的一个重要技术参数。10%倍数愈大，互感器的过电流性能就愈好。

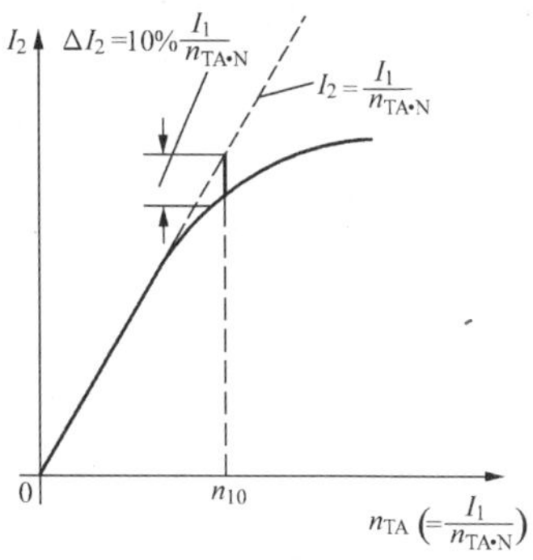

图2-3　电流互感器二次电流与一次电流倍数关系

电流互感器二次负载阻抗 $Z_{2.L}$ 的大小对互感器的准确度也有很大的影响。这是因为当 $Z_{2.L}$ 增大时二次电流 I_2 有减小的趋势，但一次回路的状况及一次电流 I_1 不变，因此励

磁电流 I_0 必然增大，结果使磁通 Φ、电动势 E_2 增大。当磁路未饱和时，I_2 将随 E_2 的增大而恢复至原来的数值，即 I_1 与 I_2 之间的线性变换关系仍然可以得到保持。但是，如果 $Z_{2.L}$ 增加得很多，以致使 I_0 的数值大大增加，而铁芯进入饱和状态，就不能再维持 I_1 和 I_2 的线性关系了。在这种情况下，I_1 增大，其中很大部分将用来增加 I_0，从而使互感器的误差大为增加。所以，只有当二次负载在给定的范围内时，电流互感器才能保证工作时的准确度。当二次负载超出这个范围时，互感器的准确度就会随二次负载阻抗的增大而下降。

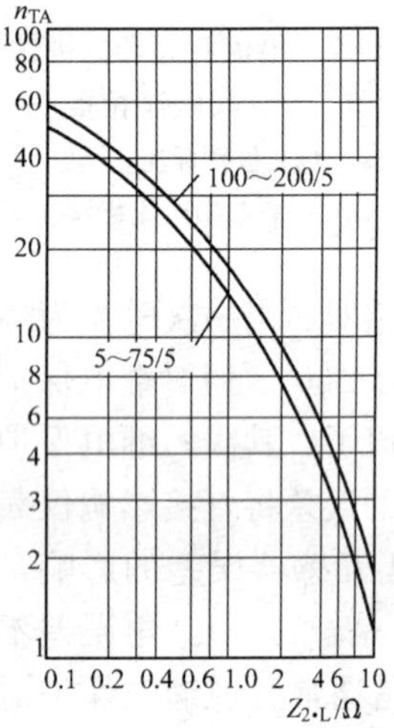

图 2-4　LGC 型电流互感器 10%误差曲线

综上所述，为了使保护用电流互感器的变比误差不超过±10%，且角度误差不超过 7°，就应对其二次负载和一次电流倍数做一定的限制。显而易见，在满足上述 10%误差要求的前提下，如电流互感器的二次负载阻抗较大，则容许的一次电流数就较小。反之，如二次负载阻抗较小，则容许的一次电流倍数就可以大些。为了便于设计和计算，常将比误差为 10%、角误差为 7°的条件下，容许的二次负载阻抗 $Z_{2.L}$ 与相应的一次电流倍数 n_{TA} 的关系绘成一条曲线，称为 10%误差曲线，其形状如图 2-4 所示。这样，如果由互感器实际的二次负载阻抗和一次电流倍数所决定的点落在曲线的下方，电流互感器的误差就不会超过容许值。10%误差曲线常用来选择保护用电流互感器，或确定互感器二次侧容许接入的负载阻抗。但要注意：对不同类型的保护装置，其一次电流倍数的计算条件是不同的。电流互感器的二次负载阻抗，也不仅与接入的仪表、继电器线圈以及连接导线的阻抗有关，而且还与保护的接线方式及短路类型有关。所以，在具体计算时应根据实际情况采用最严重的计算条件。电流互感器的 10%误差曲线通常由制造厂给出，必要时也可用试验方法求得。

第二节　电流互感器的极性检验

检查电流互感器的极性在交接和大修时都要进行，这是继电保护和电气测量的共同要求；当运行中的差动保护误动作或电能表反转时也要检查电流互感器的极性。

如果电流互感器的误差测量装置具有极性指示器，且标准器的极性已知时，可用比较法进行绕组的极性检查。

当使用的误差测量装置不具有极性指示器时，可用直流法检查绕组的极性，其试验接线如图 2-5 所示。电流互感器一次绕组端子为 L1、L2，二次绕组端子为 K1、K2。在电流互感器的一次侧接入 3～6V 的直流电源，在其二次侧接入毫伏表或万用表的直流电压档。

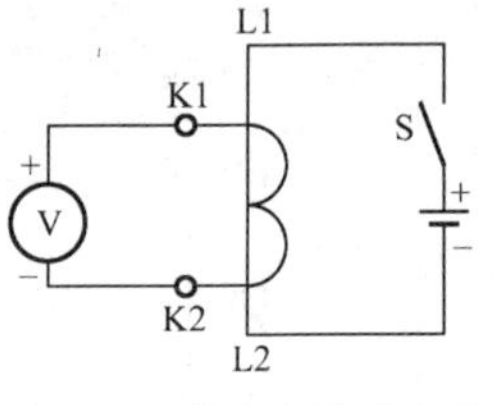

图 2-5　直流法检验电流互感器极性接线图

试验时，将刀闸开关瞬时投入、切除，观察电压表的指针偏转方向，按图 2-5 投入开关 S 瞬间，电压表指针往正方向偏转，则电池正极性端所接端子 L1 和电压表正极性端所接端子 K1 是同极性端。反之，则说明电池正极性端所接端子 L1 和电压表负极性端所接端子 K2 是同极性端。同理，按图 2-5 断开开关 S 瞬间，观察电压表指针偏转方向，也可以判断电流互感器的极性，请读者自行判断。

由于使用电压较低，可能仪表偏转方向不明显，可将刀闸开关多投、切几次防止误判断。

第三节 电流互感器二次回路直流电阻的测量

通过测量电流互感器的直流电阻，可以发现绕组层间绝缘有无短路、绕组是否断线、接头有无松脱等缺陷，在交接和大修更换过绕组时，都要测量绕组的直流电阻。

一、测量注意事项

(1) 由于互感器绕组的电感很大、电阻很小，绕组回路时间常数特别大，加上直流电压以后，电流从充电到稳定所需的时间较长，所以测量直流电阻是花费工时最多的试验项目。

缩短测量时间的关键是缩短充电时间，而加大回路电阻则是缩短充电时间的有效方法。

(2) 试验时用的表计准确度要高，引接线应尽量短、粗，并应接触牢固，否则将影响测量结果。

(3) 测得结果与制造厂数据比较，不应有显著的差别。

二、测量方法

测量绕组直流电阻常用的方法有电压降法和电桥测量法。

(一) 电压降法

(1) 试验接线。电压降法缩短测量时间试验原理接线如图 2-6 所示。

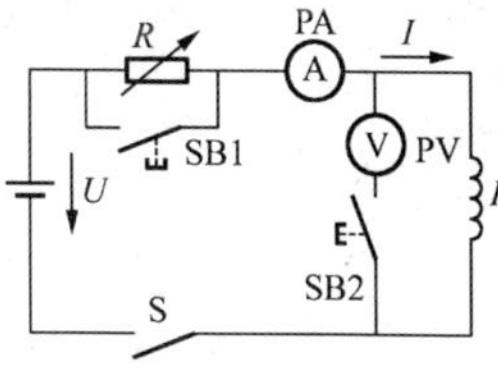

图 2-6 电压降法测直流电阻

(2) 附加电阻的选择。选择附加电阻应根据被试互感器绕组的电阻和电源电压决定，当电源电压 U（一般）为 6～12V 的蓄电池时，附加电阻应为绕组电阻的 4～6 倍，预定电流为

$$I=\frac{U}{R_X+R}$$

式中 I——预定电流；

U——直流电源电压；

R_X——被试绕组电阻；

R——附加电阻。

(3) 试验步骤。在选好附加电阻，计算出预定电流后，选择合适量程的电流、电压表，接好试验电路，合上电源开关，先按下按钮 SB1 将附加电阻短路。当电流达到预定电流值时，断开 SB1，电流便能很快地稳定，再按下 SB2，同时读取电流、电压值，然后计算出绕组的直流电阻。

(二) 电桥法

电桥法是现场中用的最多的测量直流电阻的方法。当被测电阻值在 1Ω 以下时，应用双臂电桥；当被测电阻值在 1Ω 以上时，应用单臂电桥。

由于电桥法操作简单，可以直接从刻度盘上读数，并且准确度较高，因此，很受试验人员欢迎。

1. 单臂电桥法

用单臂电桥测量绕组的直流电阻是最简单且准确的方法。

（1）试验接线。增大回路电阻以缩短测量时间的试验原理接线如图 2-7 所示。

（2）附加电阻的选择。附加电阻一般应为绕组电阻的 4～6 倍，预定电流可按下式计算

$$I=\frac{E}{R_X+R_3+R_0+R}$$

式中 E——直流电源电压；

R_X——被测绕组电阻；

R_3——标准电阻；

R_0——限流电阻；

R——附加电阻。

（3）试验步骤。在选好附加电阻，计算出预定电流后，选择合适量程的电流表，接好试验电路，合上电源开关，先按下按钮 SB1 将附加电阻短路。当电流达到预定电流值时，断开 SB1，将附加电阻串入，调整电桥达到平衡时，即可测得绕组电阻。

2. 双臂电桥法

（1）试验接线。增大回路电阻以缩短测量时间的试验原理接线如图 2-8 所示。

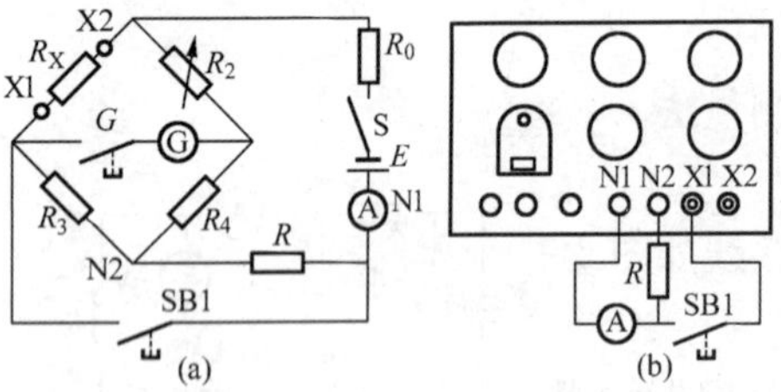

图 2-7 单臂电桥测量直流电阻原理接线图

（a）原理接线图；（b）电桥外部接线图

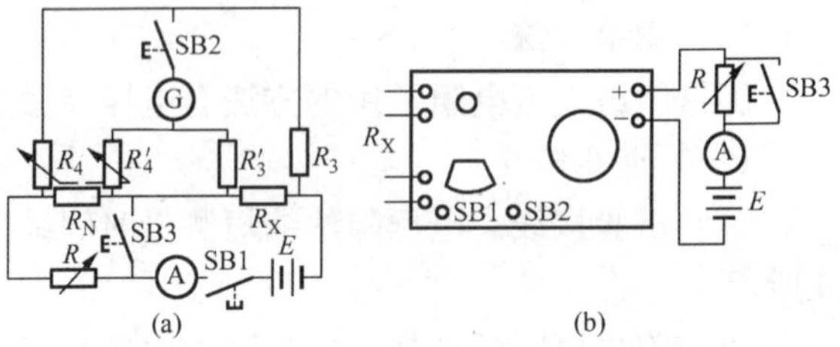

图 2-8 双臂电桥测量直流电阻原理接线图

（a）原理接线图；（b）电桥外部接线图

（2）附加电阻的选择。附加电阻可选用 10～100Ω 的滑线电阻，试验时应适当调节其大小，使接通或断开 SB3 时，电流表的指示值有明显变化。有时也可不用附加电阻，电桥内部的标准电阻就足够了。

（3）试验步骤。测量前首先估计被测电阻值，再按估计值选择标准电阻，确定直流电源电压。按试验接线图接好线后，按下 SB1 和 SB3 按钮，调节电阻 R，使其在 SB3 断开时电流表中电流能明显减小。待电流稳定后，按下检流计按钮 SB2，调节电桥平衡后即可读数记录。

（4）注意事项。切换分接头，应尽量防止铁芯中的磁通变化而引起绕组重新充电，为此可将测量相的非被测绕组短接，在不切断直流电源的情况下倒换分接装置。切换分接头后，将非被测绕组的短路刀闸打开，电源电流基本上是稳定的。稍停一段时间，就可以测量切换后这一档绕组的电阻值了。

第四节 电流互感器的误差检验

误差是电流互感器电性能的重要指标之一，包括变比误差和角度误差。对不同使用要求下的误差要求很严格，误差检验的目的就是检验其误差能否满足准确度的要求。

在电流互感器进行误差检验之前，通常需要检查极性和退磁。

电流互感器的极性检查方法已在第二节做过介绍，本节主要介绍退磁和误差试验的原理和方法。

一、退磁

电流互感器在电流突然下降的情况下，互感器铁芯可能产生剩磁。如电流互感器在大电流情况下突然切断电源、二次绕组突然开路等。互感器铁芯有剩磁，使铁芯磁导率下降，影响互感器性能。长期使用后的互感器都应该退磁。互感器在做各项试验之前和做完全部试验之后均应进行退磁，防止由于铁芯剩磁的影响使互感器误差失准。

互感器的退磁，就是给一次或二次绕组通以交变的励磁电流，给铁芯以交变的磁场。从零开始逐渐加大交变的磁场（励磁电流），使铁芯达到饱和状态，然后再慢慢减小励磁电流到零，以消除剩磁，恢复铁芯导磁率。

退磁的方法有开路退磁法和闭路退磁法两种。

1. 开路退磁法

对于电流互感器退磁，在二次（或一次）绕组开路情况下，给一次（或二次）绕组通以工频电流，从零开始逐渐增加到10%的额定一次（或二次）电流，然后平稳缓慢地把电流降至零，时间不少于10s。如此重复2～3次，铁芯退磁完成。若在10%的额定电流下退磁时，被开路绕组两端所感应的电压峰值超过匝间绝缘强度试验时所规定值的75%，则应在较小的电流值下进行退磁。

这种退磁方法，既能达到退磁目的，又比较安全。

2. 闭路退磁法

对于有些电流互感器，由于二次绕组的匝数都比较多，若采用开路退磁法，开路的绕组可能产生高电压。因此可以采用闭路退磁法。在二次绕组接上较大的电阻（额定负荷的10～20倍）。一次绕组通以电流，缓慢将电流升到120%额定一次电流后，回到零，再升到100%额定一次电流，回到零，再升到80%，逐步重复此过程，直到电流升到20%，回到零，则认为退磁已经完成。有多个二次绕组的电流互感器，可依次进行。如某绕组有多个抽头，则可只进行一次退磁，因为退磁是对铁芯而言，如有多个绕组合用一个铁芯，也只需退磁一次，一般选用电流较大的绕组进行退磁，效果较好。

由于接有负载铁芯可能不能完全退磁。由于一次绕组的最大电流有限制，过大的话可能烧坏一次绕组。如果接有负载的二次绕组产生电压不是过高的话，可以加大二次绕组的负载电阻，这样可以提高退磁效果。

二、误差检验

（一）比较法测量电流互感器误差

互感器误差检验一般采用被测互感器与标准互感器进行比较，两互感器的二次电流差即为被测互感器误差。此种检验方法称比较法。无论采用何种测量装置，均应按下面的规定接线：把一次绕组的L1端和二次绕组的K1端定义为相对应的同名测量端。将标准器和被检电流互感器的一次绕组的同名测量端连接在一起，并将升流器输出端中的一端接地或通过对称支路（或其他的方法）间接接地。相应二次绕组同名测量端也连接在一起，并使其等于或接近于地电位，但不能直接接地。当标准器和被检电流互感器的额定变流比相同时，误差检验原理接线图如图2-9所示。

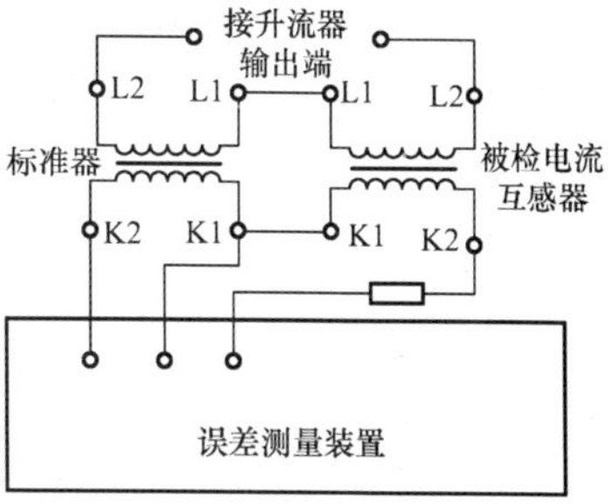

图2-9　电流互感器误差测量原理接线图

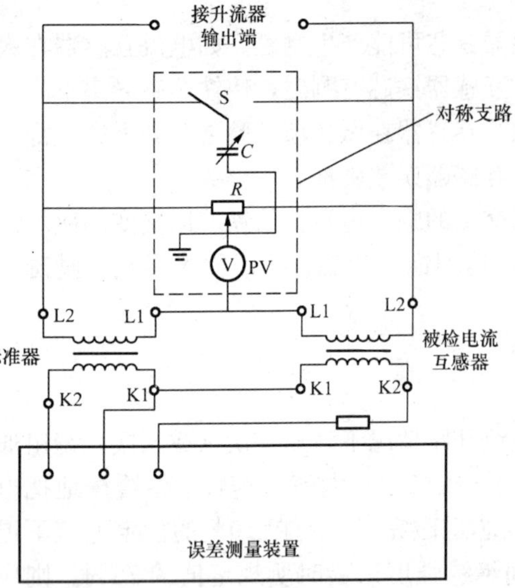

图 2-10 对称支路接地的比较线路

检定准确度等级为 0.1 级及以上的电流互感器，在较小的额定一次电流（例如 1A 以下）时，一次回路应通过对称支路（或其他方法）间接接地，如图 2-10 所示。先将开关 S 置于适当的位置，调节 R 和 C，直到毫伏表 PV 的指示最小时，则 L1 端接近地电位。

被测互感器与标准互感器的二次电流差一般采用互感器校验仪进行测量。直接从互感器校验仪上读出比值差 f_X(%) 和相位差 δ_X。由于互感器校验仪测的是被测互感器和标准互感器电流差与二次电流的比值，所以对互感器校验仪的要求不高。能校验什么等级的互感器，基本由标准互感器决定。

标准互感器是互感器校验系统的关键核心。试验用的标准互感器必须与试品同一变比，额定一次电流可以略高于被试互感器。如果标准互感器比被测互感器高出二个等级，此时标准互感器误差可忽略不计。若标准互感器比被测互感器只高一个等级，此时试验结果误差应考虑加上标准互感器误差。

对被测互感器进行校验，除了有标准互感器、互感器校验仪，还要有给互感器提供一次电流的升流器、可以调节升流器电流的调压器及负载。实验所用的升压器的容量要足够大，并能够达到试验规定的额定电压百分点，波形基本保持正弦波。

（二）被检电流互感器的误差计算

标准器比被检电流互感器高两个级别时，计算如下

$$f_X = f_P(\%)$$

$$\delta_X = \delta_P(')$$

式中 f_X、δ_X——被检电流互感器的比值差和相位差；

f_P——电流上升和下降时所测得两次比值差读数的算术平均值，对 0.5 级及以下的电流互感器为电流上升时所测得比值差的读数；

δ_P——电流上升和下降时所测得两次相位差读数的算术平均值，对 0.5 级及以下的电流互感器为电流上升时所测得相位差的读数。

标准器比被检电流互感器高一个级别时，计算如下

$$f_X = f_P + f_N(\%)$$

$$\delta_X = \delta_P + \delta_N(')$$

式中 f_N、δ_N——标准器检定证书中给出的比值差和相位差。

第五节 电流互感器的伏安特性测量

一、试验目的

电流互感器伏安特性是指互感器一次侧开路，二次侧励磁电流与所加电压的关系曲线，

实际上就是铁芯的磁化曲线。试验的主要目的是检查互感器的铁芯质量，通过鉴别磁化曲线的饱和程度，以判断互感器的绕组有无匝间短路等缺陷。

二、试验方法

电流互感器伏安特性测量原理试验接线如图 2-11 所示。

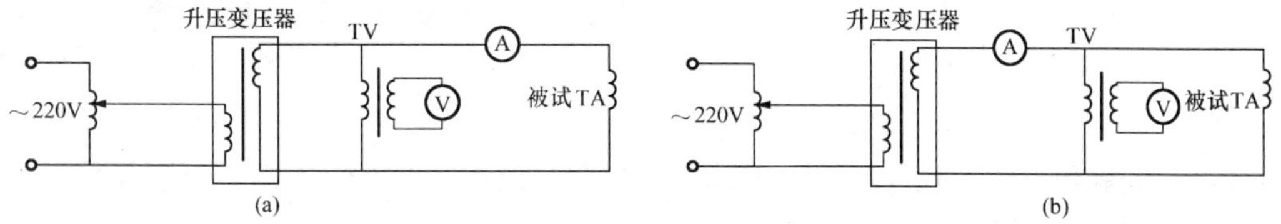

图 2-11　电流互感器伏安特性测量原理试验接线图

(a) 用高内阻电压表接线；(b) 用低内阻电压表接线

接线比较复杂，因为一般的电流互感器电流加到额定值时，电压已达 400V 以上，单用调压器无法升到试验电压，所以还必须再接一个升压变压器（其高压侧输出电流需大于或等于电流互感器二次侧额定电流）升压和一个电压互感器读取电压。如果有 FLUKE87 型万用表，由于其可测最高交流电压为 4000V，可用它直接读取电压而无需另接电压互感器。

试验前应将电流互感器二次绕组引线和接地线均拆除。试验时，一次侧开路，从二次侧施加电压，可预先选取几个电流点，逐点读取相应电压值。通入的电流或电压以不超过制造厂技术条件的规定为准。当电压稍微增加一点而电流增大很多时，说明铁芯已接近饱和，应极其缓慢地升压或停止试验。最后，根据试验数据绘出伏安特性曲线。

三、注意事项

(1) 电流互感器的伏安特性试验，只对继电保护有要求的二次绕组进行。

(2) 测得的伏安特性曲线与过去或出厂的伏安特性曲线比较，电压不应有显著降低。若有显著降低，应检查二次绕组是否存在匝间短路。

(3) 升压过程中应均匀地有小到大升上去，中途不能降压后再升压，以免因磁滞回线的影响使测量准确度降低；读数可以电流为准。

(4) 试验仪表的选择对测量结果有较大影响。

(5) 为使测量准确，可先对电流互感器进行退磁，即先升至额定电流值，再降到 0，然后逐点升压。

第六节　电流互感器 10%误差曲线实测方法

对继电保护用电流互感器一般按 10%误差曲线（或伏安特性曲线）进行误差校验或短路电流倍数和二次连接负载的校验。

对于已经制造好了的电流互感器，需要通过实际测试绘制成 10%误差曲线。目前工程上采用的实测方法基本上都是先做出电流互感器的伏安特性曲线，然后在该曲线上选择多个点的对应数据，利用近似公式进行计算，最后绘制出 10%误差曲线。下面介绍两种常用的实测方法。

1. 励磁阻抗曲线法

(1) 测量电流互感器的伏安特性曲线。

(2) 根据伏安特性试验数据求出励磁阻抗曲线。由电流互感器等值电路可知，做伏安特性试验时的外加电压可表示为

$$U = I(Z_N + Z_2) = I_N(Z_N + Z_2)$$

即

$$Z_N + Z_2 = \frac{U}{I_N} \tag{2-1}$$

将伏安特性实验数据代入式 (2-1)，可求出励磁阻抗曲线，即 $(Z_N + Z_2) = f(I_N)$。

(3) 绘制 10%误差曲线。

1) 将励磁阻抗曲线的纵坐标数据乘以 0.1，即可作为 10%误差曲线的横坐标（即容许阻抗 $Z_{ad} = Z_2 + Z_L$），则有

$$Z_{ad} = Z_L + Z_2 = 0.1(Z_N + Z_2)$$

2) 将励磁阻抗曲线的横坐标乘以 2，可作为 10%误差曲线的纵坐标（一次电流倍数 n），则有

$$n = 2I_N$$

(4) 评价。利用励磁阻抗曲线法求出的 10%误差曲线是用近似法绘制的曲线，因此不够精确。因为在公式推导过程中忽略了一些重要条件，而且假定电流互感器的额定变比等于两侧绕组的匝数比。

2. 感应电动势法

(1) 测定电流互感器二次漏抗 Z_2，通常有以下两种方法：

1) 阻抗角法。将一次侧完全短路，用电流互感器误差测试仪器在二次侧测量综合电阻 R 与电抗 X，由此求出综合阻抗角 θ

$$\theta = \tan^{-1}\frac{X}{R}$$

假定二次漏抗 Z_2 的阻抗角与综合阻抗的阻抗角相等，则有

$$Z_2 = \frac{R_2}{\cos\theta}$$

其中的 R_2 为二次绕组的电阻，可用直流电桥测出。

2) 高内阻电压表法。在电流互感器铁芯上加绕一个与二次绕组 W2 匝数相等的附加绕组 W3，为了减小试验电流，可以人为地增加一次绕组的匝数。试验时在一次侧加入正弦电流，分别测量二次电流 I_2 等于 2、3、4、5、6A 时的一次电流 I_1 和附加绕组的电压 U，因此

$$Z_2 = \frac{U}{I_2}$$

(2) 测量电流互感器的伏安特性曲线，方法同上。

(3) 计算对应于伏安特性曲线上 I_N的外接负载电阻 Z_L，方法步骤如下：

1) 计算各 I_e时二次漏抗上的电压降 $U = I_N Z_2$。

2) 计算各 I_e时二次感应电动势 $E_2 = U - I_N Z_2$。

3) 计算各 I_e时的二次电流。如果 $n_{TA\cdot N} = n_{TA}$（$n_{TA\cdot N}$ 是额定变比，n_{TA} 是匝数比)，则 $I_2 = 9I_N$；若 $n_{TA\cdot N} \neq n_{TA}$，则有

$$I_2=\frac{0.9n_{TA}}{n_{TA\cdot N}-0.9n_{TA}}I_N$$

4）计算各 I_N 时的容许二次负载阻抗。如果 $n_{TA\cdot N}=n_{TA}$，则 $Z_L+Z_2=\frac{E_2}{I_2}$ 若 $n_{TA\cdot N}\neq n_{TA}$，则有

$$Z_L+Z_2=\frac{E_2}{0.9\frac{n_{TA}I_N}{n_{TA\cdot N}-0.9n_{TA}}}$$

在以上计算值中减去电流互感器的二次漏抗 Z_2，即可求得各 I_N 时的容许负载阻抗 $Z_{L.ad}$。

（4）计算伏安特性曲线中各 I_N 时的一次电流倍数 m。当 $n_{TA\cdot N}=n_{TA}$ 时，$m=2I_N$；当 $n_{TA\cdot N}\neq n_{TA}$ 时

$$m=\frac{n_{TA}I_e}{5(n_{TA\cdot N}-0.9n_{TA})}$$

（5）根据前面计算出来的容许负载阻抗 $Z_{L.ad}$ 和一次电流倍数 m，即可作出电流互感器的 10%误差曲线。

第七节　HEY－H 型全功能互感器综合校验仪简介

HEY－H 全功能互感器校验仪采用差值测量原理，测量结果迅速准确、抗磁能力强、稳定性好、便于携带和现场测试等特点。该仪器是根据国家 JJG313—1994《测量用电流互感器检定规程》和 JJG314—1994《测量用电压互感器检定规程》的要求设计制造的。

HEY－H 全功能互感器校验仪不仅适合于互感器现场校验，还具备有校验台接口和 RS232 接口，通过校验台接口可与互感器校验台实现联机测量。

一、功能

（1）这种校验仪能够校验电压（TV）、电流（TA）互感器的电压、电流误差，相位误差，负载阻抗，导纳，并能判断互感器极性是否正确。

（2）能够将数据显示、存储和打印。

二、特点

（1）自动测量：采用差值测量法，直接测量误差。

（2）自动极性判断：可在 2%～20%内自动判断极性。

（3）自动切换档位：可根据测量数据大小自动切换量程。

（4）适应能力强：对电源有较强的适应能力。

（5）傻瓜式操作：大屏幕中文显示，菜单提示操作。

（6）自动数据处理：交流采样，全数字处理。

（7）自动化整测量：可根据被检互感器的准确度自动进行误差数据化整，并判断是否超差。

（8）计算机联机：仪器自身具有一定的数据管理功能，若与 PC 机联机则管理功能更强。

（9）能存储、查看测量结果，仪器掉电后数据不消失。

三、工作原理

HEY－H 型互感器校验仪基本工作原理框图如图 2－12 所示。CPU 同时对参考信号和误差信号进行采样，然后进行分析和计算。可以看出，同相分量和正交分量是在 CPU 内用

软件的办法获得，这样硬件电路相对简化，避免了采用模拟乘法器带来的精度和线性的损失，同时因减少了转换环节和调整环节增加了稳定性和可靠性。

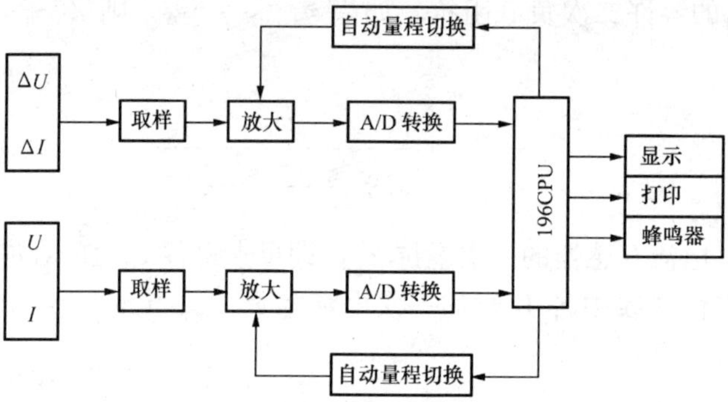

图 2-12　HEY-H 型互感器校验仪基本工作原理框图

四、面板结构

HEY-H 型互感器全功能综合校验仪面板图如图 2-13 所示。

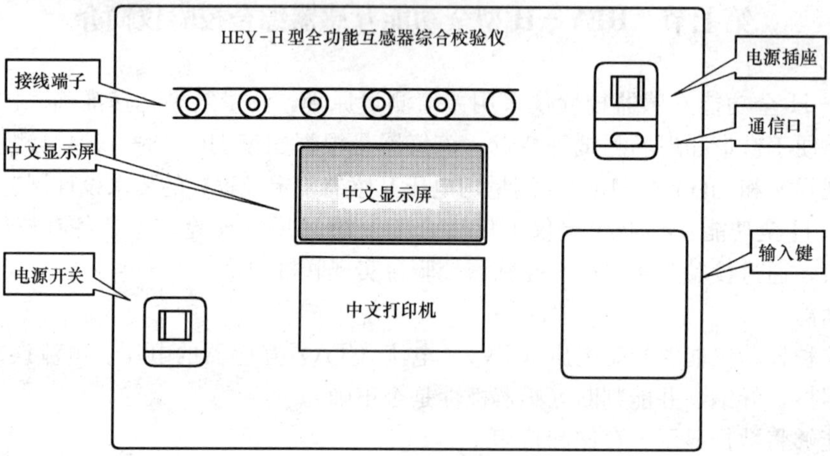

图 2-13　综合校验仪面板图

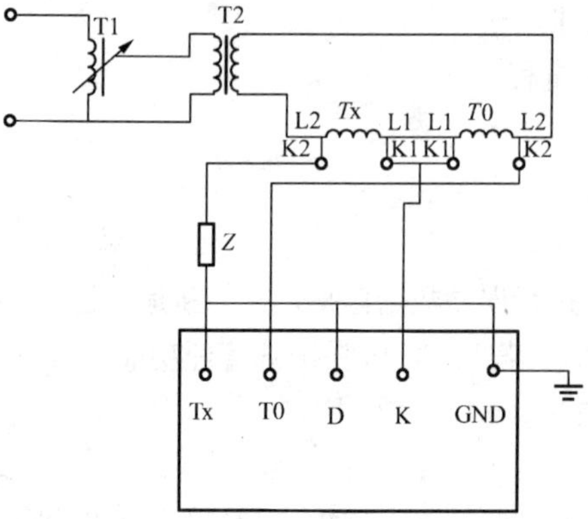

图 2-14　电流互感器校验接线图

五、操作过程

按图 2-14 连好外部连线并将调压器回零。

本设备采用中文菜单提示进行操作，因而操作过程比较直观、简便，以电流互感器测量过程为例作详细说明，其余各项因类似而不作详细介绍。

1. 欢迎界面（图 2-15）

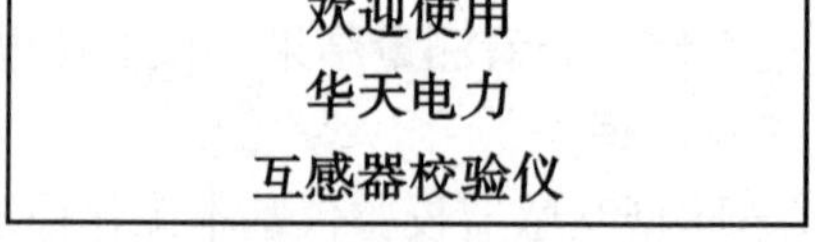

图 2-15　欢迎界面

仪器上电后，首先进入欢迎界面，上面有生产厂家、设备版本等信息。

2. 提示界面（图 2-16）

请确认

1. 外部接线正确

2. 调压器在零位

确认请按确认键

图 2-16　提示界面

提示正确接线和调压器位置在零位，如没有问题则按［确认］键进入下一屏。

3. 功能选择界面（图 2-17）

请选择试品类型：

TV 测量

TA 测量

阻抗测量

导纳测量

查看保存数据

图 2-17　功能选择界面

光标在 TA 测量位置时，按［确认］键即选择测量电压互感器功能。

4. 额定电流选择界面（图 2-18）

请选择试品电流等级：

5A

1A

图 2-18　额定电流选择界面

按动［UP］键移动光标，按［确认］键即选择被试电流互感器额定二次电流，这些信息会与测量结果一起被打印和保存。

5. 准确度等级选择界面（图 2-19）

请选择试品准确度等级：

0.1　0.2　0.5

1.0　3P　5P

图 2-19　准确度等级选择界面

按［UP］键，光标会左右移动，按［确认］键可选择被试TA准确度等级。这些信息会与测量结果一起被打印和保存。

6. 极性判断界面（图2-20）

开始检测极性
请升压至3%
百分数：XXX. X
请升压　　%
正在检测性

图2-20　极性判断界面

为防止试品与标准互感器极性反接，每次开始测量，仪器自动检测试品极性。

按屏幕提示，将电压升至3%左右，仪器发出“嘀”的一声，光标下移到“正在检测极性”，仪器自动进行极性检测。

如极性正确，仪器自动进入测量界面，错误则进入警告界面。

7. 警告界面（图2-21）

警告
极性错误
请在调压器回零后重新接线
处理完成后按确认键

图2-21　警告界面

仪器警告极性错误，并发声警告。

8. 测量界面（图2-22）

百分数：XXX. X
测试结果　　%
NO. %　　f　　&
1. XXX. X　XXX. XXX　XXX. XX
2.
3.
4.
测量请按功能键

图2-22　测量界面

此为标准测量界面。NO. 1、2、3、4为测量次数；%为当前百分数；f为比差，单位为%；&为相差，单位为’。

9. 正在测量界面（图 2－23）

正在测量
请稍后……

图 2－23　正在测量界面

仪器正在进行数据采集和分析计算，此时不要转动调压器。

10. 测量结果界面（图 2－24）

测试结果

NO:%	f	&
1. XXX. XX	XXX. XXX	XXX. XX
2.		
3.		
4.		

结果处理

图 2－24　测量结果界面

四次测量完成后，屏幕显示测量结果，按［确认］键进入结果处理界面。

11. 结果处理界面（图 2－25）

结果处理
打印数据
保存数据
重新开始 TV 测量
退出 TV 测量

图 2－25　结果处理界面

测量完成后，用户可选择打印、保存数据，重新开始或退出 TV 测量。

打印数据：数据可通过仪器自带的微型打印机输出。

保存数据：数据可保存在仪器内，便于以后查看，关电源后数据不丢失。

这种仪器最多可保存 20 组数据，保存空间满后自动覆盖以前数据（从第一组开始）。

六、注意事项

（1）如进行测量，必须具备此种仪器及所属附件、标准互感器、负载箱、可调的电压或电流供给设备才能进行，除仪器及所属附件外，其余设备由使用者自备。

（2）测量前，仪器上的接地端子如接线图要求接地则必须可靠接地，以保证人身和设备安全。

(3) 测量回路和仪器的供电电源应当稳定可靠，如果附近有闪烁的日光灯、大容量频繁启动的电机及其他负载剧烈变化的用电器可能导致测量结果不稳定，这时应与稳压电源配合使用。

(4) 仪器与被测对象之间的连线请采用仪器自身所配属的连线，否则可能造成测量误差。

(5) 测量回路通电前，应仔细检查连线是否正确，否则会损毁设备。

(6) 测量阻抗时，必须等调压器回零后才能切换负载，否则会损毁仪器。

(7) 测量高电压互感器时，如接地不好可能造成仪器死机。

(8) 关断仪器电源前请先将调压器回零。

第八节　二次回路接线检查

新安装的变电所和电厂，或者二次回路接线变更后，都要对二次回路接线进行查对。当运行中的继电保护装置及电气测量仪表发生异常时，有时也应检查二次接线是否正确。检查的主要内容是二次回路接线是否与图纸相符。未经检查核实的二次接线，一般不能投入运行，更不能用直接通电的方法代替查线。

对新安装或经改造的二次接线，必须根据展开图、安装图进行认真查对，以确保接线无错漏、编号正确、无寄生回路等。

对配电盘间、互感器至配电盘间的接线，可采用两节 1.5V 的干电池做成电池灯进行查对，或者用电话、电铃、摇表等。图 2-26 为电话查线法示例。

图 2-26 中电话筒是低电阻的，利用电缆的铅皮或已知芯线作为公共导线，电池为 3～6V 的干电池，试验前将电缆芯从两侧断开，按图示方法将电缆芯逐根核对。假若电缆芯没有标记或编号，应预先做好编号头，核对完以后将编号头套入。

图 2-27 为利用对线灯泡法进行检查的示例。试验前应预先拟定顺序和信号，一般在回路接通后两边的灯泡都亮，先由一端开合三次，对端再开合三次表示回路正确。两端的电池在回路中必须是串联连接，即一端的电池正极接铅皮，另一端电池的负极接铅皮，否则即使回路接通了灯泡也不亮。

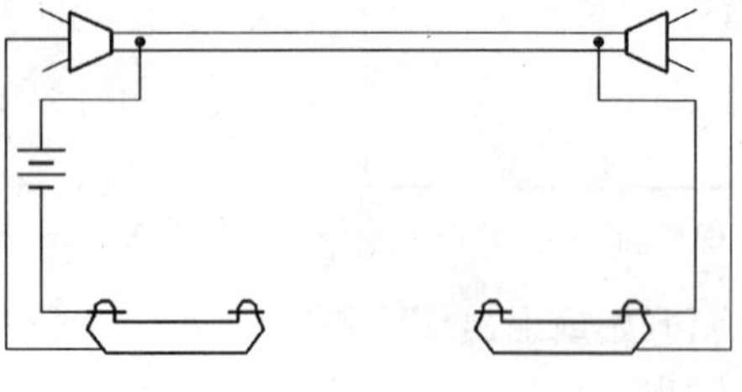

图 2-26　用电话查对二次回路接线图

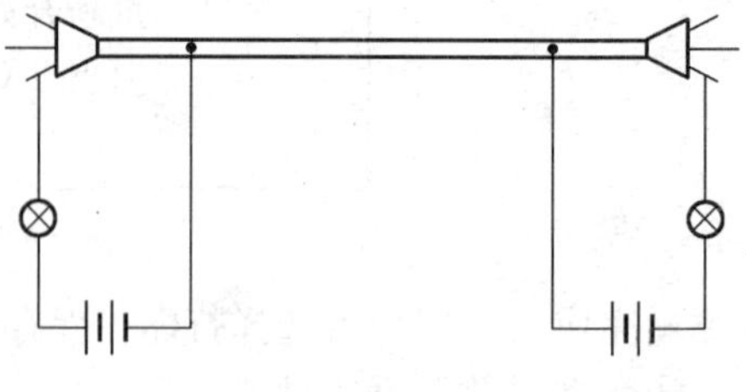

图 2-27　用灯泡法查对电缆回路接线图

如果电缆没有铅皮，或没有可靠通路可利用时，则在试第一根电缆芯时，必须利用其他电缆芯，进行核对。第一根电缆芯找出后，即可作为公共通路来查对其他缆芯。

查对盘后接线是否正确时，可用对线灯泡直接进行，而不需要将导线两端断开。

检查断路器传动机构的辅助触点时，应先对触点进行清洁，再检查辅助触点的接触情况。合闸回路触点环的触点应在断路器闭合、传动装置行程终了时断开；跳闸回路触点环的触点应在开始断路之后断开。

复 习 思 考 题

2-1　什么是电流互感器的变比误差和相角误差?

2-2　如何用直流法检定电流互感器的极性?

2-3　简述测量电流互感器直流电阻的意义。

2-4　如何用单臂电桥测量电流互感器的直流电阻?

2-5　为什么在电流互感器误差试验前要先进行退磁?如何退磁?

2-6　简述电流互感器误差试验的原理。

2-7　简述测量电流互感器伏安特性的目的和方法。

2-8　简述测量10%误差曲线的原理和方法。

2-9　简述检查二次回路接线的方法。

第三章　继电器的检验与调试

第一节　检　验　通　则

继电器的检验可以分为新安装验收检验、定期检验和补充检验三种类型，本节介绍继电器在新安装和定期检验时的通用检验规则及要求。

一、一般性检查

1. 一般性检查内容

(1) 外壳透明罩应完整，嵌接良好，有可靠的防尘密封设施，内部应清洁无尘埃和油污。

(2) 外部带电的导电部分与地（金属外壳或外露非带电金属零件）之间及两带电导电部分之间的电气间隙和爬电距离。

(3) 感应型继电器转动部分应灵活无异常现象，检查圆盘与电磁铁、永久磁铁间应清洁无异物，检查圆盘是否平整以及上、下轴承的间隙是否合适。

(4) 检查机电型继电器可动部分的动作灵活性，转轴的横向、纵向活动范围是否适当，轴和轴承除有特殊要求外，禁止注入任何润滑油。

(5) 检查静态型继电器（包括晶体管型、集成电路型和微机型）的印制电路板表面及焊接质量。

(6) 检查各零部件的安装与装配质量。

(7) 检查整定机构、接插件、弹簧（游丝）、按钮、开关和指示器等的质量。

(8) 检查触点质量。

2. 一般性检查要求

(1) 继电器外部（即壳体外部）的电气间隙和爬电距离的最小值应按表 3-1 规定，如有特殊要求，应在产品技术文件中规定。

表 3-1　电气间隙和爬电距离

回路额定绝缘电压（V）	最小电气间隙（mm）		最小爬电距离（mm）
	L—L	L—M	
$U_N \leqslant 60$	2.0	3.0	3.0
$60 < U_N \leqslant 380$	4.0	6.0	6.0

注　表中 L—L 表示两带电部分之间的电气间隙；L—M 表示带电部分和暴露的金属零件之间的电气间隙。

(2) 所有焊接处不应出现虚焊、假焊现象，印制电路板线条应无锈蚀。

(3) 机电型继电器的弹簧（游丝）应无变形，当由起始位置转至最大刻度位置时，层间距离要均匀，整个平面与转轴要垂直。

(4) 接插件应接触可靠、插拔方便。整定机构应可靠地固定在整定位置，整定插头插针与整定孔的接触应良好。

（5）各零部件的安装应完好，螺栓（钉）应拧紧，焊接头应牢固可靠。

（6）按钮、开关等电气元件操作应灵活，经手动作 5 次不应出现发卡现象。

（7）插拔机构及活动盖板等应灵活，不应磕碰其他部位。

（8）对继电器触点的检查。

1）触点铆接要牢固，无挫伤和烧损现象，动合触点闭合后应有足够压力。触点压力可用测力计、砝码和灯光信号、万用表（欧姆表）配合测试。测试时，测力计（或砝码）作用力的方向应沿触点接触面的法线方向，并将灯光信号（或万用表）接入触点回路，当灯光信号熄灭（或万用表没有指示）时，测力计的读数（或砝码的质量）即为被测触点压力。

2）触点间隙用塞尺检查，应以塞尺刚好通过并不使触点片产生位移时的间隙为触点间隙。

3）触点超行程检查可以用塞尺直接测量触点位移的方法，也可以用间接测量并换算的方法，即对于动合触点，缓慢移动衔铁，计算从触点开始接触起到衔铁完全与磁轭接触闭合为止衔铁运动的直线距离，然后根据图样的标称尺寸换算为动合触点闭合的超行程。对于动断触点，先使衔铁闭合，然后缓慢释放，计算从动断触点开始接触起到衔铁完全释放为止衔铁运动的直线距离，然后根据图样的标称尺寸换算为动断触点闭合时的超行程。

4）两组或以上触点接触时差的检查。对于没有接触时差要求时，可以采用目测，其方法是缓慢移动衔铁，利用灯光信号或万用表指示进行检查。对于有接触时差要求时，可分别测量各触点组的动作时间或返回时间，然后进行比较（以某一组触点为基准）。

5）禁止使用砂纸、锉刀及锐利的工具擦拭和修理触点，触点烧伤处可用细油石修理并用鹿皮或绸布抹净，触点表面不得附有金属粉末和尘埃。

（9）一般性检查应在无损继电器的试验下及正常照明和视觉条件下进行。

二、一般电气性能检查

（1）对内部安装的元器件如电容器、电阻、电子元器件、小型继电器等，只有在发现电气特性不能满足要求而又需要对上述元器件进行检查时，才核对其标注的标称值或者通电实测。

（2）当输入规定的激励量时，各种信号指示器，如信号灯、光字牌以及音响信号等，应正确显示。

（3）当输入一定激励量时，各种指示仪表应正确指示。

（4）当输入的激励量为动作值时，应仔细观察触点的动作状况，除发现有抖动、接触不良等现象应及时处理外，还应结合整组试验，使触点接入规定的负荷，再一次观察触点应无抖动、粘住或出现持续电弧等异常现象。

（5）继电器（包括其插件）单独检验调整完毕后，应仔细检查拆动过的部件和端子等是否都恢复正常，所有的临时衬垫等物件应清除，整定端子及整定机构的位置应与整定值相符；盖上外罩后，应结合整组试验检查动作情况，信号显示器的动作和复归应正确灵活。

（6）测试性能时必须将壳罩装上。

（7）整定点动作值的测试应重复 10 次（静态型继电器为 5 次），误差、一致性或变差应符合规定的要求。

（8）在做电流或电压冲击试验时，冲击电流用继电保护设备安装处的最大故障电流（不超过 250A），冲击电压用 1.1 倍额定电压，时间 1s；若用负序电流或负序电压做冲击试验时，只需将相序倒换成负序即可。对电流或电压冲击值如有特殊要求，应作出明确规定。

(9) 当试验电源的影响量（如电源频率、畸变因数、纹波系数、交流电源值波动等）变化影响电气性能较大时，应在记录试验数据的同时，注明试验时的试验电源影响量值。

(10) 检测有或无继电器功能应在无自热状态下进行，采用突然施加激励量的方法，动作或返回前后电压变化不允许超过5%；当电压有变化时，应取动作前的电压为继电器的动作电压，返回前的电压为继电器的返回电压。为保证电压变化不超过5%，直流电压采用电阻分压时的分压电阻值，应小于线圈电阻的1/4.75。

三、绝缘性能的检验

1. 绝缘物条件

应在干燥和没有自热的条件下检验绝缘性能。

2. 大气环境条件

检验绝缘性能时周围大气条件应为规定的大气环境条件：

1) 环境温度：15～35℃；

2) 相对湿度：45%～75%；

3) 大气压力：86～106kPa。

3. 绝缘电阻的检验

(1) 检验部位。如无其他规定，一般对下列部位进行检验：

1) 各带电的导电电路对地（即外壳或外露的非带电金属零件）之间。

2) 无电气联系的各带电电路之间（如独立的输入电路之间，交流电路与直流电路之间等）。

(2) 绝缘电阻检验方法及要求。

1) 绝缘电阻值的检验，应在施加如表3-2中规定的测试仪器直流电压之后，至少经5s达到稳定值时确定。

2) 检验部位按上述规定部位进行检验。

3) 检验用的接线，应保证其导线的绝缘电阻不小于500MΩ，试验用导线不得绞接。

4) 绝缘电阻值应符合规定要求。

4. 介质强度的检验

(1) 检验部位。如无其他规定，一般与绝缘电阻检验部位相同。

(2) 确定介质强度试验电压的原则。如无其他规定，介质强度试验电压值按以下原则确定：

1) 一般介质强度试验电压值按表3-3选择确定。

表3-2 绝缘电阻测试仪器电压等级

额定绝缘电压（V）	测试仪器电压等级（V）
≤60	250
≤250	500
≤500	1000

表3-3 介质强度试验电压值

额定绝缘电压（V）	试验电压（kV）
≤60	1.0
≤120	1.5
≤250	2.0
≤500	2.5

2) 对于由仪用互感器直接激励的电路，试验电压不应低于2kV。

3) 接到用于外部接线的端子上的同一组触点（断开的动、静触点）之间，试验电压一般为 1kV，或按产品技术要求规定。

4）同一绕组中各线圈之间的试验电压值一般为 1kV，或按产品技术要求规定。

5）当在两个总是处于相同电位（如直接连在同一相）的两电路之间进行试验时，试验电压应为额定绝缘电压值的 2 倍，但不低于 500V，或为两电路中较高的一个额定绝缘电压值的 2 倍。

6）新安装检验时，应按上述要求确定试验电压值。对于维修检验，对继电器进行介质强度检验时，试验电压值应为规定值的 75%。

（3）介质强度检验方法。将试验设备的开路电压初调至不高于规定电压值的 50%后施加到被试继电器。在不出现明显瞬变现象的条件下，将试验电压从初调值升高至规定值，并保持 1min。然后，尽可能快地将试验电压平稳降低至零。

（4）介质强度试验电压源的要求。

1）当继电器施加一半的规定试验电压值时，试验电压源的电压降应保证小于 10%额定值。

2）电源电压的准确度应保证不低于 5%。

3）试验电压基本上应为正弦波，频率在 45～65Hz 之间。

四、试验电源和使用仪器仪表的一般要求

1. 试验电源

检验用的试验电源应符合以下要求：

（1）电源频率，不超过 50±0.5Hz。当电源频率变化对某些继电器的电气性能影响较大，要求高准确度时，必须采用允许误差较小的电源频率；如果继电器的电气性能与频率无关，允许电源频率的误差可以大些。

（2）交流电源波形为正弦波，波形畸变因数不大于 5%。

（3）交流电源中直流分量，允许偏差为峰值的 2%。

（4）直流电源中的交流分量（纹波）为最大瞬时电压与最小瞬时电压之差同直流分量的比值，用百分数表示，应不大于 6%。

（5）直流电源的额定电压为 110、220V，则其变化范围为 80%～110%额定值。额定电压为 48V 及以下时，其变化范围为 90%～110%额定值。

（6）交流电源系统的不平衡度应不大于 5%。

（7）各相电流大小相等，允许偏差不大于各电流平均值的 1%。

（8）各相电流与该相电压间的夹角应大小相等，允许偏差不大于 2°。

2. 试验用仪器仪表的要求

除另有规定外，试验中所使用的仪器仪表准确度应满足下列要求：

（1）一般使用的仪器仪表准确度应不低于 0.5 级，电子仪器应不低于 2.5 级。

（2）测量相位用仪器仪表准确度不低于 1.0 级。

（3）测量延时用仪器仪表：当测量时间大于 1s 时，相对误差不大于 0.5%，测量时间小于 1s 时，相对误差不大于 0.1%。

五、误差、一致性的计算方法

计算误差的一般公式为

$$\text{误差}(\%)=\frac{10\text{ 次(或 5 次)测量平均值}-\text{整定值}}{\text{整定值}}\times 100\%$$

一致性＝10次（或5次）测量的最大值－10次（或5次）测量的最小值

动作值一致性也可用相对值表示，即

$$一致性(\%)=\frac{10次(或5次)测量的最大值-10次(或5次)测量的最小值}{10次(或5次)测量的平均值}\times 100\%$$

第二节　DL－10系列电流继电器检验与调试

一、用途

DL－10系列电流继电器用于电机、变压器和输电线路的过负荷保护和短路保护电路中作为启动元件。

二、原理简介

DL－10系列电流继电器背后端子接线图如图3－1所示。

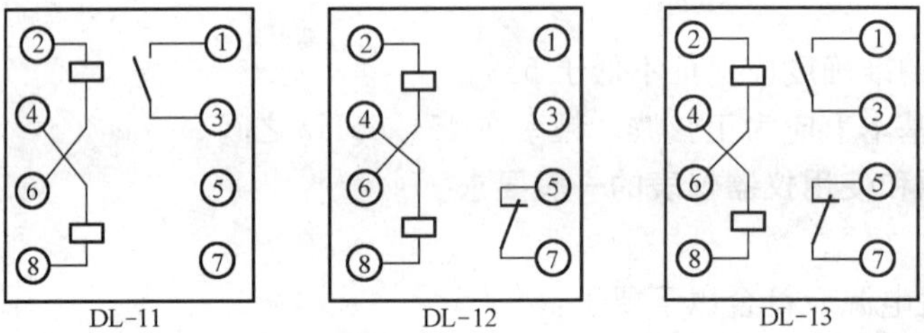

图3－1　DL－10系列电流继电器背后端子接线图

这两系列继电器采用电磁式瞬时动作原理。电磁系统有两个线圈，用连接片可将两线圈串联或并联，使继电器整定值范围变化一倍。

继电器的可动系统装在铁芯的两极间，连在同一轴上的有游丝、桥形动触点和Z形动片。当加在其线圈上的电流达到整定值时，动片和桥形触点一起转动，动合触点闭合，动断触点断开；当其断电或低于返回值时，可动系统受游丝反作用力矩的作用返回到原来位置，动合触点断开，动断触点闭合。

继电器铭牌上的刻度值是线圈串联时的电流值。改变整定值时，当整定范围确定之后（线圈串、并联）只需拨动刻度盘上的指针，即可改变游丝的力矩。

三、检验项目及要求

（1）一般性检验见第一节的检验通则。

（2）DL－10系列电流继电器整定范围见表3－4。

表3－4　DL－10系列电流继电器整定范围

最大整定值（A）	整定范围（A）	线圈串联			线圈并联		
		动作电流（A）	热稳定电流（A）		动作电流（A）	热稳定电流（A）	
			长期	1s		长期	1s
0.01	0.0025～0.01	0.0025～0.005	0.02	0.6	0.005～0.01	0.04	1.2
0.04	0.01～0.04	0.01～0.02	0.05	1.5	0.02～0.04	0.1	3
0.05	0.0125～0.05	0.0125～0.025	0.08	2.5	0.025～0.05	0.16	5

续表

最大整定值（A）	整定范围（A）	线圈串联			线圈并联		
		动作电流（A）	热稳定电流（A）		动作电流（A）	热稳定电流（A）	
			长期	1s		长期	1s
0.2	0.05～0.2	0.05～0.1	0.3	12	0.1～0.2	0.6	24
0.6	0.15～0.6	0.15～0.3	1	45	0.3～0.6	2	90
2	0.5～2	0.5～1	4	100	1～2	8	200
6	1.5～6	1.5～3	10	300	3～6	20	600
10	2.5～10	2.5～5	10	300	5～10	20	600
20	5～20	5～10	15	300	10～20	30	600
50	12.5～50	12.5～25	20	450	25～50	40	900
100	25～100	25～50	20	450	50～100	40	900
200	50～200	50～100	20	450	100～200	40	900

（3）动作值极限误差的绝对值不大于6%。

（4）动作值的一致性不大于6%。

（5）返回系数不小于0.8（最大整定值200A时不小于0.7）。

（6）动作时间在1.1倍整定值时不大于0.12s，2倍整定值时不大于0.04s。

（7）触点工作可靠性检验。

四、检验、调试方法

1. 动作值极限误差检验

DL-10系列电流继电器检验调试接线如图3-2所示，具体检验步骤为：

（1）各整定值（刻度）误差的绝对值不大于6%。检验时只需检查最大和最小整定值两点。

（2）将输入激励量从零开始平稳上调直至被试继电器动作，动合触点可靠闭合（这时动作指示用中间继电器可靠动作），如此重复测量5次（或10次）。

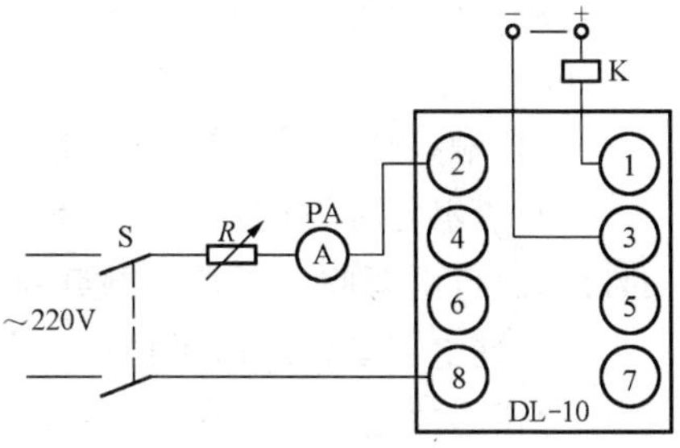

图3-2 DL-10系列电流继电器检验调试接线图

（3）调整最大整定值。当实测动作值大于整定值超差时，调上档螺丝，使动片的初始位置靠近磁极；反之，则调至远离磁极。注意，调小动片与磁极的间隙时，应保证继电器在规定的任何工作情况下动片和磁极不能相碰。

（4）调整最小整定值。当实测动作值大于或小于整定值超差时，则调整游丝的力矩。其原则是：放松游丝，力矩减小，动作值降低；反之，动作值增高。

2. 动作值的一致性检验

根据上述试验数据计算动作值的一致性，应不超过6%。如误差超过技术要求，可检查轴尖、轴承的清洁度及磨损情况、轴向活动量等是否符合要求，否则进行清洗和调整，甚至更换零件。

3. 返回系数检验

（1）动作值测试：调节输入激励量使电流增大到继电器动作，同时动作指示中间继电器可靠动作，读取被试继电器的最小工作电流为动作值。

（2）返回值测试：继电器动作后，调节输入激励量使工作电流均匀下降至返回值，同时动作指示中间继电器可靠返回，读取被测继电器返回时的最大工作电流为返回值。

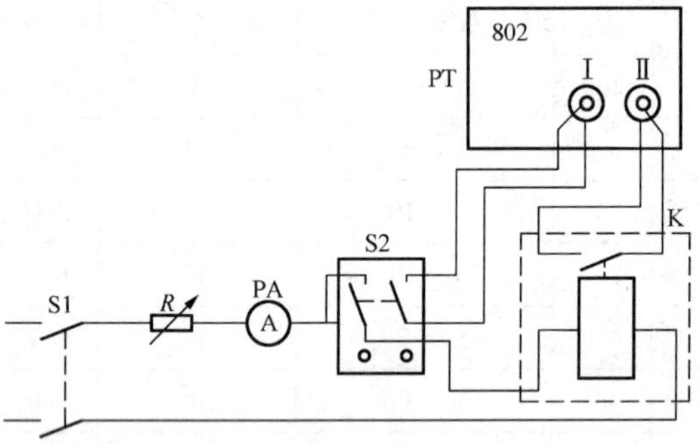

图 3 - 3　DL - 10 系列电流继电器动作时间检验调试接线图

（3）返回系数：应不小于 0.8。对于最大整定值 200A 的规格，返回系数应不小于 0.7。

如不符合技术要求，检查静触点片的弹力（片硬弹力大，返回系数高，反之则低）和动、静触点的配合。

4. 动作时间的检验

DL - 10 系列继电器动作时间检验调试按图 3 - 3 接线。

检验时，突然施加激励量，在 1.1 倍实测动作值时，动作时间不大于 0.12s，在 2 倍实测动作值时不大于 0.04s。

5. 继电器工作可靠性检验

（1）在动作或返回电流下，继电器动作过程中的可动系统不应停滞在中间位置。

（2）当对线圈突然施加 1.75 倍整定电流的激励量时，继电器的动合触点应无抖动地闭合。

（3）继电器的激励量为 0.6 倍整定电流时，继电器的动断触点应可靠闭合。

6. 触点可靠工作的调整

（1）触点抖动的一般性调整。

1）静触点片过硬。这主要是止档片紧靠静触点片，致使静触点片不能随继电器动触点的抖动而自由弯曲，于是在触点间产生电火花，使触点工作不可靠。确认后调整止档片。

2）继电器动作时由于触点片弯曲的角度不当，致使触点工作不可靠，这时可将动、静触点的相遇角适当调节在 55°～65°范围内。

3）动触点的摆动角度过大。这时可调整动触点与限制片间的距离。

（2）大整定值下触点抖动的调整。

1）静触点片弹力过小，或离止档片太远。继电器动作时，静触点片过度弯曲而无止档，导致 Z 形动片与止档螺丝严重相撞，造成触点抖动。这时可适当弯曲触点片及止档以加大弹力。

2）可动系统轴向活动量过大，则轴的径向活动量也随之增大，可能引起动片碰撞磁极，致使可动系统产生振动，因而触点工作不可靠。

第三节　DY - 30 系列电压继电器检验与调试

一、用途

DY - 30 系列电压继电器用于继电保护线路中，作为过电压保护或低电压闭锁元件。

二、原理简介

DY－30 系列电压继电器背后端子接线如图 3－4 所示。

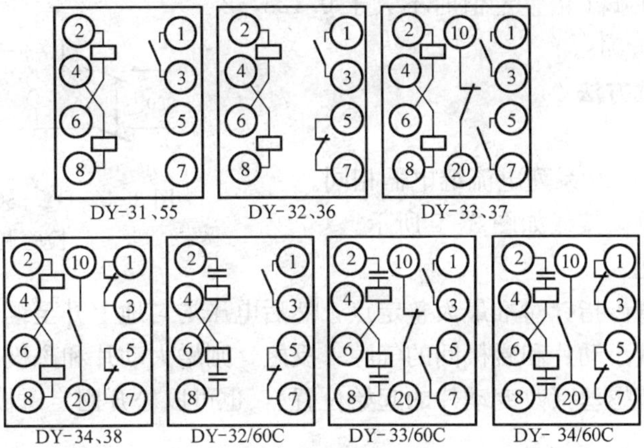

图 3－4　DY－30 系列电压继电器背后端子接线图

该系列继电器是瞬时动作电磁式继电器，当线圈加上规定电压时，产生电磁力矩，衔铁克服反作用力矩而动作。

如作为过电压继电器，则当电压升高至整定值（或大于整定值）时，继电器立即动作，动合触点闭合，动断触点断开。当电压降低至 0.8 倍整定值时，继电器立即返回，动合触点断开，动断触点闭合。

如作为欠电压继电器，则当电压降低至整定电压时，继电器立即动作，动合触点断开，动断触点闭合。当电压降低至 0.8 倍整定值时，继电器立即返回，动合触点断开，动断触点闭合。

继电器铭牌上刻度值是并联时的值。转动刻度牌上的指针，以改变游丝的作用力矩，从而改变继电器的动作值。

三、检验项目及要求

（1）一般性检验见第一节检验通则。

（2）继电器额定值、整定值等技术数据见表 3－5。

表 3－5　　DY－30 系列电压继电器技术数据

名称	型号	最大整定电压（V）	额定电压（V）		长期允许电压（V）		电压整定范围（V）	动作电压（V）		最小整定值时的功率损耗（V·A）	返回系数
			线圈并联	线圈串联	线圈并联	线圈串联		线圈并联	线圈串联		
过电压继电器	DY－31～34	60	30	60	35	70	15～60	15～30	30～60	1	0.8
		200	100	200	110	220	50～200	15～100	100～200		
		400	200	400	220	440	100～400	12～24	200～400		
欠电压继电器	DY－35～38	48	30	60	35	70	12～48	12～24	24～48		1.25
		160	100	200	110	220	40～160	40～80	80～160		
		320	200	400	220	440	80～320	80～160	160～320		
过电压继电器	DY－32～34/60C	60	100	200	110	220	15～60	15～30	30～60	2.5	0.8

（3）动作值极限误差的绝对值不大于6%。

（4）动作值的一致性不大于5%。

（5）动作时间在1.1倍整定值时不大于0.12s，2倍整定值时不大于0.04s。

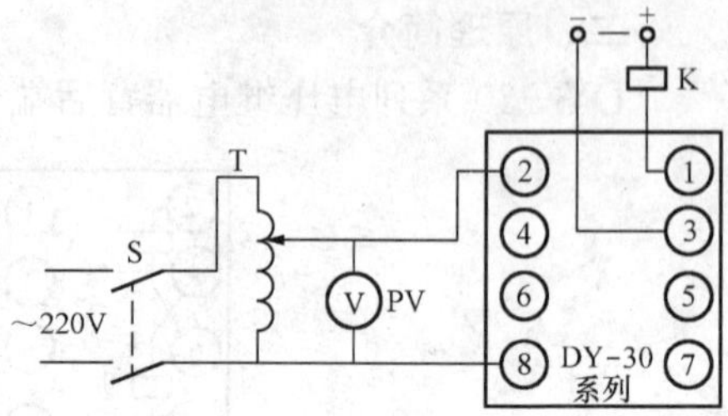

图3-5　DY-30系列电压继电器的检验调试接线图

四、检验、调试方法

1. 机械调整

机械调整与DL-10系列电流继电器相同。

继电器的检验调试接线如图3-5所示。

2. 动作值的调整

（1）最大整定值。指针对准最大整定点，然后电压均匀地上升至继电器动作。若动作值大于整定值，则应减小动片和磁极间的气隙；反之，则增大动片和磁极间的气隙。若要改变气隙，可以调整止档螺丝（改变动片的起始位置），也可以松开固定磁极的螺钉，移动磁极，但应注意气隙均匀。

（2）最小整定值。若不符合整定值时，可以改变游丝力矩的大小。扭紧游丝，力矩加大，则动作值增大；放松游丝，则动作值减小。

最小值调好后，必须再复查最大值。两整定点都合格后，固定有关螺钉、螺母。

动作值的调整应注意以下几点：

1）动片处于起始位置时，改变气隙会影响动作值；动片处于终止位置时，改变气隙会影响返回值。

2）动片在吸合位置，触点抖动严重或动作不可靠时应检查：①动片是否碰磁极、气隙是否均匀；②轴向活动量是否过大；③止档螺钉承受动板的电磁力是否过大；④动、静触点的接触状态是否合适。

3）如触点有“鸟啄”现象，这是可动系统出现摆动的结果。在调试过程中，由于动片和磁极间的气隙不合适，动作前后动片和磁极间的气隙变化不大，这就使电磁力矩和反作用力矩配合不当，形成可动系统的摇摆，即触点的“鸟啄”。这时应适当调整动片和磁极间的气隙，动、静触点的配合等，以保证可靠动作、返回和其他各项技术指标。

3. 返回值

调动作值的同时，应考虑返回系数是否合格。若返回系数低，则可作如下调整：

（1）增大动片和磁极间的气隙。可以用调整止档螺丝（改变动片终止位置）和移动磁极位置的方法来达到此目的。

（2）增大静触点片对动触点的压力。

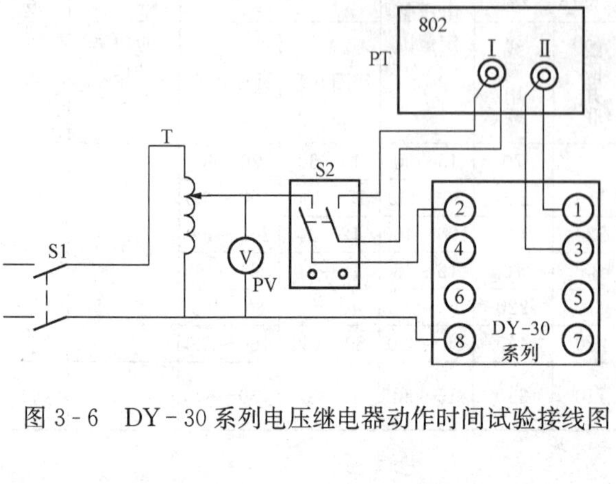

图3-6　DY-30系列电压继电器动作时间试验接线图

4. 动作值极限误差及动作一致性

根据10次测量的动作值，按公式计算出动作值极限误差及动作一致性。若超差，则应检查轴承、轴尖的清洁度和磨损程度，轴向活动量以及触点的烧损情况等。

5. 动作时间

动作时间的检验调试按图3-6接线。

检验时，突然施加激励量，过电压继电器在 1.1 倍实测动作值时，动作时间不大于 0.12s，在 2 倍实测动作值时，动作时间不大于 0.04s；欠电压继电器在 0.5 倍实测动作值时，动作时间不大于 0.15s。

第四节 LG－11 型功率方向继电器检验与调试

一、用途

LG－11 型功率方向继电器在方向保护中作为功率方向的判别元件，主要用于相间短路保护。

二、原理简介

LG－11 型功率方向继电器的原理接线如图 3－7 所示。

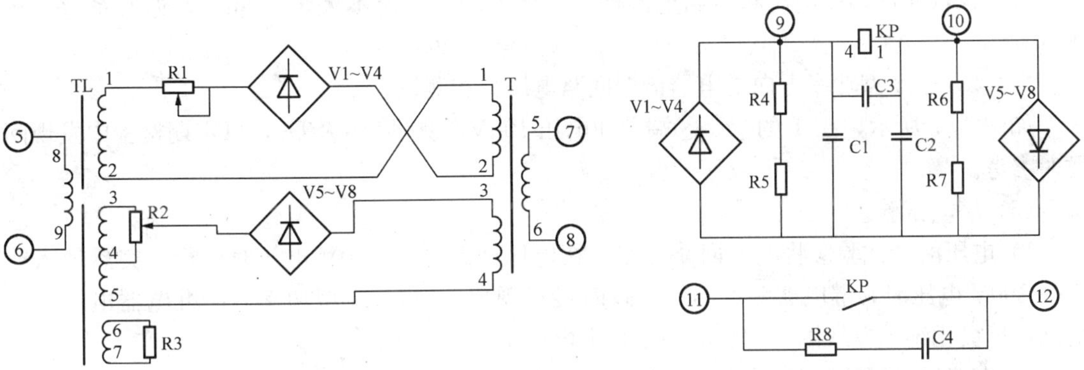

图 3－7 LG－11 型功率方向继电器的原理接线图

继电器电流回路中的 TL 为铁芯带有气隙的电抗变压器，当有电流 $\dot{I}$ 通过 TL 的一次绕组时，在其两个二次绕组上得到相等的电压 $\dot{U}=\dot{I}Z$，Z 称为 TL 的补偿阻抗。$\dot{U}$ 越前电流 $\dot{I}$ 一个 α 角。改变 TL 二次绕组上的调敏角电阻 R4，可以改变 α 角的大小，从而改变继电器的最大灵敏角。

LG－I1 型功率方向继电器的电压回路采用谐振变压器 T。T 的一次绕组设有抽头，另外还有一附加绕组。改变抽头的位置或加入、减去附加绕组可以对谐振回路进行调整。在谐振变压器的一次绕组加入系统电压 $\dot{U}$ 时，在其两个二次绕组上得到相等的电压 $K\dot{U}$，且 K 为复数。当谐振时，$K\dot{U}$ 超前 $\dot{U}$ 的角度为 90°。LG－11 型功率方向继电器的灵敏角和动作区如图 3－8 所示。

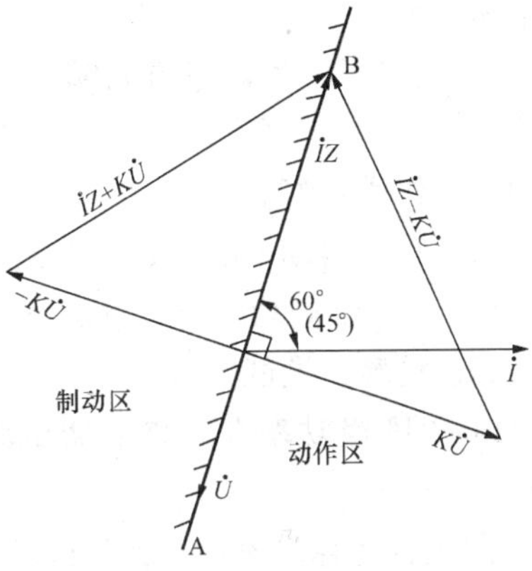

图 3－8 LG－11 型功率方向继电器的灵敏角和动作区

这种继电器动作的边界条件为 $|\dot{I}Z-K\dot{U}|=|\dot{I}Z+K\dot{U}|$，继电器的动作量 $|\dot{I}Z+K\dot{U}|$ 达最大值，制动量 $|\dot{I}Z-K\dot{U}|$ 达最小值，此时继电器动作最灵

敏，继电器的最大灵敏角为−30°或−45°。如果 $K\dot{U}$ 超前 $\dot{I}Z$ 的角度为 90°～270°，即相当于 $\dot{U}$ 超前 $\dot{I}Z$ 的角度为 0°～180°时，则 $|\dot{I}Z-K\dot{U}|>|\dot{I}Z+K\dot{U}|$，继电器不动作，所以直线 AB 的左边部分为继电器的制动区。如果 $K\dot{U}$ 超前和落后 $\dot{I}Z$ 的角度都为 0°～90°，即相当于 $\dot{U}$ 落后于 $\dot{I}Z$ 的角度为 0°～180°时，$|\dot{I}Z-K\dot{U}|=|\dot{I}Z+K\dot{U}|$，继电器动作，故直线 AB 的右边部分为动作区。

LG－11 型功率方向继电器由于电压回路经谐振变压器，输出阻抗增大，采用了环流比较回路，继电器灵敏度较高，电压回路的功率消耗较小。

三、检验项目及要求

（1）一般性检验见第一节检验通则。

（2）额定参数：5A 或 1A，100V，50Hz。

（3）执行元件动作电流和返回电流检验，要求动作电流不大于 0.8mA，返回系数不小于 0.5。

（4）LG－11 型功率方向继电器谐振回路电压分布测量。

如图 3－7 所示，在 T 的⑦、⑧端子加电压 100V，测量 U_{C1} 及 U_L，供定期检验中发现问题时参考。

（5）潜动试验。

1）电压潜动试验应将电流回路开路，在电压回路通入 110V 电压时进行。突然加入或断开 100V 电压时，继电器触点不应有瞬时接通现象。LG－11 型功率方向继电器电压应无潜动，即极化继电器线圈（⑨、⑩端子）上电压不大于 0.1V。

2）电流潜动试验应将电压回路经 20Ω 电阻短路，在电流回路通入额定电流进行。突然加入或切除 10 倍额定电流时，继电器触点不应有瞬时接通现象。继电器应无电流潜动，即极化继电器线圈上电压不大于 0.1V。

（6）动作区和最大灵敏角检验。

1）在额定电流和电压下，动作区不小于 155°。

2）最大灵敏角与制造厂的规定值相差不超过±10°。

（7）最小动作电压检验。在灵敏角（误差±20°）下，通入额定电流值，继电器最小动作电压不大于 2V。

（8）LG－11 型功率方向继电器记忆作用检验。在灵敏角下当电流回路通入 0.5 倍额定电流和 10 倍额定电流时，电压回路所加电压自 100V 突然降到零，继电器应可靠动作，即说明记忆作用良好。

（9）触点抖动情况检查。在最大灵敏角或与最大灵敏角相差±20°下，突然加入或断开 1000V・A 的反向功率时，触点不应有瞬时接通现象。

四、检验、调试方法

LG－11 型功率方向继电器试验接线如图 3－9 所示。图中，R3、R4 为一同轴双管滑电阻。

1. 执行元件动作和返回电流检验

将图 3－9 中极化继电器 KM 的端子②、③短接，从端子①、④加入电流（用干电池），端子④为正极性，要求动作电流不大于 0.8mA，返回系数不小于 0.5。

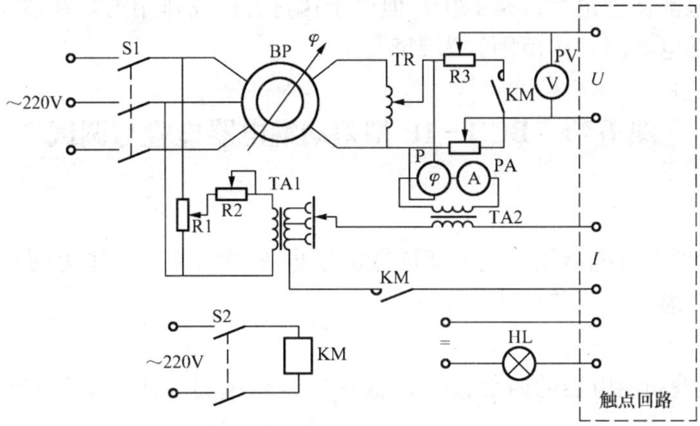

图 3-9 LG-11 型功率方向继电器试验接线

2. 潜动试验

潜动是指仅对继电器加入电流或电压时，由于回路不对称，在执行元件线圈上出现动作电压或制动电压的现象。因此，潜动试验也称为回路平衡试验。当出现动作电压的正向潜动时，会使保护误动作，当出现制动电压反向潜动时，将会增大继电器的动作功率。因此，潜动应予消除。

检查电流潜动时，电压回路端子⑦、⑧间经 20Ω 电阻短接，电流回路通入额定电流，测量极化继电器线圈（即端子⑨、⑩）上的电压，调整图 3-9 中的 R1，使之为零（或不大于 0.1V）。

检查电压潜动时，在电压回路加 100V 电压，将电源回路开路，测量极化继电器线圈上电压，调整图 3-9 中 R2，使电压为零。反复调整电流潜动和电压潜动，使极化继电器线圈上电压均为零。当加电压 100V 时，LG-11 型允许极化继电器线圈上电压不大于 0.1V。

潜动调好后，在上述条件下突然加入或切除 10 倍额定电流或 100V 电压，继电器触点不应有瞬时闭合现象。如发现在切除大电流或 100V 电压时触点有瞬时接通现象，可更换比较回路的电阻或电容，使制动回路电容放电时间常数不小于工作回路电容放电时间常数。更换后应重新进行潜动调整。潜动调好后，将电位器锁紧。

3. 动作区和最大灵敏角检验

在继电器端子上通入电压 100V 和电流 5A，保持这两个数值不变，用移相器改变电压的相位由 0°～360°。此时可读出继电器动作时，电压超前电流的角度 θ_1 和电压滞后电流的角度 θ_2。以电流为基准画出此两角，作 θ_1 和 θ_2 之和的二等分角线 OA，OA 与电流 $\dot{I}$ 之间的夹角 α 就是继电器的最大灵敏角，如图 3-10 所示。

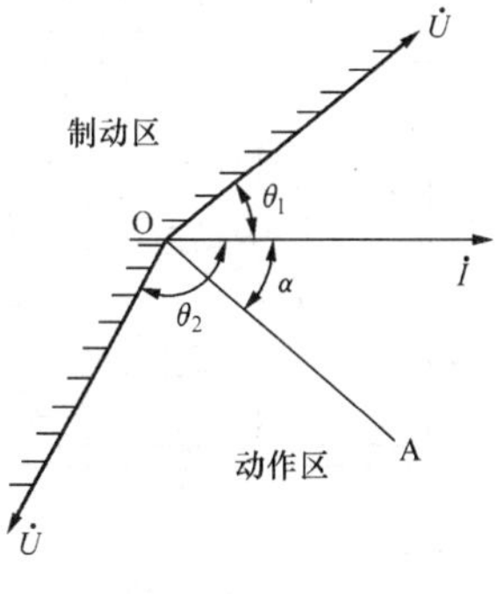

图 3-10 LG-11 型功率方向继电器最大灵敏角

对于 LG-11 型功率方向继电器，如果灵敏角超出允许的误差范围，应重新检查谐振回路是否调好，此时可改变 T 的抽头及加减附加绕组来达到要求。

继电器动作范围从理论上讲是180°。但由于执行元件反作用力矩和整流二极管正向压降等影响，实际上继电器的动作范围约为155°。

第五节　BCH－1E型差动继电器检验与调试

一、用途

BCH－1E型差动继电器用于电力变压器的继电保护线路中，作为两绕组或三绕组电力变压器的主保护，继电器为单相式。

二、原理简介

BCH－1E型差动继电器的内部接线及保护三绕组电力变压器的原理接线图如图3－11所示。

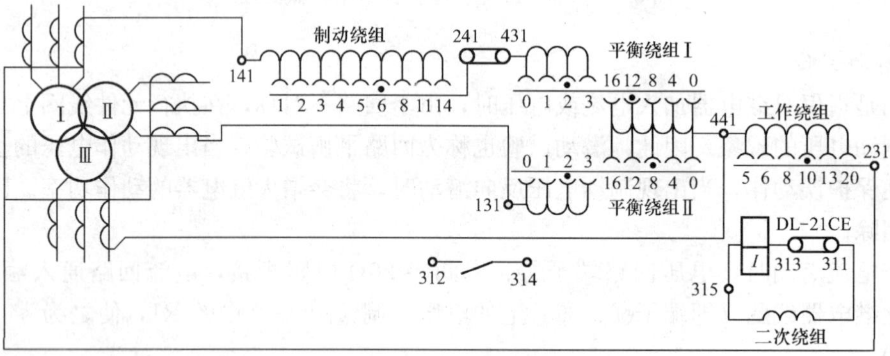

图3－11　BCH－1E型差动继电器原理接线图

该继电器由两部分组成。第一部分是速饱和变流器，具有制动绕组，并构成差动继电器的一些主要技术性能，如制动特性、躲励磁涌流特性、消除不平衡电流效应的自耦变流器性能等。

第二部分是电流继电器，为执行元件。其中BCH－1型采用DL－11型电流继电器，BCH－1E型采用DL－21CE型电流继电器。

变流器的导磁体是一个三柱山形铁芯，在导磁体的中柱上放置工作绕组和平衡绕组Ⅰ、Ⅱ；制动绕组和次级绕组均分成两部分，分别放在导磁体的两个边柱上。其连接方法应使得制动绕组与二次绕组之间没有相互感应，制动绕组与工作绕组及平衡绕组Ⅰ、Ⅱ之间亦无相互感应。二次绕组里的感应电动势是由工作绕组的磁化力产生的，绕组在导磁体上的分布如图3－12所示。

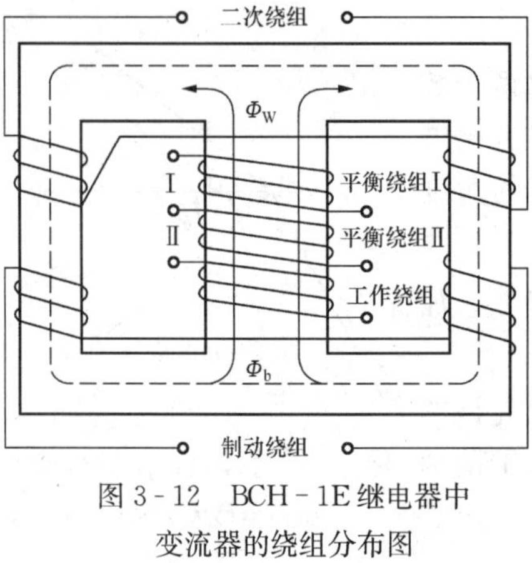

图3－12　BCH－1E继电器中变流器的绕组分布图

如果具有平衡绕组，且每隔一匝有一抽头可以调整，就能消除由于电流互感器变比不一致等原因所引起的不平衡电流的效应。如具有两个平衡绕组就使得继电器能用于保护三绕组的电力变压器。工作绕组、平衡绕组Ⅰ、Ⅱ和制动绕组均有抽头，可以满足多种整定的要求。继电器整定板上的数字表示相应的绕组匝数，当改变整定板上整定螺钉所在孔的位置时，就可以使动作电流、平衡作用和制动系数在宽广的范围内进行整定。

变流器和执行元件放在一个总的壳子里。为了便于对执行元件进行单独的检验调整和试验制动特性时，需要将差动继电器的工作与制动两个电流回路隔离。上述绕组是通过连接板进行相互连接的，因而可以在校验调整时接通或断开相应的电路。

继电器的基本原理是交流磁制动。工作绕组接入保护的差动回路，制动绕组接入环流电路。在正常情况下或者当发生穿越性短路时，通过制动绕组的是电流互感器二次电流或全部短路电流。按绕组分布图（图 3-12）的电磁关系，相应的制动磁通 Φ_{br}，仅在导磁体的两个边柱间环流，其作用纯粹使得铁芯饱和，降低磁路的导磁率，这便是所谓交流磁制动的作用。正常情况下通过工作绕组的仅是数值不大的不平衡电流，其效应已被消除。当发生穿越短路时由于电流互感器的电流倍数已很大，误差各异，因而不平衡电流的数值必将显著增大，其效应也不能消除。但这时的制动作用也已很大，导磁体的饱和程度很高，大大地恶化了工作绕组与二次绕组之间的电磁感应条件，因而构成了差动继电器的制动特性。

当电力变压器空载合闸时，瞬时值很大的励磁涌流全部通过工作绕组。但由于励磁涌流中含有大量衰减的非周期分量，它同样使导磁体饱和，自动提高了继电器的动作电流，从而构成了差动继电器躲避励磁涌流的特性。

为了产生良好的速饱和特性，变流器的工作磁通密度 B_W 应该较大，但也应保证继电器可靠动作所需的裕量。为此通常规定在差动继电器的动作电流为 5 倍起始值时，其可靠系数 K_{rel} 不小于 1.35。工作磁通密度是用导磁片的质量和起始动作安匝 AW_0 的规定值来保证的。

当用于保护三绕组电力变压器时应用到两个平衡绕组，将它们分别接在环流回路的两个臂上，平衡三个环流回路里的不平衡电流。当用于保护两绕组电力变压器时只需用到一个平衡绕组。在不平衡电流较大的情况下，平衡绕组接入环流回路。当不平衡电流较小时，可以接入差动回路，以扩大整定值的范围。

平衡绕组的作用可以在正常情况下用两个电流互感器二次电流的比值所决定的平衡系数来表示。实际平衡系数应用绕组接入的匝数计算。图 3-13 为 BCH-1E 差动继电器使用示意图。

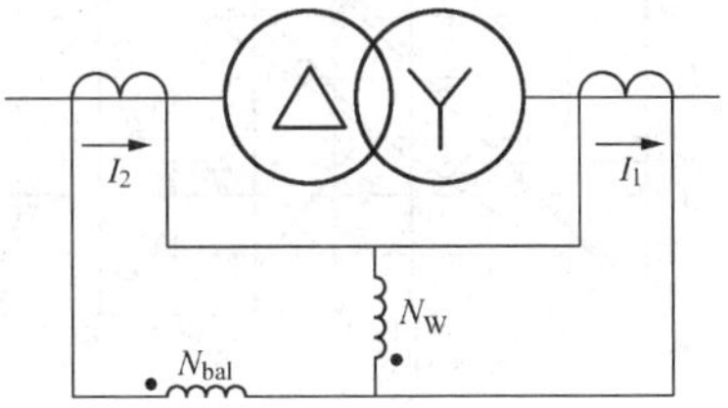

图 3-13　BCH-1E 差动继电器使用接线示意图

平衡系数为

$$K_{bal} = \frac{I_1'}{I_2'} = \frac{N_W + N_{bal}}{N_W}$$

式中　I_1'、I_2'——两个电流互感器的二次电流，且 $I_1' > I_2'$。

接在变流器二次绕组的执行元件，整定了它的动作电压与动作电流，动作电压反应变流器的工作磁通密度，动作功率决定了变流器的功率分配比例，并满足生产上通用性的要求。这种执行元件的特点在于其线圈是电感性的，在变流器饱和的情况下，二次级感应电动势中含有显著的高次谐波。因此这种执行元件便是一个很好的高次谐波滤过器，它反应了变流器工作磁通密度的基波。

注意，在继电器的工作过程中，不能改变铭牌上指针的位置。

三、检验项目及要求

(1) 一般性检查见第一节检验通则。

(2) 交流额定电流：5A，50Hz。

(3) 电流整定的有效范围。当用于保护三绕组电力变压器时，其动作电流可在3～12A的范围内进行整定（IN_0＝60±4安·匝）。

当用于保护两绕组电力变压器时，其动作电流可在1.55～12A的范围内进行整定（IN_0＝60±4安·匝）。

(4) 执行元件机械部分检查和动作值检查。

1) 舌片动作后不应与铁芯相碰，如不能满足要求，可松开支架固定螺钉进行调整；

2) 可动系统的纵向活动范围为0.2～0.3mm；

3) 动触点应能沿着其固定铆轴自由活动，其活动范围应能使动、静触点在刚刚相碰时就同时接触。在断开位置，当动触点在其固定铆轴上活动时，不应触及静触点片；

4) 继电器动作时，动触点在静触点片的中心线上（偏差不大于1mm滑动，滑动距离不小于1mm）；

5) 动、静触点间隙应不小于2mm。

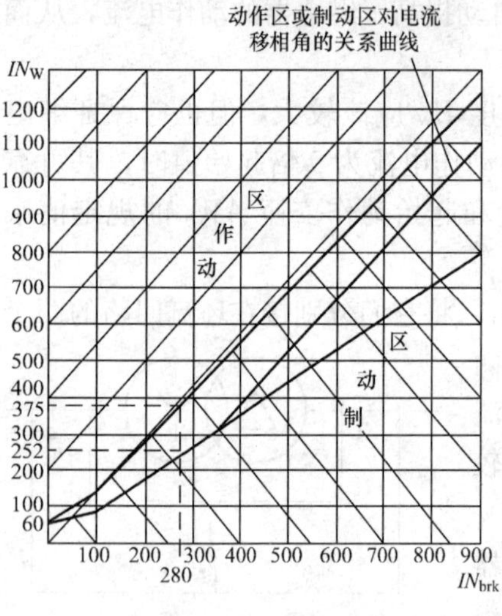

图3-14 BCH-1E继电器制动特性

(5) 变流器绕组正确性检查。要求各绕组面板插孔上所标匝数与实际匝数相符合。

(6) 无互感应的检查。以10A电流通入全部制动绕组时，测量二次绕组上的感应电压不应大于40mV。

(7) 制动特性检查。动作电流与制动电流的比值所决定的制动系数K_{brk}可以在广泛的范围内变化，图3-14的制动特性曲线$IN_W=f(IN_b)$是其极限范围，它与工作电流和制动电流间的相位差有关，但无论在任何角度下都不应超出曲线的范围。

(8) 可靠系数检查。2倍动作电流时的可靠系数不小于1.2，5倍动作电流时的可靠系数不小于1.35。

(9) 动作时间检查。3倍动作电流时继电器的动作时间应不大于0.035s。

(10) 起始动作安匝检查。无直流分量时继电器的起始动作安匝数为64±4。

(11) 整组伏安特性检验。在整定位置下录取伏安特性曲线，计算2倍动作安匝时执行元件端子上的电压U_2，与1倍动作安匝时执行元件端子上的电压U_1之比U_2/U_1，以及5倍动作安匝时执行元件端子上的电压U_5与U_1之比U_5/U_1，要求$U_2/U_1 \geqslant 1.15$，$U_5/U_1 \geqslant 1.3$。

(12) 整定位置下的动作安匝检验。要求无制动时，动作安匝为64±4安·匝。

(13) 被保护的变压器空载投入检查。要求空投5次或5次以上，继电器不应动作。

(14) 带负荷检查。测量六角图（负荷电流相量图），应符合要求。

测量继电器二次绕组端子上的不平衡电压，在额定负荷下，不平衡电压不得超过0.15V。

定期检验时，如未拆动二次回路，可不测负荷电流相量图。检验项目可以只作执行元件机械检查，动作电压、电流，返回电流检验，制动特性检验，整组伏安特性检验，整定位置下的动作安匝检验以及带负荷检查。

四、检验、调试方法

1. 变流器绕组正确性检查

(1) BCH－1E型差动继电器变流器绕组正确性试验接线如图3－15所示，试验接线端子及动作电流见表3－6。

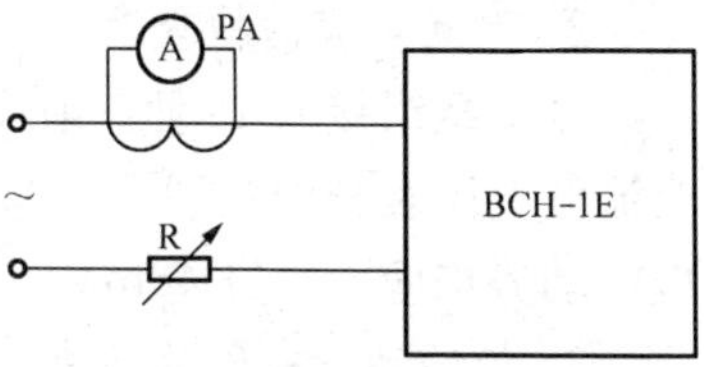

图3－15 BCH－1E型差动继电器变流器绕组正确性试验接线图

表3－6 BCH－ⅠE型差动继电器动作绕组和平衡绕组正确性检查

输入电流的端子	整定螺钉拧入孔的位置			动作电流(A)			
	工作绕组	平衡绕组Ⅱ	平衡绕组Ⅰ	IN_0=56～57安·匝	IN_0=58～59安·匝	IN_0=60～61安·匝	IN_0=62～64安·匝
131～231	5	0	—	11.2～11.4	11.6～11.8	12～12.2	12.4～12.8
	6	0	—	9.3～9.5	9.7～9.8	10～10.2	10.3～10.62
	6	0	—	7～7.1	7.2～7.4	7.5～7.63	7.75～8
	10	0	—	5.6～5.7	5.8～5.9	6～6.1	6.2～6.4
	13	0	—	4.3～4.4	4.45～4.52	4.6～4.7	4.77～4.92
	20	0	—	2.8～2.85	2.9～2.95	3～3.06	3.1～3.2
	8	1	—	6.2～6.3	6.4～6.55	6.65～6.77	6.9～7.1
	8	2	—	5.6～5.7	5.8～5.9	6～6.1	6.2～6.4
	8	3	—	5.1～5.2	5.28～5.35	5.45～5.54	5.64～5.8
	8	4	—	4.6～4.7	4.82～4.9	5～5.1	5.16～5.3
	8	8	—	3.5～3.56	3.62～3.7	3.75～3.8	3.88～4
	8	12	—	2.8～2.85	2.9～2.95	3～3.05	3.1～3.2
	8	16	—	2.3～2.37	2.4～2.46	2.5～2.55	2.59～2.66
231～431	8	—	1	6.2～6.3	6.4～6.55	6.65～6.77	6.9～7.1
	8	—	2	5.6～5.7	5.8～5.9	6～6.1	6.2～6.4
	8	—	3	5.1～5.2	5.28～5.35	5.45～5.54	5.64～5.8
	8	—	4	4.6～4.7	4.82～4.9	5～5.1	5.16～5.3
	8	—	8	3.5～3.56	3.62～3.7	3.75～5.8	3.68～4
	8	—	12	2.8～2.85	2.9～2.95	3～3.05	3.1～3.2
	8	—	16	2.3～2.37	2.4～2.46	2.5～2.55	2.59～2.66

(2) 制动绕组的检查。工作绕组接入20匝，通过电流5A，制动绕组接入14匝，降低制动电流，确定继电器动作时制动电流的值，应为4～5A。

当制动绕组接入较少的匝数N_b时，继电器动作时的制动电流均按$N_b/N'_b=14/N'_{brk}$成比例地增大，在N_b分别为3、4、5、6、8、11时进行检查。

2. 无互感应的检查

制动绕组接入 14 匝，在 BCH－1E 型端子（141）、（241）间通过 10A 电流，用高内阻交流低电压表分别在端子（231）、（441）、（315）和（311）间测量工作绕组、二次绕组的感应电动势均应不超过 40mV。

3. 起始动作安匝的检查

BCH－1E 型继电器动作安匝试验线路如图 3－16 所示。

试验时把差动绕组 W_{op} 全部接入。通过端子（231）～（441）的电流 $I_{op}=3\pm0.2$A 时，执行元件应动作。如果动作安匝离要求相差不大时，可采用将执行元件动作值适当增减的办法和稍许改变饱和变流器铁芯压紧螺丝松紧程度的办法，使之符合要求。如果相差较大，则必须用改变变流器铁芯组合方式的方法进行调整。

4. 制动特性检查

BCH－lE 型差动继电器制动特性试验线路图 3－17 所示。

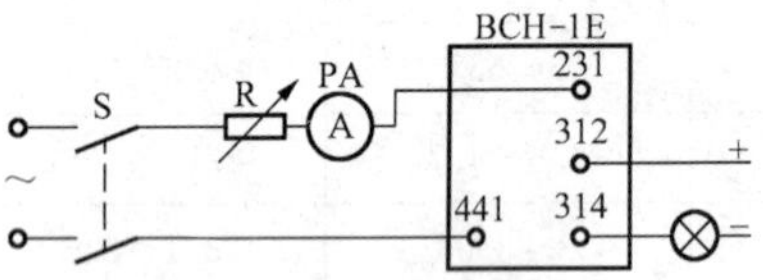

图 3－16 BCH－1E 型差动继电器动作安匝试验线路

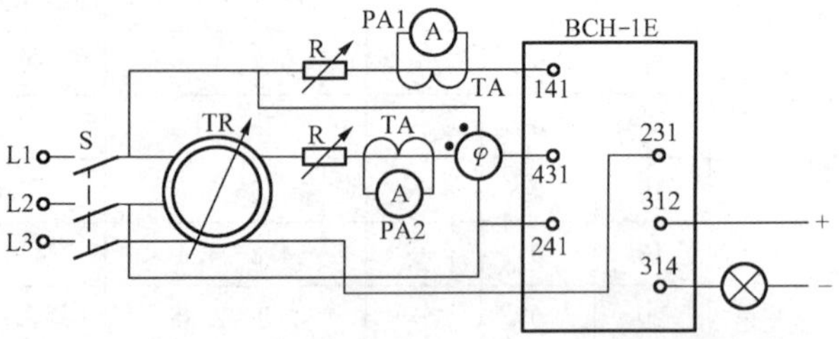

图 3－17 BCH－1E 型差动继电器制动特性试验线路

将整定螺钉分别拧入制动绕组的孔（14）、工作绕组的孔（20）、平衡绕组 I 的孔（16）和（3）。在端子（141）、（241）间通过 20A 的制动电流（即制动电流安匝数为 280）。

（1）在端子（431）、（231）间通过 6.5A 的工作电流（即 $IN_W=252$）。当工作电流与制动电流间的相位差在 0°～360°的范围内变化时，继电器不应动作。

（2）当工作电流为 9.6A 时（即工作电流安匝数为 375），工作电流与制动电流间的相位差在 0°～360°的范围内，每隔 10°～15°，工作电路相应地断通一次，继电器都应动作。

5. 可靠系数的检查

当差动继电器的动作电流为 I_{op}，相应执行元件电流为 I_{op1}，然后转动指针，拧紧游丝，使差动继电器的动作电流为 $5I_{op}$，再测得执行元件相应的动作电流为 I_{op5}。计算出的可靠系数 K_{rel} 应不小于 1.35 公式如下

$$K_{rel}=I_{op5}/I_{op1}$$

按照同样方法，当差动继电器的动作电流为 $2I_{op}$ 时，K_{rel} 不应小于 1.2。

测完后应将指针恢复到原来位置，重新校验其动作安匝和制动特性，使其满足要求。

6. 动作时间的检查

其动作时间试验接线图如图 3－18 所示。

将整定螺钉分别拧入制动绕组的孔（14），工作绕组的孔（20），平衡绕组的孔（16）和（3）。

在端子（141）、（231）间通过电流 5.2A，继电器的动作时间不应大于 0.035s。

7. 整组伏安特性检验

其整组伏安特性试验按图 3-19 接线。

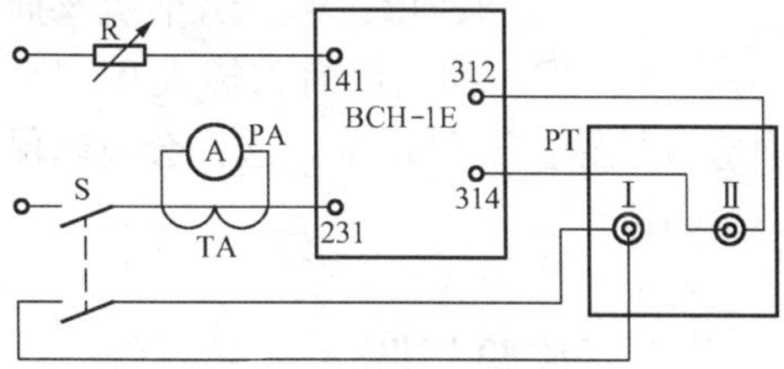

图 3-18　BCH-1E 型差动继电器动作时间的试验接线

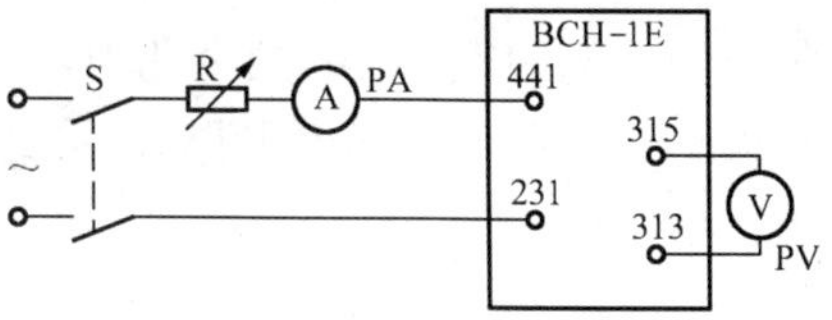

图 3-19　BCH-1E 型差动继电器整组伏安特性试验接线

差动绕组置于整定位置或全部接入。试验时用非导磁物体把执行元件可动舌片卡在未动作位置，建议采用整流型内阻不低于 1000Ω/V 的 0.5 级电压表测量电压，试验电流应逐步上升，不允许来回摆动。

需要调整整组伏安特性曲线时，可改变饱和变流器铁芯的组合方式。铁芯的硅钢片，每片交错叠置时伏安特性最高，特别是对伏安特性的开始部分提高得更显著。每数片一组交错叠置时，伏安特性就低些，且每组的片数越多，伏安特性就越低。在改变铁芯组合时，只需把饱和变流器从继电器底座上卸下，拧掉紧固铁芯螺钉即可进行，而不需要拆掉各绕组抽头引向面板背面的螺丝。

根据整组伏安特性曲线，计算 2 倍动作安匝时执行元件端子上的电压 U_2，与 1 倍动作安匝时执行元件端子上的电压 U_1 之比，以及 5 倍动作安匝时执行元件端子上的电压 U_5 与 U_1 之比。要求 $U_2/U_1 \geqslant 1.15$，$U_5/U_1 \geqslant 1.3$。

8. 整定位置下动作安匝检验

按整定方案的要求进行整定后，通电测出在整定位置下无制动时继电器的起始动作安匝（差动、平衡绕组合在一起试）应为 60±4 安·匝。对于制动绕组应通电检查证明整定插头接触良好。

9. 被保护变压器空载投入检查

如继电器用作变压器的差动保护，在新安装时必须将变压器在额定电压下做 5 次空载投入试验。在做空载投入试验之前，应对二次回路接线进行检查，并确保正确无误。空载投入试验应在变压器的大电源侧和低压侧进行，这是因为系统阻抗及变压器的漏抗能起限制励磁涌流的作用，而大电源侧和低压侧投入时，涌流较大。在试验中保护装置不应动，否则应增大继电器的动作电流。

10. 带负荷检查

在变压器运行带负荷后，应先测六角图，然后用高内阻电压表测执行元件线圈上的不平衡电压。一般情况下，在额定负荷时，此不平衡电压不应超过 0.15V。

11. 使用注意事项

（1）在使用继电器以前应进行必要的检查，不应有因运输过程中造成的损坏，接线及紧固零件不应松脱，可动系统没有阻滞现象。

（2）在使用继电器的过程中，应进行定期检查，当触点烧焦发黑时应用沾有汽油的抹布，轻轻擦拭，不许用砂纸或其他磨料清洁触点。

(3) 当更换触点时应重新调整检验执行元件，执行元件应满足检验项目及要求中关于执行元件机械部分和动作值的检查，其中动作值检查供参考。

(4) 每个平衡绕组具有两组抽头，即 0、1、2、3 和 0、4、8、12、16。两个螺丝插头必须分别插入 0、1、2、3 和 0、4、8、12、16 的孔中。如果螺丝插头同时都插入 0、1、2、3 或 0、4、8、12、16 的两个孔中，将在平衡绕组中造成短路和开路现象，这将会引起保护装置误动作和电流互感器开路。

第六节 SZH－3 型数字式频率继电器检验与调试

一、用途

SZH－3 型数字式频率继电器，用于电网安全稳定控制。当系统频率降低时，它将自动切除负荷，保证电网安全稳定运行。

二、原理简介

SZH－3 型数字式频率继电器原理框图见图 3－20。可见，输入的交流电压信号经变压器 T 降压后，一路供频率测量回路用，另一路供低电压闭锁及稳压电源用。

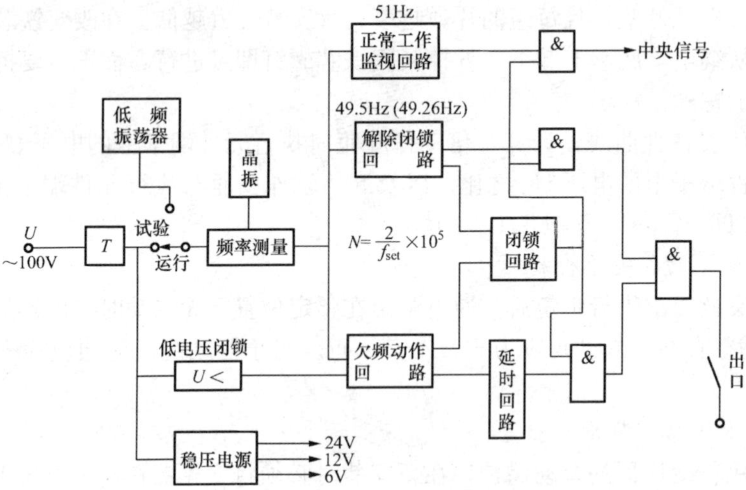

图 3－20 SZH－3 型数字式频率继电器原理框图

频率测量回路测出交流电压信号的每个周期值，即计数器在每个周期内计得的晶体振荡器产生的时钟脉冲数。正常工作级、解除闭锁级和欠频动作级分别具有不同的整定值。正常工作级的定值选定在 51Hz，当频率测量回路测出的频率低于 51Hz 时，正常工作级监视灯亮，可以监视继电器内部主回路是否正常。解除闭锁级的定值（f_B）选在 49.5Hz 或 49.26Hz，只有在系统频率低于 49.5Hz 或 49.26Hz 时，才允许继电器出口动作，否则使出口回路闭锁，防止由于欠频动作回路损坏造成继电器误动作。欠频动作的定值用三位拨轮开关按需要整定。解除闭锁级和欠频动作级的工作原理与工作正常级一样。

df/dt 闭锁回路工作过程为：当 $df/dt>K$（K 值一般可取为 5Hz/s）时，将继电器闭锁，不允许出口跳闸，并发出告警号。df/dt 闭锁回路能起到以下作用：

(1) 防止继电器内部清零脉冲回路、计数回路等元件损坏引起误动作；

(2) 防止输入电压相位突变（如一相高压保险对地闪络短路故障、冲击负荷等引起的母线电压相位突变）引起的继电器误动作；

(3) 防止母线电压互感器二次侧回路内接触不良，继电器输入电压断断续续引起误动；

(4) 防止负荷反馈效应引起的误动作；

(5) 当功率缺额造成的事故状态下频率下降，具有良好的选择性。欠频动作回路的延时时间可缩短到 80ms。

为检验整机动作情况，内部设有低频振荡器及试验开关 S。当 S 置于检验位置时，整个产品进行传动检验直至出口触点均动作，因而检验前应首先解除出口回路压板。直流电源内部设有电源切换回路，当电网电压低于 85V 时，电路内部继电器自动切换变压器二次抽头，以稳定内部工作电源电压。

三、检验项目及要求

(1) 一般性检验见第一节检验通则。

(2) 额定值为 100V，50Hz。

(3) 频率整定范围为 45～49.5Hz，最小级差 0.0125Hz，误差不超过±0.015Hz。

(4) 返回系数不大于 1.002，最大返回时间不大于 60ms。

(5) 欠频动作延时时间为 80ms，0.1、0.15、0.20、0.30、0.5、15、20、25s。

(6) df/dt 滑差闭锁在 1～20Hz/s 范围内，其中 $K=df/dt$。延时时间为 0.01、0.02、0.04、0.08、0.1、0.2、0.4、0.8s。

K 值可按 $K=(f_B-f_{set})/\Delta t=\Delta f/\Delta t$(Hz/s) 计算。

四、检验、调试方法

SZH－3 型数字式频率继电器试验接线如图 3－21 所示。

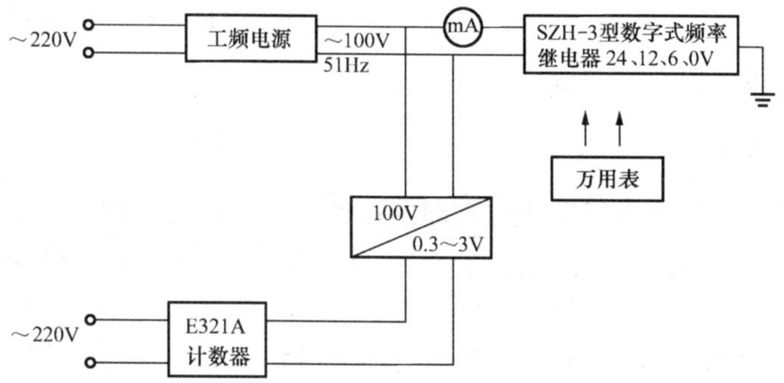

图 3－21 SZH－3 型数字式频率继电器试验接线

打开继电器外壳，在电源板（装有密封继电器的线路板）上找到 0、6、12、24V 测试点，用万用表测量各直流工作点，误差范围为±0.5V。

工频电源电压在 100V、频率为 50Hz 时，面板上只允许工作正常指示灯显示，此时电流表的读数应不大于 40mA，如果电流过大，说明有元件损坏或短路。

图 3－21 电路中的工频电源和计数器可用调压器代替，但电网频率应高于 49.6Hz。

1. 工作正常级频率整定值及误差检查

工作正常级频率定值固定为 51Hz。当工频电压的频率由高向低缓慢地下降到 51Hz 时，工作正常指示灯应显示，由 E312A 计数器显示的数值计算，误差范围为±0.014Hz。

注意：应该使用计数器的周期档测量，先测出周期 T 再换算成频率 f，然后进行计算比较。

2. 解除闭锁级频率定值及误差检查

解除闭锁级频率定值有两档，即 49.5Hz 和 49.26Hz。先检查产品内部的 Δt，整定开关 S2 应该接通一档（例如接通第 5 档 0.1s，如果 S2 的八档全部断开则无法测试）。然后分别整定继电器内部的开关，当 S1 的第 2 档接通时为 49.5Hz，S1 的第 1 档接通时为 49.26Hz。将工频电源的频率从 50Hz 缓慢地下降到 S1 的整定值，解除闭锁灯应显示。注意：频率下降太快会出现滑差闭锁现象，使面板上的指示灯全部熄灭，应缓慢下降频率。

3. 欠频动作级频率定值与误差检查

选取四个频率值即可校验出继电器内计数回路拨轮开关及欠频动作频率整定值综合误差，四个频率值见表 3-7。

表 3-7　SZH-3 型数字式频率继电器四个频率校验值

整定频率 f(Hz)	误差范围 Δf(Hz)	N 值	动作值 T 的范围 $T=\frac{1}{f\pm\Delta f}$(ms)	BCD 码			
				千	百	十	个
45.4	±0.014	4405	22.0196～22.0332	4	4	4	4、1
45.7		4376	21.8751～21.8889	4	2、1	4、2、1	4、2
48.3		4140	20.6979～20.7099	4	1	4	0
48.9		4090	20.4440～20.4557	4	0	8、1	0
备　注		$N=\frac{2}{f_{set}}\times10^5$	用计数器周期档				

将继电器内的开关 S2 接在第 5 档 0.1s，S3 接在第 2 档 0.1s，继电器的出口触点接一个带蜂鸣器的万用表或其他音响装置。

例如：频率值为 48.3Hz，$N=\frac{2}{f_{set}}\times10^5=4140$，把拨轮开关整定在 4140，由高到低细微地改变电源频率，在听到出口动作时立即停止调节频率，这时计数器显示出的电源周期值 T 应在表 3-7 规定的范围内，则 $|\Delta f|\leqslant0.014$Hz。拨轮开关上下拨动，声音应清脆，没有卡涩的现象，任一位数字均能停留在中间位置。

上述四个定值如果准确，则可保证继电器在 45～49.4Hz 整定范围内任一整定值均准确。

用户也可根据情况测量自己使用的一个定值，保证误差在±0.014Hz 范围内即可。

4. 延时时间测量

(1) 用数字毫秒仪测量 Δt，如图 3-22 所示。

把数字毫秒仪的两副探头均打到 15V 正跃变位置，用万用表检查两副探头不得有大于 0.5V 的电压，否则将会影响测量。图 3-22 中"D16—"接 Δt 的输入回路，"△5"的位置焊有测针，接 Δt 的输出端。

用计数器监视电源频率，将 Δt 的开关 S2 拨通到选定的档位，继电器的线路板上有"D16—"、"△5"、"⊥0V"标记，把毫秒仪接在这些位置上。由高向低缓慢降低电源频率，当频率下降到 49.5Hz（或 49.26Hz）时，毫秒仪记录下 Δt 的时间，误差应为±4%。

（2）用双踪记忆示波器测量延时时间 t，如图 3-23 所示。

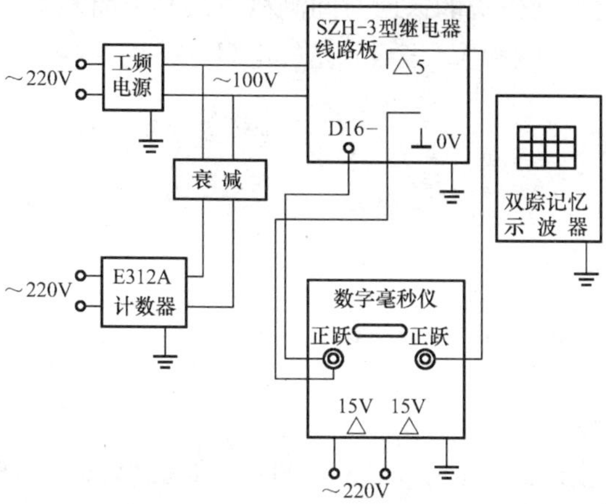

图 3-22　SZH-3 型数字式频率继电器用数字毫秒仪测延时时间接线

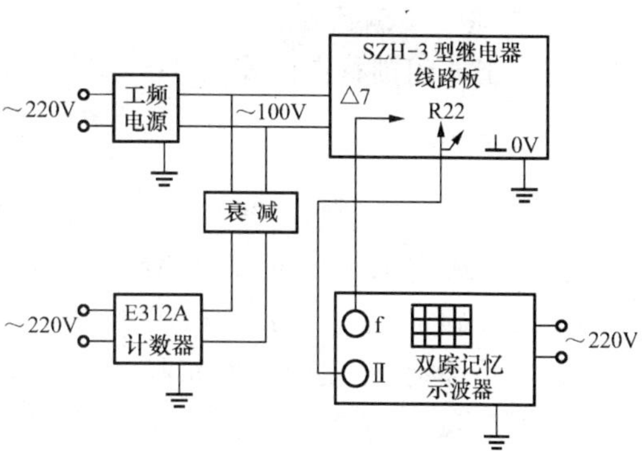

图 3-23　用双踪记忆示波器测量 t 的接线

该继电器的欠频动作回路带有延时，其延时部分采用脉冲记数电路，基准脉冲取自晶振回路经频率测量回路分频后送入延时电路，而频率测量回路是受交流输入信号控制的，因此延时时间 t 的误差主要和交流输入信号的频率变化有关。当频率测量回路测出的频率低于继电器的整定频率值 f_{set}时，延时回路立即启动计时，计时达到 t 的整定值后动作。

将继电器内部的延时时间 t 通过 S3 整定好，示波器的探头 1 接反相器 F 的 13 脚，即线路板上方标有“△7”的测针；示波器的探头 2 接 Y3 的 3 脚，即电阻 R22 的左端，让示波器工作在正脉冲触发状态。使电源频率缓慢下降到 f_{set} 定值，这时即可记录下延时时间。当 f_{set}不低于 48Hz 时，误差为±4%。

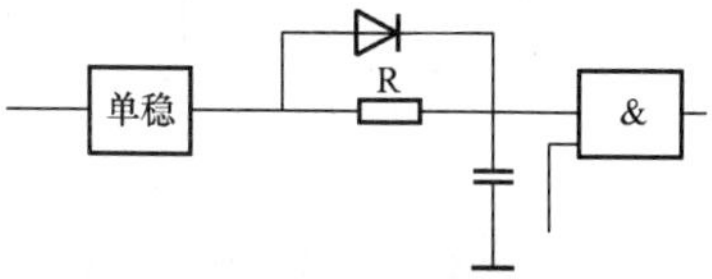

图 3-24　SZH-3 型数字式频率继电器中的展宽电路

5. 返回时间测量

该继电器内正常工作级、解除闭锁级和欠频动作级都有相同的一种展宽电路，如图 3-24 所示。

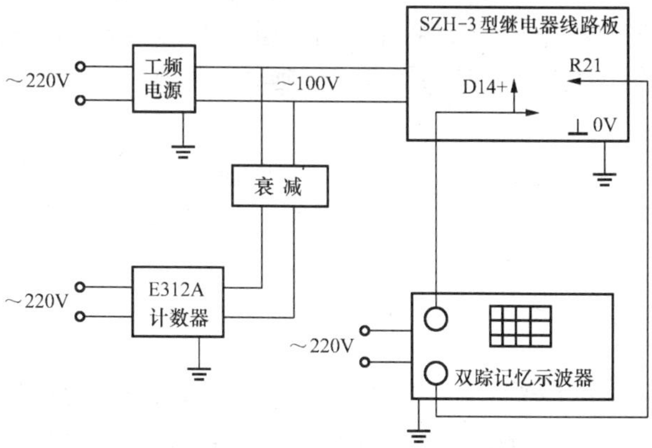

图 3-25　SZH-3 型数字式频率继电器返回时间测试接线图

它是由二极管、电阻及电容构成的，其作用是瞬时动作延时返回，该电路的返回时间不大于 60ms，出厂时已调整好。如需要测试，按下面方法进行。

以解除闭锁级的返回时间测试为例，如图 3-25 所示。

记忆示波器的两根探头分别接在二极管“D14+”端和 V2 三极管基极电阻 R21 的左端，缓慢地降低电源频率使之低于 f_B 定值，让记忆示器工作在负脉冲自动记忆状态，然后把电源频率升高到 f_B 定值以上，这时示波器便可记录下返回时间。

正常工作级的返回时间测试方与上面基本相同，频率定值为51Hz。探头分别接在二极管“D13+”端和V三极管基极电阻R20的左端。欠频动作级的返回时间测试方法与上面基本相同，频率定值为f_{set}，探头分别接在二极管“D15+”端和V3三极管基极电阻R22的左端。

6. 滑差闭锁测试

(1) 滑差闭锁整定计算。

根据滑差闭锁整定公式 $\frac{df}{dt}=\frac{\Delta f}{\Delta t}=\frac{f_B-f_D}{\Delta t}=K$

需要确定四个参数，即K、f_B、f_{set}、Δt。

第一步确定K值：K根据系统情况确定，例如取$K=5Hz/s$；

第二步确定f_B定值：例如取$f_B=49.26Hz$；

第三步确定f_{set}定值：例如取$f_{set}=48.866Hz$。

然后查表3-7滑差闭锁整定计算表可以看到，K值只有5.75Hz/s和4.6Hz/s，选4.6Hz/s比较接近系统情况（5Hz/s），对应的Δt为0.1s，K2接通位置为5。将选取的参数代入滑差闭锁整定计算公式核算

$$\frac{f_B-f_{set}}{\Delta t}=\frac{49.26-48.8}{0.1}=4.6(Hz/s)$$

然后把S1的第一档接通，S5的第五档接通，面板上的指轮开关调整为098。

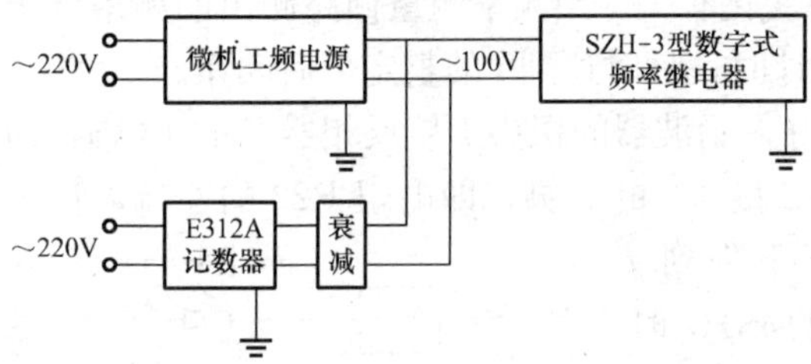

图3-26 SZH-3型数字式频率继电器滑差闭锁测试接线图

当用户不需变滑差闭锁时，可将Δt调小，使K值增大。

(2) 按图3-26所示测试接线图接线，将GPS-1微机工频电源按需要的df/dt设定，并输出df/dt变化信号。当输出的df/dt信号大于继电器的定值K时，继电器闭锁；当输出的df/dt信号小于K'时，继电器动作。在K与K'之间时为临界区。

7. 试验开关检查

继电器内部设有低频试验信号，将继电器面板上的指轮开关整定好，其整定频率f_{set}应该在其整定范围之内。把电源的频率调到50Hz，继电器面板上只允许正常工作灯显示，然后拨动继电器面板上的试验开关，这时解除闭锁灯和欠频动作灯（经延时）均显示。

8. 出口触点

该继电器有两对出口触点和一对中央信号触点，均应进行检查。当继电器处于动作状态时，出口触点应闭合，中央信号触点也闭合（此时中央信号触点应视为动作信号）；当电源频率返回到50Hz时，出口触点应自动断开，中央信号触点经复归后断开。当继电器处于滑差闭锁状态时，中央信号触点闭合；当电源频率返回到50Hz时，解除滑差闭锁，中央信号触点自动断开。

9. 拉合电源

将工频电源的频率调到50+0.4Hz，输出电压为100V并通过开关接到继电器的电压输入端，然后将频率整定值调整到49.5Hz以下（用面板上的三位拨轮开关来实现），上述工作准备好以后，快速拉合电源20次，继电器面板上的欠频动作指示灯不应有闪动现象。继电器的出口触点不应有闭合现象。

第七节　BTJ－1型跳闸回路监视继电器检验与调试

一、用途

BTJ－1型跳闸回路监视继电器用来监视整个跳闸回路，并在蓄电池电源消失、跳闸线圈及其引线发生故障（不论断路器在“合”或“断”状态）、断路器辅助触点和监视继电器本身发生障碍等情况下报警。

二、原理简介

BTJ－1型继电器的背后端子接线图见图3－27。

这种继电器采用静态式原理构成，其原理框图和原理图分别如图3－28（a）、（b）所示。

输入电流回路由RPl、R1、R11、C7、B组成，通过光电耦合器B输入到反相器中。正常情况下，输入回路有电流，D1－3中10脚为高电位，此时V4导通，D2的2脚应是高电位，而D2的3脚为低电位，V6截止，执行元件K动作，绿色指示灯V3亮。

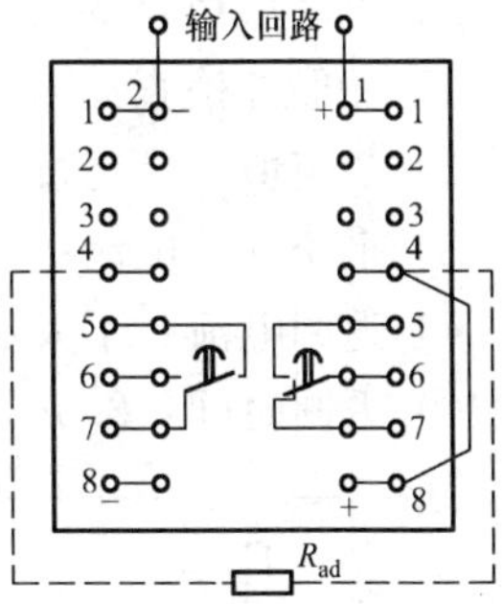

图3－27　BTJ－1型跳闸回路监视继电器背后端子接线图

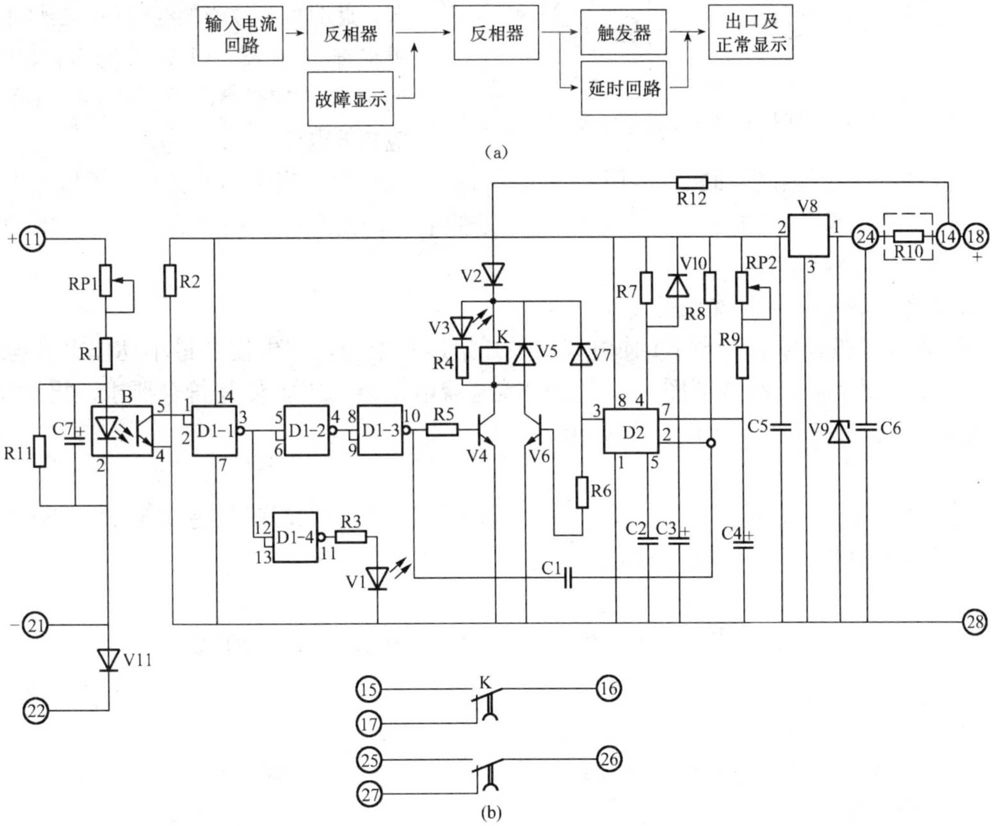

图3－28　BTJ－1型跳闸回路监视继电器

（a）电路原理框图；（b）原理接线图

故障时，输入回路的电流小于继电器的返回值（0.44mA）或者减小到零。D1 中的 10 脚变为低电位，V4 截止，D2 的 2 脚瞬间变为低电位，3 脚翻转为高电平，V6 导通，维持绿灯 V3 亮和 K 的动作状态，C1 开始充电。经过 3s 的延时，D2 的 2 脚又为高电位，此时 D2 的 3 脚为低电位，V6 截止，绿色指示灯 V3 灭，执行元件 K 返回。D1－4 中的 11 脚为高电位，V1 红色指示灯亮，红灯亮表示被监控回路出现故障。

三、检验项目及要求

（1）一般性检查见第一节检验通则。

（2）额定值：额定直流电压 220、110、48V；额定直流电流 1mA（0.7～1.3mA）。

（3）最小动作电流：不小于 0.45mA。

（4）返回电流：不大于 0.44mA。

（5）返回时间：2.5～3s。

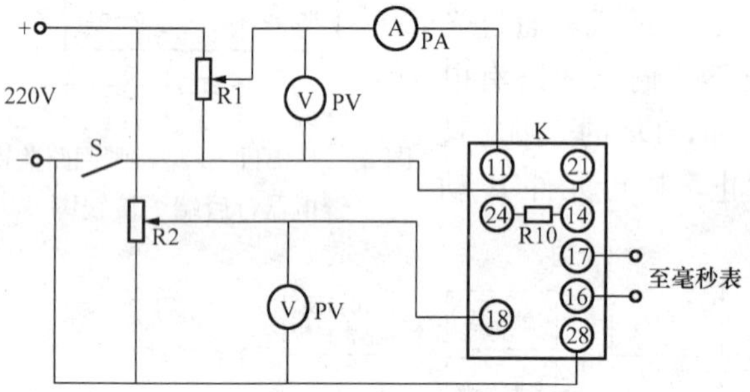

图 3－29 BTJ－1 型跳闸回路监视继电器调试接线图

四、检验、调试方法

BTJ－1 型跳闸回路监视继电器的调试接线图如图 3－29 所示。

1. 一般检验

（1）在端子⑱和㉘接通直流辅助电源，此时标有故障的红灯亮，当灯不亮时可检查图 3－28 中 D1－2 的 5 脚，D1－4 的 11 脚，应是高电位，而 D1－1 的 3 脚应是低电位。

（2）在输入端⑪和㉑加额定电压，此时绿灯亮，红灯灭。当绿灯不亮时，可检查 V 的 5 脚，D1－2 的 4 脚，V4 的 c 极。D2 的 3 脚应是低电位，而 D1－1 的 3 脚、D1－3 的 10 脚、D2 的 2 脚应是高电位。

2. 动作电流和返回电流检验

按照图 3－29 所示，调节 R1 使电流从零开始逐渐上升，继电器的最小动作电流应不小于 0.45mA。若不符，则调节图 3－28 中的继电器电位器 RP1，使其符合要求。再调节 R1 使继电器返回，返回电流应不大于 0.44mA。

3. 返回时间

调节图 3－28 中的 R1，使继电器动作后返回，此时的返回时间应为 2.5～3s。若达不到要求，可调整图 3－28 中继电器的电位器 RP2，使其符合要求。

第八节 DS－20 系列时间继电器检验与调试

一、用途

DS－20 系列时间继电器用在继电保护和自动装置的交直流回路中，作为时间元件。

二、原理简介

DS－20 系列继电器的内部接线图如图 3－30 所示，电源输入端子为①和⑬；外附电阻的型号及阻值见表 3－8。

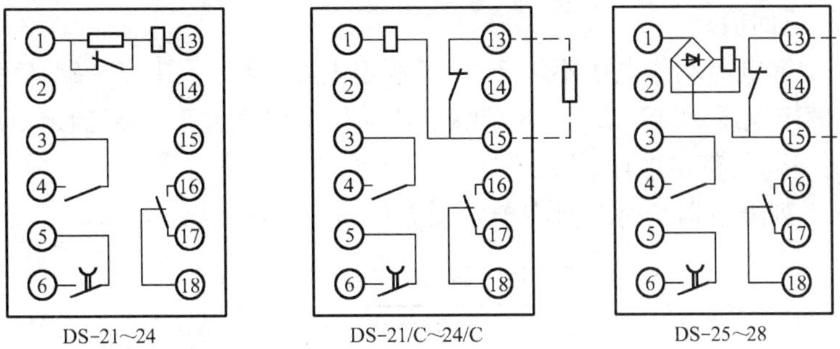

图 3-30　DS-20、DS-20E 系列继电器内部接线

表 3-8　　外附电阻的型号及阻值

额定电压(V)	外附电阻型号及阻值	额定电压(V)	外附电阻型号及阻值
DC220	RXYC-20-3.9kΩ	AC380	RXYC-20-5.1kΩ
DC110	RXYC-20-1kΩ	AC220	RXYC-20-3.9kΩ
DC48	RXYC-20-200Ω	AC127	RXYC-20-1kΩ
DC24	RXYC-20-51Ω	AC110	RXYC-20-1kΩ

DS-20、DS-20E 系列时间继电器是带有延时机构的吸入式电磁继电器，其中DS-21~24 是短期带电的直流时间继电器，DS-21/C~DS24/C 是长期带电的直流时间继电器，DS-25~28 是长期带电的交流时间继电器。继电器具有一副瞬动转换触点，一副滑动主触点和一副终止主触点。

当加电压于线圈两端时，铁芯克服塔形弹簧的反作用力被吸入。瞬动动合触点闭合，动断触点断开，同时延时机构开始启动，经过一定的整定时间后先闭合滑动主触点，再经过一定时间后闭合终止动合主触点，从而得到所需延时。当线圈断电时，在塔形弹簧作用下，使衔铁和延时机构返回原位。

继电器延时可通过移动静触点位置来调整，并由指针在刻度盘上指出。

三、检验项目及要求

(1) 一般性检查见第一节检验通则。

(2) DS-20 系列继电器技术数据及整定范围见表 3-9。

表 3-9　　DS-20 系列时间继电器技术数据及整定范围

型　号	时间整定范围 (s)	额定电压(V)
DS-21，DS-21/C	0.2~1.5	直流 24、48、110、220
DS-22，DS-22/C	1.2~5	
DS-23，DS-23/C	2.5~10	
DS-24，DS-24/C	5~20	
DS-25	0.2~1.5	交流 110、127、220、380
DS-26	1.2~5	
DS-27	2.5~10	
DS-28	5~20	

（3）动作值和返回值。

DS－21～24型继电器动作电压不大于70％额定电压；DS－21/C～24/C型继电器动作电压不大于75％额定电压；DS－25～28型继电器动作电压不大于85％额定电压。继电器的可靠返回电压不小于5％额定电压。

（4）DS－20系列继电器延时之触点整定误差见表3－10。

表3-10　DS－20系列继电器延时主触点整定误差

整定时间（s）	整定值误差（s）	整定时间（s）	整定值误差（s）	整定时间（s）	整定值误差（s）	整定时间（s）	整定值误差（s）
0.2	±0.05	1.2	±0.11	2.5	±0.13	5	±0.2
0.51	±0.06	2.5	±0.15	5	±0.20	10	±0.3
1	±0.08	3.7	±0.20	7.5	±0.25	15	±0.4
1.5	±0.15	5	±0.25	10	±0.30	20	±0.5

（5）DS－20系列继电器延时主触点延时一致性见表3－11。

表3-11　DS－20系列继电器延时主触点延时一致性

整定时间（s）	延时一致性（s）	整定时间（s）	延时一致性（s）
1.5	0.07	10	0.26
5	0.16	20	0.5

四、检验、调试方法

1. 机械调整

（1）用手按电磁铁的铁芯到吸合位置，延时机构应立即启动，直至延时触点闭合为止。此时瞬动触点应可靠转换。

（2）释放铁芯（在工作位置）时，动触点应迅速返回原位，瞬动动断触点应闭合，动合触点应断开。

（3）当铁芯吸入时，铁芯端部的动板不得与延时机构中的扇形齿板相碰。若相碰时，可将动板下移至适当位置，然后将螺钉固紧。

（4）当两副主触点的指针指示在零位时，第一副动触点的中心应与滑动主触点的中心相切，第二副动触点的中心应与终止主触点的中心相切（目视），并有不小于0.5mm的超行程。移动固定座的扇形板时，注意指针不要划坏刻度盘。

（5）当铁芯吸合时，动板应使瞬动切换触点的动断触点可靠断开（两触点间的距离不得小于1.5mm），动合触点可靠闭合（超行程不小于0.5mm）。

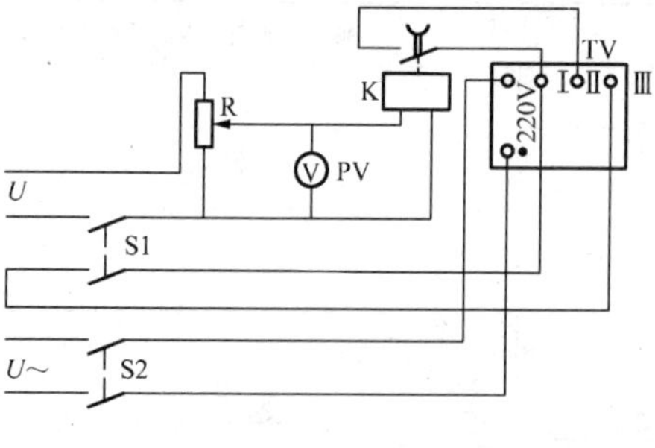

图3－31　DS－20系列继电器调试接线图

2. 电气性能调试及试验方法

如图3－31所示为DS－20系列继电器调试接线图。

（1）动作电压检验。动作电压应突然施加。若动作电压过高，应检查塔形弹簧弹力是否过强，铁芯在铜管内摩擦是否过大，应根据存在的问题进行相应检查调整，以达到动作电压的要求。

（2）返回电压检验。返回电压应满足规定要求。继电器不能可靠返回原位时，应检查铁芯与铜管之间摩擦是否过大、塔形弹簧是否较弱、主触点的动触点与静触点超行程是否过大、或瞬动动合触点超行程是否偏小，均应适当调整或更换之。

（3）延时整定误差及延时一致性检验。对继电器施加额定电压，在同一时间整定点上测量 10 次。计算 10 次动作延时平均值与整定值之差不应超过规定的整定误差值。计算 10 次测量中最大延时与最小延时之差不应超过规定的延时一致性要求。

第九节　DZ－10 系列中间继电器检验与调试

一、用途

DZ－10 系列中间继电器用于继电保护及自动装置的直流回路中，作为增加触点数量和容量的继电器。

二、原理简介

DZ－10 系列继电器采用固定安装式壳体，其内部接线图如图 3－32。

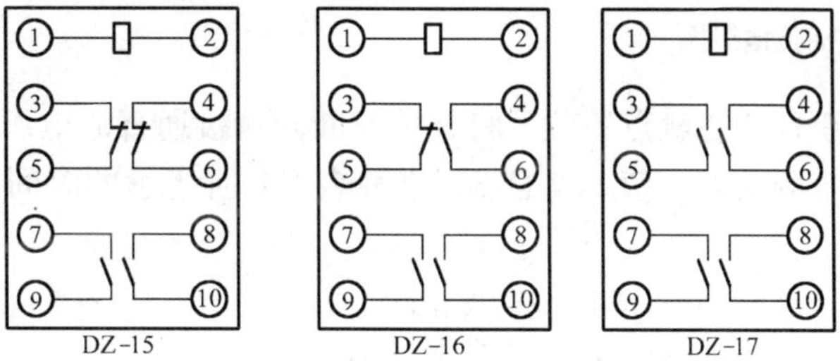

图 3－32　DZ－10 型继电器内部接线图

DZ－10 系列继电器采用电磁式瞬时动作原理，内部机构主要由电磁系统和接触系统组成。当输入激励量为动作电压值时，衔铁由于电磁力克服弹簧反作用力而被吸合，同时带动触点闭合或断开。当输入激励量下降至返回电压值及以下时，电磁吸引力小于弹簧的反作用力，衔铁返回原位，同时触点也恢复到动作前的状态。

三、检验项目及要求

（1）一般性检查见通则。

（2）直流额定电压：220、110、48、24、12V。

（3）动作电压：30％～70％额定电压。

（4）返回电压：不小于 5％额定电压。

（5）动作时间：不大于 45ms。

四、检验、调试方法

1. 动作电压与返回电压检验

DZ－10 系列继电器试验接线如图 3－33 所示。

调滑线电阻 R 至阻值最小端（电压表 PV 读数为零）。合开关 S，调 R，使电压由零开始平稳地上升到继电器动作，然后断开 S。用突然施加激励量的方法读取继电器的动作值，即继电器的动作值为触点回路所接中间继电器动作时的最小值。

调 R，使电压升至继电器的额定值，然后逐渐降低至继电器返回。读取返回值，即触点回路所接中间继电器返回时的最大值。

若动作值偏高，可调小弹簧的拉力（调弹簧上的螺丝），或调小衔铁打开时与极靴之间的间隙，也可调大动触点片的压力。

2. 动作时间检验

DZ－10 系列继电器试验接线如图 3－34 所示。

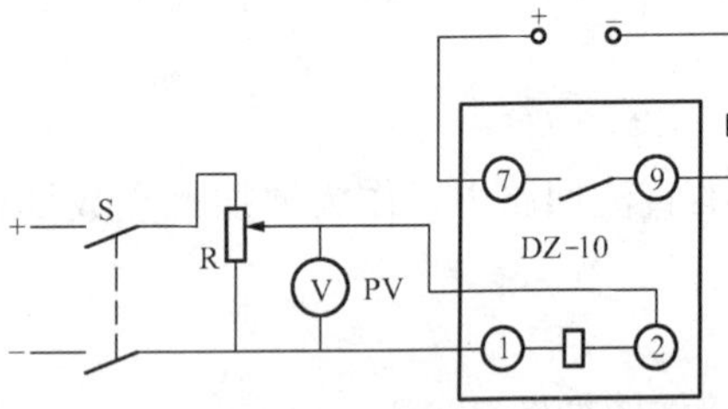

图 3－33　DZ－10 系列继电器动作值、返回值试验接线图

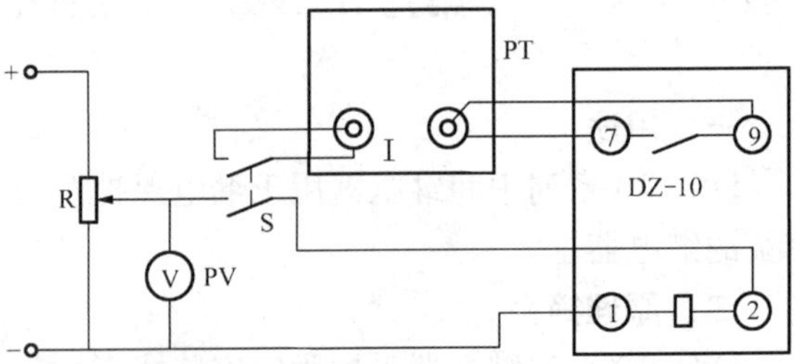

图 3－34　DZ－10 系列继电器动作时间试验接线

毫秒表 PT 两旋钮置“空触点”位，将开关 S 断开，接通直流电源，调滑线电阻 R，使电压表 PV 读数为继电器的额定值。速合 S，毫秒表 PT 所指示的时间即为继电器的动作时间，应符合技术要求。

若动作时间偏长，调整方法与上述方法相同。

继电器一经调整，就应复查其动作值与返回值。

第十节　DZB－10B 系列中间继电器检验与调试

一、用途

DZB－10B 系列中间继电器用在继电保护及自动装置的直流回路中，作为增加触点数量和容量的具有保持作用的辅助继电器。

二、原理简介

DZB－10B 系列继电器的内部接线图如图 3－35 所示。

该系列继电器为电磁式瞬时动作的继电器，其中 DZB－11～13B 型为电压动作电流保持的继电器，DZB－14B 型为电流动作电压保持的继电器，DZB－15B 型为电流或电压动作、电压或电流保持的继电器。

当动作电压或电流加在动作线圈两端时，继电器衔铁闭合，动合触点闭合，动断触点断开。当继电器动作线圈断电时，继电器由于保持线圈的作用实现自保持。只有保持线圈断电后，衔铁在触点片的压力下返回初始位置，动合触点断开，动断触点闭合。

三、检验项目及要求

（1）一般性检查见第一节检验通则。

（2）DZB－10B 系列继电器技术数据见表 3－12。

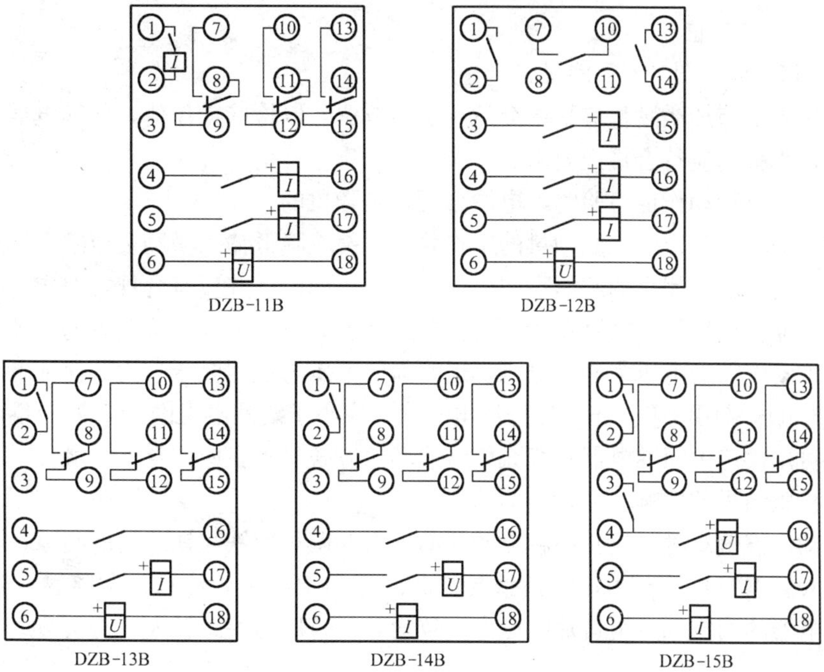

图 3-35　DZB-10B 系列继电器的内部接线图

表 3-12　DZB-10B 系列继电器技术数据

型　号	额定值		型　号	额定值	
	电压（V）	电流（A）		电压（V）	电流（A）
DZB-11B、12B	220、110、48	0.5、1、2、4、8	DZB-14B	220、110	0.5、1、2、4、8
	24	2、4		48	1、8
DZB-13B	220、110、48	0.5、1、2、4、8		24	2
	24	4、8	DZB-15B	220、110、48、24	0.25、0.5、1、2、4、8

（3）动作值：动作电流不大于 80%额定电流；动作电压不大于 70%额定电压。

（4）返回值：不小于 3%额定值。

（5）保持值：保持电流不大于 80%额定保持电流；保持电压不大于 70%额定保持电压。

（6）动作时间：不大于 50ms。

四、检验、调试方法

此系列继电器检验、调试试验接线图见图 3-36、图 3-37。

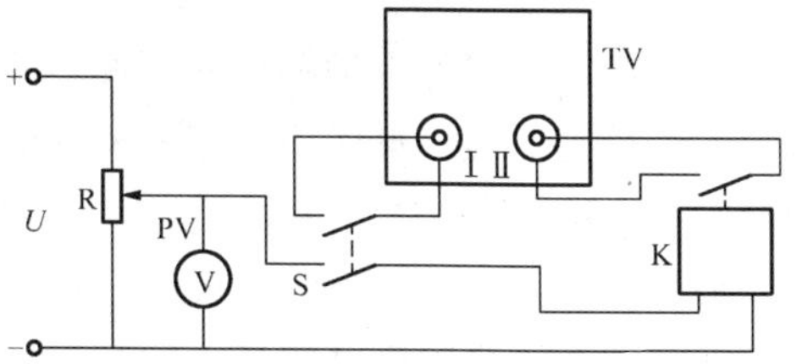

图 3-36　DZB-10B 系列继电器输入激励量为电压的试验接线图

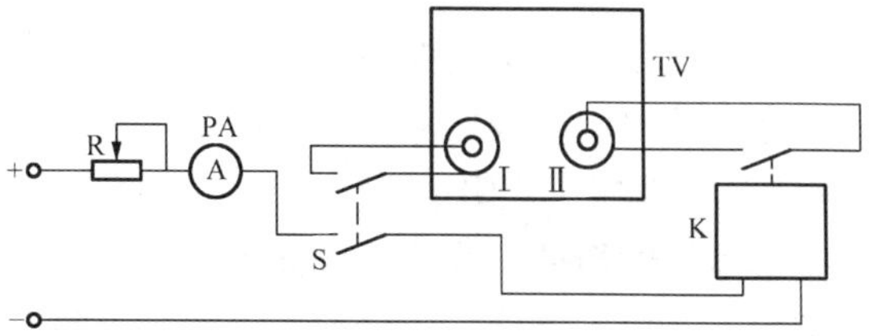

图 3-37　DZB-10B 系列继电器输入激励量为电流的试验接线图

1. 动作值与返回值

(1) 按图 3-36、图 3-37 接线。

(2) 继电器的施加激励量应采用突然施加的方法，以检验动作值，使继电器能可靠动作的最小值为动作值，应符合规定要求。

交流继电器进行动作值检验时，电源合闸角是随机的。

(3) 继电器处于额定输入激励量的工作状态，突然降低输入激励量至继电器返回到动合触点断开，或动断触点闭合的起始瞬间的最大值为返回值，并应符合规定要求。

(4) 继电器在突然施加激励量时，动作或返回前后电压变化不允许超过 5%，当电压有变化时，应取动作前的电压为动作电压，返回前的电压为返回电压。为了保证电压变化不超过 5%，直流电压采用电阻分压时的分压电阻值，应小于线圈电阻的 1/4.75。继电器的动作与返回状态可用快速中间继电器、灯光信号或其他方式显示。应注意不同触点对继电器动作值或返回值检验结果的影响。

(5) 若动作值偏高时，应减小触点簧片的压力，调小衔铁与铁芯间的间隙；若动作值偏低时，则加大触点簧片的压力，将衔铁与铁芯间的间隙调大。注意：调整触点簧片的压力时，应使继电器的两排触点组簧片的压力大致均等，若压力差距较大，将会造成继电器动作不稳定。

(6) 若返回值偏低时，应增加触点簧片的压力，也可以增加衔铁与铁芯间的间隙。继电器经调整后，应复查触点的断开距离和超行程，并按规定要求复查动作值。

2. 保持值

继电器接入的电压与电流的极性应符合接线图 3-38、图 3-39 的规定。

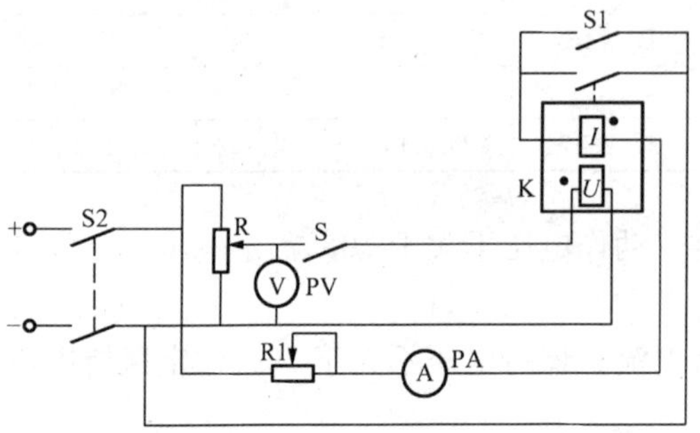

图 3-38 DZB-10B 系列继电器电压动作电流保持试验接线图

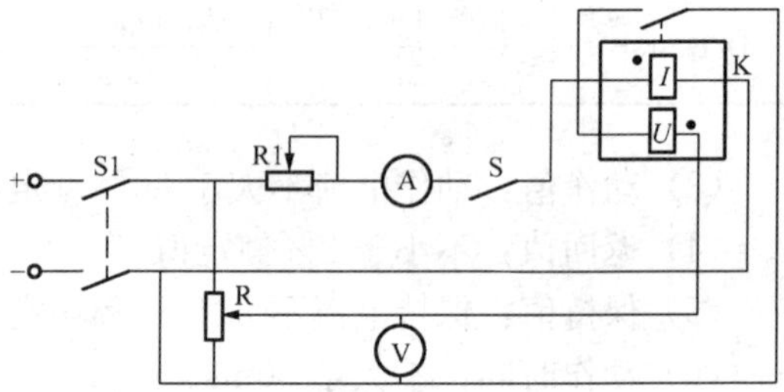

图 3-39 DZB-10B 系列继电器电流动作电压保持试验接线图

(1) 电压动作电流保持，试验接线图如图 3-38 所示。图中，S1 是保护触点的开关，防止在大电流时因反极性保持不住而烧坏触点，在试验前应先接通。接通开关 S2 调整 R 到额定电压，调整 R1 到阻值最大处。接通开关 S，电流调到 80%额定值时将开关 S 断开，注意观察继电器的衔铁，若有释放又吸合则是极性反了。如果不保持，则应调换电流极性后再进行试验。若仍不保持，应检查触点片压力是否过大，衔铁与铁芯吸合后接触面是否太小。待继电器调整到能保持时再打开 S1 做全面试验。

(2) 电流动作电压保持，试验接线如图 3-39 所示。图中，接通开关 S1 后将 R1 调到阻值最大处，调整 R 到 70%额定电压。接通开关 S 后调整 Rl 到额定电流，断开开关 S 观察衔铁有无释放又吸合现象或不保持现象。处理方法与电压动作电流保持相同。

3. 动作时间和返回时间

（1）按图 3-40 接线，毫秒表的两旋钮均处于“空触点”位置。

（2）通过操作开关 S 突然施加额定值激励量，毫秒表所指示的时间为继电器的动作时间，应符合规定的值。

（3）通过操作开关 S 突然断开额定值激励量，毫秒表所指示的时间为继电器的返回时间，应符合规定的值。

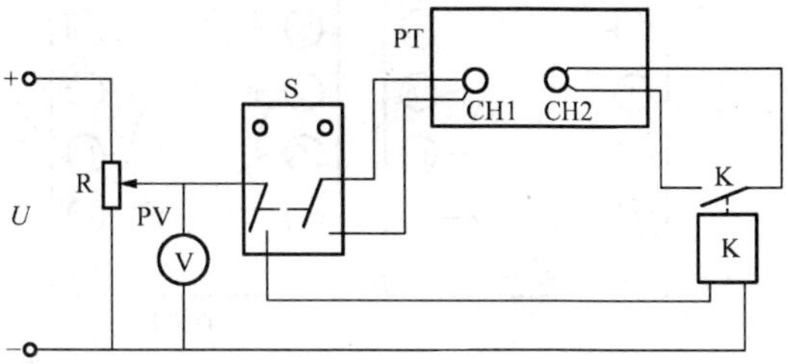

图 3-40　DZB-10B 系列继电器动作时间、返回时间试验接线

（4）若动作时间较长时，可减小触点簧片的压力，也可减小衔铁与铁芯的间隙。若动作时间偏小时，可增大触点簧片的压力，或增大衔铁与铁芯的间隙。产品经过调整后，应复查动作值和返回值，并符合要求。

（5）若返回时间偏长，可增大触点簧片的压力，也可减小衔铁与铁芯的间隙，使衔铁与铁芯达到平面接触。经过调整后，应复查动作值、返回值和动作时间，使其符合要求。

第十一节　DX-9 型闪光信号继电器检验与调试

一、用途

DX-9 型闪光信号继电器用于信号回路中。当电源接通后，继电器触点周期性地接通和断开，而使受控的灯光发出闪光信号。

二、原理简介

DX-9 型闪光信号继电器内部接线图如图 3-41 所示。

该继电器用 DZS-11B 型中间继电器作执行元件，附加电阻、电容构成充放电回路。当继电器电源接通后，线圈电压逐渐升高。当升高到动作值时，继电器动作，由继电器的动断触点将电源断开，由于电容放电而使继电器保持在吸合位置。当放电电压降至继电器返回值时，继电器返回，动断触点重新接通电源，重复上述循环，继电器触点呈周期性的接通和断开，从而完成闪光信号功能。

三、检验项目及要求

（1）一般性检查见第一节检验通则。

（2）额定参数：直流额定电压 220、110、48、24V；交流额定电压 220V；交流额定频率 50Hz。

（3）动作电压：不大于 80%额定值。

（4）闪光频率：40～80 次/min。

四、检验、调试方法

DX-9 型闪光信号继电器的检验调试接线图如图 3-42 所示。

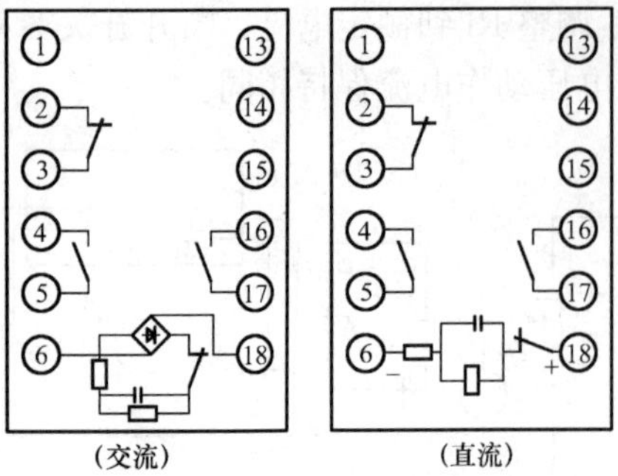

图 3-41　DX-9 型闪光信号继电器内部接线图

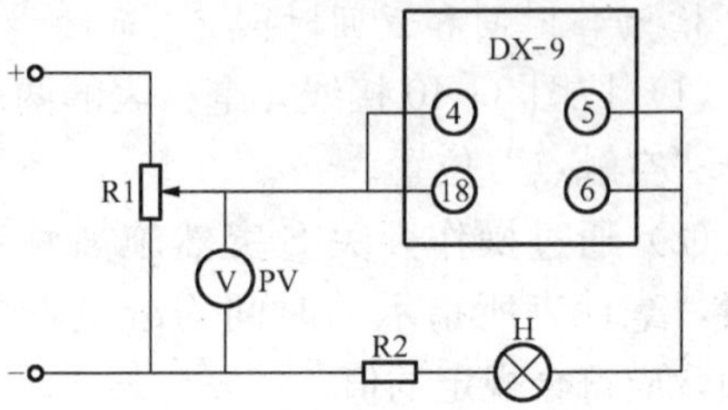

图 3-42　DX-9 型闪光信号继电器的检验调试接线

1. 动作值检验

调滑线电阻器逐渐升高电压到继电器开始周期性工作时的电压，即为动作电压。如果超过，可减小中间继电器触点片的压力。

2. 闪光频率检验

将电压升高至额定值，观察闪光继电器在内的动作次数。闪光频率为 40～80 次/min。

提高闪光频率的方法：减小中间元件触点片的压力，或换容量较小的电容器。

降低闪光频率的方法：加大中间元件触点片的压力，或换容量较大的电容器。

第十二节　ZC-23 型冲击继电器检验与调试

一、用途

ZC-23 型冲击继电器是一种采用干簧密封触点为灵敏元件的冲击继电器，并带有电容、二极管、滤波器，可供直流或三相全波整流操作的继电保护及自动装置中作集中信号之用。

二、原理简介

ZC-23 型冲击继电器的内部接线图如图 3-43 所示。

ZC-23 型冲击继电器的原理：利用一串联在直流信号回路的微分变流器，将回路中持续的（矩形的）电流脉冲变成短暂的（尖顶的）电流脉冲，以启动灵敏元件 K1，再由 K1 去启动出口中间元件 K2 动作，使继电器发出报警信号。

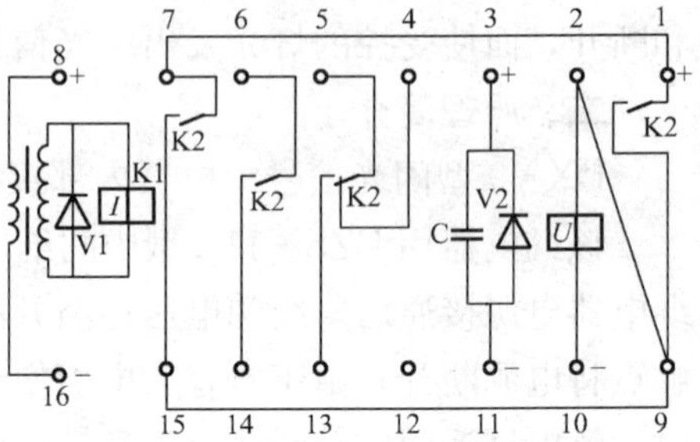

图 3-43　ZC-23 型冲击继电器的内部接线图

三、检验项目及要求

（1）一般性检查见第一节检验通则。

（2）直流额定电压：220、110、48、24V。

（3）拉合直流电压检查。

（4）最小冲击动作电流检查。最小冲击动作电流不大于 0.16A，继电器动作后自保持。

（5）稳定电流检验。在变流器一次绕组通过由 0～3.2A 任何值的稳定电流时，再突然加入 0.16A 的冲击电流，此时继电器应可靠动作并自保持。

（6）自动复归可用两台冲击继电器实现。

(7) 电压手动复归和延时复归。

四、检验调试方法

ZC－23 型冲击继电器的调试接线图如图 3－44 所示。

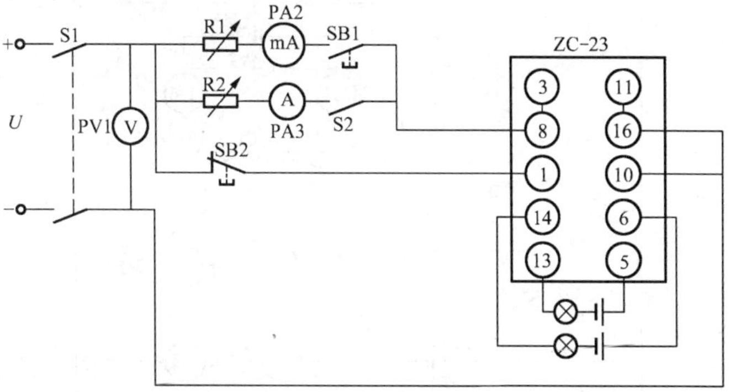

图 3－44　ZC－23 型冲击继电器的调试接线图

首先拉合辅助直流电源，继电器不应误动作。其他各项检验调试方法如下：

1. 冲击动作电流

闭合开关 S1，突然施加冲击电流 0.16A（闭合按钮开关 SB1，冲击动作电流值由调节 R1 电阻值得到），继电器应可靠动作并自保持。

2. 稳定电流

闭合开关 S1、S2，将电流调到 3.2A，继电器应可靠动作并自保持。按复归按钮开关 SB2，使继电器可靠返回。然后按按钮开关 SB1，施加 0.16A 冲击电流，继电器可靠动作并自保持。

3. 自动复归

按图 3－45 接线，利用两台冲击继电器反串接线来实现。但信号回路中必须为线性电阻的情况下，可实现冲击自动复归。

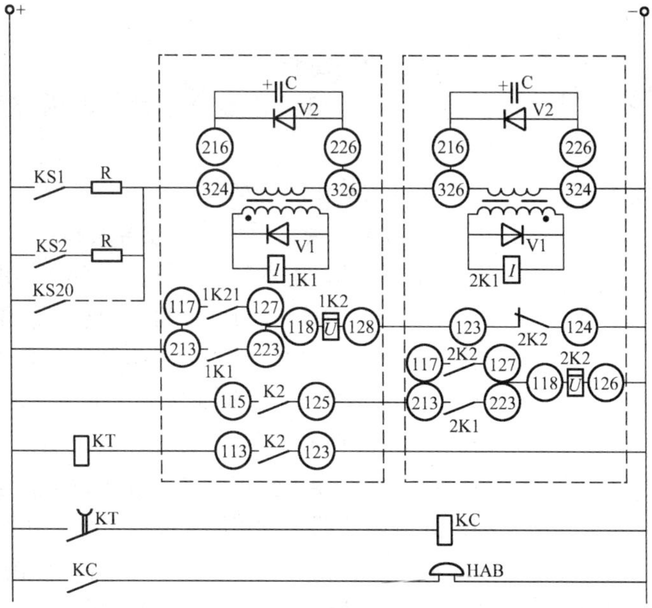

图 3－45　ZC－23E 型冲击继电器用于自动复归的接线

4. 电压手动复归和延时复归

按图 3-46 接线，可实现电压手动复归和延时复归。

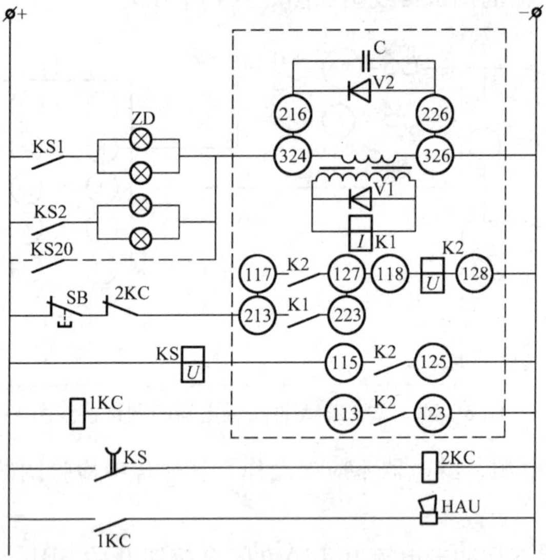

图 3-46　ZC-23E 型冲击继电器用于自动复归和延时复归的接线

第十三节　DH-2A 型一次重合闸继电器的检验与调试

一、用途

DH-2A 型一次重合闸继电器用于输电线路的三相一次重合闸接线中，作为它的主要组成部分。

二、原理简介

DH-2A 型一次重合闸继电器内部接线图如图 3-47 所示。

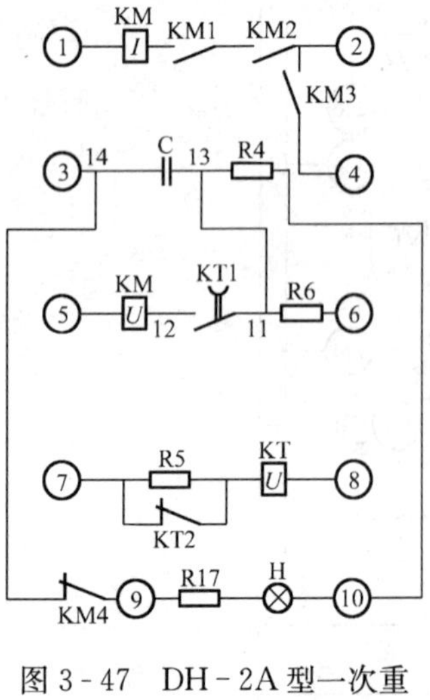

图 3-47　DH-2A 型一次重合闸继电器内部接线

装置的动作原理如下：

1. 用于单端供电的一次重合闸继电器

用于单端供电的一次重合闸原理接线图如图 3-48 所示。

图 3-48 中触点的位置相当于输电线路的正常工作情况。断路器在合闸位置，重合闸继电器中的电容器 C 经过按钮触点 E、F 和电阻 R4 已经充满电，继电器准备动作。现将继电器的动作原理分以下几个方面加以说明：

（1）断路器由保护动作（保护继电器触点 K 闭合）而跳闸。此时断路器辅助触点 QF1 闭合，中间继电器 KM9 启动（利用 R10 限制电流，以防止断路器合闸线圈 QFC 同时启动），其触点闭合后，启动重合闸继电器的时间元件 KT。经

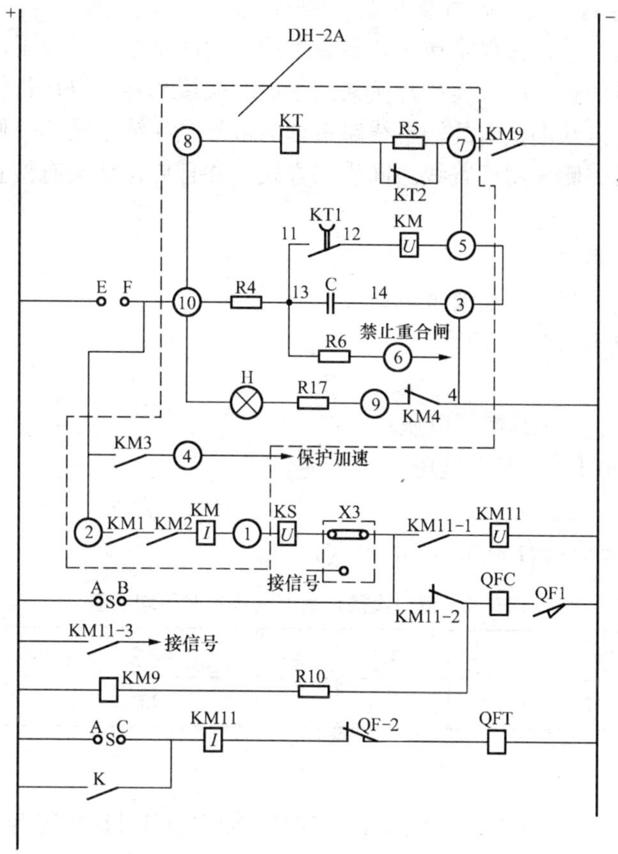

图 3-48　DH-2A 型重合闸继电器用于单端供电的原理接线图

过延时后触点 KT1 闭合，电容器 C 通过 KT1 对 KM(*U*) 放电。KM(*U*) 启动后接通了断路器合闸回路（由＋→E、F→②→KM1→KM2→KM(*I*) →①→X3→KM11－2→QFC→QF1→－）。QFC 通电后，实现一次重合闸。与此同时，信号继电器 KS 发出信号，由于 KM(*I*) 的作用，使触点 KM-1、KM-2 能自保持到断路器完成合闸，其触点 QF1 断开为止。如果线路上发生的是暂时性故障，则合闸成功后，电容器自行充电，重合闸继电器重新处于准备动作的状态。

（2）如果线路上存在永久性故障。此时重合闸不成功，断路器第二次跳闸，KM9 与 KT 仍同前而启动，但是由于这一段时间远远小于电容器充电到使 KM(*U*) 启动所必需的时间（15～25s），因而保证了继电器只动作一次。

（3）手动跳闸。当按下分闸按钮使断路器跳闸后，由于 E、F 触点已断开，切断了继电器的启动回路，避免了断路器发生合闸。

（4）手动合闸。在投入前应先将继电器中电容器 C 放电完毕，当按下合闸按钮时，接通电容器 C 的充电回路（由＋→E、F→⑩→R4→（13）→C→（14）→③→－）。此时如果在输电线路上存在永久性故障，则断路器很快又被切除。因为电容器来不及充电到使 KM(*U*) 启动所必需的电压，从而避免了断路器发生合闸。

2. 用于双端供电的一次重合闸继电器

与单端供电不同之处，仅仅是在重合闸装置的启动回路中，增加了由低电压继电器的触点、同步检查继电器的触点以及连接片所共同组成的换接线路，以执行检查线路无电压或者检查线路同步的任务。双端供电的输电线路重合闸常常是在输电线路一侧采用检查线路无电压的接线方式，而另一侧采用检查线路同步的方式，并且应保证装有检查线路无电压这一侧的重合闸先动作。

三、检验项目及要求

（1）一般性检查见第一节检验通则。

（2）直流额定电压220、110V。

（3）时间元件。

1）动作电压不大于70%额定电压；

2）返回电压不小于5%额定电压；

3）延时一致性不大于0.12s；

4）延时平均误差应符合表3-13的要求。

表3-13　DH-2A型一次重合闸继电器延时平均误差

整定值(s)	0.25	0.5	1	1.5	2	2.5	3	3.5
延时平均误差（s）	±0.07	±0.09	±0.1	±0.11	±0.13	±0.15	±0.2	±0.25

（4）中间元件。

1）动作电压：额定电压220V时为40～50V，额定电压110V时为25～35V。

2）返回电压：不小于5%额定电压。

3）电流绕组中通有额定电流，而电压绕组两端无电压时，衔铁应保持在吸合位置。

（5）准备动作时间：在额定电压下，继电器准备动作的时间应在15～25s内；在70%额定电压下，继电器准备动作的时间应不大于2min。

四、检验、调试方法

1. 时间元件的检验

其试验接线图见图3-49。

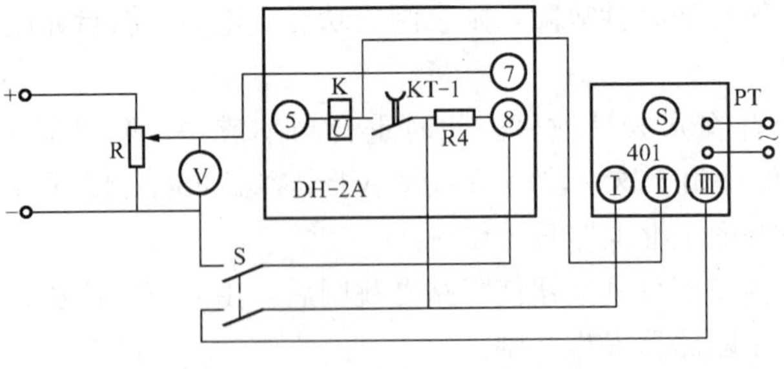

图3-49　DH-2A型重合闸继电器准备动作时间检验接线

在端子⑦和⑧间加70%额定电压，时间元件应动作，电压降至5%额定电压，时间元件应返回。在额定电压下用电秒表测量延时一致性，延时平均误差不应超过规定要求。

2. 中间元件的检验

检验接线图和检验方法见图 3-50。

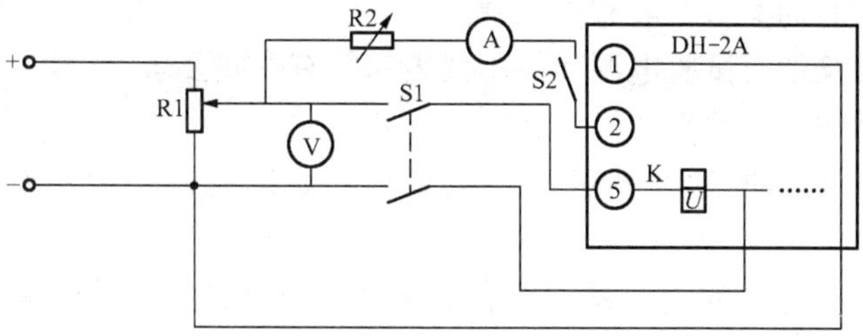

图 3-50　中间元件的检验接线图

(1) 合 S1，调 R1 使电压从零开始增大至中间元件动作，记下电压表读数即为动作电压。

(2) 调 R1，将电压逐渐升高到线圈额定电压，然后缓慢下降到动合触点完全断开的瞬间，记下电压表读数即为返回电压。

(3) 调 R1，将电压升到额定电压。合 S2，调 R2 使电流为 95%额定电流，断开 S1，衔铁应保持在吸合位置。

(4) 动作电压过小，可增大衔铁的动程。返回电压过小，可以增大吸合时衔铁与铁芯间气隙，不宜采用调节触点压力的方法。

3. 准备动作时间检验

DH-2A 型继电器试验接线如图 3-51 所示。

在额定电压下，时间元件整定为 0.5s，投入 S 和 S2（同时合），经 14s 后投入 S1，中间元件不应动作。先断开 S2，后断开 S1 和 S，再投入 S、S2（同时合），经 25s 后再投 S1，中间元件应能可靠动作并自保持。

重复测定充电时间时，应先断开 S2，再断开 S1，以保证电容器在放电状态。

如充电时间不符合要求，应检查充电电阻、电容器是否良好，或是否有旁路存在。若回路及参数正确，则可调中间元件，改变其动作电压，使之达到所需的充电时间。调整完毕后，应再次测量中间元件的动作电压和自保持电流。

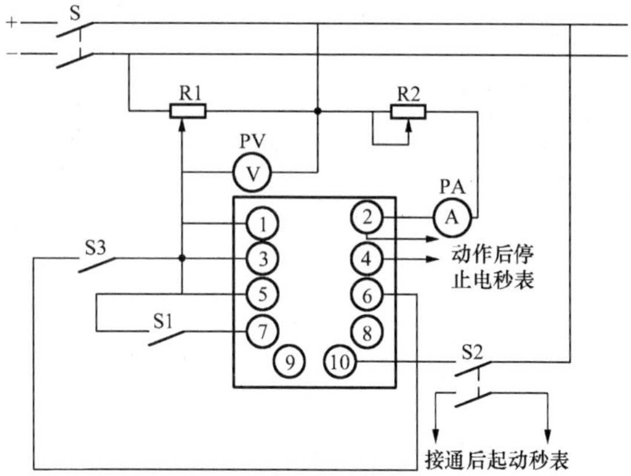

图 3-51　DH-2A 型一次重合闸继电器准备动作时间检验接线图

PA—直流电流表，1～5A；PV—直流电压表，150～300V

在额定电压下，投入 S2，充电 25s 后，合 S3 使电容器 C 放电，然后再合 S1，此时中间元件不应动作。

在上述线路中额定电压下，当电源接通后，合 S2，40s 内氖灯应启辉。在 0.7 倍额定电压下，氖灯应启辉，无时间要求（即长期通电氖灯应亮）。

复习思考题

3-1 继电器检验的类型一般有哪几种?

3-2 继电器检验中对试验电源和使用仪表一般有哪些要求?

3-3 误差和动作值一致性如何定义?

3-4 对电流继电器的返回系数有什么要求?如果返回系数不符合要求应如何进行调整?

3-5 对低电压继电器的返回系数有什么要求?如果返回系数不符合要求应如何进行调整?

3-6 什么是继电器的潜动现象?如何进行LG-11型功率方向继电器的潜动试验?

3-7 试说明BCH-1E型差动继电器的基本工作原理及检验项目。

3-8 试画出SZH-3型数字式频率继电器试验接线图,说明滑差闭锁测试的步骤。

3-9 时间继电器的机械调整有哪些内容?调整时应注意什么?

3-10 试画出ZC-23型冲击继电器的调试接线图并说明调试方法。

第四章 继电保护及自动装置的检验与调试

一般性检查

一、目测检查

①屏内接线应牢固，无螺丝松动或断线现象。②各继电器插件应在插入紧固状态。③按原理图、展开图和安装图核对接线应正确。

二、有关回路的绝缘检查

在保护屏的端子排处，将所有外部引入的回路及电缆全部断开，分别将电流、电压、直流控制、信号回路的所有端子各自连接在一起，用1000V的摇表测各回路对地、各回路之间的绝缘电阻，均应大于10MΩ。

三、耐压试验

新安装和变更后的保护装置、安全自动装置、二次回路（包括更换的电缆、屏上的导线）及其他设备应做交流1000V的1min耐压试验。如盘上装有晶体管和集成电路等弱电元件构成的保护和仪表测量部件时，则按专用规程要求进行。耐压试验应在绝缘检查合格后进行（也可用2500V摇表进行1min的耐压试验），耐压试验后，再进行一次绝缘检查，如果绝缘电阻不比耐压试验前的绝缘电阻低，则认为耐压试验合格。

第一节 三段式电流保护装置的检验与调试

两相式不安全星形接线的三段式电流保护装置，是用于保护小接地电流系统线路的相间故障的保护装置。Ⅰ段瞬时电流速断保护，保护本线路一部分。Ⅱ段时限速断保护，保护本线路全长。Ⅰ、Ⅱ段是主保护。Ⅲ段定时限过电流保护是后备保护（本线路的近后备，下一线路的远后备）。

一、原理接线图及安装图

三段式电流保护装置的原理接线图和安装图如图4-1和图4-2所示。

二、试验接线

三段式电流保护装置的试验接线图如图4-3所示。

三、试验步骤

(1) 将电流继电器和时间继电器整定为所需要的值（电流、中间、时间、信号继电器单独检验合格以后，就位到保护屏中）。在端子⑤、⑥上加额定电压的直流操作电源。

(2) 调整调压器和滑线变电阻器使通入装置中的电流为0.9倍Ⅲ段（定时限过电流保护）的整定值，给电秒表（在连续位置）加电源。

(3) 拉合S1刀开关10次，装置应可靠不动（HL不亮，秒表不停）。

（4）调整调压器和滑线变电阻器使通入装置中的电流为 1.1 倍Ⅲ段（定时限过电流保护）的整定值，给电秒表加电源。

（5）拉合 S1 刀开关 10 次，装置应可靠动作（HL 亮，秒表走、停），并核对电秒表的读数应与Ⅲ段整定延时相符。

按（1）至（5）的步骤作Ⅱ段、Ⅲ段的实验，可分别测得Ⅱ段、Ⅲ段动作延时。分析三段之间的逻辑关系，若逻辑关系不正确，按原理图、展开图和安装图检查相关回路。在做速断大电流试验时，应采取措施防止长时间大电流而将元件烧坏。

将直流操作电源降到 80％额定电压时，重复上述实验，装置也应能正确动作。

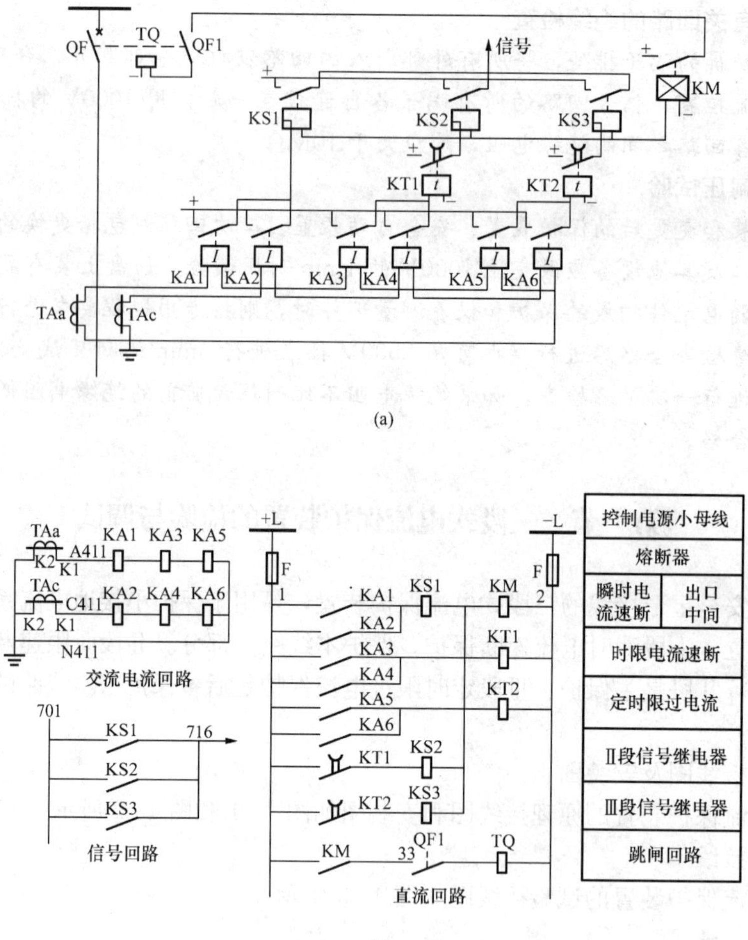

图 4-1 三段式过电流保护原理接线图

（a）原理图；（b）展开图

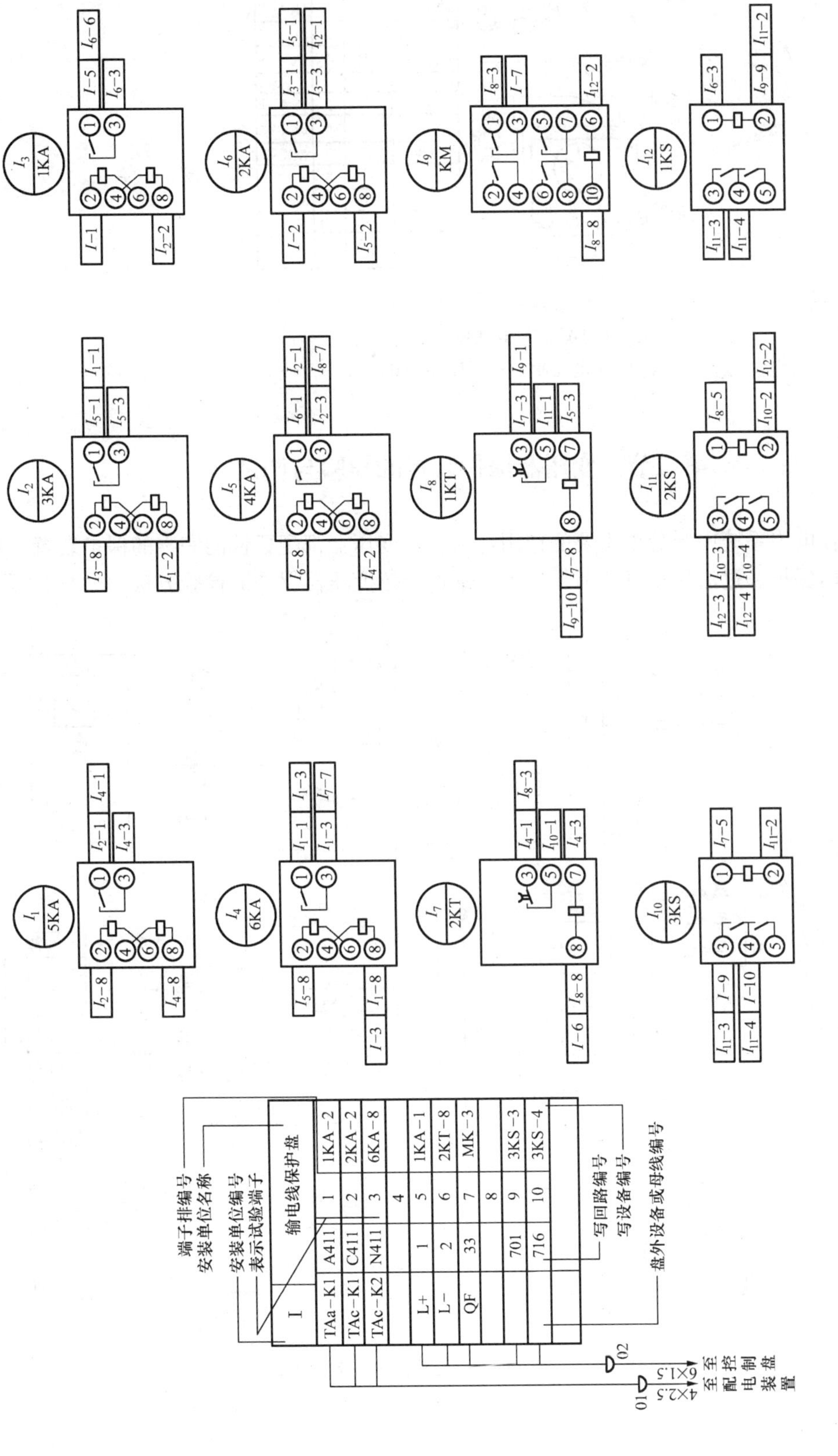

图 4-2　三段式过电流保护装置安装图

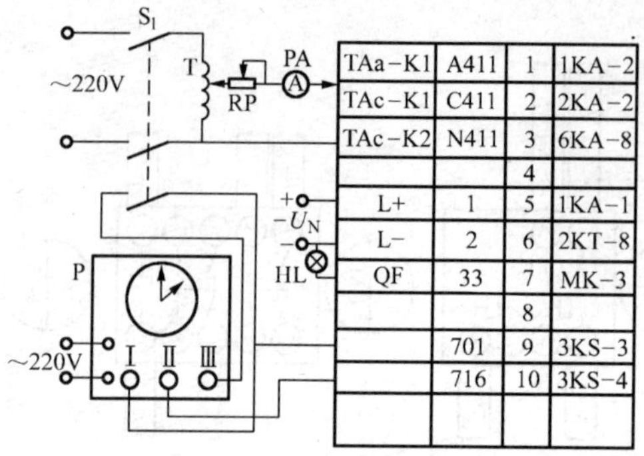

图 4-3 试验接线图

S1—刀开关；T—调压器；RP—滑线变阻器；

PA—电流表；P—电秒表；HL—指示灯

第二节 变压器保护装置的检验与调试

变压器在电力系统中起着很重要的作用，大容量变压器都配置性能完善的保护装置：差动保护、瓦斯保护、过流保护过负荷保护等，下面介绍变压器保护的检验方法。

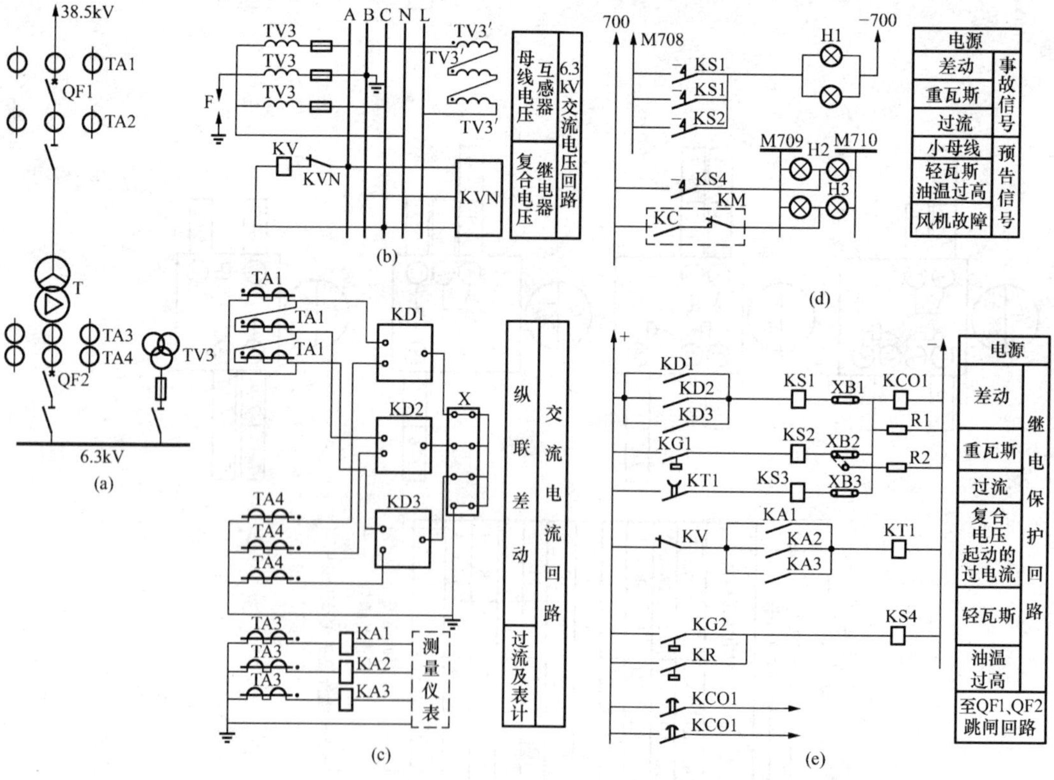

图 4-4 2000～16000kV·A 变压器保护接线图

(a) 一次接线；(b) 交流电压回路；(c) 交流电流回路；(d) 信号回路；(e) 直流回路

一、变压器的差动保护电流互感器的接线

Y，d11 接线的变压器两侧线电流相位差为 30°，为消除相位差而引起的不平衡电流，变压器的 Y 侧电流互感器二次△接线，变压器的△侧电流互感器二次 Y 接线，如图 4-5 所示。

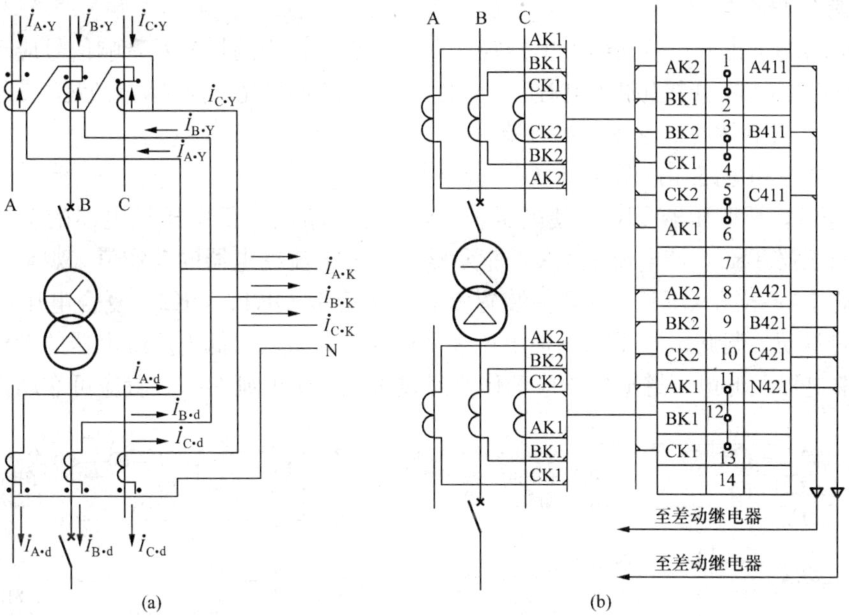

图 4-5　变压器差动保护接线图

(a) 电流互感器接线图；(b) 电流互感器的端子图

二、检验方法

1. 电流互感器接线的检查

解除差动保护的跳闸压板，在负荷电流的情况下，三相对称，TA 电流互感器二次电流大于 0.5A（或按变压器短路试验的方法），用钳形电流表和钳形相位表测图 4-5（b）中，I_{A411}、I_{B411}、I_{C411}大小相等彼此互差 120°，I_{A421}、I_{B421}、I_{C421}大小相等彼此互差 120°。I_{A411}与I_{A421}、I_{B411}与I_{B421}、I_{C411}与I_{C421}彼此互差 180°。要特别注意钳形相位表的极性，应将钳形相位表带“*”的一侧朝向电流互感器 TA。也可以用传统方法作六角图检验接线。若相位关系不正确应检查电流互感器 TA 的接线。

2. 差动继电器执行元件不平衡电压的检查

当变压器差动保护两侧电流相位核查正确以后，在变压器带额定负荷时（和短路试验接线），用高内阻电压表测量，差动继电器（如 BCH-2）执行元件线圈两端的不平衡电压不应超过 0.15V。

3. 电流互感器断线与保护定值检验

在图 4-5（b）中再将端子②与③、④与⑤短接，将 A411、B411、C411 连线断开。

（1）变压器带三相额定负载时，差动保护可靠不动。

（2）当从 A421（B421、C421）加入 1.1 倍的动作电流，差动保护应可靠动作。恢复图 4-5（b）中的接线。

4. 变压器空载投入检查

将装置与电流互感器连接正确，在额定电压下对变压器作五次以上的空载投入试验，应可靠不动。在空载试验前应通过检查且已认定二次回路接线无误后进行，如果变压器为双侧电源，两侧应分别作空载投入试验。

5. 瓦斯保护检验

在保护的端子排处短接瓦斯继电器轻瓦斯的触点，相应的灯光及音响信号应动作。

在保护的端子排处短接瓦斯继电器重瓦斯的触点，相应的灯光、音响及事故跳闸信号应动作。

6. 复合电压启动的过流保护的检验

(1) 模拟三相短路［按图 4-6 (a) 接线］。

合上 QK1，调调压器 TR1，使电压表 PV 的指示略高于低电压继电器的动作值；合上 QK2，调调压器 TR2，使电流表 PA 的指示略大于过电流继电器的动作值（观察三相电流继电器均应动作）；拉开 QK1、QK2 使装置复归，再合上 QK1、QK2，复合电压启动的过流保护可靠的不动。调调压器 TR1，使电压表 PV 的指示略低于低电压继电器的动作值，观察三相电流继电器及低电压继电器均应动作，经过过流保护的延时，装置应可靠动作于出口。

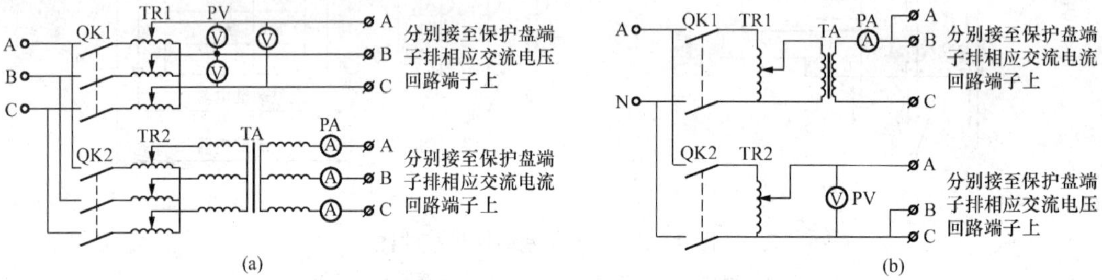

图 4-6 复合电压启动的过流保护的检验

(a) 模拟三相短路检验接线图；(b) 模拟两相短路检验接线图

QK1、QK2—开关；TR1、TR2—调压器；TA—升流器

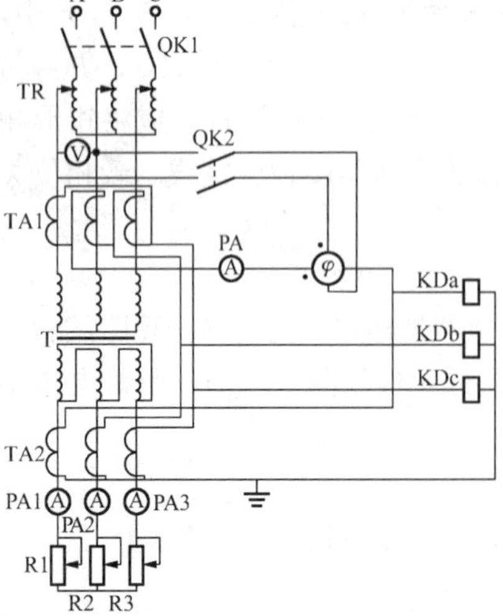

图 4-7 相位表法检验变压器差动保护的接线图

(2) 模拟两相短路［按图 4-6 (b) 接线］。

合上 QK1，调调压器 TR1，使升流器 TA 的输出电流为过流继电器动作值的 2 倍，观察三相电流继电器均应动作。合上 QK2 调调压器 TR2 使电压表 PV 的指示等于负序电压继电器动作值的$\sqrt{3}$倍，负序电压继电器应动作，经过过流保护的延时，装置应可靠动作于出口。

另外，介绍用相位表检验变压器差动保护的方法。接线如图 4-7 所示。

(1) 检验方法：合上闸刀 QK1，调节三相自藕调压器 TR，使其输出电压为 100V，再调节可变电阻使电流表 PA 的读数达到 0.5I_N（I_N 为相位表的额定电流），合上闸刀 QK2，则在相位表上可直接读出 I_A 与 U_{AB}的相位差，以接入的电压为基准即可绘出电流的相量图。

根据上述同样方法可测出 I_B 与 U_{BC}、I_C 与 U_{CA}的相量图。

用同样方法可测出变压器三角侧电流互感器二次电流的相位，测量时相位表接入的电压仍为变压器 Y 侧的电压，绘出相量图。两侧同相电流之间的相位差接近 180°，其误差不大于 5°，便可认为二次电流的相位是正确的。

（2）注意事项，如下：

1）检验时，需要一组三相正序基准电压，该基准电压必须和被测量的差动保护电流回路的电流是同一系统。

2）检验时，电流回路中电流从功率表电流线圈的“＊”号端流入应为正方向。

3）本检验方法是模拟工程中的负荷电流法，应选定变压器带负荷至 50％以上的某一工况作为测量检验工况，要求在检验中保持工况不变。本检验工况为电阻性负载。

4）工程上在检验时，应在变压器充电前将变压器差动保护投入，在变压器经充电证明良好（变压器一次侧绝缘良好）后将差动保护解除，再进行检验。

第三节　母线保护装置的检验

母线承担着汇集和分配电能的任务，是电力系统中重要的电气设备，所以比较重要的发电厂和变电所都装有专用的母线保护装置。下面介绍母线保护的检验方法。

一、母线保护的原理接线图

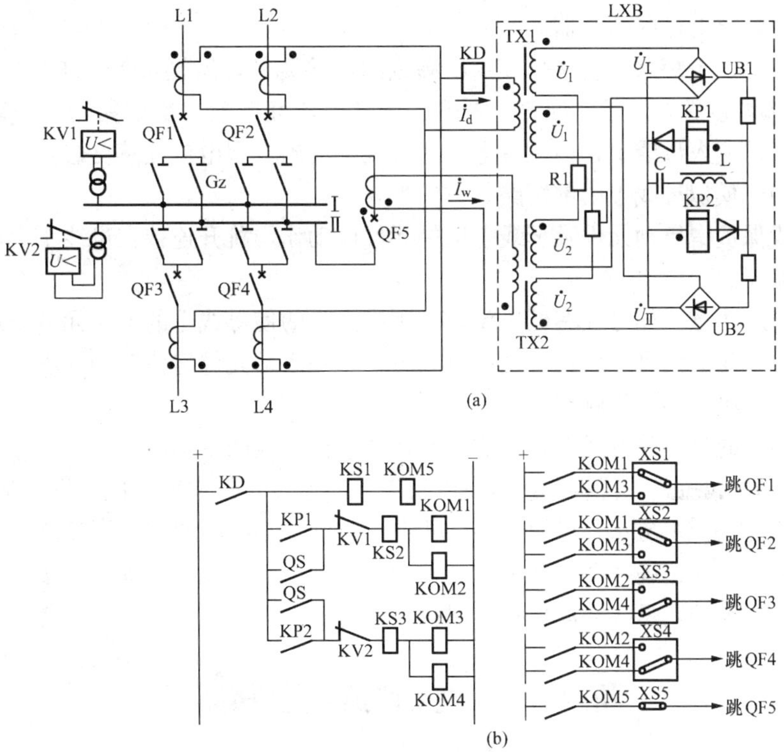

图 4-8　电流相位比较式母线差动保护单相原理接线图

（a）交流回路及电流相位比较继电器的内部接线；（b）直流回路

二、检验方法

1. 利用外加一次电流校验母线保护电流互感器极性的正确性及整组试验

试验时，将一个电源连接元件放在母线Ⅱ上，并将其他连接元件放在母线Ⅰ上，合上母联断路器。放在母线Ⅱ上的一个电源连接元件上接入升流器，来代替电源。

使接到母线Ⅰ上某一连接元件的一次回路短接（其他开路或断路器不合），合上该连接元件的断路器，调整升流器的电流值到最大，测量在母线Ⅰ、母线Ⅱ连接元件上电流互感器同相的二次电流相位差应为180°，用同样的方法检验母线Ⅰ上其他连接元件接线是否正确。当判断电流互感器接线正确后，将母线Ⅰ上各连接元件接到母差保护的各组电流互感器A、B、C、N短接，并断开与差动回路的连线，用升流器给连接在母线Ⅱ的连接元件加电流（大于启动元件的动作电流），模拟母线Ⅰ故障。装置应动作跳开母联及连在母线Ⅰ上的所有断路器。

将接在Ⅰ、Ⅱ组母线上各连接元件互相对换，模拟母线Ⅱ上短路，此时母线Ⅱ保护应动作，切除母联及接在母线Ⅱ上所有连接元件的断路器。

利用这一方法，同时也校验了母差保护直流逻辑回路的正确性。

2. 利用负荷电流模拟母线短路试验

母线保护在投运以前，必须进行带负荷试验，当带负荷试验结束，确认母差保护接线正确后，才能将母线保护投入运行。带负荷试验方法如下：

(1) 适当调整母线上所连接元件。接到母线保护的各连接元件，潮流有的是流入母线，有的是流出母线。将潮流流入母线的连接元件放在Ⅱ组母线上，将潮流流出母线的连接元件接在母线Ⅰ上，合上母联断路器。

(2) 模拟母线Ⅰ短路。将从母线送出潮流的连接元件，所接母差保护的电流互感器A、B、C、N全部短接后，从母差回路上断开。因从电流互感器二次回路看，外部电流流入母线Ⅱ经过母联再流入母线Ⅰ，但没有电流从母线Ⅰ流出，因电流互感器短接，并从母差中断开，这就相当于模拟母线Ⅰ内部短路。

此时母线保护中启动元件及母线Ⅰ选择元件应动作，跳开连接在母线Ⅰ上的所有连接元件及母联断路器。

以上试验应注意：如母差有低压闭锁，则应人为的使母线Ⅰ的电压元件失压而启动。如当时潮流太小，无法使母差启动，则可以临时将母差启动元件定值改小（事后恢复）使之能动作。或临时短接启动元件触点。

本试验的目的是检验母线差动保护中的选择元件接线的正确性。

(3) 模拟Ⅱ母线短路。再将连接于母线Ⅰ、Ⅱ上的连接元件进行互换，目的是模拟母线Ⅱ短路。按模拟母线Ⅰ短路的方法，可使连接在母线Ⅱ上的所有连接元件及母联断路器均跳闸。

以上试验结果如正确，即可认为母线差动保护中启动元件、选择元件接线是正确的，直流逻辑回路是正确的，母线差动保护可以投入运行。

第四节 发电机保护装置整组检验

一、发电机保护装置的原理接线

发电机保护装置的原理接线图如4-9所示。

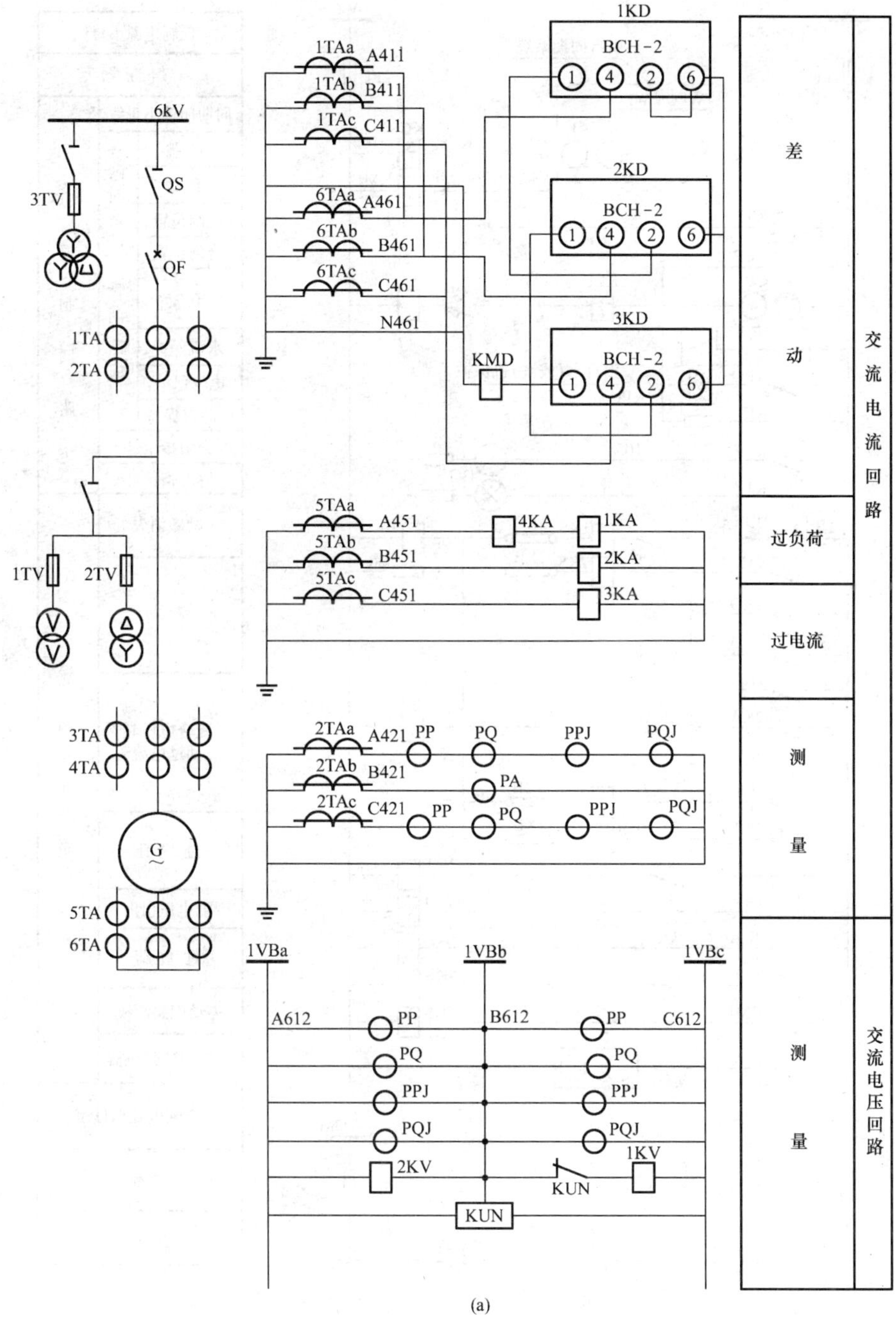

图 4-9　发电机保护原理接线图（一）

(a) 交流回路

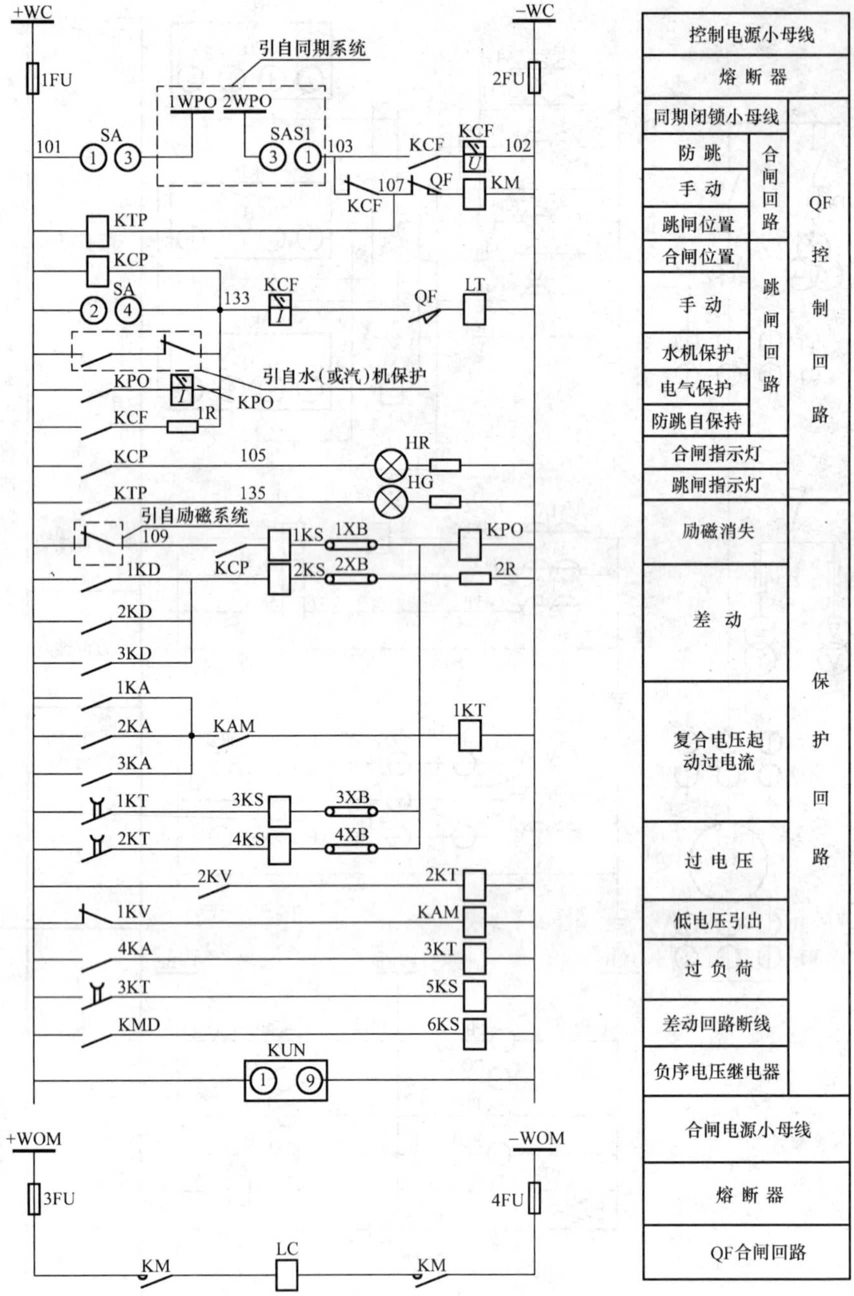

(b)

图 4-9 发电机保护原理接线图（二）

(b) 直流回路

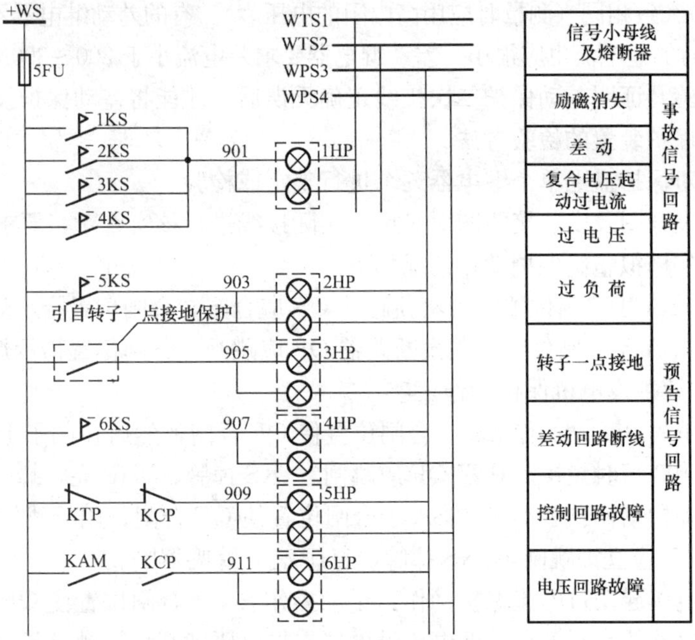

(c)

图 4-9　发电机保护原理接线图（三）

(c) 信号回路

二、发电机差动保护接线的检验

纵差保护用的电流互感器是按环流法原理接线的。当两侧的电流互感器的正极性分别置于发电机电压母线侧和中性点侧时，两侧电流互感器的二次侧应是同极性端子相连接，差动继电器线圈（高灵敏度接线涉及平衡线圈）和两侧电流互感器二次线圈并联。如果极性接错，就可能在发生内部故障时保护拒动，而在外部故障时发生保护误动作的事故。在差动保护投入运行前，为了保证二次接线的正确性，需要做两个试验。

1. 六角图试验

分别作发电机两侧电流互感器二次电流的六角图试验。

试验时注意把电流互感器的极性端接试验用瓦特表的极性端。当发电机两侧的电流互感器分别以母线侧和中性点侧作为极性端时，试验所得之六角图，应是两侧电流相量方向相反，大小相等，如图 4-10 所示。这是因为正常运行时，中性点侧的电流互感器一次侧电流是从极性端流入，而发电机电压母线侧的电流互感器一次侧电流是从极性端流出，故两侧的二次电流应相差 180°。由于两侧电流互感器变比相同，一次侧电流为同一电流，故两侧二次电流大小相同。

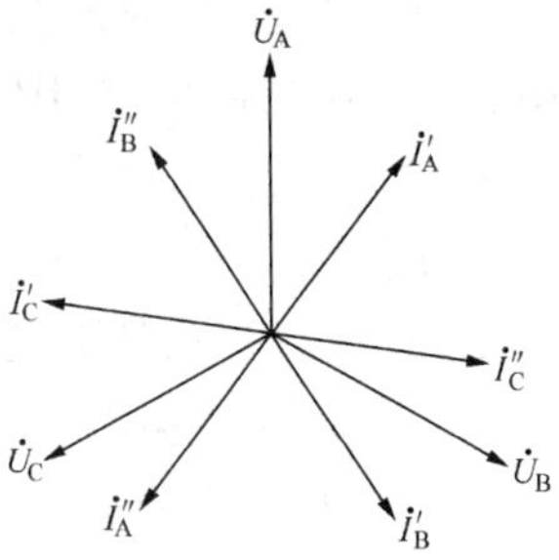

图 4-10　发电机纵差保护的六角图

2. 测差电压或差电流

当差动保护二次接线正确，且所用电流互感器满足 10%误差曲线要求时，额定运行情况下在差动继电器线圈两端测得的差电压应很小。对 DC-Ⅱ及 FB-Ⅰ型差动继电器而言，在额定电流时测得的差电压应小于 0.2～0.3V；BCH 型差动继电器的差电压（不平衡电压）应小于

0.15V，且三相应大致相同（测量时应用高内阻的电压表）。有的差动继电器不测差电压而测差电流，额定运行时的差电流也应很小，差动继电器要求差电流小于 200～300mA。

通过上述试验，证明差动保护二次接线正确无误后，才能将差动保护投入运行。

三、发电机保护装置的检验方法

（1）首先应对保护盘上单个继电器逐个进行整定或检验。

（2）按原理展开图及安装接线图对盘后，实际接线进行核实查对，要求接线正确无误。

（3）手动操作模拟整组保护动作情况如下：

1）手动操作 SA 于合闸位置，观察断路器 QF 应合闸，合闸位置指示灯 HR 亮。

2）手动操作 SA 于分闸位置，观察断路器 QF 应跳闸，分闸位置指示灯 HG 亮。

3）手动操作模拟发电机保护动作。

①模拟励磁消失：手动操作 SA 于合闸位置使 QF 合闸，然后在端子上直接用导线将回路编号为 101 和 109 短时短接。观察 QF 应跳闸，1KS 掉牌、1HP 亮，蜂鸣器响。

②模拟差动保护动作：手动操作 SA 于合闸位置使 QF 合闸，用导线短时短接差动继电器的常开触点，QF 应立即跳闸，2KS 掉牌、1HP 亮，蜂鸣器响。

③模拟复合电压起动过电流保护动作：手动操作 SA 于合闸位置使 QF 合闸，用导线短接该保护电流继电器的常开触点，低电压继电器未加电压则其常闭触点闭合，观察 QF 应经过电流保护整定时间延时后而跳闸，3KS 掉牌，1HP 亮，蜂鸣器响。

④模拟过电压保护动作：手动操作 SA 于合闸位置使 QF 合闸，用导线短接该保护过电压继电器的常开触点，观察 QF 应经过其整定延时后而跳闸，4KS 掉牌，1HP 亮，蜂鸣器响。

⑤模拟转子回路一点接地、过负荷、差动回路断线、控制回路故障及电压回路故障。

a. 手动操作 SA 于合闸位置使 QF 合闸，合闸位置指示灯 HR 亮。

b. 模拟转子一点接地保护动作：用导线短时短接转子一点接地继电器的常开触点，观察 QF 不应跳闸，3HP 亮，警铃响。

c. 模拟过负荷保护动作：用导线短时短接该保护电流继电器的常开触点，观察 QF 不应跳闸，经其整定延时后，5KS 掉牌，2HP 亮，警铃响。

d. 模拟差动回路断线：用导线短时短接断线监视电流继电器的常开触点，观察 QF 不应跳闸，6KS 掉牌，4HP 亮，警铃响。

e. 模拟控制回路故障：可将熔断器 1FU 或 2FU 中的熔件取出，观察 5HP 亮，警铃响。

f. 模拟电压回路故障：即对交流电压小母线 1VBa、1VBb、1VBc 不加电压，在 QF 处于合闸状态，观察 6HP 亮，警铃响。

4）通电模拟整组保护动作情况。

①模拟电流互感器二次回路断线（以 C 相断线为例）。

a. 检验按图 4-11（a）接线。

b. 检验方法：手动操作 SA 于合闸位置使 QF 合闸，合上 QK，调节单相自耦调压器 TR 使升流器 TA 输出电流达到断线监视继电器 KMD 的动作电流，观察差动继电器 1KD 至 3KD 均不应动作，断线监视继电器 KMD 应可靠动作，并发出相应灯光和音响信号。

②模拟差动保护动作：由于发电机内部不管发生三相短路还是二相短路差动继电器 1KD 至 3KD 的平衡绕组均无短路电流通过，下面以模拟发电机内部三相短路为例。

a. 检验按图 4-11（b）接线。

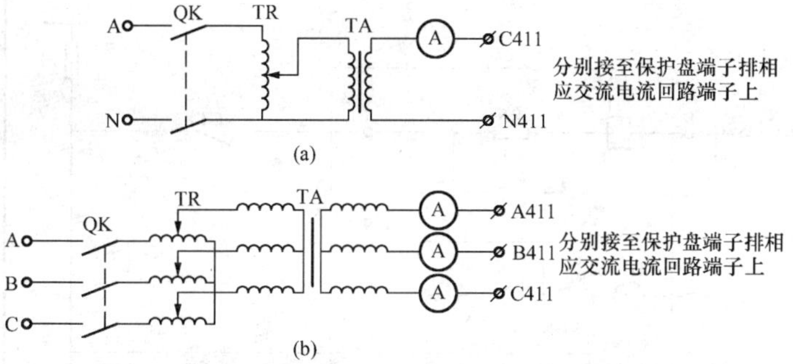

图 4 - 11　模拟电流互感器二次回路断线及保护动作接线图
(a) 模拟电流互感器二次回路断线的接线图；(b) 模拟差动保护动作接线图

b. 检验方法：手动操作 SA 于合闸位置使 QF 合闸，合上 QK，调节三相自耦调压器 TR 使升流器 TA 输出电流达到差动保护的动作值，观察 1KD 至 3KD 均应刚好动作，QF 应立即跳闸，并发出相应灯光和音响信号。

③模拟复合电压启动过电流保护：检验接线图及检验方法与变压器复合电压启动过电流保护相同。

④模拟过负荷、过电压、转子一点接地保护。检验接线图及检验方法基本上与单个继电器检验相同，在此不予重复，区别在于这些保护动作后应有相应的灯光和音响信号。

第五节　输电线路自动重合闸装置整组检验

一、装置的接线

单电源线路三相一次自动重合闸装置的接线展开图如图 4 - 12 所示。

二、重合闸装置的整组试验

重合闸装置的整组试验应在做完断路器的跳合闸试验以及保护装置检验完毕之后，配合断路器操作试验一起进行。

(1) 模拟瞬时故障，重合闸装置应动作，断路器重合成功。测定断路器断开又重合成功，断路器断开的时间，应略大于重合闸整定时间。

401 电秒表转换开关在连续位置，Ⅰ、Ⅲ接断路器的常闭辅助触点。给上重合闸装置的操作电源保险，合上断路器，一切正常后，投入重合闸控制开关 ST。30s 后，复位电秒表。短接 SA 的 6、7 触点（或短接线路延时动作保护的启动元件的触点），断路器跳闸后立即断开。断路器跳闸后应能重合，电秒表的指示即为断路器断开又重合成功时断路器断开的时间。

(2) 模拟永久性故障情况，重合闸装置启动，断路器重合一次不成功，再次跳闸。如有重合闸后加速，还应检查加速继电器加速保护的动作情况。

401 电秒表转换开关在连续位置，Ⅰ、Ⅲ接后加速继电器 KAT 的触点，Ⅰ、Ⅱ接断路器的常闭辅助触点。试验步骤是先合上断路器，投入重合闸装置，等电容器充好电后，将断路器的常开辅助触点串一开关，然后并接在线路延时动作保护的启动元件的触点，合上此开关，经延时，保护动作跳闸，重合后又跳，重合闸不应第二次重合。电秒表的指示即为断路

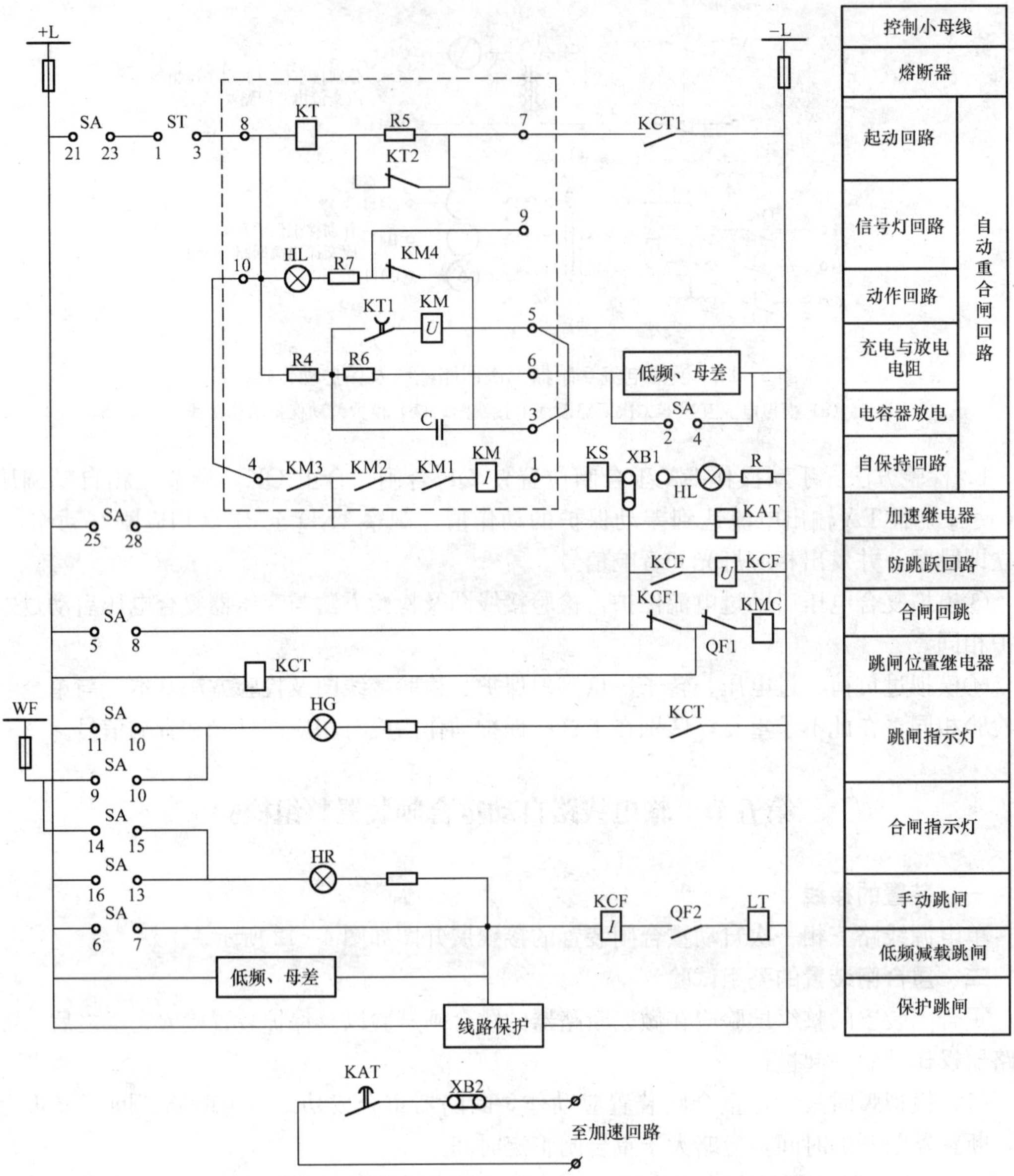

(a)

操作状态		手动合闸	合闸后	手动跳闸	跳闸后
SA触点号	2-4	–	–	–	×
	5-8	×	–	–	–
	6-7	–	–	×	–
	21-23	×	×	–	–
	25-28	×	–	–	–

(b)

图 4-12　单电源线路三相一次自动重合闸装置接线展开图

(a) ARC 接线展开图；(b) SA 控制开关触点通、断情况（×号表示接通）

器重合后又跳闸的时间（即后加速跳闸的时间）。

（3）当用控制开关手动断开断路器时，重合闸装置不应动作。

做此项试验时，断路器在投入情况下，重合闸投入30s以后再进行试验。

（4）模拟重合闸继电器触点粘住或控制开关长时间发出合闸脉冲时，断路器不应多次重合。

在断路器合闸状态，重合闸投入情况下，将SA控制开关的合闸触点5、8短接（见图4-12），长时间短接SA的6、7触点，断路器跳闸后不重合，即装置具备防跳跃功能。

检验结束后将装置的接线恢复正常。

第六节　备用电源自动投入装置整组检验

一、装置的接线

母线分段或联络断路器的AAT接线图如图4-13所示。

二、工作原理分析

正常运行两组变-线组分别向两段母线供电，QF1为分段或联络断路器，两段母线上各接有一组TV。动作过程分析如下：

（1）正常工作。正常工作时，两组变—线组分别向两段母线供电，QF2～QF5合闸，分段或联络断路器QF1处于跳闸位置。

（2）AAT动作过程。当T1(T2）内部故障，使QF2、QF4（QF3、QF5）跳闸；若线路故障，保护动作使QF4(QF5）跳闸，使工作电源消失，TV1（TV2）失电，KV1、KV2(KV3、KV4）失电动作（KV1～KV4是低电压继电器），而备用电源有电，KV6(KV5）带电，使低压启动回路接通（KV6、KV5是过电压继电器），KT1(KT2）带电延时跳开QF2(QF3)；当工作电源消失时，使QF2(QF3）跳闸。QF2(QF3）跳闸后，其辅助常闭触点闭合，使回路正电源→KC1→KC2→KS、KC3、HW→QF2(QF3）触点→负电源接通，产生短时脉冲。一方面HW、KS指示AAT动作发信号；另一方面KC3带电启动QF1的合闸回路、使QF1合闸。

（3）回路分析。KV1、KV2、KV6触点串联作用，保证工作电源消失，备用电源有电才能投入备用电源。由于AAT启动回路由QF2、QF4(QF3、QF5）的辅助常开触点与KC1(KC2）串联，正常时KC1(KC2）一直带电，QF2、QF4(QF3、QF5）跳闸时KC1(KC2）失电，但KC1(KC2）延时释放触点延时返回，使AAT启动回路只产生短时脉冲，同时QF2、QF4(QF3、QF5）只要一台跳闸，KC1(KC2）不再启动，保证了AAT只动作一次。

（4）复归。QF2、QF4(QF3、QF5）跳闸，QF1合闸后，其红、绿灯闪光，操作控制开关使之与断路器位置对应。排除故障后，使QF1跳闸，QF2、QF4(QF3、QF5）合闸，恢复正常工作方式。

三、AAT装置检验、整组模拟试验、自投试验

1. 继电器检验及整定

所有继电器包括工作电源母线低电压继电器KV1～KV4，时间继电器KT，备用电源电压监视继电器KV5、KV6等，均应按专用检验规程和整定计算要求来进行检验和整定。

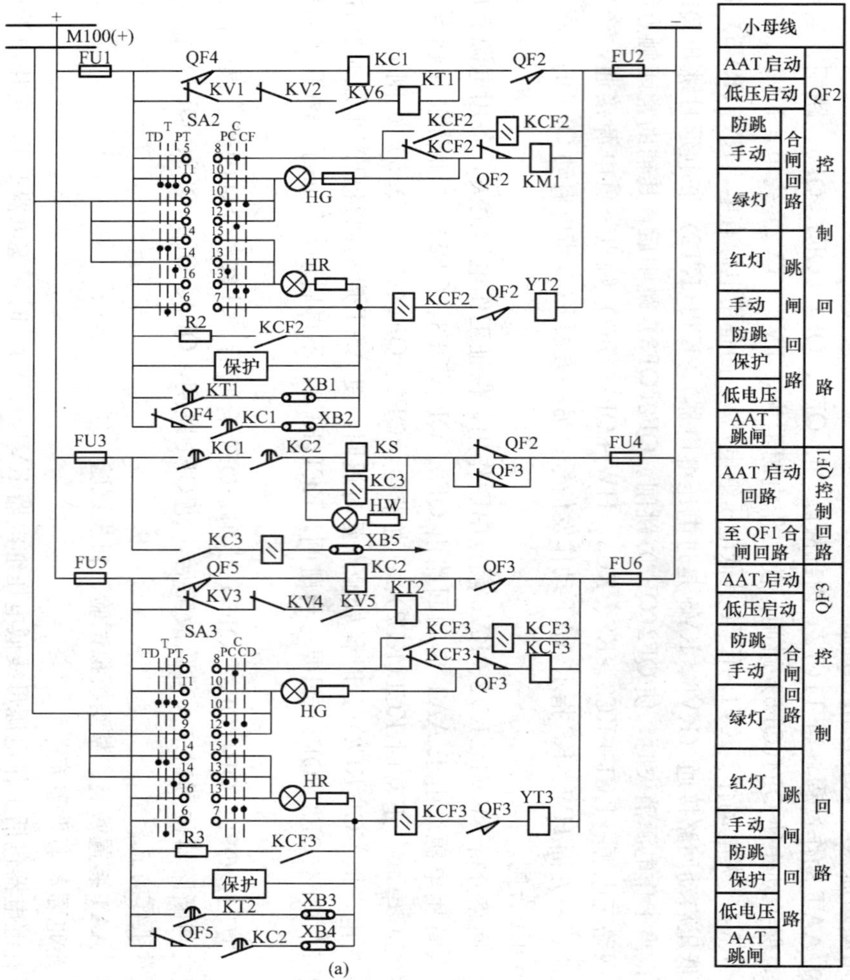

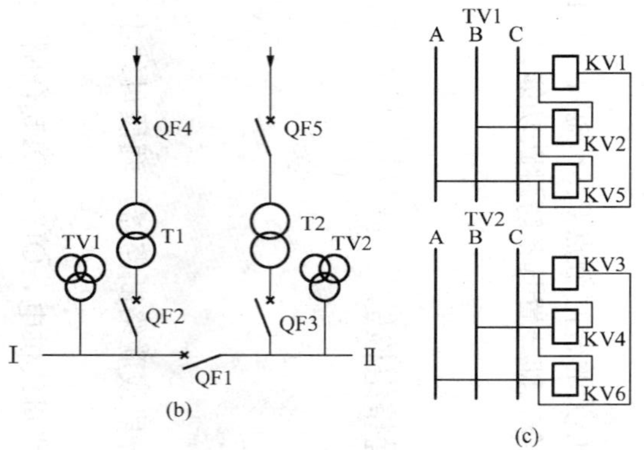

主 要 设 备 表

符 号	名 称	型 号	规 格	数量
SA2、3	控制开关	LW2-Z-1a、4、6a、40、20、2a/F8		2
KC1、2	中间继电器	DZS-12B	-220V	2
KC3	中间继电器	DZB-11B	-220V	1
KCF1~3	中间继电器	DZB-15B	220V、1A	3
KT1、2	时间继电器	DS-32	-220V	2
KV1~4	电压继电器	DY-37	~100V、50Hz	4
KV5、6	电压继电器	DY-33	~100V、50Hz	2
KS	信号继电器	DX-31B	-220V	1
R1~R3	电 阻	ZG11-25	1Ω、25W	3

图 4-13 母线分段或联络断路器的 AAT 接线图

(a)直流回路；(b)一次接线；(c)交流电压回路

2. AAT 回路检查和相互动作、闭锁检验

所有回路，包括控制、保护、信号和自投回路，均应按原理展开图上的逐条回路、逐个触点进行动作、返回、闭锁和相互动作检验，保证断路器常开、常闭辅助触点接触良好，切换正确。

3. 整组模拟试验

用两台试验用调压器分别模拟变压器 T1 的Ⅰ母线电压和变压器 T2 的Ⅱ母线电压。

（1）在Ⅱ母线电压正常时，KV6 动作，其常开触点闭合。降低Ⅰ母线电压至低于低电压继电器 KV1～KV4 的动作值，做Ⅰ母线低电压跳闸和Ⅱ母线自投的模拟试验。同时可以实测低电压整组跳闸时间（自 KV1、KV2 失压至 QF2 断路器跳开的时间）和备用电源自投时间（自 QF2 跳闸至 QF1 合闸的时间）。

（2）在Ⅱ母线无电压时，KV6 不动作，其常开触点断开。降低Ⅰ母线电压至低于低电压继电器 KV1～KV4 的动作值，做Ⅰ母线低电压跳闸和Ⅱ母线自投的模拟试验。此时 QF2 不跳闸，AAT 装置不应动作，QF1 不合闸。

（3）Ⅰ母线电压正常时，拆掉 TV1 二次一相的熔断器，AAT 装置不应动作。

（4）检验 AAT 装置动作后，若流过 QF1 的是短路电流，保护使 QF1 加速跳闸的情况（图 4-13 中没画）。

（5）检验 AAT 装置动作后，若变压器严重过负荷，切负荷的情况（图 4-13 中没画）。

用同样的方法做Ⅱ母线失电压时，Ⅰ母线备自投的试验。

4. 在工作电压下作备用电源自投试验

通过上面的各种模拟试验，AAT 装置一切正常后，在取得调度同意，通过审批并采取一定的安全措施后，方可做备用电源自投实验。

根据自投实验方案，接一台录波器，调整好要录波的电压、电流、时间等量。如工作母线和备用母线的三相电压，负荷的自启动电流等，必要时还可录一些大型电动机的自启动电流等等。从实际的录波图上可以分析清楚自投成功与不成功的原因，自启动电流水平，工作断路器、备用断路器跳、合闸时间，负荷的自启动时间，母线残压等。

第七节 按频率自动减负荷装置检验

一、装置的面板及接线端子图

数字频率装置的面板图和端子图如图 4-14 所示。

二、装置的检验

1. 试验接线（如图 4-15 所示）

2. 闭锁频率及动作频率的检验

（1）若整定值为：

闭锁频率整定值为 49.5Hz，拨轮显示 4950（4950×0.01=49.5）；

动作频率整定值为 48.5Hz，拨轮显示 4850（4850×0.01=48.5）；

出口延时整定值为 0.5s，拨轮显示 50（50×0.01=0.5）；

滑差时间整定值为 0.31s，拨轮显示 31（31×0.01=0.31）对应 $df/dt=3Hz/s$。

滑差时间的计算为

$$df/dt=(f_B-f_D)/(t_B+0.02)$$

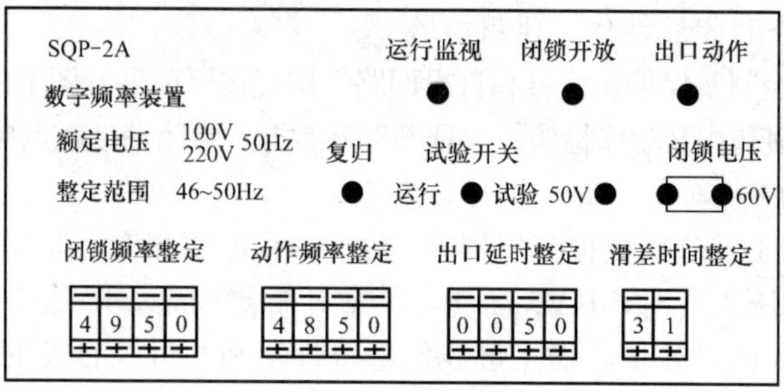

(a)

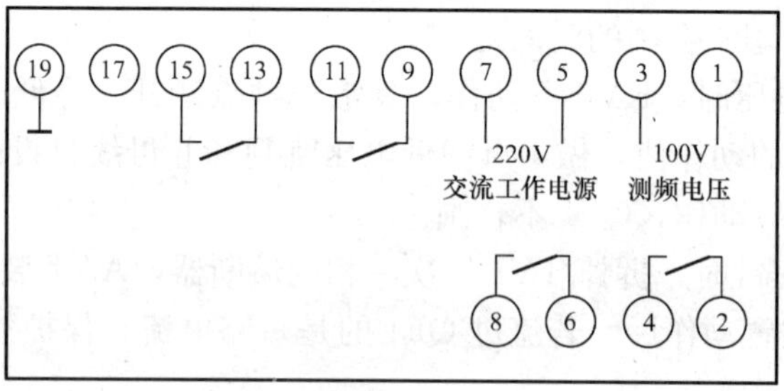

(b)

图 4-14　数字频率装置的面板图和端子图

(a) 面板图；(b) 端子示意图

端子 6～8—闭锁开放的常开触点；端子 2～4、9～11、13～15—出口动作的常开触点；端子 2～4—自保持触点

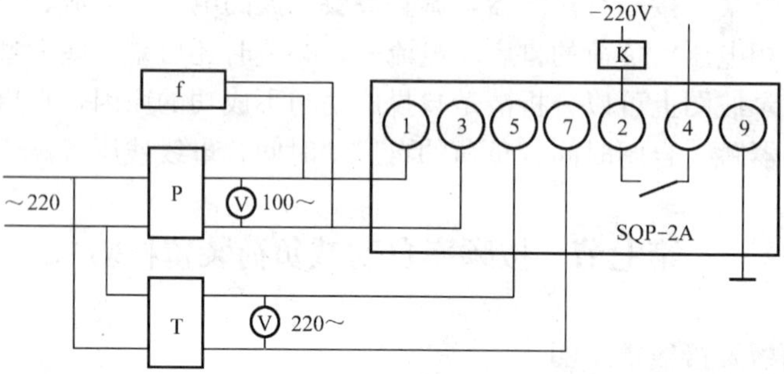

图 4-15　试验接线

P—变频电源；T—调压器；f—频率计；K—直流接触器

将已知的定值带入得

$$3 = (49.5 - 48.5)/(t_B + 0.02)$$

则

$$t_B = 0.31\text{s}$$

(2) 将变频电源输出调到 100V，f=50Hz，试验开关打到“运行”位置，运行监视指示灯应亮。将变频电源输出调到 100V，f=51Hz，试验开关打到“运行”位置，运行监视指示灯应熄灭。

(3) 闭锁频率的检验。按图 4-15 接线，缓慢降低变频电源的输出频率，观察闭锁开放指示灯亮时的频率计的读数，即为闭锁频率的值。要求与整定频率误差不超过 0.01Hz。

(4) 动作频率的检验。先将出口延时整定为0s（事后恢复），按图4-15接线，缓慢降低变频电源的输出频率，观察直流接触器K动作时的频率计的读数，即为动作频率的值。要求与整定频率误差不超过0.01Hz。

3. 滑差闭锁检验

先将出口延时整定为0s（事后恢复），按图4-15接线，降低变频电源的输出频率（使频率的变化速度大于3Hz/s），观察装置不应动作（直流接触器K不动作）。

4. 电压闭锁检验

降低变频电源的输出电压低于闭锁电压的值，然后由50Hz缓慢降低变频电源的输出频率，观察装置不应动作（直流接触器K不动作）。

5. 动作时间的检验

运作时间检验的接线图如图4-16所示。

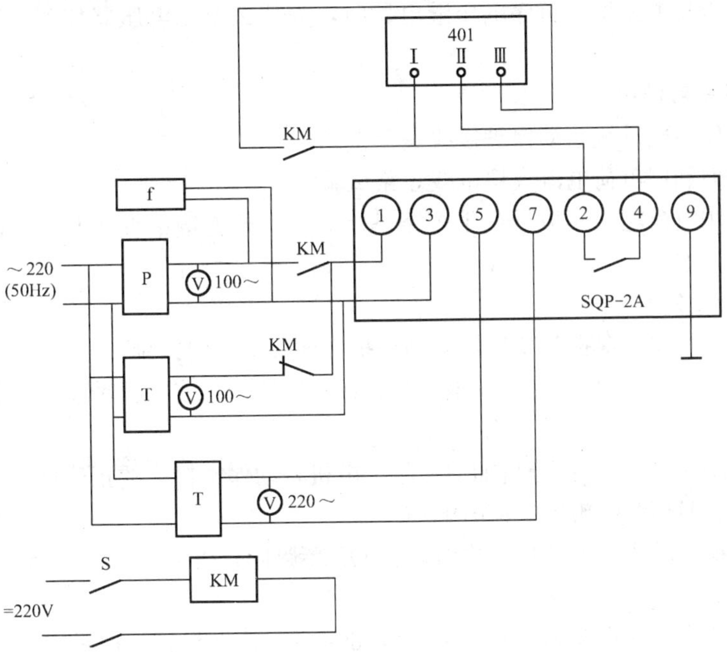

图4-16　动作时间的检验测量试验接线

P—变频电源；T—调压器；f—频率计；KM—直流接触器；401—电秒表

将出口延时整定值为0.5s，拨轮显示“50”。降低变频电源输出电压的频率至动作频率减0.2Hz，合上开关S，401电秒表的指示即为动作时间，误差不超过0.01s。

注意：做完一项试验后，应将装置复位后再做下一项试验。

复习思考题

(一) 三段式电流保护

4-1　为什么Ⅲ段的动作电流小，而动作时限长？

4-2　当加1.1倍的瞬时动作电流时，如Ⅱ段的延时动作是出现了什么问题？如Ⅲ段的延时动作是出现了什么问题？

4-3 当加1.1倍的Ⅱ段动作电流时，如Ⅲ段的延时动作是出现了什么问题？

4-4 若电流不能加入是因为什么问题？如何解决？

4-5 无论加入哪段动作电流装置保护均不动作，则出现了什么问题？如何解决？

（二）变压器保护

4-6 Y，d11接线的变压器构成差动保护时，电流互感器二次应如何接线？变比应如何选择？

4-7 如何判断变压器差动保护的接线正确与否？为什么变压器两侧差动臂上的同相电流相差180°时判断接线是正确的？

4-8 如何进行变压器差动保护的检验？

4-9 如何进行变压器过流保护和瓦斯保护的检验？

4-10 用单相电压检验负序电压继电器时，为什么单相电压要加到$\sqrt{3}$倍负序电压继电器的动作电压？

（三）母线差动保护

4-11 如何检验母线差动保护接线是否正确？

4-12 如何利用负荷电流模拟母线短路试验？

4-13 利用负荷电流模拟母线Ⅰ短路试验时，跳开连接在母线Ⅱ上的断路器，这是什么原因？如何解决？

（四）发电机差动保护

4-14 发电机差动保护与变压器差动保护在构成上有何区别？

4-15 从图4-9（a）中分析发电机差动保护的原理接线。此种差动保护的定值应整定为多大？

4-16 从图4-9（a）中分析如何检验发电机差动保护接线的正确性。

4-17 试验时何时响警铃？何时响蜂鸣器？

4-18 模拟差动或过流保护动作时，若QF不跳闸，可能是什么原因？如何处理？

（五）输电线路自动重合闸

4-19 为什么投入重合闸控制开关ST，30s后，才做模拟瞬时故障时重合闸装置的动作试验？

4-20 在重合闸投入情况下，将SA控制开关的合闸触点5、8短接（见图4-12），长时间短接SA的6、7触点，断路器跳闸后不重合，即装置具备防跳跃功能，分析其原因。

4-21 模拟永久性故障时，为什么将断路器的常开辅助触点串一开关，然后并接在线路延时动作保护的启动元件的触点？

4-22 模拟永久性故障时，401电秒表转换开关在连续位置，Ⅰ、Ⅲ接后加速继电器KAT的触点，Ⅰ、Ⅱ接断路器的常闭辅助接点，为什么电秒表的指示即为后加速跳闸的时间？

4-23 模拟永久性故障时，401电秒表读数为零，分析其原因。

（六）备用自投入

4-24 分析当Ⅰ母线电压低于低电压继电器KV1～KV4的动作值时，QF2不跳闸，分析其原因。

4-25　QF2 跳闸后，QF1 不合闸，分析其原因。

4-26　分析当 QF4 跳闸后，QF1 不合闸，分析其原因。

4-27　图 4-13 中如何保证的 AAT 只动一次?

4-28　图 4-13 中 KV1、KV2、KV6 的连接点串联，KV3、KV4、KV5 的连接点串联，在交流回路不变的前提下，KV3 与 KV6 的连接点互换，会是什么结果?

（七）按频率自动减负荷

4-29　滑差时间整定如何计算? 如何整定?

4-30　出口延时如何整定?

4-31　闭锁频率、动作频率如何整定?

4-32　将闭锁电压定为 60V，如何整定?

4-33　动作频率检验时，缓慢降低变频电源的输出频率，频率的变化速度不能大于多少?

4-34　如何进行动作频率、闭锁频率、动作时间的检验?

第五章　CSC－103A/B 微机线路保护装置的检验与调试

第一节　CSC－103A/B 微机线路保护装置的适用范围、规格及功能配置

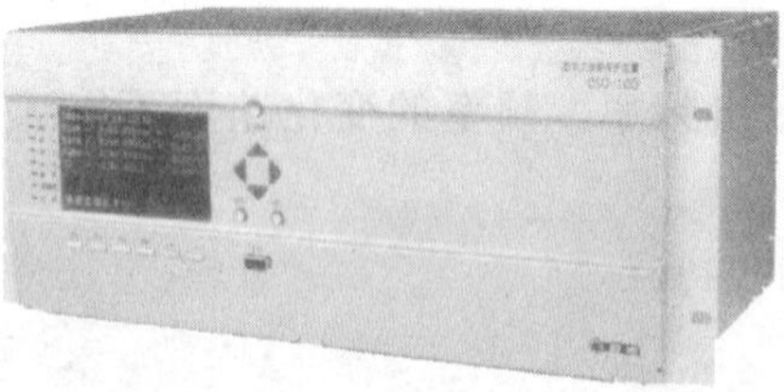

图 5－1　CSC－103 保护装置的外形图

CSC－103A/103B 数字式超高压线路保护装置适用于 220kV 及以上电压等级的高压输电线路，其主保护为纵联电流差动保护，后备保护为三段式距离保护、四段式零序电流保护、综合重合闸等。装置规格及功能配置见表 5－1，装置的外形如图 5－1 所示。

表 5－1　装置规格及功能配置

装置型号	主保护	后备保护		综合重合闸	备注
	纵联电流差动	三段式距离	四段式零序		
CSC－103A	√	√	√		适用于双母线及一个半断路器接线的各种形式
CSC－103B	√	√	√	√	适用于双母线接线形式

第二节　CSC－103 装置的技术参数

一、额定参数

（1）交流电压：$100/\sqrt{3}$V，线路抽取电压 100V 或 $100/\sqrt{3}$V；

（2）交流电流：5A，1A 可选；

（3）交流频率：50Hz；

（4）直流电压：220V，110V 可选；

（5）开入输入直流电压是 24V（默认），可选 220V(110V)。

二、输出触点容量

1. 输出口触点容量

（1）工作容量：在电压不大于 250V，允许长期工作电流 5A，允许通过的瞬时冲击容量为 1250V・A 或 150W；

（2）断开容量：AC250V(DC30V)/5A。

2. 其他触点容量

（1）工作容量：在电压不大于 250V，允许长期工作电流 3A，允许通过的瞬时冲击容量

为62.5V·A或30W；

（2）断开容量：AC250V(DC30V)/3A。

三、主要技术性能指标

1. 交流回路精确工作范围

（1）相电压：0.4～70V；

（2）电流：$0.1I_N \sim 20I_N$。

2. 差动元件

（1）整定范围：$0.1I_N \sim 2I_N$；

（2）整定值误差：不大于±2.5%或$\pm 0.02I_N$；

（3）动作时间：2倍整定值时，不大于20ms。

3. 距离元件

（1）整定范围：0.01～40Ω(5A)；0.05～200Ω(1A)；

（2）距离Ⅰ段的暂态超越：不大于±4%；

（3）距离Ⅰ段动作时间：0.7倍整定值以内时，不大于20ms；

（4）测距误差（不包括装置外部原因造成的误差）：金属性短路故障电流大于$0.01I_N$时，不大于±2%，有较大过渡电阻时测距误差将增大。

4. 零序方向过流元件

（1）整定范围：$0.1I_N \sim 20I_N$；

（2）零序Ⅰ段的暂态超越：不大于±4%；

（3）零序电流Ⅰ段的动作时间：1.2倍整定值时，不大于20ms；

（4）零序功率方向元件的正方向动作区：$18^\circ \leqslant \arg \dfrac{3\dot{I}_0}{3\dot{U}_0} \leqslant 180^\circ$。

5. 综合重合闸

（1）检同期角度误差：不大于±3°；

（2）检同期有压元件误差：$0.7U_N \pm 3\%$；

（3）检无压元件误差：$0.3U_N \pm 3\%$。

6. 时间元件

（1）整定范围：0～10s，级差0.01s；

（2）整定误差：不大于±1.5%或20ms。

第三节　CSC－103装置的保护功能

一、距离元件的动作特性

距离保护的动作特性均为多边形特性，如图5－2（a）所示。其中，X_{DZ}按保护范围整定；R_{DZ}按躲负荷阻抗整定（一般情况下），可满足长、短线路的不同要求，以灵活调整对短线路允许过渡电阻的能力，以及对长线路避越负荷阻抗的能力。适当选择多边形上边的下倾角，可提高躲区外故障超越能力。

为了保证出口故障时距离保护动作的可靠性，在图5－2（a）的基础上，再叠加图5－2（b）的小矩形动作区，构成偏移特性。小矩形动作区的X、R见表5－2。

表 5-2 小矩形动作区的 **X**、**R** 取值

X 取值	当 $X_{DZ}\leqslant 1\Omega$ 时，取 $X_{DZ}/2$ 当 $X_{DZ}>1\Omega$ 时，取 $0.5\Omega(I_N=5A)$，或取 $2.5\Omega(I_N=1A)$
R 取值	8 倍上述 X 取值与 $R_{DZ}/4$ 两者中的小者

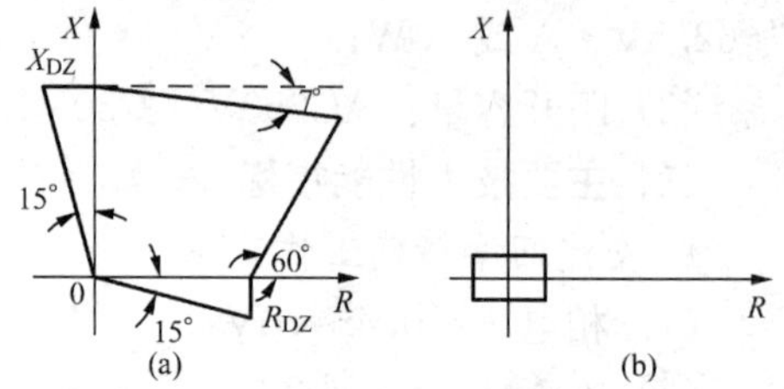

图 5-2 距离元件的动作特性

(a) 多边形特性；(b) 小矩形动作区

其中，X_{DZ}是相应元件的电抗值，R_{DZ}是相应元件的电阻值。

二、数字电流差动保护系统的构成

M、N 为两端均装设 CSC-103 高压线路保护装置，保护与通信终端设备间采用光缆连接。保护侧光端机装在保护装置的背板上。通信终端设备侧由厂家配套提供光接口盒 CSC-186A/CSC-186B。

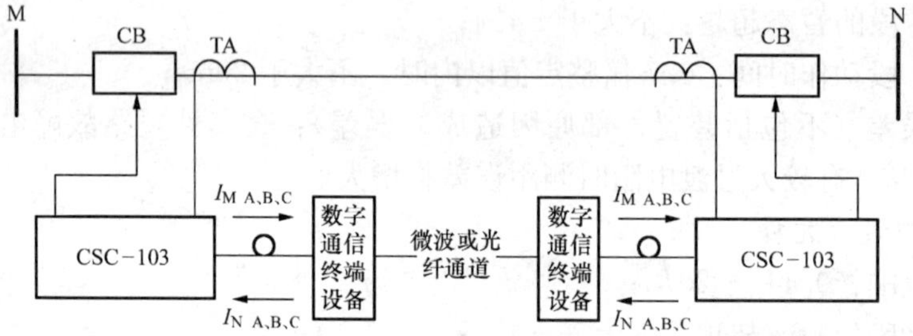

图 5-3 电流差动保护构成示意图

电流差动保护装置与通信系统的连接方式，连接有复用方式和专用方式两种。

(1) 复用方式：连接方式见图 5-4 (a)（以 A 通道为例）。

(2) 专用方式：连接方式见图 5-4 (b)（以 A 通道为例）。

(3) 为了提供差动保护的性能和通信可靠性，推荐使用不同路由的双 2Mbps 通道（专用、复用均可）。

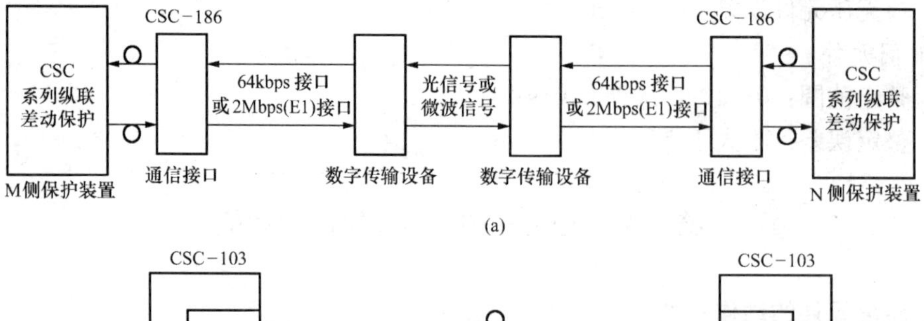

图 5-4 电流差动保护装置与通信系统的连接方式

(a) 复用连接方式；(b) 专用连接方式

三、电流差动保护的通道误码监视和告警功能

（一）正常运行时（启动前）

（1）A、B两个通道的状态及丢帧（误码）数进行实时显示，对每个通道最近6天的丢帧（误码）数进行分时段存储，并对每个通道的累计丢帧（误码）数进行存储。这可以通过“通道信息”子菜单进行查看。

（2）误码较轻时，如果每600帧报文中，因误码而丢失的报文帧数（以下简称丢帧数）大于10帧，驱动通道告警继电器（非保持），不闭锁保护。

（3）误码较重时，如果连续丢帧大于30帧，或者每600帧报文中，累计丢帧数大于60帧，驱动通道告警继电器，并给出：“通道A(B)通信中断”的告警报告，闭锁保护（双通道时，只闭锁相应通道）；误码消失后显示：“通道A(B)通信恢复”，保护自动投入。

（二）保护启动后，除了具备启动前的所有功能外，还增加了其他功能

（1）保护启动时，将当时A、B两个通道的状态、丢帧（误码）数、采样同步状态以报告的形式记录下来。

（2）在整个故障处理过程中，对A、B两个通道的状态和采样同步状态以逻辑节点形式进行详细记录。收不到报文时，逻辑节点置“1”，收到报文时，逻辑节点清零。

（三）具有自动识别工作状态的功能

（1）当通道上出现环回时，保护装置能自动识别，闭锁差动保护（双通道时，只闭锁相应通道），并给出告警信号。

（2）当两侧装置的主机方式、从机方式设置错时，保护装置能自动识别，闭锁差动保护，并给出告警信号。

四、差动保护逻辑框图

（1）差动保护正常投入。线路运行时，只有本侧和对侧差动保护压板均在投入状态且通道正常，差动保护才算是处于正常投入状态，即门Y1、Y2、Y15准备故障开启状态。

（2）差动保护的启动。图5-5中，启动元件动作包括正常的启动元件动作、弱电源启动及远方召唤启动。在通道正常情况下线路发生故障，两侧保护的启动元件动作则开放差动保护，即Y2—Y15—Y3(Y1—Y3)—开放差动保护。

（3）差动保护动作。图5-5中A相差动、B相差动、C相差动分别包括突变量差动及高定值分相差动保护、低定值分相差动保护。突变量差动由控制字KG2.7控制是否投入。

1）单相故障：线路故障，门Y3已开放差动保护，当差动电流达到整定值时经Y4(Y5、Y6)—H4—Y12—H6—选跳。线路内部经高阻接地故障，A相差动、B相差动、C相差动不动，由零序差动保护—Y7—TCD_0—KG2.8（置“0”）—Y14—H6—选跳，或Y7—TCD_0—KG2.8（置“1”）—H7—永跳。

2）相间故障：线路故障，门Y3已开放差动保护，当差动电流达到整定值时经Y4、Y5、Y6—Y8、Y9、Y10—H5—Y13—KG1.0（置“1”）—H7—永跳或KG1.0（置“0”）—三跳，同时闭锁门Y12。

（4）TA断线。

1）TA断线闭锁零序差动保护，无论哪相TA断线，经门H2闭锁Y7。

2）控制字KG2.2置“1”时，TA断线闭锁差动保护，再由KG2.3选择闭锁三相（KG2.3置“1”）经H2—KG2.2—KG2.3，闭锁门Y4、Y5、Y6，或是只闭锁断线相

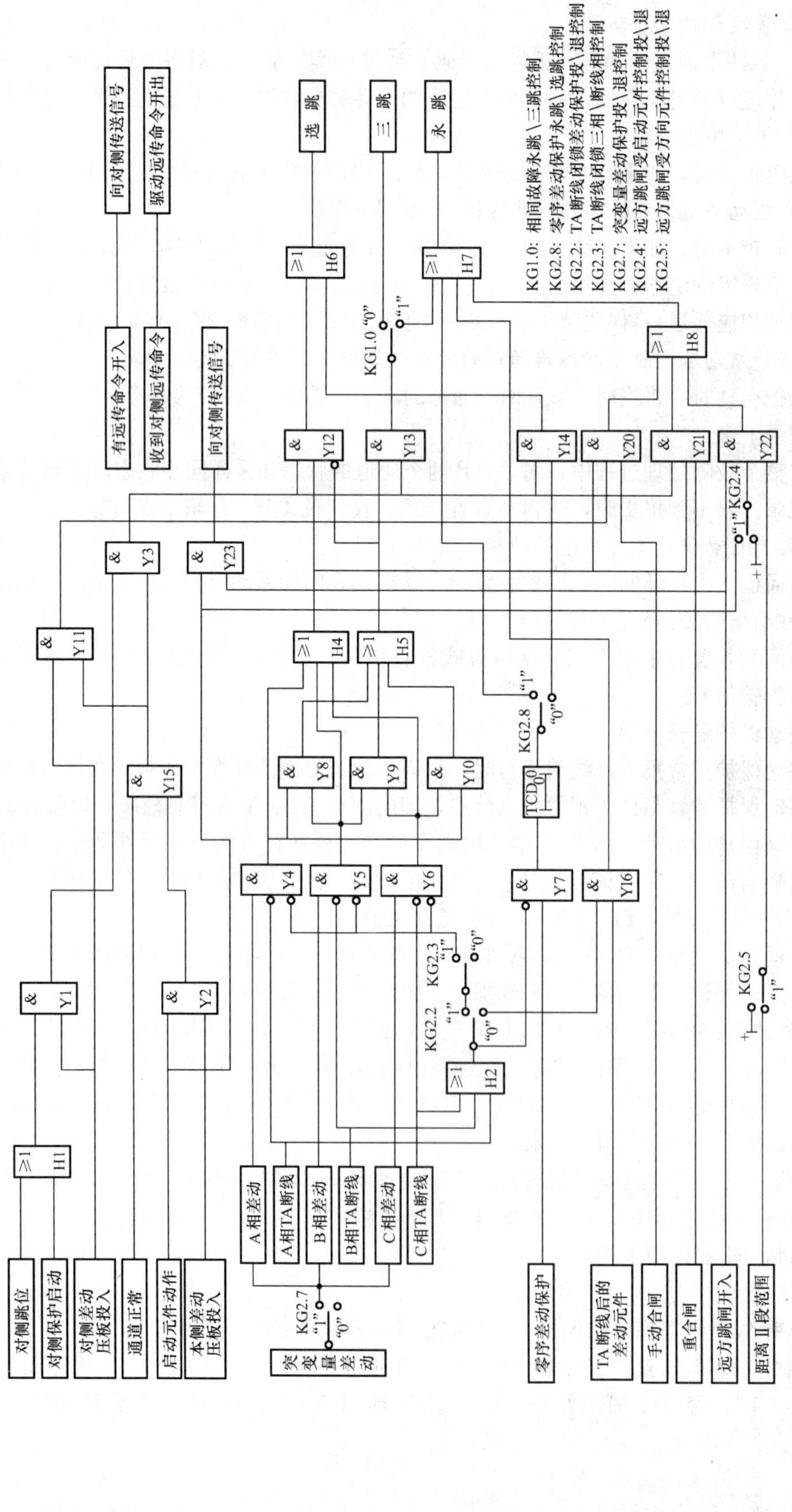

图5-5 CSC-103A/B型装置差动保护逻辑图

（KG2.3 置“0”），即经 A、B、C 相断线分别闭锁门 Y4、Y5、Y6；KG2.2 置“0”时，KG2.3 不起作用，TA 断线相差动电流大于 TA 断线后差动元件（包括断线相差动元件和非断线差动元件，其中断线相差动元件采用断线后差动定值，非断线相差动元件采用正常定值）定值时由门 Y16—H7—永跳。

（5）手动合闸到线路故障上经门 Y11—Y20—H8—H7—永跳，即必须满足两侧压板投入、通道正常、本侧保护启动等条件。

（6）重合到永久故障上经门 Y21—H8—H7—永跳。

（7）当有远方跳闸开入信号，在启动元件动作时经门 Y23 向对侧传送信号。同时本侧跳闸由控制字 KG2.5 选择是否经方向元件闭锁，即 KG2.5 置“1”时由距离Ⅱ段范围来闭锁门 Y22；KG2.5 置“0”时则不经方向元件闭锁，由控制字 KG2.4 选择是否经启动元件闭锁；当 KG2.4 置“1”时，由门 Y2—Y15—KG2.4—Y22，即经启动元件闭锁；KG2.4 置“0”时则不经启动元件闭锁，门 Y22—H8—H7—永跳。

（8）远传命令。当本侧有远传命令 1（2）开入，则对侧就有远传命令 1（2）开出，也就是能向对侧传送命令信号。

五、距离保护

三段式距离保护功能说明：距离保护设置了三段相间距离和三段接地距离保护，用于切除相间故障和单相接地故障，还设有快速距离Ⅰ段，其最快速度不大于 15ms。距离Ⅰ段和距离Ⅱ、Ⅲ段分别由距离Ⅰ段压板和距离Ⅱ、Ⅲ段压板控制投退。快速距离Ⅰ段由控制字控制投退。

1. 关于距离保护程序的一些说明

（1）振荡闭锁。电流突变量启动后，转入故障处理程序，测量元件短时开放 150ms，在启动 150ms 时间内，装置固定投入距离Ⅰ、Ⅱ段元件，在电流突变量启动 150ms 后或经静稳失稳启动、零序辅助启动时，则进入振荡闭锁模式，距离Ⅰ、Ⅱ段需经振荡闭锁开放元件开放，即不对称故障由不对称故障开放元件；三相短路，由三相故障开放元件阻抗变化率（dR/dt）检测元件。

距离Ⅰ、Ⅱ段由控制字控制是否经振荡闭锁，若设为不经振荡闭锁，则保护启动后，距离Ⅰ、Ⅱ段固定投入；保护启动后，距离Ⅲ段固定投入，不经振荡闭锁。

（2）非全相保护逻辑。

在非全相逻辑中，距离Ⅰ段满足以下条件后出口跳闸：

1）反映二个健全相相电流差的突变量元件 DI_2 启动；

2）DI_2 元件所对应突变量方向元件判断为正向；

3）健全相对地阻抗或健全相间阻抗，任一阻抗元件在距离Ⅰ段范围内。

满足以下条件后，Ⅱ段动作：

1）反映二个健全相相电流差的突变量元件 DI_2 启动：

2）DI_2 元件所对应突变量方向元件判断为正向；

3）健全相对地阻抗或健全相间阻抗在距离Ⅱ段范围内；

4）经相间距离Ⅱ段延时确认。

（3）手合及重合闸后加速。

手动合闸于故障，距离保护将加速距离Ⅲ段，程序将计算 6 种相别的阻抗，任一种在Ⅲ

段偏移特性动作区内即出口。

重合闸后加速不需要外部输入加速触点，装置在故障切除跳闸后，能自动判断测量电流的大小而实现后加速。距离保护中提供以下后加速功能元件：

1）电抗相近加速（重合后，原故障相的测量阻抗在Ⅱ段内，且电抗分量同跳闸前的电抗分量相近时，则保护加速出口）。此功能固定投入100ms，不经控制字投退；

2）瞬时加速Ⅱ段。此功能受“瞬时加速距离Ⅱ段投入”控制位控制；

3）瞬时加速Ⅲ段。此功能受“瞬时加速距离Ⅲ段投入”控制位控制；

4）1.5s躲振荡延时加速Ⅲ段。此功能固定投入，不经控制字投退。

对三跳三合时后加速只投入500ms，单相重合后加速经零序、负序把关，加速也只投入500ms。

（4）TV断线。TV断线时距离保护退出工作，同时装置将继续监视TV电压，电压恢复正常后500ms，距离保护将自动重新投入运行。TV断线后，投入TV断线后的相过流保护和零序过流保护。相过流和零序过流保护的定值均可独立整定，并公用一个延时定值和控制字。

2. 距离保护功能一览表（见表5-3）

表5-3 距离保护功能一览表

项目 各段	控制字控制振荡闭锁	控制字控制跳闸方式	加　速	出口控制保护定值中的代号供参考用，定值清单中控制字含义可按控制位显示
快速距离Ⅰ段		选跳/退出		控制字、距离Ⅰ段压板
接地距离Ⅰ段	经/不经			距离Ⅰ段压板→选跳
相间距离Ⅰ段	经/不经	三跳/永跳		距离Ⅰ段压板
接地距离Ⅱ段	经/不经	选跳/永跳	0s投入/退出	距离Ⅱ，Ⅲ段压板
相间距离Ⅱ段	经/不经	三跳/永跳	0s投入/退出	距离Ⅱ，Ⅲ段压板
距离Ⅲ段	不经振荡闭锁	三跳/永跳	0s投入/退出 1.5s固定投入	距离Ⅱ，Ⅲ段压板
X相近加速				自动投入→永跳
TV断线后过流和零序过流		永跳/退出		距离、零序压板投入之一时永跳

六、距离保护逻辑框图

距离保护的逻辑框图见图5-6。

（1）突变量启动元件IQD动作，在150ms以内短时开放测量元件，通过计算和判断，若故障阻抗在快速Ⅰ段动作区内，则快速跳闸出口，即经快速Ⅰ段—JLI—KG3.2—Y22—Y32—H21—选跳；

（2）若程序计算的阻抗不在快速Ⅰ段动作区内而在距离Ⅰ段动作区内：

由控制字KG3.0控制是否经振荡闭锁，KG3.0置“1”不经振荡闭锁，直接经H8开放门Y23、Y24；KG3.0置“0”经振荡闭锁，经H2—Y19—H7—H8开放门Y23、Y24。

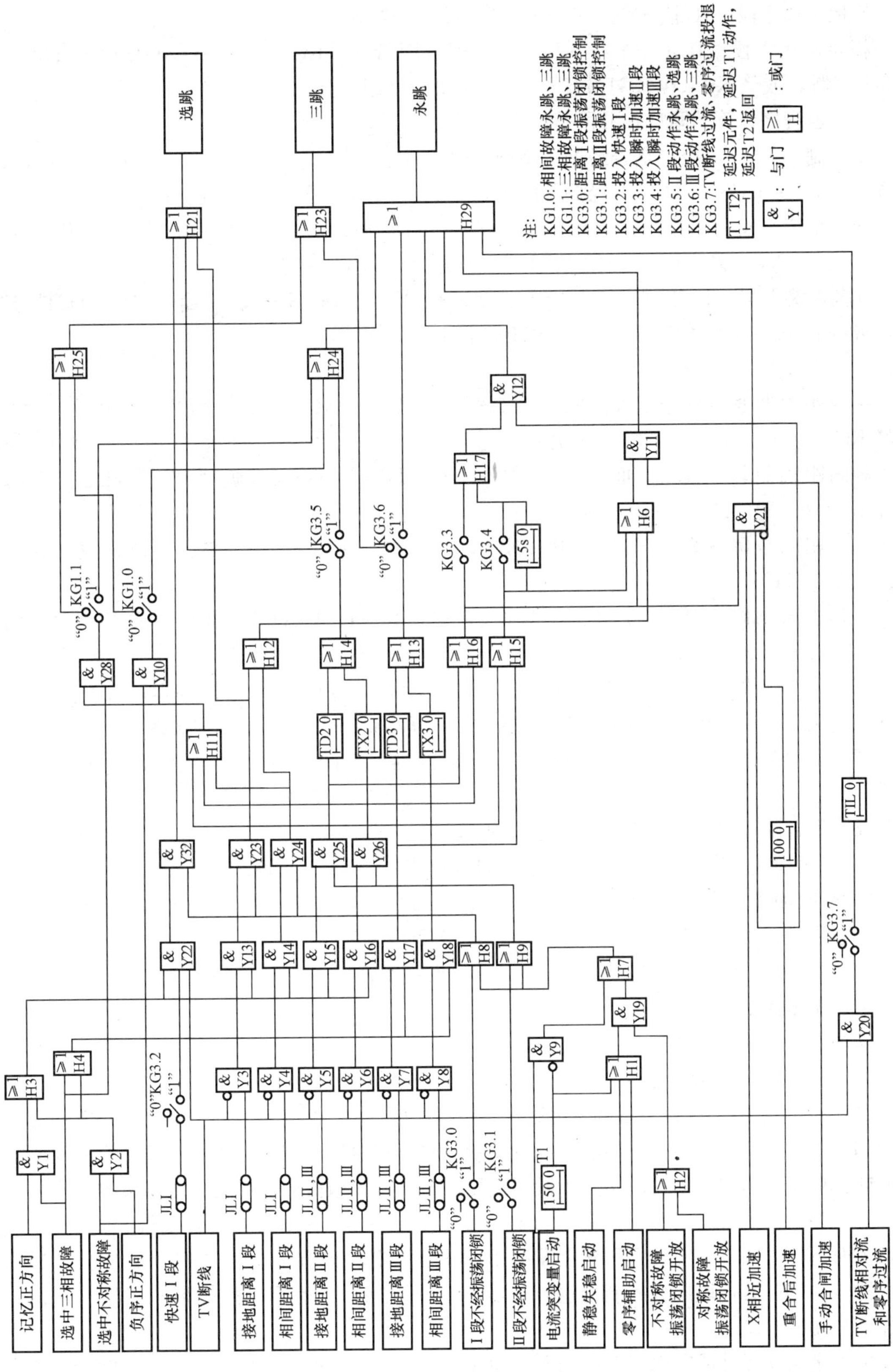

图5－6　距离保护的逻辑框图

接地距离Ⅰ段—JLⅠ—Y3—Y13—Y23—H21—选跳。

相间距离Ⅰ段—JLⅠ—Y4—Y14—Y24—H11—Y10—KG1.0（Y28—KG1.1）—H25—H23—三跳，或经KG1.0(KG1.1)—H24—H29—永跳。

（3）若程序计算的阻抗在Ⅱ段范围内：

由控制字KG3.1控制是否经振荡闭锁，KG3.1置“1”不经振荡闭锁，直接经H9开放门Y25、Y26；KG3.1置“0”经振荡闭锁，经H2—Y19—H7—H9开放门Y25、Y26。

接地距离Ⅱ段—JLⅡ.Ⅲ—Y5—Y15—Y25—TD2—H14—KG3.5（置“0”）—H21—选跳，或经KG3.5（置“1”）—H24—H29—永跳。

相间距离Ⅱ段—JLⅡ.Ⅲ—Y6—Y16—Y26—TX2—H14—KG3.5（置“0”）—H21—选跳，或经KG3.5（置“1”）—H24—H29—永跳。

（4）Ⅲ段范围内故障：

接地距离Ⅲ段—JLⅡ.Ⅲ—Y7—Y17—TD3—H13—KG3.6（置“0”）—H23—三跳，或经KG3.6（置“1”）—H29—永跳。

相间距离Ⅲ段—JLⅡ.Ⅲ—Y8—Y18—TX3—H13—KG3.6（置“0”）—H23—三跳，或经KG3.6（置“1”）—H29—永跳。

（5）相间故障永跳：H11—Y10—KG1.0（置“1”）—H24—H29—永跳，或KG1.0（置“0”）—H25—H23—三跳。

三相故障永跳：H11—Y28—KG1.1（置“1”）—H24—H29—永跳，或KG1.1（置“0”）—H25—H23—三跳。

（6）TV断线条件下，门Y3～Y8、Y22被闭锁，各段距离保护均退出工作；投入TVDX过流，即TV断相过流和零序过流—Y20—KG3.7—T1L—H29—永跳。

（7）手动合闸：若任一阻抗在Ⅰ、Ⅱ、Ⅲ段内，立即出口跳闸，门H6—Y11—H29永跳。

（8）重合闸于故障上，进行后加速跳闸：

1）瞬时加速Ⅱ段，门H16—KG3.3—H17—Y12—H29—永跳；

2）瞬时加速Ⅲ段，门H15—KG3.4—H17—Y12—H29—永跳；如KG3.4不投，按躲延时加速Ⅲ段，由门H15—1.5s—H17—Y12—H29—永跳；

3）重合闸后X相近加速，经Y21（100ms后被闭锁）—H29—永跳。

七、零序保护

零序保护的功能说明如下：

1. 零序保护的配置及原理

CSC-103A/103B保护装置的零序后备保护配置相同。在全相运行时配置了四段零序方向保护和Ⅰ段零序反时限保护，零序Ⅰ段自动带方向，其他各段都可由控制字选择经方向或不经方向元件闭锁。零序Ⅰ段由零序Ⅰ段压板控制投退，其他段由零序其他段压板控制投退。

非全相时设置了瞬时段，通常称为不灵敏Ⅰ段，当TV接母线侧时自动带方向，TV接线路侧时不带方向，不灵敏Ⅰ段根据零序Ⅰ段压板投退；另有带延时（T04—500ms）的零序Ⅳ段（由零序其他段压板控制投退）和零序反时限保护（由零序反时限压板控制投退），动作后三跳或永跳。

突变量启动元件或零序辅助启动元件动作后，转入故障处理程序，全相运行时投入零序

Ⅰ、Ⅱ、Ⅲ、Ⅳ段和零序反时限保护。零序Ⅰ、Ⅱ、Ⅲ段动作后选相跳闸（Ⅱ、Ⅲ段动作也可永跳），零序Ⅳ段动作后永跳（三跳），零序反时限动作后永跳或三跳。非全相运行时，闭锁零序Ⅰ、Ⅱ、Ⅲ、Ⅳ段，投入零序不灵敏Ⅰ段、短时限的零序Ⅳ段和零序反时限保护，动作后永跳或三跳出口。

在持续一定的时间内，零序各段和零序辅助启动元件均不动作，保护整组复归。

零序保护动能一览表见表5－4。

表5－4　零序保护动能一览表

项目 / 段	控制字控制带不带方向	控制字控制跳闸方式	控制字控制加速投退	出口控制
零序Ⅰ段	自动带方向			零序Ⅰ段压板→选跳
零序Ⅱ段	带/不带	选跳/永跳	投入/退出	零序其他段压板，控制字
零序Ⅲ段	带/不带	选跳/永跳	投入/退出	零序其他段压板，控制字
零序Ⅳ段	带/不带	三跳/永跳	投入/退出	零序其他段压板
零序不灵敏Ⅰ段	TV接母线自动带方向； TV接线路侧时不带方向			零序Ⅰ段压板
零序反时限保护	带/不带	三跳/永跳		零序反时限压板，控制字

2. 零序反时限保护

零序反时限保护方向可经控制字投退。反时限特性曲线公式为

$$T=\frac{K}{\left(\frac{I_{\mathrm{d}}}{I_{\mathrm{set}}}\right)^{R}-1}+T_{\mathrm{s}}$$

式中　I_{d}——短路电流值。

当$K=0.14$时，$R=0.02$可实现标准反时限曲线；

当$K=13.5$时，$R=1$可实现甚反时限曲线；

当$K=80$时，$R=2$可实现极端反时限曲线。

K、R、I_{set}都可整定。

为了满足零序反时限和不同保护配合的要求，CSC－103保护中还增加了T_{S}定值作为零序反时限元件动作时间的基准值。

3. 关于零序保护程序的一些说明

（1）$3\dot{U}_0$极性问题。

鉴于零序方向保护因$3\dot{U}_0$极性接反而误动作的事件屡见不鲜，于是保护采取由软件将三个相电压相加而获得的$3\dot{U}_0$，供方向判别之用。TV断线时，带方向的零序保护退出，不带方向的零序各段保留。

（2）TA断线的问题。

为防止TA断线引起灵敏的零序Ⅲ段或Ⅳ段误动作，可利用TA断线时无零序电压这一特征，使可能误动的段带方向用零序方向元件实现闭锁。有些情况下，如正常运行时$3\dot{U}_0$的工频不平衡分量较大，而方向元件闭锁可能不可靠，所以装置还设置了一个$3\dot{U}_0$突变量元

件。动作门槛固定为2V有效值，在控制字KG4.8相应位置“1”时，零序保护各段都经过此 $3\dot{U}_0$ 突变量元件的闭锁。TA断线时零序电流将长时间存在，保护在零序电流持续12s大于Ⅳ段整定值 I_{04} 时报TA断线告警，并闭锁零序各段。

（3）非全相零序保护逻辑。

利用非全相运行中的不灵敏Ⅰ段和零序Ⅳ段（动作时间为T04－500ms）切除非全相运行中的再故障。注意，若TV在线路侧时，非全相再故障零序电压量不是真正的故障零序电压，所以，不灵敏Ⅰ段方向不投入（默认）。

（4）手合及重合闸后加速。

装置零序保护如果判断为手合，投入零序不灵敏Ⅰ段、零序各段，除不灵敏Ⅰ段动作不带延时外，其他均带0.1s延时，动作永跳；装置零序保护如果判断为重合闸动作时投入零序Ⅰ段和零序不灵敏Ⅰ段，通过整定控制字还可以实现加速Ⅱ段，加速Ⅲ段，加速Ⅳ段，不灵敏Ⅰ段动作不带延时、其他各段后加速时间固定为0.1s、动作永跳。

手合和重合闸加速段带0.1s延时，目的是躲开断路器三相不同期。

八、零序保护的逻辑框图

零序保护的逻辑框图见图5-7。图中时间元件符号及控制字参阅定值部分，压板逻辑符号参照“压板检查”。

突变量启动元件或零序辅助启动元件动作后，进入故障处理程序。全相运行时投零序Ⅰ～Ⅳ段（I_{01}～I_{04}）和零序反时限保护。非全相运行时，闭锁 I_{01}～I_{04} 段，投入不灵敏的 I_{N1}、零序反时限、I_{N4} 短时间段。

（1）零序Ⅰ段和不灵敏Ⅰ段自动带方向，零序 I_{01}～I_{04} 各段及零序反时限方向性由各自的控制字控制，即KG4.2～KG4.4分别控制 I_{02}、I_{03}、I_{04}，KG4.11控制零序反时限保护，当置“1”时为带方向，置“0”时为不带方向。

（2）TA断线时，利用TA断线时无零序电压这一特征，使可能误动的保护带方向，用零序方向元件实现闭锁。若零序电流长期存在，TA断线 $3I_0>I_{04}$ 经12s后发告警信号，并闭锁零序各段，即门Y11～Y14被闭锁。

正常运行时若 $3U_0$ 工频分量较大时（KG4.8控制），怕方向元件闭锁不可靠，也可用 $3U_0$ 突变量将零序各段保护闭锁，即 $3U_0$ 突变量—KG4.8闭锁门Y11—Y15。

（3）零序方向模块用自产 $3U_0$ 和 $3I_0$ 判断方向，当TV断线时带方向的零序保护退出工作。

（4）手动合闸与重合闸后加速。

1）手动合闸零序各段不带方向，零序各段延时0.1s，以躲开断路器三相不同期，即Ⅰ段经Y3—H3（零序其他段经H1—Y1—H3）—100ms—H4—H8—H10—零序永跳；零序不灵敏Ⅰ段经Y20—H4—H8—H10—零序永跳，无延时；

2）重合闸于故障上，零序Ⅰ段经Y10—H3延时100ms，由控制字（KG4.5、KG4.6、KG4.7）控制加速Ⅱ、Ⅲ、Ⅳ段，即门Y17、Y18、Y19—H7—H3—100ms—H4—H8—H10—零序永跳；不灵敏Ⅰ段经Y21—H4—H8—H10—零序永跳；

3）零序反时限自动投入。

（5）故障动作逻辑：线路故障，启动元件动作，一方面进入故障处理程序，另一方面进行故障选相。

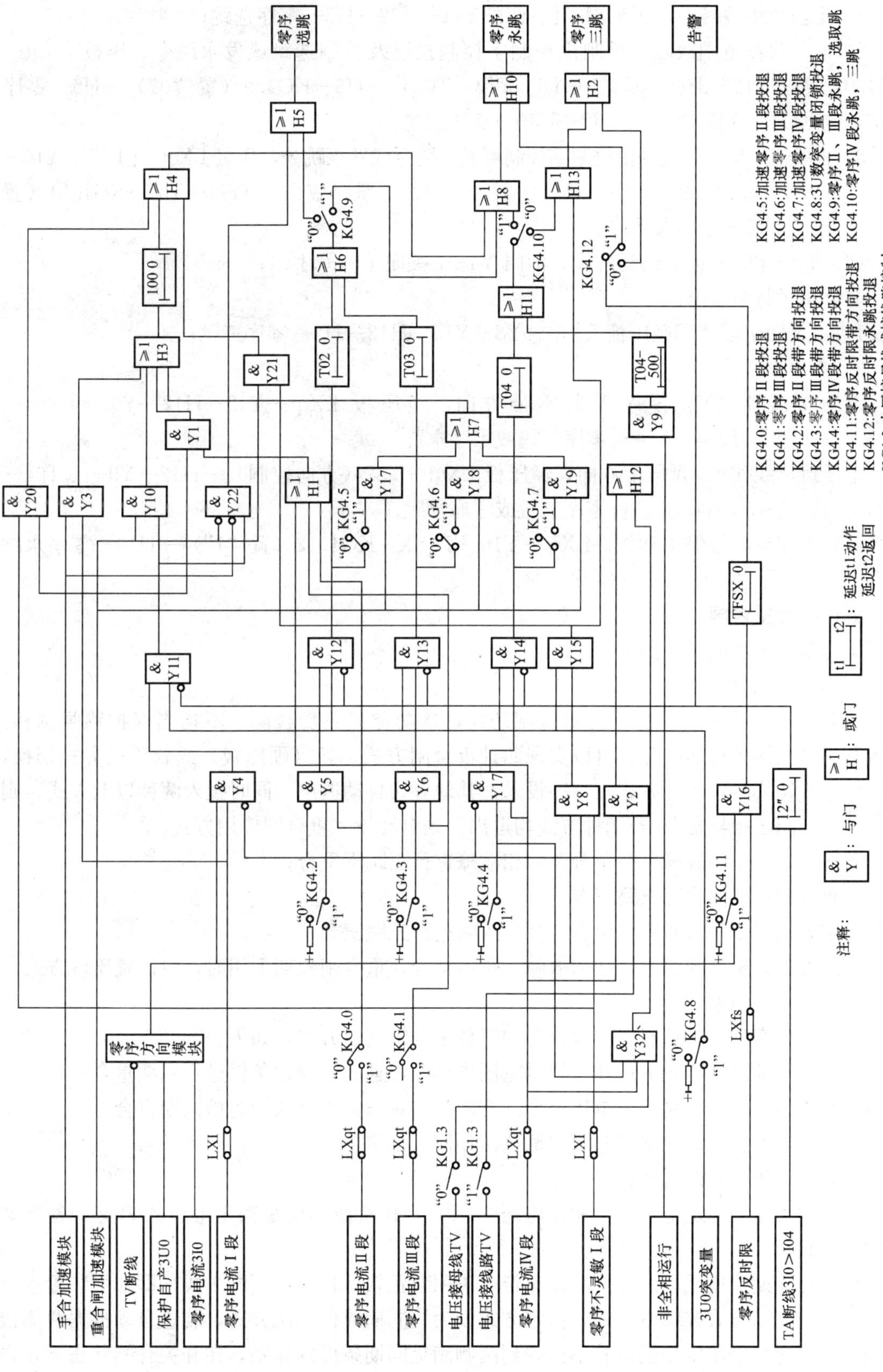

图5-7 零序方向保护逻辑框图

1）Ⅰ段范围故障：压板 LXI—门 Y4—Y11—Y22—H5—零序选跳；

2）Ⅱ、Ⅲ段范围故障：跳闸由控制字控制投退及控制选跳或发永跳令，压板 LXqt—KG4.0—Y5—Y12—T02(KG4.1—Y6—Y13—T03）—H6—KG4.9（置“0”）—H5—零序选跳，或 KG4.9（置“1”）—H8—H10—零序永跳。

3）Ⅳ段范围故障：跳闸由控制字控制可发三跳令或发永跳令，压板 LXqt—门 Y7—Y14—T04—H11—KG4.10（置“0”）—H13—H2—零序三跳，或 Y7—Y14—T04—KG4.10（置“1”）—H8—H10—零序永跳。

（6）非全相时闭锁易误动各段，即门 Y4—7 关闭Ⅰ01—Ⅰ04；

非全相运行中故障：

1）不灵敏Ⅰ段范围经压板 LXⅠ—Y8—Y15—H13—H2—零序三跳；

2）零序Ⅳ段：

电压接线路 TV：零序Ⅳ段不带方向，经压板 LXqt—Y12—H12—Y9—（T04—500）—H11—经 KG4.10 进行零序三跳或零序永跳；

电压接母线 TV：Ⅳ段带方向，经压板 LXqt—Y32（方向控制）—H12—Y9—（T04—500）—H11—经 KG4.10 进行零序三跳或零序永跳；

（7）零序反时限保护动作—LXfs—Y16—TFSX—KG4.12（置“1”）—H10—零序永跳或 KG4.12（置“0”）—H2—零序三跳。

九、综合重合闸

综合重合闸功能说明如下。

1. 重合闸方式

CSC－103B 型装置具有综合重合闸功能，该功能只负责合闸，不担当保护跳闸选相。装置利用背面端子接切换开关可以实现四种重合闸方式切换（硬压板）或软压板方式切换，软压板方式切换时，四种方式任一种投入，其他方式自动退出，同时投入两种以上方式，则会报“重合闸压板异常”。若四种方式均退出，则自动投入重合闸停用方式。

单重方式：单相故障单跳单合，多相故障进行三跳不重合；

三重方式：任何故障三跳三合；

综重方式：单相故障单跳单合，多相故障进行三跳三合；

停用方式：重合闸退出，任何故障三跳不重合，重合闸长期不用时，应设置于该方式。

2. 重合闸检定方式

装置可以实现在断路器三相跳开时的三种重合闸检定方式，如下：

（1）检同期：线路侧电压和母线侧电压均有压，且满足同期条件进行同期重合；

（2）检无压：检线路侧无电压重合，若两侧均有压，则自动转为检同期重合；

（3）非同期：无论线路侧和母线侧电压如何，都重合。

对以上三种方式的说明：

（1）检无压为检定电压低于额定电压的 30%，检有压门槛是额定电压的 70%，检同期角度可以整定。

（2）检同期或检无压的相别不用整定，采用装置软件自动识别的方式，即如果装置重合闸方式选为三重方式或综重方式，检定方式设为检同期或检无压方式，装置自动根据两侧接入电压的情况判别鉴定相别。若不能找到两侧满足同期条件的相别，在开关合闸状态下，告警“检同期电压异常”，同期电压按A相处理。

（3）三种重合闸检定方式只能投一种，若三种重合闸检定方式均未投则面板显示“重合闸方式：非同期”。

对于单相重合闸不受上面三条件限制。

3. 重合闸的充放电

在软件中，专门设置一个时间计时元件，实现充放电功能，避免多次重合闸。此充电计时元件充满电的时间为15s，重合闸的重合功能必须在充满电后才允许重合，同时点亮面板上的充电灯；未充满电时不允许重合，熄灭面板上的充电灯。

（1）在如下条件满足时，充电计数器开始计数，模仿重合闸的充电功能。

1）断路器在“合闸”位置，即接入保护装置的跳闸位置继电器TWJ不动作；

2）重合闸不在“重合闸停用”位置；

3）重合闸启动回路不动作；

4）没有低气压闭锁重合闸和闭锁重合闸开入。

（2）如下条件下，充电计数器清零，模仿重合闸放电的功能。

1）重合闸方式在“重合闸停用”位置；

2）重合闸在单重方式时保护动作三跳，或断路器断开三相；

3）收到外部闭锁重合闸信号（如手跳、永跳、遥控闭锁重合闸等）；

4）重合闸出口命令发出的同时放电；

5）重合闸充电未满时，跳闸位置继电器TWJ动作或有保护启动重合闸信号开入；

6）重合闸启动前，收到低气压闭锁重合闸信号，经400ms延时后放电；

7）重合闸启动过程中，跳开相有电流，又有三跳启动重合闸。

4. 重合闸的启动

装置设有两个启动重合闸的回路：保护启动以及断路器位置不对应启动。

（1）保护跳闸启动。

设有保护单跳启动重合闸、三跳启动重合闸两个开入端子，这些端子开入信号不要求来自跳闸固定继电器，而要求来自跳闸重动继电器，即要求跳闸成功后立即返回，重合闸在这些触点闭合又返回时启动。

如果单相故障，重合闸在单重计时过程中收到三跳启动重合闸信号，将立即停止单重计时，并在三跳启动重合闸触点返回时开始三重计时。保护启动重合闸虽有单相和三相两个输入端，可以区分单跳还是三跳，但装置还将根据三个跳位继电器触点进一步判别，防止三跳按单重处理。

装置内保护功能发出跳闸命令时，已经内部启动重合闸。所以本装置保护功能与本装置重合闸功能配合时不需要外部引入单跳启动重合闸和三跳启动重合闸信号。

（2）断路器位置不对应启动。

装置考虑了断路器位置不对应启动重合闸，主要用于断路器偷跳。装置利用三个跳位继电器触点启动重合闸，二次回路设计必须保证手跳时通过闭锁重合闸开入端子将重合闸放电，不对应启动重合闸时，单跳还是三跳的判别全靠三个跳位触点输入。单相断路器偷跳和三相断路器偷跳可分别由控制字设定是否启动重合闸。

另外，不对应启动重合闸重合后没有后加速触点给出。

5. 重合

重合闸启动后，在未发重合令前，程序完成以下功能：

（1）不断检测有无闭锁重合闸开入，若有开入，充电计数器清零，主程序查到充电计数器未满整组复归；

（2）若为单跳启动重合闸或单相偷跳启动重合闸，则不断检测是否有三跳启动重合闸开入和三跳位置，若有，则按三重处理；

（3）主程序中，根据重合闸控制字设置的检同期和检无压等方式，进行电压检查，不满足条件时，重合计数器清零。

6. 重合闸复归

若本装置发重合令，则重合闸模块固定在4s后复归。

重合闸在启动过程中，满足充电时间计数器放电条件，即复归，不再重合。

若本装置由于不能满足同期或其他条件不能重合，等待一定延时后复归。在单重方式下，此延时为单相重合闸短延时定值（单相重合闸长延时定值）＋12s；在三重方式下，此延时为三相重合闸短延时定值（三相重合闸长延时定值）＋12s。

对CSC－103B型装置，保护工作电压一般来自母线TV，所以检无压或检同期时，指的是检U_X端子上的电压，若两侧均有电压时，自动转检同期。

7. 沟通三跳

在重合闸三重方式、停用方式或重合充电时间计数器未满的情况下，沟通三跳触点闭合。需要注意：沟通三跳触点是常闭触点，即在装置严重告警或失电情况下，沟通三跳触点闭合。本装置输出沟通三跳触点的同时，已经内部通知相应保护功能。所以，使用本装置重合闸功能时，保护不需要接入沟通三跳输入。

十、综合重合闸逻辑框图

综合重合闸逻辑框图见图5－8。

1. 重合闸的充、放电

（1）重合闸的充电：断路器在合位，跳闸位置继电器TWja、TWjb、TWjc不动，重合闸启动回路不动作，说明是在正常状态，此时若无重合闸闭锁信号，即门H10无输出，则经门H12反相后对重合闸TCD开始充电，时间约为15s。

（2）重合闸的放电：当断路器合闸压力低时，经400ms延时仍未恢复，重合闸启动回路（单重启动回路为门Y1；三重启动回路为门Y2）未动作，门H11无输出，则门Y17—H10动作放电；如外部有闭锁信号开入，或重合闸在停用位置，则门H2—H10动作放电；重合闸在单重方式时，保护动作三跳启动重合闸，则门H14—Y16—H10动作放电；重合闸回路未充满电，保护启动重合闸动作，门H11—Y15—H10动作放电；重合闸出口命令发出的同时也动作放电。

2. 单相重合闸

在〈单重方式〉下（即投入单重压板），单相故障保护单跳，〈单跳启动重合闸〉有开入，门H1—Y1有输出—Y4—YS1(YL1)—TS1(TL1)—H5—延时合闸ZHJ。

在综重方式下，单相故障，发出合闸脉冲前又收到保护发出的三跳命令，则停止单重计时，开始三重计时，即〈三跳启动重合闸〉经门H14闭锁门Y4、而经门Y2—Y8启动三相重合闸。为防止三跳按单重处理，用三个跳位继电器触点进一步判别，即用门Y3闭锁门Y1。

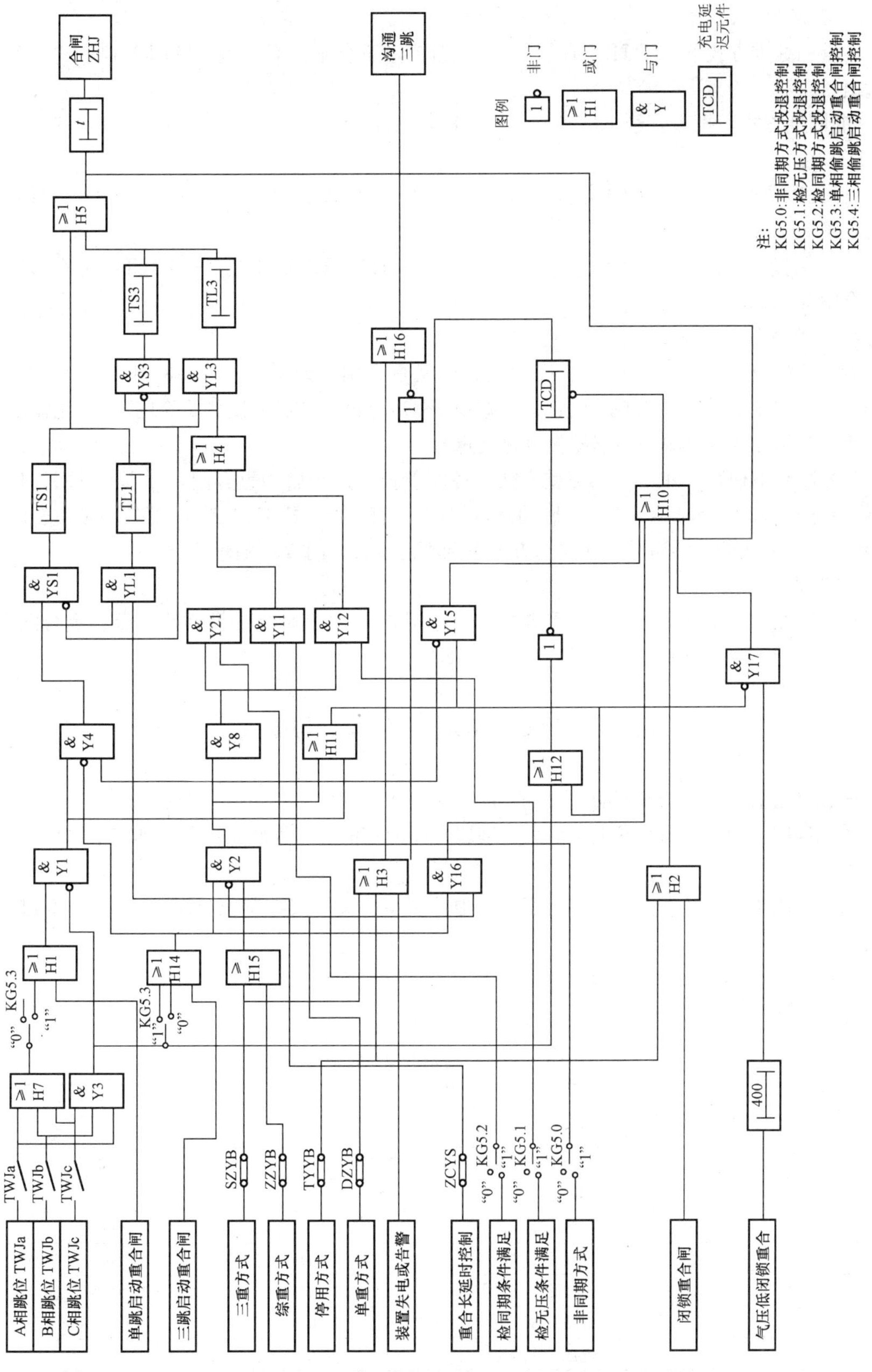

图 5-8　CSC-103B 型装置综合重合闸逻辑图

3. 三相重合闸

三重和综重方式下，门 H15 有信号，〈三跳启动重合闸〉有开入，则门 H14—Y2—Y8 有输出：

〈非同期方式〉投入，经 KG5.0—Y21—H4—YS3(YL3)—TS3(TL3)—H5—延时合闸 ZHJ；

〈检无压条件满足〉并投入，经 KG5.1—Y12—H4—YS3(YL3)—TS3(TL3)—H5—延时合闸 ZHJ；

〈检同期条件满足〉并投入，经 KG5.2—Y11—H4—YS3(YL3)—TS3(TL3)—H5—延时合闸 ZHJ。

4. 断路器偷跳

若单相断路器偷跳，经控制字控制是否启动重合闸，即 H7—KG5.3—H1—Y1—Y4，KG5.3 合（"1"）启动重合闸，Y4 将有输出；KG5.3 断（"0"）闭锁重合闸，Y4 无输出。在三重或综重方式下，单相断路器偷跳仍能重合。

三相断路器偷跳，在三重或综重方式由控制字控制是否启动重合闸，即 Y3—KG5.4—H14—Y2—Y8，KG5.4 合（"1"）启动重合闸，Y8 有输出；KG5.4 断（"0"）闭锁重合闸，Y8 无输出。三相断路器偷跳，在单重方式下则不能重合，门 Y2 被闭锁。

5. 沟通三跳

重合闸在〈综重方式〉或〈三重方式〉、〈停用方式〉、其他保护及回路告警、重合闸未充满电，则门 H3—H16—沟通三跳触点《GTST》。

第四节 CSC-103 装置的检验与调试

一、整定值及整定计算说明

所有保护功能采用同一张大定值表，装置打印的定值表分为两大部分，即定值清单和通信参数。

保护定值中的代号供参考用，定值清单中控制字含义可按控制位显示，也可按 16 进制控制字显示。

1. CSC-103A 按控制位显示的保护定值

(1) 定值清单（表 5-5）。

表 5-5 CSC-103A 按控制位显示的保护定值清单表

序 号	代 号	名 称	单 位	整 定 范 围
1	IQD	突变量电流定值	A	0.5～20 (0.1～4)
2	IJW	静稳失稳电流定值	A	2.5～100 (0.5～20)
3	KX	零序电抗补偿系数		0～8
4	KR	零序电阻补偿系数		0～8
5	X1	全线路正序电抗值	Ω	0.01～40 (0.05～200)
6	R1	全线路正序电阻值	Ω	0.01～40 (0.05～200)
7	L	线路长度定值	km	0.1～999
8	V	电压一次额定值	kV	100～800

续表

序　号	代　号	名　　称	单　位	整　定　范　围
9	I	电流一次额定值	kA	0.3～5
10	I2	电流二次额定值	A	1或5
11	IDZH	分相差动高定值	A	0.5～10（0.1～2）
12	IDZL	分相差动低定值	A	0.5～10（0.1～2）
13	ID0	零序差动定值	A	0.5～10（0.1～2）
14	ID_{TA}	TA断线后分相差动定值	A	0.5～10（0.1～2）
15	TD0	零序差动时间定值	S	0.1～10
16	K_{TA}	TA变比补偿系数		0.25～1
17	XC1	线路正序容抗定值	Ω	40～9000
18	XC0	线路零序容抗定值	Ω	40～9000
19	XDK1	并联电抗器正序电抗	Ω	90～9000
20	XDK0	并联电抗器零序电抗	Ω	90～9000
21	RD1	接地电阻定值	Ω	0.01～40（0.05～200）
22	XD1	接地Ⅰ段电抗定值	Ω	0.01～40（0.05～200）
23	XD2	接地Ⅱ段电抗定值	Ω	0.01～40（0.05～200）
24	XD3	接地Ⅲ段电抗定值	Ω	0.01～40（0.05～200）
25	TD2	接地Ⅱ段时间定值	s	0～10
26	TD3	接地Ⅲ段时间定值	s	0～10
27	RX1	相间电阻定值	Ω	0.01～40（0.05～200）
28	XX1	相间Ⅰ段电抗定值	Ω	0.01～40（0.05～200）
29	XX2	相间Ⅱ段电抗定值	Ω	0.01～40（0.05～200）
30	XX3	相间Ⅲ段电抗定值	Ω	0.01～40（0.05～200）
31	TX2	相间Ⅱ段时间定值	s	0～10
32	TX3	相间Ⅲ段时间定值	s	0～10
33	IL	TV断线后过流定值	A	0.5～100（0.1～20）
34	IL0	TV断线后零序过流定值	A	0.5～100（0.1～20）
35	T_{DX}	TV断线后延时定值	s	0～10
36	I01	零序Ⅰ段电流定值	A	0.5～100（0.1～20）
37	I02	零序Ⅱ段电流定值	A	0.5～100（0.1～20）
38	I03	零序Ⅲ段电流定值	A	0.5～100（0.1～20）
39	I04	零序Ⅳ段电流定值	A	0.5～100（0.1～20）
40	IN1	不灵敏Ⅰ段电流定值	A	0.5～100（0.1～20）
41	T02	零序Ⅱ段时间定值	s	0～10
42	T03	零序Ⅲ段时间定值	s	0～10
43	T04	零序Ⅳ段时间定值	s	0～10
44	I_{set}	零序反时限电流定值	A	0.5～100（0.1～20）
45	K	零序反时限时间系数		0.01～1000
46	R	零序反时限指数定值		0.01～8
47	T_s	零序反时限延时定值	s	0～10

(2) 控制字（表5-6）。

表5-6 控制字功能表

序号	控制方式	整定	注释
1	相间永跳投入	1，0	1为永跳投入，0为三跳投入
2	三相永跳投入	1，0	1为永跳投入，0为三跳投入
3	电压接线路TV	1，0	1为线路TV，0为母线TV
4	主机方式	1，0	1为主机方式，0为从机方式
5	补偿电容电流	1，0	1为补偿，0为不补偿
6	TA断线闭锁差动保护	1，0	1为闭锁，0为不闭锁
7	TA断线闭锁三相	1，0	1闭锁三相，0闭锁断线相
8	远方跳闸受启动元件控制	1，0	1受控制，0为不受控制
9	远方跳闸受方向元件控制	1，0	1受控制，0为不受控制
10	双通道	1，0	1为双通道，0为单通道
11	突变量差动保护投入	1，0	1为投入，0为退出
12	零序差动动作永跳	1，0	1为永跳，0为选跳
13	通道A选择外时钟	1，0	1为外时钟，0为内时钟
14	通道A选择2M速率	1，0	1为2M速率，0为64k速率
15	通道B选择外时钟	1，0	1为外时钟，0为内时钟
16	通道B选择2M速率	1，0	1为2M速率，0为64k速率
17	通道环回试验投入	1，0	1为投入，0为退出
18	距离Ⅰ段不经振荡闭锁	1，0	1不经振荡闭锁，0为经闭锁
19	距离Ⅱ段不经振荡闭锁	1，0	1不经振荡闭锁，0为经闭锁
20	快速Ⅰ段投入	1，0	1为投入，0为退出
21	瞬时加速距离Ⅱ段投入	1，0	1为投入，0为退出
22	瞬时加速距离Ⅲ段投入	1，0	1为投入，0为退出
23	距离Ⅱ段永跳投入	1，0	1为永跳投入，0为选跳投入
24	距离Ⅲ段永跳投入	1，0	1为永跳投入，0为三跳投入
25	TV断线后过流投入	1，0	1为投入，0为退出
26	零序Ⅱ段投入	1，0	1为投入，0为退出
27	零序Ⅲ段投入	1，0	1为投入，0为退出
28	零序Ⅱ段带方向投入	1，0	1为投入，0为退出
29	零序Ⅲ段带方向投入	1，0	1为投入，0为退出
30	零序Ⅳ段带方向投入	1，0	1为投入，0为退出
31	加速零序Ⅱ段投入	1，0	1为投入，0为退出
32	加速零序Ⅲ段投入	1，0	1为投入，0为退出
33	加速零序Ⅳ段投入	1，0	1为投入，0为退出
34	$3U_0$突变量闭锁投入	1，0	1为投入，0为退出
35	零序Ⅱ，Ⅲ段永跳投入	1，0	1为永跳，0为选跳投入
36	零序Ⅳ段永跳投入	1，0	1为永跳投入，0为三跳
37	零序反时限带方向投入	1，0	1为投入，0为退出
38	零序反时限永跳投入	1，0	1为永跳投入，0为三跳

2.CSC－103A按16进制控制字显示的保护定值

（1）定值清单（表5－7）。

表5－7　CSC－103A按16进制控制字显示的保护定值清单

序　号	代　号	名　　称	单　位	整　定　范　围
1	KG1	公用控制字		0000～FFFF
2	KG2	纵差控制字		0000～FFFF
3	KG3	距离控制字		0000～FFFF
4	KG4	零序控制字		0000～FFFF
5	IQD	突变量电流定值	A	0.5～20(0.1～4)
6	IJW	静稳失稳电流定值	A	2.5～100(0.5～20)
7	KX	零序电抗补偿系数		0～8
8	KR	零序电阻补偿系数		0～8
9	X1	全线路正序电抗值	Ω	0.01～40(0.05～200)
10	R1	全线路正序电阻值	Ω	0.01～40(0.05～200)
11	L	线路长度定值	km	0.1～999
12	V	电压一次额定值	kV	100～800
13	I	电流一次额定值	kA	0.3～5
14	I2	电流二次额定值	A	1或5
15	IDZH	分相差动高定值	A	0.5～10(0.1～2)
16	IDZL	分相差动低定值	A	0.5～10(0.1～2)
17	ID0	零序差动定值	A	0.5～10(0.1～2)
18	ID_{TA}	TA断线后分相差动定值	A	0.5～10(0.1～2)
19	TD0	零序差动时间定值	s	0.1～10
20	K_{TA}	TA变比补偿系数		0.25～1
21	XC1	线路正序容抗定值	Ω	40～9000
22	XC0	线路零序容抗定值	Ω	40～9000
23	XDK1	并联电抗器正序电抗	Ω	90～9000
24	XDK0	并联电抗器零序电抗	Ω	90～9000
25	RD1	接地电阻定值	Ω	0.01～40(0.05～200)
26	XD1	接地Ⅰ段电抗定值	Ω	0.01～40(0.05～200)
27	XD2	接地Ⅱ段电抗定值	Ω	0.01～40(0.05～200)
28	XD3	接地Ⅲ段电抗定值	Ω	0.01～40(0.05～200)
29	TD2	接地Ⅱ段时间定值	s	0～10
30	TD3	接地Ⅲ段时间定值	s	0～10
31	RX1	相间电阻定值	Ω	0.01～40(0.05～200)
32	XX1	相间Ⅰ段电抗定值	Ω	0.01～40(0.05～200)
33	XX2	相间Ⅱ段电抗定值	Ω	0.01～40(0.05～200)
34	XX3	相间Ⅲ段电抗定值	Ω	0.01～40(0.05～200)
35	TX2	相间Ⅱ段时间定值	s	0～10
36	TX3	相间Ⅲ段时间定值	s	0～10
37	IL	TV断线后过流定值	A	0.5～100(0.1～20)
38	IL0	TV断线后零序过流定值	A	0.5～100(0.1～20)

续表

序号	代号	名称	单位	整定范围
39	T_{DX}	TV 断线后延时定值	s	0～10
40	I01	零序Ⅰ段电流定值	A	0.5～100(0.1～20)
41	I02	零序Ⅱ段电流定值	A	0.5～100(0.1～20)
42	I03	零序Ⅲ段电流定值	A	0.5～100(0.1～20)
43	I04	零序Ⅳ段电流定值	A	0.5～100(0.1～20)
44	IN1	不灵敏Ⅰ段电流定值	A	0.5～100(0.1～20)
45	T02	零序Ⅱ段时间定值	s	0～10
46	T03	零序Ⅲ段时间定值	s	0～10
47	T04	零序Ⅳ段时间定值	s	0～10
48	I_{set}	零序反时限电流定值	A	0.5～100(0.1～20)
49	K	零序反时限时间系数		0.01～1000
50	R	零序反时限指数定值		0.01～8
51	T_s	零序反时限延时定值	s	0～10

(2) 控制字。

每个控制字是由 16 位的二进制数转换而来的 4 位十六制数，16 位的二进制数中每位代表着对某一种功能的取舍选择，具体如下各表。

1) 公用控制字：KG1（表 5-8)。

表 5-8　　公用控制字功能表

位	置“1”含义	置“0”含义
B4～B15	备用，置“0”	备用，置“0”
B3	电压接线路 TV	电压接母线 TV
B2	备用，置“0”	备用，置“0”
B1	三相永跳投入	三相永跳退出 *
B0	相间永跳投入	相间永跳退出 *

注　打 * 项见下面有关说明，以下各表同。

2) 纵差控制字：KG2（表 5-9)。

表 5-9　　纵差控制字功能表

位	置“1”含义	置“0”含义
B15	备用，置“0”	备用，置“0”
B14	备用，置“0”	备用，置“0”
B13	通道环回试验投入	通道环回试验退出
B12	通道 B 选择 2M 速率	通道 B 选择 64k 速率
B11	通道 B 选择外时钟	通道 B 选择内时钟
B10	通道 A 选择 2M 速率	通道 A 选择 64k 速率
B9	通道 A 选择外时钟	通道 A 选择内时钟
B8	零序差动动作永跳	零序差动动作选跳

续表

位	置“1”含义	置“0”含义
B7	突变量差动保护投入	突变量差动保护退出
B6	双通道	单通道
B5	远方跳闸受方向元件控制	远方跳闸不受方向元件控制
B4	远方跳闸受启动元件控制	远方跳闸不受启动元件控制
B3	TA断线闭锁三相	TA断线闭锁断线相
B2	TA断线闭锁差动保护	TA断线不闭锁差动保护
B1	补偿电容电流	不补偿电容电流
B0	主机方式	从机方式

3）距离控制字：KG3（表5-10）。

表5-10　距离控制字功能表

位	置“1”含义	置“0”含义
B8～B15	备用，置“0”	
B7	TVDX后过流（含零序过流）投入	TVDX后过流（含零序过流）退出
B6	距离Ⅲ段永跳投入	距离Ⅲ段永跳退出
B5	距离Ⅱ段永跳投入	距离Ⅱ段永跳退出
B4	瞬时加速距离Ⅲ段投入	瞬时加速距离Ⅲ段退出
B3	瞬时加速距离Ⅱ段投入	瞬时加速距离Ⅱ段退出
B2	快速Ⅰ段投入	快速Ⅰ段退出
B1	距离Ⅱ段不经振荡闭锁	距离Ⅱ段经振荡闭锁
B0	距离Ⅰ段不经振荡闭锁	距离Ⅰ段经振荡闭锁

4）零序控制字：KG4（表5-11）。

表5-11　零序控制字功能表

位	置“1”含义	置“0”含义
B13～B15	备用，置“0”	
B12	零序反时限永跳投入	零序反时限永跳退出
B11	零序反时限带方向投入	零序反时限带方向退出
B10	零序Ⅳ段永跳投入	零序Ⅳ段永跳退出
B9	零序Ⅱ、Ⅲ段永跳投入	零序Ⅱ、Ⅲ段永跳退出
B8	$3U_0$突变量闭锁投入	$3U_0$突变量闭锁退出
B7	加速零序Ⅳ段投入	加速零序Ⅳ段退出
B6	加速零序Ⅲ段投入	加速零序Ⅲ段退出
B5	加速零序Ⅱ段投入	加速零序Ⅱ段退出
B4	零序Ⅳ段带方向投入	零序Ⅳ段带方向退出
B3	零序Ⅲ段带方向投入	零序Ⅲ段带方向退出
B2	零序Ⅱ段带方向投入	零序Ⅱ段带方向退出
B1	零序Ⅲ段投入	零序Ⅲ段退出
B0	零序Ⅱ段投入	零序Ⅱ段退出

3. CSC－103B 按控制位显示的保护定值

(1) 定值清单（表 5－12）。

表 5－12　　CSC－103B 按控制位显示的保护定值清单

序　号	代　号	名　　称	单　位	整　定　范　围
1	IQD	突变量电流定值	A	0.5～20（0.1～4）
2	IJW	静稳失稳电流定值	A	2.5～100（0.5～20）
3	KX	零序电抗补偿系数		0～8
4	KR	零序电阻补偿系数		0～8
5	X1	全线路正序电抗值	Ω	0.01～40（0.05～200）
6	R1	全线路正序电阻值	Ω	0.01～40（0.05～200）
7	L	线路长度定值	km	0.1～999
8	V	电压一次额定值	kV	100～800
9	I	电流一次额定值	kA	0.3～5
10	I2	电流二次额定值	A	1，5
11	IDZH	分相差动高定值	A	0.5～10（0.1～2）
12	IDZL	分相差动低定值	A	0.5～10（0.1～2）
13	ID0	零序差动定值	A	0.5～10（0.1～2）
14	ID_{TA}	TA 断线后分相差动定值	A	0.5～10（0.1～2）
15	TD0	零序差动时间定值	s	0.110
16	K_{TA}	TA 变比补偿系数		0.25～1
17	XC1	线路正序容抗定值	Ω	40～9000
18	XC0	线路零序容抗定值	Ω	40～9000
19	XDK1	并联电抗器正序电抗	Ω	90～9000
20	XDK0	并联电抗器零序电抗	Ω	90～9000
21	RD1	接地电阻定值	Ω	0.01～40（0.05～200）
22	XD1	接地Ⅰ段电抗定值	Ω	0.01～40（0.05～200）
23	XD2	接地Ⅱ段电抗定值	Ω	0.01～40（0.05～200）
24	XD3	接地Ⅲ段电抗定值	Ω	0.01～40（0.05～200）
25	TD2	接地Ⅱ段时间定值	s	0～10
26	TD3	接地Ⅲ段时间定值	s	0～10
27	RX1	相间电阻定值	Ω	0.01～40（0.05～200）
28	XX1	相间Ⅰ段电抗定值	Ω	0.01～40（0.05～200）
29	XX2	相间Ⅱ段电抗定值	Ω	0.01～40（0.05～200）
30	XX3	相间Ⅲ段电抗定值	Ω	0.01～40（0.05～200）
31	TX2	相间Ⅱ段时间定值	s	0～10

续表

序 号	代 号	名 称	单 位	整 定 范 围
32	TX3	相间段时间定值	s	0～10
33	IL	TV断线后过流定值	A	0.5～100（0.1～20）
34	IL0	TV断线后零序过流定值	A	0.5～100（0.1～20）
35	T_{DX}	TV断线后延时定值	s	0～10
36	I01	零序Ⅰ段电流定值	A	0.5～100（0.1～20）
37	I02	零序Ⅱ段电流定值	A	0.5～100（0.1～20）
38	I03	零序Ⅲ段电流定值	A	0.5～100（0.1～20）
39	I04	零序Ⅳ段电流定值	A	0.5～100（0.1～20）
40	IN1	不灵敏Ⅰ段电流定值	A	0.5～100（0.1～20）
41	T02	零序Ⅱ段时间定值	s	0～10
42	T03	零序Ⅲ段时间定值	s	0～10
43	T04	零序Ⅳ段时间定值	s	0～10
44	I_{set}	零序反时限电流定值	A	0.5～100（0.1～20）
45	K	零序反时限时间系数		0.01～1000
46	R	零序反时限指数定值		0.01～8
47	T_s	零序反时限延时定值	s	0～10
48	TS1	单相重合闸短延时定值	s	0～10
49	TL1	单相重合闸长延时定值	s	0～10
50	TS3	三相重合闸短延时定值	s	0～10
51	TL3	三相重合闸长延时定值	s	0～10
52	TQ	重合闸检同期角度定值	°	10～50

（2）控制字（表5-13）。

表5-13　　　控制字功能表

序 号	控 制 方 式	整 定	注 释
1	相间永跳投入	1，0	1为永跳投入，0为三跳投入
2	三相永跳投入	1，0	1为永跳投入，0为三跳投入
3	电压接线路TV	1，0	1为线路TV，0为母线TV
4	主机方式	1，0	1为主机方式，0为从机方式
5	补偿电容电流	1，0	1为补偿，0为不补偿
5	TA断线闭锁差动保护	1，0	1为闭锁，0为不闭锁
7	TA断线闭锁三相	1，0	1闭锁三相，0闭锁断线相
8	远方跳闸受启动元件控制	1，0	1受控制，0为不受控制
9	远方跳闸受方向元件控制	1，0	1受控制，0为不受控制

续表

序号	控制方式	整定	注释
10	双通道	1，0	1为双通道，0为单通道
11	突变量差动保护投入	1，0	1为投入，0为退出
12	零序差动动作永跳	1，0	1为永跳投入，0为选跳投入
13	通道A选择外时钟	1，0	1为外时钟，0为内时钟
14	通道A选择2M速率	1，0	1为2M速率，0为64k速率
15	通道B选择外时钟	1，0	1为外时钟，0为内时钟
16	通道B选择2M速率	1，0	1为2M速率，0为64k速率
17	通道环回试验投入	1，0	1为投入，0为退出
18	距离Ⅰ段不经振荡闭锁	1，0	1不经振荡闭锁，0为经闭锁
19	距离Ⅱ段不经振荡闭锁	1，0	1不经振荡闭锁，0为经闭锁
20	快速Ⅰ段投入	1，0	1为投入，0为退出
21	瞬时加速距离Ⅱ段投入	1，0	1为投入，0为退出
22	瞬时加速距离Ⅲ段投入	1，0	1为投入，0为退出
23	距离Ⅱ段永跳投入	1，0	1为永跳投入，0为选跳投入
24	距离Ⅲ段永跳投入	1，0	1为永跳投入，0为三跳投入
25	TV断线后过流投入	1，0	1为投入，0为退出
26	零序Ⅱ段投入	1，0	1为投入，0为退出
27	零序Ⅲ段投入	1，0	1为投入，0为退出
28	零序Ⅱ段带方向投入	1，0	1为投入，0为退出
29	零序Ⅱ段带方向投入	1，0	1为投入，0为退出
30	零序Ⅳ段带方向投入	1，0	1为投入，0为退出
31	加速零序Ⅱ段投入	1，0	1为投入，0为退出
32	加速零序Ⅲ段投入	1，0	1为投入，0为退出
33	加速零序Ⅳ段投入	1，0	1为投入，0为退出
34	$3U_0$突变量闭锁投入	1，0	1为投入，0为退出
35	零序Ⅱ、Ⅲ段永跳投入	1，0	1为永跳投入，0为选跳
36	零序Ⅳ段永跳投入	1，0	1为永跳投入，0为三跳
37	零序反时限带方向投入	1，0	1为投入，0为退出
38	零序反时限永跳投入	1，0	1为永跳投入，0为三跳
39	非同期投入	1，0	1为投入，0为退出
40	检无压投入	1，0	1为投入，0为退出
41	检同期投入	1，0	1为投入，0为退出
42	单相偷跳启动重合闸	1，0	1为偷跳启动，0为不启动
43	三相偷跳启动重合闸	1，0	1为偷跳启动，0为不启动

4. CSC－103B 按 16 进制控制字显示的保护定值

(1) 定值清单（表 5－14）。

表 5－14　CSC－103B 按 16 进制控制字显示的保护定值清单

序　号	代　号	名　　称	单　位	整　定　范　围
1	KG1	公用控制字		0000～FFFF
2	KG2	纵差控制字		0000～FFFF
3	KG3	距离控制字		0000～FFFF
4	KG4	零序控制字		0000～FFFF
5	KG5	重合闸控制字		0000～FFFF
6	IQD	突变量电流定值	A	0.5～20（0.1～4）
7	IJW	静稳失稳电流定值	A	2.5～100（0.5～20）
8	KX	零序电抗补偿系数		0～8
9	KR	零序电阻补偿系数		0～8
10	X1	全线路正序电抗值	Ω	0.01～40（0.05～200）
11	R1	全线路正序电阻值	Ω	0.01～40（0.05～200）
12	L	线路长度定值	km	0.1～999
13	V	电压一次额定值	kV	100～800
14	I	电流一次额定值	kA	0.3～5
15	I2	电流二次额定值	A	1.5
16	IDZH	分相差动高定值	A	0.5～10（0.1～2）
17	IDZL	分相差动低定值	A	0.5～10（0.1～2）
18	ID0	零序差动定值	A	0.5～10（0.1～2）
19	ID_{TA}	TA 断线后分相差动定值	A	0.5～10（0.1～2）
20	TD0	零序差动时间定值	s	0.1～10
21	K_{TA}	TA 变比补偿系数		0.25～1
22	XC1	线路正序容抗定值	Ω	40～9000
23	XC0	线路零序容抗定值	Ω	40～9000
24	XDK1	并联电抗器正序电抗	Ω	90～9000
25	XDK0	并联电抗器零序电抗	Ω	90～9000
26	RD1	接地电阻定值	Ω	0.01～40（0.05～200）
27	XD1	接地Ⅰ段电抗定值	Ω	0.01～40（0.05～200）
28	XD2	接地Ⅱ段电抗定值	Ω	0.01～40（0.05～200）
29	XD3	接地Ⅲ段电抗定值	Ω	0.01～40（0.05～200）
30	TD2	接地Ⅱ段时间定值	s	0～10
31	TD3	接地Ⅲ段时间定值	s	0～10
32	RX1	相间电阻定值	Ω	0.01～40（0.05～200）
33	XX1	相间Ⅰ段电抗定值	Ω	0.01～40（0.05～200）
34	XX2	相间Ⅱ段电抗定值	Ω	0.01～40（0.05～200）

续表

序　号	代　号	名　　称	单　位	整　定　范　围
35	XX3	相间Ⅲ段电抗定值	Ω	0.01～40（0.05～200）
36	TX2	相间Ⅱ段时间定值	s	0～10
37	TX3	相间Ⅲ段时间定值	s	0～10
38	IL	TV断线后过流定值	A	0.5～10（0.1～2）
39	IL0	TV断线后零序过流定值	A	0.5～10（0.1～2）
40	T_{DX}	TV断线后延时定值	s	0～10
41	I01	零序Ⅰ段电流定值	A	0.5～10（0.1～2）
42	I02	零序Ⅱ段电流定值	A	0.5～10（0.1～2）
43	I03	零序Ⅲ段电流定值	A	0.5～10（0.1～2）
44	I04	零序Ⅳ段电流定值	A	0.5～10（0.1～2）
45	IN1	不灵敏Ⅰ段电流定值	A	0.5～10（0.1～2）
46	T02	零序Ⅱ段时间定值	s	0～10
47	T03	零序Ⅲ段时间定值	s	0～10
48	T04	零序Ⅳ段时间定值	s	0～10
49	I_{set}	零序反时限电流定值	A	0.5～10（0.1～2）
50	K	零序反时限时间系数		0.01～1000
51	R	零序反时限指数定值		0.01～8
52	T_s	零序反时限延时定值	s	0～10
53	TS1	单相重合闸短延时定值	s	0～10
54	TL	单相重合闸长延时定值	s	0～10
55	TS3	三相重合闸短延时定值	s	0～10
56	TL3	三相重合闸长延时定值	s	0～10
57	TQ	重合闸检同期角度定值	°	10～50

（2）控制字。

可按16位二进制数方式整定，KG.15为最高位，KG.0为最低位，每四位组成一个十六进制数。按位说明见以下各表。

1）公用控制字KG1（表5-15）。

表5-15　　公用控制字功能表

位	置“1”含义	置“0”含义
B4～B15	备用，置“0”	备用，置“0”
B3	电压接线路TV	电压接母线TV
B2	备用，置“0”	备用，置“0”
B1	三相永跳投入	三相永跳退出＊
B0	相间永跳投入	相间永跳退出＊

注　打＊项见下面有关说明，以下各表同。

2）差动控制字KG2（表5－16）。

表5－16　差动控制字功能表

位	置“1”含义	置“0”含义
B15	备用，置“0”	备用，置“0”
B14	备用，置“0”	备用，置“0”
B13	通道环回试验投入	通道环回试验退出
B12	通道B选择2M速率	通道B选择64k速率
B11	通道B选择外时钟	通道B选择内时钟
B10	通道A选择2M速率	通道A选择64k速率
B9	通道A选择外时钟	通道A选择内时钟
B8	零序差动动作永跳	零序差动动作选跳
B7	突变量差动保护投入	突变量差动保护退出
B6	双通道	单通道
B5	远方跳闸受方向元件控制	远方跳闸不受方向元件控制
B4	远方跳闸受启动元件控制	远方跳闸不受启动元件控制
B3	TA断线闭锁三相	TA断线闭锁断线相
B2	TA断线闭锁差动保护	TA断线不闭锁差动保护
B1	补偿电容电流	不补偿电容电流
B0	主机方式	从机方式

3）距离控制字KG3（表5－17）。

表5－17　距离控制字功能表

位	置“1”含义	置“0”含义
B8～B15	备用，置“0”	备用，置“0”
B7	TV断线后过流投入	TV断线后过流退出
B6	距离Ⅲ段永跳投入	距离Ⅲ段永跳退出*
B5	距离Ⅱ段永跳投入	距离Ⅱ段永跳退出*
B4	瞬时加速距离Ⅲ段投入	瞬时加速距离Ⅲ段退出
B3	瞬时加速距离Ⅱ段投入	瞬时加速距离Ⅱ段退出
B2	快速Ⅰ段投入	快速Ⅰ段退出
B1	距离Ⅱ段不经振荡闭锁	距离Ⅱ段经振荡闭锁
B0	距离Ⅰ段不经振荡闭锁	距离Ⅰ段经振荡闭锁

4）零序控制字 KG4（表 5-18）。

表 5-18 零序控制字功能表

位	置“1”含义	置“0”含义
B13～B15	备用，置“0”	备用，置“0”
B12	零序反时限永跳投入	零序反时限永跳退出 *
B11	零序反时限带方向投入	零序反时限带方向退出
B10	零序Ⅳ段永跳投入	零序Ⅳ段永跳退出 *
B9	零序Ⅱ、Ⅲ段永跳投入	零序Ⅱ、Ⅲ段永跳退出 *
B8	$3U_0$ 突变量闭锁投入	$3U$ 突变量闭锁退出
B7	加速零Ⅳ序段投入	加速零序Ⅳ段退出
B6	加速零序Ⅲ段投入	加速零序Ⅲ段退出
B5	加速零序Ⅱ段投入	加速零序Ⅱ段退出
B4	零序Ⅳ段带方向投入	零序Ⅳ段带方向退出
B3	零序Ⅲ段方向投入	零序Ⅲ段方向退出
B2	零序Ⅱ段带方向投入	零序Ⅱ段带方向退出
B1	零序Ⅲ段投入	零序Ⅲ段退出
B0	零序Ⅱ段投入	零序Ⅱ段退出

5）重合闸控制字 KG5（表 5-19）。

表 5-19 重合闸控制字功能表

位	置“1”含义	置“0”含义
B8～B15	备用，置“0”	备用，置“0”
B5～B7	备用，置“0”	备用，置“0”
B4	三相偷跳启动重合闸	三相偷跳不启动重合闸
B3	单相偷跳启动重合闸	单相偷跳不启动重合闸
B2	检同期投入	检同期退出
B1	检无压投入	检无压退出
B0	非同期投入	非同期退出

5. 定值说明

（1）无特殊说明，以上定值均按二次。额定值按 TA 二次额定值 $I_N=5A$ 给出，括号中为 $I_N=1A$ 定值；阻抗定值均按线路正序阻抗整定；零序电流定值均为 $3I_0$。

（2）突变量电流定值一般建议取 $0.2I_N$。

（3）静稳失稳电流定值按躲最大负荷电流整定。

（4）零序电抗补偿系数应按线路实测参数计算，实用值宜小于或接近计算值，则有

$$K_X=(X_0-X_1)/3X_1$$

（5）零序电阻补偿系数，应接线路实测参数计算，实用值宜小于或接近计算值，则有

$$K_R=(R_0-R_1)/3R_1$$

(6) 全线路正序电抗值、电阻值应按线路实测参数整定。

(7) 线路长度定值应按线路实际长度整定。

(8) 电压一次额定值按 TV 实际一次线电压额定值整定，线电压二次额定值不用整定，保护按 100V 处理。

(9) 电流一次额定值按一次相电流额定值整定，电流二次额定值有两种规格，即 1A 或 5A。

(10) 分相差动高定值对于长线路，如果投入电容电流补偿功能，按照大于 2 倍电容电流整定，如果不投电容电流补偿功能，则其按照大于 2.5 倍电容电流整定；对于短线路，由于线路电容电流很小，差动保护有较高的灵敏度，此时可适当抬高分相差动保护定值，分相差动高定值一般不低于 $0.3I_N$，线路两侧装置应按照一次电流相同折算到二次整定。

(11) 分相差动低定值按照大于 1.5 倍电容电流整定。对于短线路，差动保护有较高的灵敏度，应按照分相差动高定值整定（即退出低定值分相差动保护），分相差动低定值一般不低于 $0.2I_N$ 线路两侧装置应按照一次电流相同折算到二次整定。

(12) 零序差动定值按躲过区外三相故障时的最大零序不平衡电流、内部高阻接地故障有足够的灵敏度整定。零序差动定值一般不低于 $0.1I_N$。线路两侧装置的零序差动定值应按照一次电流相同折算到二次整定。

(13) TA 断线后分相差动定值按躲过正常运行时的最大负荷电流整定，线路两侧装置应按照一次电流相同折算到二次整定。注意：如果选择 TA 断线不闭锁差动保护，TA 断线后如果发生区外故障，差动保护将失去选择性。如果选择 TA 断线闭锁差动保护，该项定值不起作用。

(14) 零序差动时间定值应大于 100ms。

(15) TA 变比补偿系数对于一次额定电流大的装置，整定为 1，其他装置的补偿系数整定为本侧 TA 一次额定电流除以一次额定电流的最大值。例如：M 侧的 TA 变比为 1200/1，N 侧的 TA 变比为 800/5，T 侧的 TA 变比为 600/5。M 侧的补偿系数整定为 1，N 侧的补偿系数整定为 800/1200＝0.6667，T 侧的补偿系数整定为 600/1200＝0.5。

(16) 线路正序容抗和零序容抗按线路全长的正序容抗整定为二次值，则有

$$X_{c1} = n_{TA}/n_{TV} \times (1/2\pi fC_1)$$

$$X_{c0} = n_{TA}/n_{TV} \times (1/2\pi fC_0)$$

(17) 并联电抗器正序电抗和并联电抗器零序电抗，按本侧线路安装的并联电抗器容量折算为二次值：

$$X_{DK1} = n_{TA}/n_{TV} \times U^2/S$$

$$X_{DK0} = n_{TA}/n_{TV} \times (U^2/S + 3X_N)$$

式中　X_N——并联电抗器中性点的接地电抗。

例如：某并联电抗期额定电压 U＝800kV，容量 S＝3×100MVA 中性点的接地电抗为 500Ω，TA 变比 n_{TA}＝2000/1；TV 变比 n_{TV}＝750/0.1，则

$$X_{DK1} = 2000/7500 \times 800000^2/(3 \times 100 \times 10^6) = 568.8\ (\Omega)$$

$$X_{DK0} = 2000/7500 \times [800000^2/(3 \times 100 \times 10^6) + 3 \times 500] = 968.8\ (\Omega)$$

如果线路某侧没有安装并联电抗器，该侧装置按上限整定（二次值）为

$$X_{DK1} = 900\ (\Omega)$$

$$X_{DK0} = 900\ (\Omega)$$

（18）接地电阻定值——接地距离Ⅰ、Ⅱ、Ⅲ段共用的电阻定值，按躲过负荷阻抗整定。由于按躲过负荷阻抗整定时接地电阻分量通常整定范围较大，接地距离Ⅰ段所使用的电阻定值在整定定值基础上适当有所减小，其基本原则是按短线路保护出口处 25Ω 过渡电阻故障，长线路不大于接地Ⅰ段电抗定值一半。具体计算公式为

$$R_d = \min\{R_{D1}, \max\{X_{D1}/2, 25/LZ + R_1\}, 8X_{D1}\}$$

式中 R_d——实际使用的接地Ⅰ段电阻定值；

R_{D1}——整定的接地电阻定值；

X_{D1}——整定的接地Ⅰ段电抗定值；

LZ——阻抗一、二次的换算系数，即阻抗一次值/阻抗二次值之比，25Ω 的含义是考虑一次侧带过渡电阻 25Ω；

R_1——全线路正序阻抗电阻分量。

（19）接地Ⅰ段电抗定值按全线路正序电抗的 0.8～0.85 倍整定。对于有互感的线路，应适当减小定值。

（20）接地Ⅱ段电抗定值和接地Ⅱ段时间定值按满足本线路末端有灵敏度和配合的需要整定。

（21）接地Ⅲ段电抗定值和接地Ⅲ段时间定值按满足本线路末端有灵敏度和配合的需要整定。

（22）相间电阻定值——相间距离Ⅰ、Ⅱ、Ⅲ段共用的电阻定值，按躲过负荷阻抗整定。由于按躲过负荷阻抗整定时相间电阻分量通常整定范围较大，相间距离Ⅰ段所使用的电阻定值在整定定值基础上适当有所减小，其基本原则是按短线路保护出口处 15Ω 过渡电阻故障，长线路不大于相间Ⅰ段电抗定值一半。具体计算公式为

$$R_X = \min\{R_{X1}, \max\{X_{X1}/2, 15/LZ + R_1\}, 8X_{X1}\}$$

式中 R_X——实际使用的相间Ⅰ段电阻定值；

R_{X1}——整定的相间电阻定值；

X_{X1}——整定的相间Ⅰ段电抗定值；

LZ——阻抗一、二次的换算系数，即阻抗一次值/阻抗二次值之比，$15/LZ$ 的含义是考虑一次侧带过渡电阻 15Ω；

R_1——全线路正序阻抗电阻分量。

（23）相间Ⅰ段电抗定值按全线路正序电抗的 0.8～0.85 倍整定。对于有互感的线路，应适当减小定值。

（24）相间Ⅱ段电抗定值和相间Ⅱ段时间定值按满足本线路末端有灵敏度和配合的需要整定。

（25）相间Ⅲ段电抗定值和相间Ⅲ段时间定值按满足本线路末端有灵敏度和配合的需要整定。

（26）TV 断线后过流定值（仅在 TV 断线后投入），按相电流整定，且按躲过负荷电流且末端故障有灵敏度整定。

（27）TV 断线后零序过流定值（仅在 TV 断线后投入），按末端故障有灵敏度整定。

（28）TV 断线后延时定值为 TV 断线后过流和零序过流元件的延时定值。

（29）零序Ⅰ段电流定值按躲开本线路末端接地短路的最大零序电流整定。

（30）零序Ⅱ、Ⅲ、Ⅳ段电流和时间定值按配合需要整定。非全相中零序Ⅳ段不退出，但延时为在零序Ⅳ段延时定值基础上减少0.5s。

（31）零序反时限保护各项定值，推荐按标准反时限曲线整定。

（32）单相重合闸短延时定值为重合闸长延时压板不投入，且单跳启动重合闸或单相偷跳启动重合闸情况下的延时定值。

（33）单相重合闸长延时定值为重合闸长延时压板投入，且单跳启动享合闸或单相偷跳启动重合闸情况下的延时定值。如果全线速动保护投入（纵差保护投入），可采用短延时；如果全线速动保护退出（纵差保护退出），可采用长延时。

（34）三相重合闸短延时定值为重合闸长延时压板不投入，且三跳启动重合闸或三相偷跳启动重合闸情况下的延时定值。

（35）三相重合闸长延时定值为重合闸长延时压板投入，且三跳启动重合闸或三相偷跳启动重合闸情况下的延时定值。如果全线速动保护投入（纵联保护或纵差保护投入），可采用短延时。如果全线速动保护退出（纵联保护或纵差保护退出），可采用长延时。

（36）重合闸检同期角度定值为检同期合闸方式下，母线电压和线路电压之间的允许最大角度差。

6. 控制字说明

CSC－103保护可通过更改面板设置选择按控制字方式显示和按控制位方式显示。此显示方式在出厂前根据不同地方要求已经设置好，如果现场需要更改此设置，可由厂家工程技术人员更改或与厂家联系，由制造厂具体指导更改。

（1）按控制字显示：在装置面板上查看、更改定值或打印定值单的时候，对每一位的含义都有如上文各表中所对应的解释。以公用控制字的B0位为例，当光标指示在公用控制字的第0位时，此位置“1”，则面板最底行显示“相间永跳投入”；此位置“0”，则面板最底行显示“相间永跳退出”。在定值单上亦如此显示，公用控制字的第0位置“0”时，则定值单相应项显示为“相间永跳退出　　0”；公用控制字的第0位置“1”时，则定值单相应项显示为“相间永跳投入　　1”。

注：该条不使用于按控制位显示的方式。

（2）相间永跳投入控制字KG1.0：此控制字置“1”为投入，凡相间故障（包括三相故障），保护跳闸时均发永跳令（闭锁重合闸）；置“0”为退出，则相间故障保护发三跳命令。

（3）三相永跳投入控制字KG1.1：此控制字置“1”为投入，凡三相故障，保护跳闸时均发永跳令（闭锁重合闸）；置“0”为退出，则三相故障保护发三跳命令。

（4）主机方式控制字KG2.0：此位置“1”时为主机方式，置“0”时为从机方式，两侧装置必须一侧整定为主机方式，另一侧整定为从机方式。

（5）TA断线闭锁差动保护控制字KG2.2：置“1”时，TA断线闭锁差动保护，在这种情况下可用控制字KG2.3进一步选择TA断线闭锁三相差动保护（置“1”时）或TA断线只闭锁断线相差动保护（置“0”时）。当KG2.2置“0”时，TA断线不闭锁差动保护，控制字KG2.3不起作用，投入TA断线后分相差动保护，当断线相差动电流大于TA断线后差动定值时，差动保护动作永跳。

（6）远方跳闸受启动元件控制，控制字KG2.4：置“1”时，远方跳闸受启动元件控制，即启动元件动作一方面向对侧传送信号，同时本侧动作永跳；置“0”时，远方跳闸不受启动元件控制，即当有远方跳闸开入时，直接向对侧传送信号并且本侧动作永跳。如果不使用远方跳闸功能，建议将此位置“1”。

（7）远方跳闸受方向元件（阻抗元件）控制，控制字 KG2.5：置“1”时，远方跳闸必须在保护启动的情况下，任一相别阻抗在Ⅱ段范围内，才能动作永跳。使用阻抗Ⅱ段闭锁时，需要考虑灵敏度是否满足要求；此位置“0”时，远方跳闸不受阻抗Ⅱ段控制。如果不使用远方跳闸功能，建议将此位置“1”。

（8）双通道控制字 KG2.6：置“1”时，通道 A、通道 B 任一通道故障时，报相应通道告警（只闭锁故障通道，不闭锁差动保护）；置“0”时，通道 A、通道 B 两个通道全故障时，才报通道告警。在采用双通过时，将此位置“1”；在采用单边过时，将此位置“0”。

（9）零序差动动作永跳控制字 KG2.8：置“1”时，零序差动动作永跳；此位置“0”时，零序差动保护选相跳闸。

（10）通道 A 选择外时钟控制字 KG2.9：置“1”时，通道 A 选择外时钟；此位置“0”时，通道 A 选择内时钟。采用专用通道时，此位置“0”；复用 64kbps 通道时，此位置“1”。

（11）通道 A 选择 2M 速率控制字 KG2.10：置“1”时，通道 A 选择 2Mbps 速率；此位置“0”时，通道 A 选择 64kbps 速率。在采用专用通道时，建议特此位置“1”。

（12）通道 B 选择外时钟控制字 KG2.11：置“1”时，通道 B 选择外时钟；此位置“0”时，通道 B 选择内时钟。采用专用通道时，此位置“0”；复用通道时，此位置“1”。

（13）通道 B 选择 2M 速率控制字 KG2.12：置“1”时，通道 B 选择 2Mbps 速率；此位置“0”时，通道 B 选择 64kbps 速率。在采用专用通道时，建议将此位置“1”。

（14）通道环回试验投入控制字 KG2.13：在做通道自环实验或通道远方环回实验时，将此位置“1”。正常运行时，必须将此位将此位置“1”。

（15）距离Ⅰ段不经振荡闭锁控制字 KG3.0、距离Ⅱ段不经振荡闭锁控制字 KG3.1：当置“0”时，电流突变量启动 150ms 或静稳失稳启动后，距离Ⅰ段或Ⅱ段再投入需经振荡闭锁元件开放。当置“1”时，则从保护启动到整组复归，距离Ⅰ段或Ⅱ段一直开放。

（16）快速Ⅰ段投入控制字 KG3.2：线路长度小于 20km，请将该位置“0”。瞬时加速距离Ⅱ段投入控制字 KG3.3、瞬时加速距离Ⅲ段投入控制字 KG3.4。所有关于加速的控制字都是指重合后加速。

（17）距离Ⅱ（Ⅲ）段永跳投入：此位置“1”，则距离Ⅱ（Ⅲ）段跳闸时发永跳令；置“0”时，距离Ⅱ（Ⅲ）段跳闸时发选（三）跳令。

（18）TV 断线后过流投入控制字 KG3.7：置“1”，则 TV 断线后投入 TV 断线后过流和零序过流。

（19）零序Ⅱ段投入控制字 KG3.0、零序Ⅲ段投入控制字 KG3.1：零序Ⅱ、Ⅲ、Ⅳ段共用一个压板，可以经控制字投退。

（20）加速零序Ⅱ、Ⅲ、Ⅳ段投入控制字 KG3.5～KG3.7：仅指重合闸后加速。投入时，应在开关重合于接地故障后带 100ms 延时跳闸。重合闸后加速时，零序Ⅰ段固定投入，带 100ms 延时；不灵敏Ⅰ段自动投入，瞬时动作。

（21）$3U_0$ 突变量闭锁投入控制字 KG3.8：置“1”时，零序Ⅰ、Ⅱ、Ⅲ、Ⅳ段都受 $3U_0$

突变量元件闭锁。

（22）零序Ⅱ、Ⅲ段永跳控制字 KG3.9：置“1”时动作永跳，置“0”时动作选跳。

（23）零Ⅳ序段永跳控制字 KG3.10：置“1”时动作永跳，置“0”时动作三跳。

（24）零序反时限永跳控制字 KG3.12：置“1”时动作永跳，置“0”时动作三跳。零序反时限保护推荐用标准反时限特性曲线，若带方向控制字 KG3.11 投入时，必须将零序方向判为正方向时才能动作。

（25）非同期方式投入、检无压方式投入、检同期方式投入控制字：这三种方式均指重合闸检定方式，任一置“1”，必须将其他两位置“0”。

（26）单（三）相偷跳启动重合闸：置“0”，如果开关偷跳单（三）相，综合重合闸将不重合，直接放电。此位置“1”，开关偷跳单（三）相，综合重合闸将按整定好的方式和延时重合。

7. 通信参数

所有 CSC－103 系列保护装置的通信参数均相同。其各项含义及设置方式见表 5－20。

表 5－20　　通信参数表

序号	名　称	整定范围	设　置　方　式	备　　注
01	当前定值区	00～31	可用面板上［＋］、［－］键修改当前定值区号	当前使用的定值区号
02	装置地址	10～ABH	装置设定－通信地址－Lon 网及 485 地址菜单	地址范围为 10～ABH
03	串口波特率	9600	指 485 串口波特率为 9600（2.03 以下版本不可设置）	2.03 及以上版本可设 9600，192000，38400
04	间隔名称		可用微机分析调试软件（CSPC 软件）按实际线路名称设置	线路名称不能超过 15 个汉字大小
05	103 功能类型	B3H	装置设定－103 功能类型菜单，可设置 IEC60870－5－103 功能码	CSC－103 功能类型码为 B3H
06	对时方式	网络对时方式；分脉冲对时，秒脉冲对时	装置设定—对时方式	可选择网络对时方式、GPS 分脉冲对时方式或 GPS 秒脉冲对时方式
07	规约类型	通信规约 V1.20 通信规约 V1.10	装置设定-规约选择	LON 网、以太网可选择 CSC－2000 规约的版本；装置从 485 口输出 IEC60870－5－103 规约信息时，可不处理该项
08	SOE 复归选择	手动复归；自动复归	装置设定- SOE 复归选择	可选手动复归（收到复归命令复归 SOE）或自动复归（10S 复归 S0E）
09	以太网 1 地址	***.***.***.***	装置设定－通信地址－以太网 1 地址	不能设为 0
10	以太网 2 地址	***.***.***.***	装置设定－通讯地址－以太网 2 地址	不能设为 0，若和 CSN 规约转换盒连接扩展 485 口，需设置以太网 2 地址为 10.10.6.124

二、装置硬件结构和特性

1. 装置插件概述

CSC－103A 型装置配置了 9 个插件，如图 5－9 所示，包括交流插件、保护 CPU 插件、启动 CPU 插件、管理板、开入插件、开出插件 1、开出插件 2、开出插件 3、电源插件。CSC－103B 型装置配置了 10 个插件，如图 5－10 所示，包括交流插件、保护 CPU 插件、启动 CPU 插件、管理板、开入插件 1、开入插件 2、开出插件 1、开出插件 2、开出插件 3、电源插件。

图 5－9 CSC－103A 装置插件布置图

图 5－10 CSC－103B 装置插件布置图

2. 交流插件

交流插件的作用是将系统电压互感器 TV 和电流互感器 TA 二次信号变换成保护装置所需的弱电信号，同时起隔离和抗干扰作用。CSC－103A/103B 保护装置交流插件完全一样，背面接线端子为 X1。保护相电流变换器有两种类型：额定输入电流 5A，线性范围 500mA～150A；额定输入电流 1A，线性范围 100mA～30A。注意：I_N 为非极性端，I'_N 为极性端。保护电压变化器固定为相电压额定值为 $100/\sqrt{3}$V。

3. CPU插件

CPU插件由MCU与DSP合一的32位单片机组成，保持总线不出芯片的优点，程序完全在片内运行，内存Flash为1M字节，RAM为64K字节；CPU插件有两块，其软硬件相同，用地址设置来区别CPU1和CPU2。在CPU的把手侧有AD3、AD2、AD1、AD0四组跳线插针，跳线插针旁边标有“H”、“L”，分别表示高电平和低电平，用来设置地址。CPU1是保护CPU的插件，它是装置的核心插件，主要完成采样、A/D变换计算、上送模拟量及开入量信息、保护动作原理判断、事故录波功能、软硬件自检等。本装置的光纤差动保护CPU自带64kbps、2Mbps兼容的数据接口，需要根据用户要求配置1个数据接口或2个数据接口。CPU2是启动CPU插件，该插件完成保护的启动闭锁功能等。

用于单通道时CPU1板号为6SF.004.063.2；用于双通道时CPU1板号为6SF.004.063.3。

4. 管理板

管理板也叫做通信板（Master），该插件是装置的管理和通信插件，是承接保护装置与外界通信及交换信息的管理插件，如与面板、PC调试软件、监控后台、工程师站、远动、打印机等的联系，根据保护的配置组织上送遥测、遥信、SOE、事件报文和录波信息等。管理板可根据需要设置有LON网口、双以太网口和RS485口满足不同监控和远动系统的要求。另外，管理板上设置有GPS对时功能。可满足网络对时和脉冲对时方式的要求。

5. 开入板

A型开入板1的背板接线端子X4，用来接入跳闸位置、各保护压板等开关量输入信号和告警信号。

B型开入板1、2的背板接线端子X4、X5，用来接入跳闸位置、有关重合闸方式控制的各压板、各开入量及输入等开关量信号。

每块开入板都有二组开入回路和自检回路，能对各路开入回路进行实时自检。开入板24V直接引入，如需要其第二组开入也可接入220V或110V开入；其触点装置也设置了一块开入插件的备用位。这些设计主要是考虑到装置本身的发展性。

6. 开出插件

A型设置了3块开出插件，开出插件1是组合插件，其背板接线端子为X6、X7，插件2、3背板接线端子为X8、X9。

B型装置设置三块插件，背板接线端子为X7、X8、X9，插件主要输出跳闸等触点信号，直接从板子上引出，抗干扰性能好。各开出触点定义见下面介绍的装置背板端子说明。

装置还预留了开出插件的备用位置，以供装置发展功能备用。

7. 电源插件

该插件适用于A型和B型装置，背板接线端子为X10，采用了直流逆变电源插件。插件输入直流220V或110V，输出为保护装置所需5组电源。

（1）＋24V两组：开入、开出板电源；

（2）±12V：模拟量用电源；

（3）＋5V：各CPU逻辑用电源。

三、装置端子及组屏说明

1. 电流、电压回路实用接线图

图 5-11 是 CSC-103A(B) 型装置的电流、电压接线图，装置端子电流、电压极性端应分别与电流互感器和电压互感器的极性端相连。另外需强调的是 TV 二次引入线要按部颁布的反错要点执行，以免运行中装置出现异常行为。

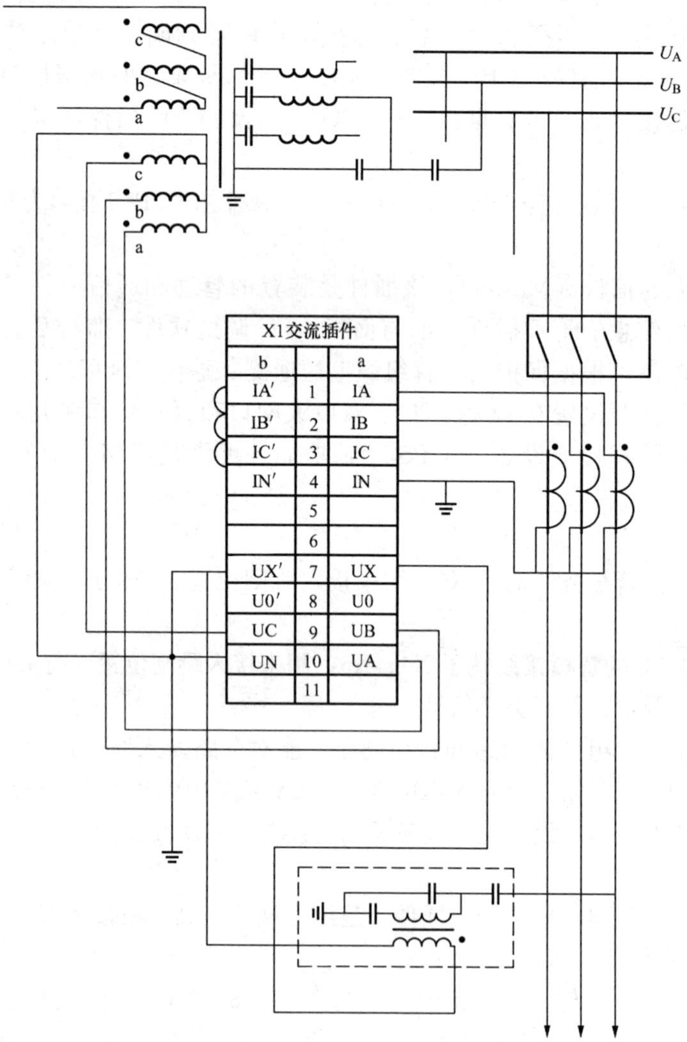

图 5-11 CSC-103A（B）型装置的电流、电压接线图

2. CSC-103A/103B 装置端子说明

（1）CSC-103A 型装置。

CSC-103A 型装置背板端子图如图 5-12（图 5-13 为最新背板端子图）所示。

X1 为交流插件背端子图，X2、X3 为管理、通信接口的背端子，X4 为开入板的背端子，X6、X7 为开出板 1 的背端子，X8 为开出板 2 的背端子，X9 为开出板 3 背端子，X10 为电源的背端子。以下分别按图 5-12 详细解释。

X4(开入插件)	c	a
2		
4	跳位A	差动压板
6	跳位B	距离一段压板
8	跳位C	距离二、三段压板
10	备用	零序一段压板
12	远传命令1	零序其他段压板
14	远传命令2	零序反时限压板
16	备用	备用
18	备用	沟通三跳
20	远方跳闸	备用
22	备用	闭锁远方操作
24	备用	检修状态压板
26	备用	信号复归
28		
30	告警Ⅰ(非保持)	
32	告警Ⅰ(保持)	

3	光以太网1收
4	光以太网1发
5	光以太网2收
6	光以太网2发
(光以太网为可选项)	

X2(管理插件)			
2		GPSGND	1
4		GPS	3
6	⏚		5
8			7
10	LONA	485A	9
12	LONA	485B	11

X3(以太网)	
以太网1	1
以太网2	2

X1(交流插件)	b	a
1	IA′	IA
2	IB′	IB
3	IC′	IC
4	IN′	IN
5		
6		
7		
8		
9	UC	UB
10	UN	UA
11		

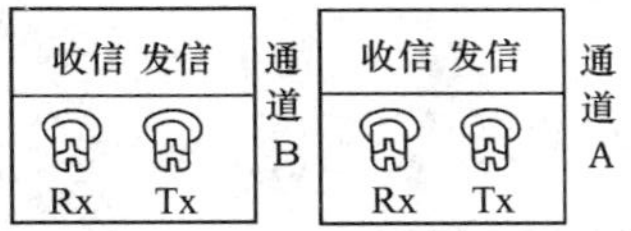

X10(电源插件)	c	a
2	R24V+输出	
4		
6		
8	R24V−输出	
10		
12		
14		
16	直流消失	
18		
20	1	
22		
24		
26	2	
28		
30		
32	⏚	

X9(开出插件)	c—/—a	
2	保护动作1	开出
4	保护动作2	
6	保护动作3	
8	保护动作4	
10	永跳接点1	
12	永跳接点2	
14	单跳接点	
16	三跳接点	
18	远传命令2-1	
20	远传命令2-2	
22	告警Ⅰ(保持)	信号
24	告警Ⅰ(非保持)	
26	告警Ⅱ(保持)	
28	告警Ⅱ(非保持)	
30	备用(保持)	
32	备用(非保持)	

X8(开出插件)	c—/—a	
2	通道A告警1	快速开出
4	通道A告警2	
6	通道A告警3	
8	通道A告警4	
10	通道B告警1	
12	通道B告警2	
14	通道B告警3	
16	通道B告警4	
18	远传命令1-1	
20	远传命令1-2	
22	保护动作(保持)	信号
24	保护动作(非保持)	
26	备用(保持)	
28	备用(非保持)	
30	备用(保持)	
32	备用(非保持)	

X7(开出插件)	c	a
2	分相跳2(+)	分相跳1(+)
4	三相跳2(+)	三相跳1(+)
6	失灵2(+)	失灵1(+)
8	备用	
10	跳A2(▷)	跳A1(▷)
12	跳B2(▷)	跳B1(▷)
14	跳C2(▷)	跳C1(▷)
16	三跳2	三跳1
18	永跳2	永跳1
20	启动失灵A2	启动失灵A1
22	启动失灵B2	启动失灵B1
24	启动失灵C2	启动失灵C1
26	单跳启动重合1	
28	单跳启动重合2	
30	三跳启动重合1	
32	三跳启动重合2	

X6(开出插件)	c	a
2	分相跳4(+)	分相跳3(+)
4	三相跳4(+)	三相跳3(+)
6	分相跳6(+)	分相跳5(+)
8	备用	
10	跳A4(▷)	跳A3(▷)
12	跳B4(▷)	跳B3(▷)
14	跳C4(▷)	跳C3(▷)
16	三跳4	三跳3
18	永跳4	永跳3
20	跳A6	跳A5
22	跳B6	跳B5
24	跳C6	跳C5
26	备用	
28	备用	
30	备用	
32	备用	

图5-12 CSC-103A型装置背板端子图

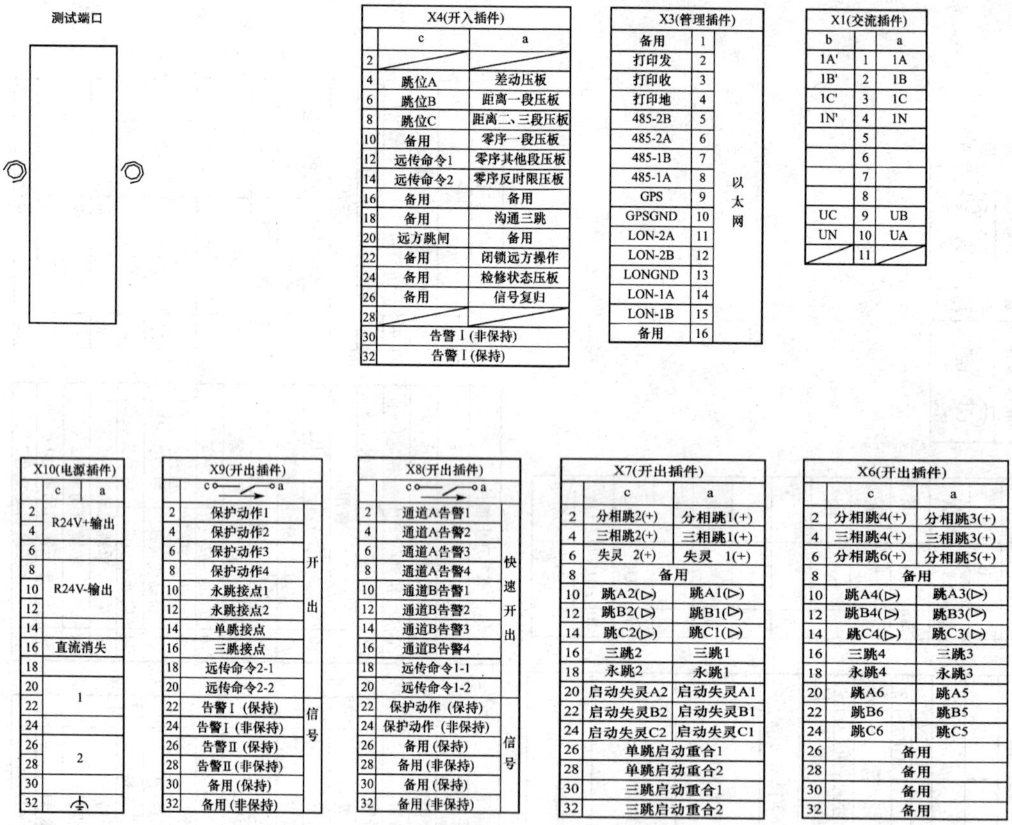

图 5-13 CSC-103A 型装置最新背板端子图

1）X1 端子组——模拟量输入（表 5-21）。

表 5-21　　X1 端子组说明

端子标号	用　　途	备　　注
a1-b1	A 相电流回路，IA 为极性端，IA′非极性端	模拟量输入，实用接线见图 5-11
a2—b2	B 相电流回路，IB 为极性端，IB′非极性端	
a3-b3	C 相电流回路，IC 为极性端，IC′非极性端	
a4-b4	310 电流回路，IN′为极性端，IN 非极性端	
a9	B 相电压输入端 UB	
b9	C 相电压输入端 UC	
a10	A 相电压输入端 UA	
b10	相电压公共端 UN	
ba11	装置屏蔽地，内部与 X10—ca32 相连，此端子不得再接线	

2）X2 端子组——通信接口。装置提供一组 GPS 对时端子，一组 485 网络端子，一组 LonWrks 网络端子，两组电以太网络端子。可以根据用户需求选配两组光以太网。

X2－5、X2－6、X2－7、X2－8 端子为 Lon 网屏蔽地，应可靠接地。

3）X4 端子组——开入端子（表 5-22）。

表 5-22　X4 端子组说明

端子标识	用途
a2－a28	a2 装置内部已接开入＋24V，a28 已接开入 24V 地，此两端子必须空出，**不允许再接入任何其他信号**
a4	差动保护压板（硬压板）
a6	距离Ⅰ段压板（硬压板）
a8	距离Ⅱ、Ⅲ段压板（硬压板）
a10	零序Ⅰ段压板（硬压板）
a12	零序其他段压板（硬压板）
a14	零序反时限压板（硬压板）
c4 c6 c8	分别接入跳位 A、跳位 B、跳位 C。对一个半接线方式，需接入边断路器和中间断路器串联后的分相跳位。其作用有以下几个：①TV 断线告警。如果三相都没有电压，则若有三个跳位，则保护不告警，否则告警“TV 断线”。②跳闸位置允许对侧差动保护跳闸。③如果有跳闸位置，且相应相无电流，装置则认为该相开关跳开，保护根据开关跳闸情况进入全相或非全相逻辑
c12	远传命令 1
c14	远传命令 2
a18	沟通三跳开入：接入重合闸装置输出的沟通三跳触点，当保护检查到有此开入时，即使判为单相故障，也发三跳命令
c18	备用
a20	备用
c20	远方跳闸
a22	闭锁远方操作：接入＋24V 时只允许就地控制，即只执行本地操作命令，所有非就地操作命令，如远方切换压板、切换定值区，固化定值等均不执行
a24	检修状态压板：该压板投入时，进入检修状态，当保护试验时，不向远方送报文，也不执行远方操作命令。**运行时必须退出该压板**
a26	信号复归：用于复归面板灯信号
c2，c28	装置用 24V 时，**端子上不允许再接入其他信号**；用 220V/110V 时 c2 需接开入正电源，c28 接入开入负电源
c30－a30	告警Ⅰ（非保持）：严重告警的非保持触点
c32－a32	告警Ⅰ（保持）：严重告警的保持触点

4）X6 端子组——开出端子（表 5 - 23）。

表 5 - 23　　X6 端子组说明

X6 端子标识	用　　途	备　　注
a2	分相跳 3（＋）	开出正电源
c2	分相跳 4（＋）	
a4	三相跳 3（＋）	
c4	三相跳 4（＋）	
a6	分相跳 5（＋）	
c6	分相跳 6（＋）	
a10，a12，a14	分别为跳 A3、跳 B3、跳 C3：可监视跳闸回路状态，建议用于接跳闸回路	分相跳闸出口
c10，c12，c14	分别为跳 A4、跳 B4、跳 C4：可监视跳闸回路状态，建议用于接跳闸回路	
a16	三跳 3	三相跳闸出口
c16	三跳 4	
a18	永跳 3	永跳出口
c18	永跳 4	
a20，a22，a24	分别为跳 A5、跳 B5、跳 C5：可用于录波或其他用途	分相跳闸出口
c20，c22，c24	分别为跳 A6、跳 B6、跳 C6：可用于录波或其他用途	

注　跳闸出口触点、启动失灵触点和保护动作输出触点，均为开关跳开后就收回的瞬动触点。

5）X7 端子组——开出端子（表 5 - 24）。

表 5 - 24　　X7 端子组说明

端子标识	用　　途	备　　注
a2	分相跳 1（＋）	开出正电源
c2	分相跳 2（＋）	
a4	三相跳 1（＋）	
c4	三相跳 2（＋）	
a6	失灵 1（＋）	
c6	失灵 2（＋）	
a10，a12，a14	分别为跳 A1、跳 B1、跳 C1：可监视跳闸回路状态，建议用于接跳闸回路	
c10，c12，c14	分别为跳 A2、跳 B2、跳 C2：可监视跳闸回路状态，建议用于接跳闸回路	
a16，c16	三跳 1，三跳 2	三相跳闸出口
a18，c18	永跳 1，永跳 2	永跳出口
a20、a22、a24	启动失灵 A1、B1、C1：启动失灵出口	
c20、c22、c24	启动失灵 A2、B2、C2：启动失灵出口	
a26－c26	单跳启动重合 1	单跳启动重合开出
a28－c28	单跳启动重合 2	
a30－c30	三跳启动重合 1	三跳启动重合开出
a32－c32	三跳启动重合 2	

6）X8端子组——开出端子（表5-25）。

表5-25　X8端子组说明

端子标识	用　途	备　注
c2—a2	通道A告警1	快速开出
c4—a4	通道A告警2	
c6—a6	通道A告警3	
c8—a8	通道A告警4	
c10—a10	通道B告警1	
c12—a12	通道B告警2	
c14—a14	通道B告警3	
c16—a16	通道B告警4	
c18—a18	远传命令1—1	
c20—a20	远传命令1—2	
c22—a22	保护动作信号1（保持）	信号
c24—a24	保护动作信号2（非保持）：用于保护动作遥信	
c26—a26	备用（保持）	
c28—a28	备用（非保持）	
c30—a30	备用（保持）	
c32—a32	备用（非保持）	

7）X9端子组——开出端子（表5-26）。

表5-26　X9端子组说明

端子标识	用　途	备　注
c2—a2	保护动作1	开出触点
c4—a4	保护动作2	
c6—a6	保护动作3	
c8—a8	保护动作4	
c10—a10	永跳触点1	
c12—a12	永跳触点2	
c14—a14	单跳触点	
c16—a16	三跳触点	
c18—a18	远传命令2—1	
c20—a20	远传命令2—2	
c22—a22	告警Ⅰ（保持）：严重告警，用于遥信和中央信号	信号触点
c24—a24	告警Ⅰ（非保持）：严重告警，用于遥信和中央信号	
c26—a26	告警Ⅱ（保持）：一般告警，用于遥信和中央信号	
c28—a28	告警Ⅱ（非保持）：一般告警，用于遥信和中央信号	
c30—a30	备用（保持）	
c32—a32	备用（非保持）	

8）X10 端子组——电源端子（表 5 - 27）。

表 5 - 27　X10 端子组说明

端子标识	用　　途	备　　注
ca2、ca4	24V＋输出端子	电源输出
ca8、ca10、ca12	24V－输出端子	
c16－a16	直流消失触点	失电告警信号
ca20、ca22	1—电源正输入端子	外电源输入
ca26、ca28	2—电源负输入端子	
ca32	装置屏蔽地，要求必须与变电所大地可靠连接	

（2）CSC－103B 装置端子说明。

CSC－103B 型装置背板端子图如图 5－14（图 5－15 为最新背板端子图）所示。

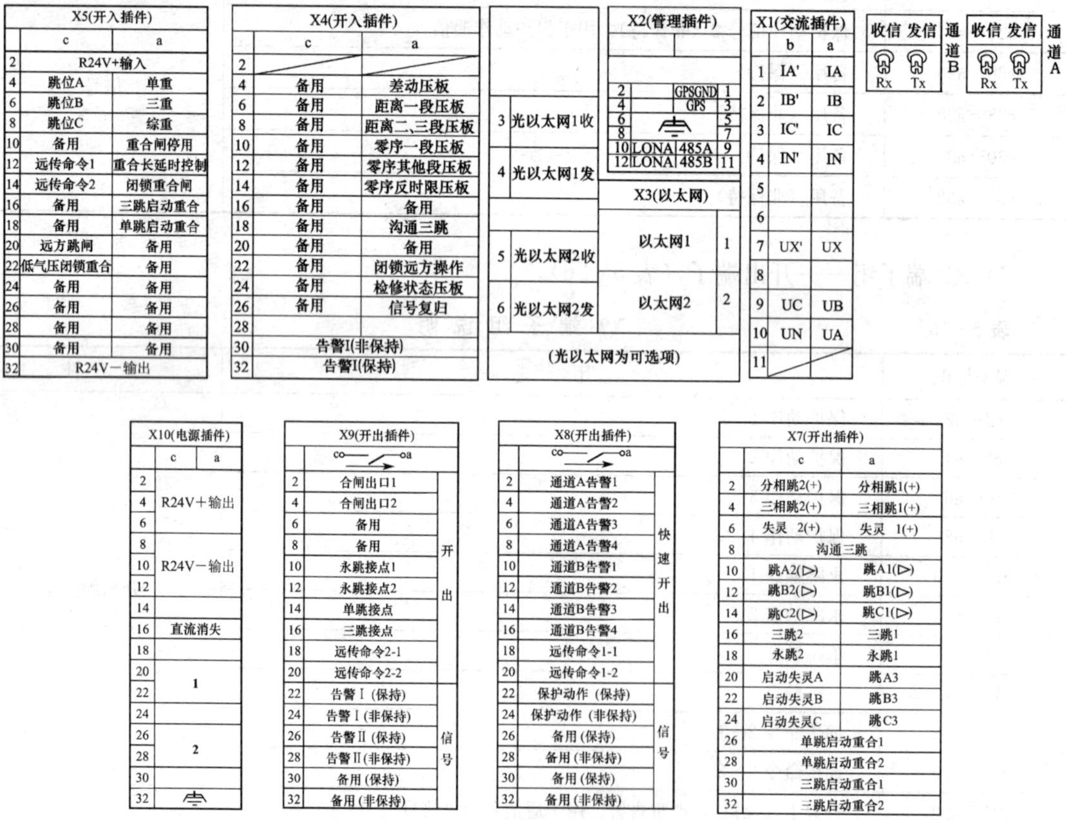

图 5－14　CSC－103B 型装置背板端子图

X1 为交流插件背端子图，X2、X3 为管理、通信接口的背端子，X4 为开入板 1 的背端子，X5 为开入板 2 的背端子，X7 为开出板 1 的背端子，X8 为开出板 2 的背端子，X9 为开出板 3 背端子，X10 为电源的背端子。以下分别按图 5－14 详细解释。

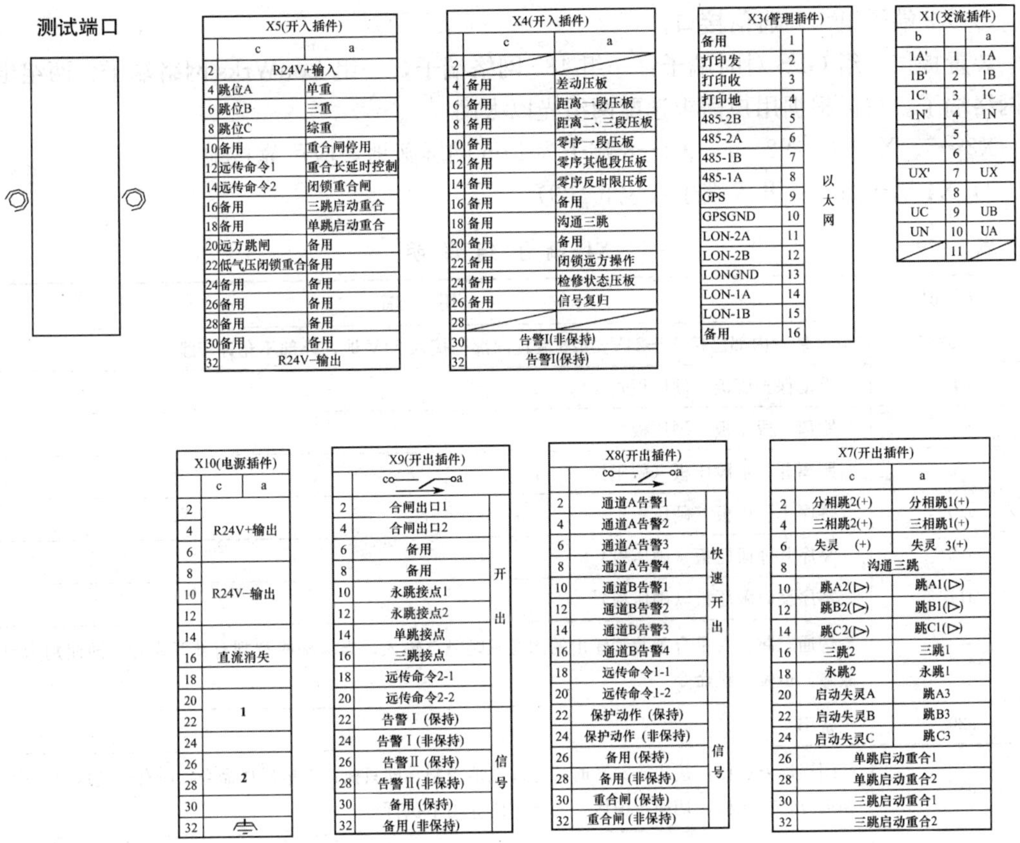

图5－15　CSC－103B型装置最新背板端子图

1）X1端子组——模拟量输入（表5－28）。

表5－28　X1端子组说明

端子标号	用　途	备　注
a1－b1	A相电流回路，IA为极性端，IA′非极性端	模拟量输入，实用接线见图5－11
a2－b2	B相电流回路，IB为极性端，IB′非极性端	
a3－b3	C相电流回路，IC为极性端，IC′非极性端	
a4－b4	3I0电流回路，IN′为极性端，IN非极性端	
a7－b7	重合闸检同期或检无压用线路电压的输入端子，UX为极性端，UX′为非极性端	
a9	B相电压输入端UB	
b9	C相电压输入端UC	
a10	A相电压输入端UA	
b10	相电压公共端UN	
ba11	装置屏蔽地，内部与X10－ca32相连，此端子不得再接线	

2）X2 端子组——通信接口。

装置提供一组 GPS 对时端子，一组 485 网络端子，一组 LonWrks 网络端子，两组电以太网络端子。可以根据用户需求选配两组光以太网。

X2－5、X2－6、X2－7、X2－8 端子为 Lon 网屏蔽地，应可靠接地。

3）X4 端子组——开入端子（表 5-29）。

表 5-29　X4 端子组说明

端子标识	用　途
a2，a28	a2 装置内部已接入＋24V，a28 装置内部已接入 24V 地，**外部不允许接线**
a4	差动保护压板（硬压板）
a6	距离Ⅰ段压板（硬压板）
a8	距离Ⅱ、Ⅲ段压板（硬压板）
a10	零序Ⅰ段压板（硬压板）
a12	零序其他段压板（硬压板）
a14	零序反时限压板（硬压板）
a18	沟通三跳：由重合闸装置输出的沟通三跳触点输入，当保护检查到有此开入时，即使判为单相故障，也发三跳命令
a20	备用
a22	闭锁远方操作：接入＋24V 时只允许就地控制，即只执行本地操作命令，所有非就地操作命令，如远方切换压板、切换定值区，固化定值等均不执行
a24	检修状态压板：该压板投入时，进入检修状态，当保护试验时，不向远方送报文，也不执行远方操作命令。运行时必须退出该压板
a26	信号复归：用于复归面板灯信号
c2，c28	如已用 24V 开入，外部不允许再接线；如用 220V、110V 时 c2 接开入正电源，c28 接开入负电源
c30－a30	告警Ⅰ（非保持）：严重告警的非保持触点
c32－a32	告警Ⅰ（保持）：严重告警的保持触点

4）X5 端子组——开入端子（表 5-30）。

表 5-30　X5 端子组说明

端子标识	用　途	备　注
ca2，ca32	选用 24V 开入时，ca2 须接入 24V＋，ca32 接 24V 地	用 220V 或 110V 时，接法同
a4	单重	重合闸功能切换压板
a6	三重	
a8	综重	
a10	重合闸停用	
a12	重合闸长延时控制：有开入时采用长延时，反之用短延时	
a14	闭锁重合闸：接外部有保护动作需闭锁重合闸的输入触点，有输入时充电计数器放电，不重合；装置发永跳令时闭锁重合闸，内部已接好	

续表

端子标识	用　　途	备　　注
a16	三跳启动重合闸：用于其他保护装置跳闸启动重合闸，装置发跳闸令内部启动回路已接好	
a18	单跳启动重合闸：用于其他保护装置跳闸启动重合闸，装置发跳闸令内部启动回路已接好	
c4、c6、c8	分别接入跳闸位置 A、B、C 相。其作用有以下几个：①TV 断线告警。如果三相都没有电压，则若有三个跳位，则保护不告警，否则，告警“TV 断线”。②跳闸位置停信回路。③如果有跳闸位置，且相应相无电流，装置则认为该相开关跳开，保护根据开关跳闸情况进入全相或非全相逻辑	
c10	备用	
c12	远传命令 1	
c14	远传命令 2	
c20	远方跳闸	
c22	低气压闭锁重合。装置接收到此信号，在重合闸未启动时，经短延时充电计时器放电，不重合	

5）X7 端子组——开出 1 端子（表 5-31）。

表 5-31　　X7 端子组说明

端子标识	用　　途	备　　注
a2	FT（+）1	开出正电源
a4	3T（+）1	
a6	FT（+）3	
c2	FT（+）2	
c4	3T（+）2	
c6	SL（+）	
c8—a8	沟通三跳：为常闭触点。重合闸未准备好重合时，该触点闭合，通知保护三跳。装置内重合闸的沟通三跳信号已内部连好	
a10、a12、a14	分别为跳 A1、跳 B1、跳 C1 输出触点	
c10、c12、c14	分别为跳 A2、跳 B2、跳 C2 输出触电	
a16	三跳 1	三跳切机
c16	三跳 2	
a18	永跳 1	永跳出口
c18	永跳 2	
a20、a22、a24	分别为跳 A3、跳 B3、跳 C3 输出触点	分相跳闸输出触点
c20、c22、c24	启动失灵 A、启动失灵 B、启动失灵 C	启动失灵出口
ca26	单跳启动重合 1	单跳启动重合
ca28	单跳启动重合 2	
ca30	三跳启动重合 1	三跳启动重合
ca32	三跳启动重合 2	

注　跳闸出口触点、启动失灵触点和保护动作输出触点，均为开关跳开后就收回的瞬动触点。

6）X8端子组——开出2端子（表5-32）。

表5-32 X8端子组说明

端子标识	用途	备注
c2—a2	通道A告警1	快速开出
c4—a4	通道A告警2	
c6—a6	通道A告警3	
c8—a8	通道A告警4	
c10—a10	通道B告警1	
c12—a12	通道B告警2	
c14—a14	通道B告警3	
c16—a16	通道B告警4	
c18—a18	远传命令1—1	
c20—a20	远传命令1—2	
c22—a22	保护动作（保持）	信号
c24—a24	保护动作（非保持）：用于保护动作遥信	
c26—a26	备用（保持）	
c28—a28	备用（非保持）	
c30—a30	重合闸（保持）	
c32—a32	重合闸（非保持）：用于保护动作遥信	

7）X9端子组——开出3端子（表5-33）。

表5-33 X9端子组说明

端子标识	用途	备注
c2—a2	合闸出口1	开出触点
c4—a4	合闸出口2	
c10—a10	永跳接点1：永跳切机	
c12—a12	永跳接点2：永跳切机	
c14—a14	单跳接点：单跳触点	
c16—a16	三跳接点：三跳触点	
c22—a22	告警Ⅰ（保持）：严重告警，用于遥信和中央信号	信号触点
c24—a24	告警Ⅰ（非保持）：严重告警，用于遥信和中央信号	
c26—a26	告警Ⅱ（保持）：一般告警，用于遥信和中央信号	
c28—a28	告警Ⅱ（非保持）：一般告警，用于遥信和中央信号	
c30—a30	备用（保持）	
c32—a32	备用（非保持）	

8）X10端子组——电源端子（表5-34）。

表5-34　**X10端子组说明**

端子标识	用　　途	备　　注
ca2、ca4	24V+输出端子	电源输出
ca8、ca10、ca12	24V-输出端子	
c16-a16	直流消失触点	失电告警信号
ca20、ca22	1：电源正输入端子	外电源输入
ca26、ca28	2：电源负输入端子	
ca32	装置屏蔽地，要求必须与变电所大地可靠连接	

四、人机接口及其操作

1. 装置正面布置图

装置前面板采用了流线的小弧线和直线过渡的造型，正面合理布置了人机对话用元件，其布置见图5-1。

2. 面板上各元件说明

（1）B型装置液晶左侧为显示运行、跳A、跳B、跳C、重合、充电、通道告警、告警状态的灯；对A型装置中显示重合、充电状态的两灯为备用。

1）运行灯的正常为绿色光，当有保护起动时为闪烁状态。

2）跳A灯、跳B灯、跳C灯为保护跳闸出口灯，动作后为红色，正常灭。

3）重合灯即B型装置重合闸出口灯，动作后为红色，正常灭。

4）充电灯即B型装置重合闸，充满电后为绿色亮，当重合闸停用或重合闸被闭锁放电后灭。

5）通道告警灯在正常时灭，当通道未接或中断时亮，为红色。

6）告警灯正常时灭，动作后为红色。有告警Ⅰ时（严重告警），装置面板告警灯闪亮，退出所有保护的功能，装置闭锁保护出口电源有告警11时（设备异常告警），装置面板告警灯常亮，仅退出相关保护功能（如TV断线），不闭锁保出口电源。

（2）液晶右侧四方按键的说明：

[SET] 键：确认键，用于设置或确认。

[QUIT] 键：按此键后，装置取消当前操作，回到上一级菜单；循环显示时，按此键，可固定显示当前屏幕的内容（屏右上角出现一个钥匙标识，即定位当前屏），再按即可取消“定位当前屏”功能。

[上、下、左、右] 键：选择键，用于从液晶显示器上选择菜单功能命令。[左、右] 键移动光标，[上、下] 键改动内容。

（3）[信号复归] 按钮：用来复归信号灯和使屏幕恢复到循环显示状态。

（4）液晶下部四个快捷键及两个功能键：

[F1] 键：按一下后提示“是否打印最近一次动作报告?”。

[F2] 键：按一下后提示：“是否打印当前定值区的定值?”。

[F3] 键：按一下后提示：“是否打印采样值?”。

[F4] 键：按一下后提示：“是否打印装置信息和运行工况?”。

［+］键：功能键，使定值区加 1。按一下后提示“选择要切换的定值区号：
当前定值区号：××
切换到定值区：××”。

［－］键：功能键，使定值区减 1。按一下后提示“选择要切换到的定值区号：
当前定值区号：××
切换到定值区：××”。

（5）SIO 插座：用于连接外接 PC 机用的九针插座。

3．正常运行与显示

装置面板正常显示运行状态的光字灯“运行”绿灯亮，对 B 型装置充电灯绿色亮，其他灭，液晶屏循环显示顺序是：

年－月－日　时：分：秒；
Ia，Ib，Ic，3I0，Ua，Ub，Uc，P，Q 的大小及相位角；
已投压板；当前定值区；

对 B 型装置还显示：

重合闸方式、检同期方式；右下角常住显示：“已充满”；
刷新时间为 2～3s。

加上电源过一定时间（由面板背光设置确定）后若无操作或告警，液晶显示器变暗，按［SET］键、［QUIT］键又恢复到正常状态。

4．菜单结构

装置显示分为循环显示、装置主菜单、出厂调试菜单、主动上送报文窗口。

装置循环显示模拟量，投入的压板，当前定值区号（B 型装置还包括重合闸方式），在屏幕顶部显示当前时间，［QUIT］键可以固定显示某一屏的信息，再按［QUIT］键继续循环显示。

（1）按［QUIT］＋［SET］键进入出厂调试菜单，打入出厂调试密码，出现 8 项调试菜单。选中某项后，按［SET］键将有进一步说明，见表 5-35。

表 5-35　调试菜单功能说明

名　称	功 能 说 明	备　注
CPU 设置	CPU1、CPU2、……、CPU7	用［上、下］键投退
内存查看	查看 CPU：MASETR 查看类型：EEPROM 起始地址：0000000 查看长度：32	按［SET］键可看到
清除配置	提示：“确实要清除配置吗？”	按［SET］键“是”，按［QUIT］键“否”
装置配置	提示：“确实要进行配置吗？”	按［SET］键“是”，按［QUIT］键“否”
装置选项	标准界面模式、通道信息菜单显示 清除定值属性配置、清除主接线图 大液晶模式、CSC2000 新规约模式	用√，×确定项
面板灯设置	第一盏灯运行，第二盏灯……第八盏灯	第二盏灯……第八盏灯，用［上、下］键设“保持、非保持”
压板模式	硬压板，软硬压板串联	选中按［SET］键确定
面板背光设置	背光常开模式；背光延时模式 00：05：00	用√，×确定 用［上、下］键改变时间

(2) 装置主菜单共10项，见表5－36。在循环显示时按［SET］键进入装置主菜单，操作密码默认为8888。

表5－36 **主菜单功能说明**

一级菜单	二级菜单	三 级 菜 单	说 明
运行工况	模拟输入量	I_a，I_b，I_c，$3I_0$，U_a，U_b，U_c，U_X 的大小	首先选CPU号
	装置版本	显示装置型号、CPU版本信息	
	开入	信号复归，沟通三跳，跳位A，跳位B，跳位C，远传命令1，远传命令2，远方跳闸，闭锁重合闸，低气压闭锁重合闸，三跳启动重合闸，单跳启动重合闸，闭锁远方操作	显示各量当前状态，“开”或“合”
	阻抗量	Z_a，Z_b，Z_c，Z_{ab}，Z_{bc}，Z_{ca}	复数形式显示大小
	装置工况	装置当前温度，开入1组电压，开放2组电压，开出电压	显示大小
	装置编码	查看装置内所有插件，如开入、开出、管理板、CAN芯片、面板及CPU等的版本信息	供调试人员和工程人员查看
	测量量	I_a，I_b，I_c，$3I_0$，U_a，U_b，U_c，U_X； I_{aR}，I_{bR}，I_{cR}，$3I_{0R}$，U_{aR}，U_{bR}，U_{cR}	显示大小及相位
	通道信息	分别查看通道A（B）的本侧和对侧电流向量、通道延时、最近6天得通道误码和丢帧数	可按时段检索
报告查询	动作报告	最近一次动作报告（列出最近一次动作报告时间）	按［SET］键查看内容
		最近六次动作报告（列出最近六次动作报告时间）	
		按时间段查询报告（列出按时间段检索的报告时间）	
	告警报告	最近六次报告（列出最近六次告警报告时间）	
		按时间段查询报告（列出按时间段检索的报告时间）	
	启动报告	最近一次报告（列出最近一次动作报告时间）	
		最近六次报告（列出最近六次动作报告时间）	
		按时间段查询报告（列出按时间段检索的报告时间）	
	操作记录	最近六次报告（列出最近六次告警报告时间）	
		按时间段查询报告（列出按时间段检索的报告时间）	
打印	定值		连接打印机即可
	装置设定		
	工况	模拟输入量，版本，开入，装置工况，装置编号，压板状态	
	报告	动作报告，启动报告，告警报告，操作记录	
	装置参数	无	
	打印采样值	先选择CPU号后进行	
修改时钟	当前时间	年 月 日 时 分 秒	用［上、下、左、右］键修改
	整定时间	年 月 日 时 分 秒	
液晶调节		调节液晶亮度	
定值设置	保护定值	按［SET］键一选定值区号；按［SET］键显示所有定值	首先输入密码
	装置参数		

续表

一级菜单	二级菜单	三级菜单	说明
装置设定（输入密码）	间隔名称	可输入实际线路名称	可用CSPC设置
	通信地址	设置Lon网络及485串口地址10H～ABH	
		以太网1地址：不能为0	
		以太网2地址：不能为0，若和CSN规约连接扩展以太网2地址为：10.10.6.124	
	规约选择	通信规约V1.10或V1.20； 工程人员选择CSC-2000规约版本，装置由485口输出IEC60870－5－103规约信息	若通过485接口和监控后台通信时，可不处理该项
	修改密码	可修改装置权限密码	装置出厂权限密码：8888
	对时方式	网络对时方式	可选择网络对时、GPS分脉冲或GPS秒脉冲
		秒脉冲对时方式	
		分脉冲对时方式	
	SOE复归选择	手动复归：收到复归命令复归SOE； 自动复归：收到自动复归（10s复归SOE）	可选复归方式
	打印设置	录波打印量设置：模拟量打印设置，电压和电流；开关量打印设置，跳位和命令等	“√”为选择该项设置，“×”为不选该项设置
		打印方式设置：禁止打印录波；禁止打印控制字内容；禁止打印数据格式模式	
	103功能类型	显示当前类型：B3H	设IEC60870-5-103功能码
开出传动		告警Ⅰ，告警Ⅱ，跳A，跳B，跳C，跳三相，永跳，远传命令1，远传命令2，合闸出口，沟通三跳	首先输入密码
测试操作（输入密码）	遥信对点	告警对点、动作对点、压板对点、开入对点	用√或×选择对点
	切换定值区	切换定值区	
	查看零漂	查看指定CPU的零漂	
	调整零漂		
	查看刻度	查看指定CPU的刻度	
	调整刻度		
	打印采样值	打印采样值	
	液晶调节	调节液晶亮度	
	压板投退	投退压板操作	指软压板

注 表中有下划线的项只B型装置有。

说明：

1）在“装置设定—打印设置—录波打印量设置—模拟输入量打印”设置菜单中，可供选择的模拟输入量为I_a、I_b、I_c、$3I_0$、U_a、U_b、U_c、U_X（B型装置），分别为三相电流、零序电流、三相电压、线路抽取电压。

2）在“装置设定—打印设置—录波打印量设置—开关量打印设置”菜单中，可供选择的开关量为保护启动、跳A、跳B、跳C、永跳、沟通三跳、跳位A、跳位B、跳位C、重合、远方跳闸、远传命令1、远传命令2、单跳启动重合闸、三跳启动重合闸、闭锁重合闸、低气压闭锁重合（有下划线的为B型装置）。

3）CSC－103系列提供两种压板方式，即软硬压板串联方式和硬压板方式（屏上压板）；出厂默认配置为软硬压板串联方式。若仅需软压板，则在屏上需将相应硬压板投入（给加＋24V电源）。若仅需硬压板，将相应软压板全部投入或由厂家工程设计人员更改出厂默认配置。

软硬压板串联模式时，可以通过监控后台进行软压板投退。

软硬压板串联模式时，也可以在“压板操作—软压板投退”菜单中，进行软压板投退。

在“压板操作—查看压板状态”菜单中，可以查看压板投入情况。第一列为压板名称，第二列为软压板状态，第三列为总压板状态。

4）调试时若投入“检修状态压板”，其动作报告不上送也不保存，只输出打印或面板PC机显示，如需要打印录波报告要退出面板PC机，否则只能打印报告无图形。

五、装置安装调试

此部分只是说明一些试验及其方法，所列试验项目仅供参考，用户应根据部门颁布的有关规定并结合现场实际，制订出相应的试验项目。

1. 通电前的外观和插件检查

参考最新的有效图纸或随装置的图纸检查本装置。

（1）检查装置所有互感器的屏蔽层接地线是否已可靠接地，外壳是否已可靠接地。

（2）装置面板型号标示、灯光标示、背板端子贴图、端子号标示、装置铭牌标注完整、正确。

（3）各插件拔、插灵活，插件和插座之间定位良好，插入深度合适。大电流端子的短接片在插件插入时应能顶开。

（4）各插件跳线及短接线设置正确。

（5）CPU1和CPU2的把手侧有AD3、AD2、AD1、AD0四组跳线插针，按其标识“H”、“L”分别表示高电平和低电平，设置AD3、AD2、AD1、AD0四个跳线插针成低电平或高电平即为CPU的地址见表5－37，CPU1地址可以用四个二进制表示为0000（数值为0）；CPU2地址为0001（数值1）；同样对于开入、开出的地址可设置见表5－37。

表5－37　插件地址设置

插件名称	地址编码	备　注
CPU1	0000	数值0
CPU2	0001	数值1
开入1	000	数值0
开入2	001	数值1（B型有效）
开出1	0000	数值0
开出2	0001	数值1
开出3	0010	数值2

另外CPU板上与光纤通信有关的两组跳线选择见表5-38。

表5-38 跳线选择

表示名称	通道A（Ⅰ组）			通道B（Ⅱ组）		
	J9	J10	J11	J12	J13	J14
H	硬件控制	主时钟	64kbps	硬件控	主时钟	64kbps
L	软件控制	从时钟	2Mbps	软件控制	从时钟	2Mbps

注 装置出厂时已将上述两组跳线设为：L、H，即表中带底纹项，装置采用软件控制方式，由定值来控制装置的时钟方式和通信速率。

2. 逆变电源检查

仅插入直流电源插件做以下检验：

(1) 给上额定直流电源，失电告警继电器应可靠吸合，用万用表检查其触点X10—c16和X10—a16应可靠断开。

(2) 检查电源的自启动性能。当外加试验直流电源由零缓慢调至80%额定值时，用万用表监视失电告警继电器触点应为从闭合到断开。然后，拉合一次直流电源，万用表应有同样反应。

(3) 检查输出电压值及稳定性：在断电的情况下，转插电源插件，然后在输入电压为(80%～110%) U_N 时，各级输出电压值应保持稳定，见表5-39。

表5-39 各级输出电压

直流输出电压额定值	5V	+12V	−12V	24V
允许误差范围	±1%	±3%	±3%	±5%
数值范围	4.95～5.05	11.64～12.36	−11.64～−12.36	22.8～25.2

3. 绝缘试验

用500V摇表，按表5-40，依次测量各组对地及相互间（开入触点除外）的绝缘电阻，绝缘电阻应不小于100MΩ。测绝缘电阻时，施加摇表电压时间不少于5s待读数稳定时读取绝缘电阻值。接地端子：X10-32。

表5-40 测量绝缘电阻对照表

测试回路	A型装置端子号	B型装置端子号
交流电流输入回路	X1-1、2、3、4	X1-1、2、3、4
交流电压输入回路	X1-8、9、10	X1-7、8、9、10
直流电源输入回	X10-20、26	X10-20、26
开出触点，中央信号	X6、X7、X8、X9各端子	X7、X8、X9各端子
开入触点	X4各端子	X4、X5各端子

4. 装置上电设置

(1) 在断电情况下，按说明书中装置插件位置图插入全部插件，连接好面板与管理板之间的扁平电缆线。

(2) 合上直流电源，若装置告警，需要对装置保护CPU进行初始化设定，设定步骤为：[QUIT] 键和 [SET] 键同时按下，打入密码，进入“CPU设置”菜单下，将CPU1和CPU2都投入，按 [SET] 键保存，并将装置重新上电。

(3) 装置设定。

1) 进入“装置主菜单—修改时钟”，用键盘将装置时钟设定为当前值。回到正常液晶显示下，观察时钟应运行正常。拉掉装置电源5min，然后再加电源，检查液晶显示的时间和日期，在掉电时间内装置时钟应保持运行，并走时准确。

2) [QUIT] 键和 [SET] 键同时按下，打入密码，进入“压板模式”菜单下，选择装置需要的压板模式即可。压板模式分为硬压板和软硬压板串联两种。对于硬压板，将压板对应的端子接入+24V电源。对于软硬压板串联，首先要确保装置后背板的压板开入均已给入，然后进入“装置主菜单—测试操作—投退压板”菜单中，根据要求投入相应保护压板。注意：一次只能投退一个压板。

3) 进入“装置主菜单—测试操作—切换定值区”菜单中，切换到一个最常用的定值区，如00区。

4) 进入“装置主菜单—定值设置—保护定值”菜单中，固化保护定值，默认固化到00区。

5) 进入“装置主菜单—定值设置—装置参数”菜单，固化装置参数。

6) 进入“装置主菜单—装置设定—通信地址”菜单，查看以太网1地址和以太网2地址应不为0，若为0，请设为（[左、右] 键移动光标，[上、下] 键改动地址）：

以太网1地址：192.168.001.001

以太网2地址：192.168.002.001

7) 进入“装置主菜单—装置设定—打印设置—打印方式设置”菜单，禁止打印录波设为“×”即打印录波；设“√”是不打印录波，调用时提示对应录波不存在。禁止打印控制字内容设为“×”即能打印控制字内容；设“√”不能打印控制字内容。录波打印数据格式模式设为“×”打印录波图形；设“√”打印数字格式。

模拟故障试验时；保护出口后应正确打印录波。

在保护模拟量里面有 I_a 和 I_{aR}；I_b 和 I_{bR} 等模拟量，他们的区别是同一路模拟量有两路A/D采集以做备份和A/D自检，I_{aR}、I_{bR} 等下标带大写字母“R”的模拟量起备用的作用。在打印录波设置中，备用模拟量和开关量将不打印。

(4) 软件版本检查。

进入“装置主菜单—运行工况—装置编码”菜单，记录装置类型、各软件的版本号和CRC校验码，并检查其与有效版本是否一致。

(5) 打印功能检查。

在确认打印机不带电的情况下，把打印卡的一端通过专用的打印电缆与打印机相连，另一端通过另一种专用打印电缆与装置相连，然后打开打印机。每次打开打印机都应打印1行打印卡的版本号，确认打印卡版本号为有效版本。否则即认为打印盒工作不正常，应更换。

1) “装置主菜单—打印—定值”菜单中，选择定值区打印定值，打印机应正确打印。

2）“装置主菜单—打印—报告”菜单中，选择报告或操作记录应打印正确。

3）分别进入“装置主菜单—打印—装置设定”（工况、装置参数、打印采样值）菜单，选定后即能打印。

4）快捷键打印功能试验。操作面板上的打印快捷键应能操作正常。

以上步骤操作完毕，按复归键，装置将正常运行，不会有告警1现象，如果已经投压板但没有加正常电压，会有TV断线告警（属于告警2）现象。在此基础上可对装置进行进一步的检查和确认。

5. 开入量检查（以24V为例）

(1) 进入“装置主菜单—运行工况—开入”菜单中，查看各开入当前状态，所有开入均应为分。

将+24V端子逐个与表5-41所列端子用导线短接，面板相应开入应显示为合。如某一路不正确，检查与之对应的光隔、电阻等元件有无虚焊、焊反或损坏现象。

(2) 压板检查。

进入：装置主菜单—测试操作—查压板状态，检查所有压板投退是否正常。其硬压板对应的背板端子号见表5-42。

表5-41 开入端子号

开入名称	B型装置端子位置	A型装置端子位置
沟通三跳	X4：a18	X4：a18
跳位A	X5：c4	X4：c4
跳位B	X5：c6	X4：c6
跳位C	X5：c6	X4：c8
远方跳闸	X5：c20	X4：c20
远传命令1	X5：c12	X4：c12
远传命令2	X5：c14	X4：c14
闭锁重合闸	X5：a14	
低气压闭锁重合闸	X5：c22	
三跳启动重合闸	X5：a16	
单跳启动重合闸	X5：a18	
闭锁远方操作	X4：a22	X4：a22
信号复归	X4：a26	X4：a26

表5-42 硬压板对应的背板端子号

序号	压板名称	A型装置端子	B型装置端子
1	纵差压板	X4：a4	X4：a4
2	距离Ⅰ段压板	X4：a6	X4：a6
3	距离Ⅱ、Ⅲ段压板	X4：a8	X4：a8
4	零序Ⅰ段压板	X4：a10	X4：a10
5	零序其他段压板	X4：a12	X4：a12
6	零序反时限压板	X4：a14	X4：a14
7	检修状态压板	X4：a24	X4：a24
8	单重		X5：a4
9	三重		X5：a6
10	综重		X5：a8
11	重合闸停用		X5：a10
12	重合闸长延时控制		X5：a12

6. 开出传动

进入：装置主菜单—开出传动菜单中进行传动试验。传动时，装置相应的继电器触点应动作，并有灯光信号，其他触点应不动作。复归已驱动的开出只要按面板上的复归按钮即可。试验结果应符合表5-43。

表 5-43　**A 型装置开出传动表**

序号	项　　目	应接通的触点	面板应亮的灯	MMI 应显示
1	告警Ⅰ	X9：c22—a22　X9：c24—a24	告警灯闪	开出传动成功
2	装置告警（Ⅱ）	X9：c26—a26　X9：c28—a28	告警灯常亮	开出传动成功
3	保护跳 A 相 （启动失灵） （单跳启动重合） （保护动作信号） （保护动作） （保护动作） （单跳触点）	X6：a2—a10　X6：a6—a20 X6：c2—c10　X6：c6—c20 X7：a2—a10　X7：c2—c10 X7：a6—a20　X7：c6—c20 X7：c26—a26　X7：c28—a28 X8：c22—a22　X8：c24—a24 X9：c2—a2　X9：c4—a4 X9：c6—a6　X9：c8—a8 X9：c14—a14	跳 A 灯常亮	开出传动成功
4	保护跳 B 相 （启动失灵） （单跳启动重合） （保护动作信号） （保护动作） （保护动作） （单跳触点）	X6：a2—a12　X6：a6—a22 X6：c2—a12　X6：c6—c22 X7：a2—a12　X7：c6—c12 X7：a6—a22　X7：c6—c22 X7：c26—a26　X7：c28—a28 X8：c22—a22　X8：c24—a24 X9：c2—a2　X9：c4—a4 X9：c6—a6　X9：c8—a8 X9：c14—a14	跳 B 灯常亮	开出传动成功
5	保护跳 C 相 （启动失灵） （单跳启动重合） （保护动作信号） （保护动作） （保护动作） （单跳触点）	X6：a2—a14　X6：a6—a24 X6：c2—c14　X6：c6—c24 X7：a2—a14　X7：c2—c14 X7：a6—a24　X7：c6—c24 X7：c26—a26　X7：c28—a28 X8：c22—a22　X8：c24—a24 X9：c2—a2　X9：c4—a4 X9：c6—a6　X9：c8—a8 X9：c14—a14	跳 C 灯常亮	开出传动成功
6	保护跳三相	X6：a2—a10　X6：a2—a12 X6：a2—a14　X6：a6—a20 X6：a6—a22　X6：a6—a24 X6：c2—c10　X6：c2—c12 X6：c2—c14　X6：c6—c20 X6：c6—c22　X6：c6—c24 X6：a4—a16　X6：c4—c16	跳 A、B、C 灯常亮	开出传动成功

续表

序号	项目	应接通的触点	面板应亮的灯	MMI应显示
7	保护跳三相 （保护动作信号）	X7：a2—a10　X7：a2—a12 X7：a2—a14　X7：a6—a20 x7：a6—a22　X7：a6—a24 X7：c2—c10　X7：c6—c12 X7：c2—c14　X7：c6—c20 X7：c6—c22　X7：c6—c24 X7：a4—a16　X7：c4—c16 X7：c26—a26　X7：c28—a28 X7：c30—a30　X7：c32—a32 X8：c22—a22　X8：c24—a24 X9：c2—a2　X9：c4—a4 X9：c6—a6　X9：c8—a8 X9：c16—a16	跳A、B、C灯常亮	开出传动成功
8	保护永跳 （保护动作信号）	X6：a2—a10　X6：a2—a12 X6：a2—a14　X6：a6—a20 X6：a6—a22　X6：a6—a24 X6：c2—c10　X6：c2—c12 X6：c2—c14　X6：c6—c20 X6：c6—c22　X6：c6—c24 X6：a4—a16　X6：c4—c16 X6：a4—a18　X6：c4—c18 X7：a2—a10　X7：a2—a12 X7：a2—a14　X7：a6—a20 X7：a6—a22　X7：a6—a24 X7：c2—c10　X7：c2—c12 X7：c2—c14　X7：c6—c20 X7：c6—c22　X7：c6—c24 X7：a4—a16　X7：c4—c16 X7：a4—a18　X7：c4—c18 X7：c26—a26　X7：c28—a28 X7：c30—a30　X7：c32—a32 X8：c22—a22　X8：c24—a24 X9：c2—a2　X9：c4—a4 X9：c6—a6　X9：c8—a8 X9：c10—a10　X9：c12—a12	跳A、B、C灯常亮	开出传动成功
9	远传命令1	X8：c18—a18　X8：c20—a20	无	开出传动成功
10	远传命令2	X9：c18—a18　X9：c20—a20	无	开出传动成功

（1）A型装置开出传动表。

（2）B型装置开出传动表（表5-44）。

表5-44　B型装置开出传动表

序号	项　　目	应接通的触点	面板应亮的灯	MMI应显示
1	告警Ⅰ	X9：c22—a22　X9：c24—a24	告警灯闪　运行灯闪	开出传动成功
2	告警Ⅱ	X9：c26—a26　X9：c28—a28	告警灯常亮　运行灯闪	开出传动成功
3	保护跳A相 （启动失灵） （单跳启动重合） （保护动作信号） （单跳触点）	X7：a2—a10　X7：c2—c10 X7：a6—a20 X7：c6—c20 X7：c26—a26　X7：c28—a28 X8：c22—a22　X8：c24—a24 X9：c14—a14	跳A灯常亮 运行灯闪	开出传动成功
4	保护跳B相 （启动失灵） （单跳启动重合） （保护动作信号） （单跳触点）	X7：a2—a12　X7：c2—c12 X7：a6—a22 X7：c6—c22 X7：c26—a26　X7：c28—a28 X8：c22—a22　X8：c24—a24 X9：c14—a14	跳B灯常亮 运行灯闪	开出传动成功
5	保护跳C相 （启动失灵） （单跳启动重合） （保护动作信号） （单跳触点）	X7：a2—a14　X7：c2—c14 X7：a6—a24 X7：c6—c24 X7：c26—a26　X7：c28—a28 X8：c22—a22　X8：c24—a24 X9：c14—a14	跳C灯常亮 运行灯闪	开出传动成功
6	保护跳三相	X7：a2—a10　X7：a2—a12 X7：a2—a14　X7：a6—a20 X7：a6—a22　X7：a6—a24 X7：c2—c10　X7：c2—c12 X7：c2—c14　X7：c6—c20 X7：c6—c22　X7：c6—c24 X7：a4—a16　X7：c4—c16 X7：c26—a26　X7：c28—a28 X7：c30—a30　X7：c32—a32 X8：c22—a22　X8：c24—a24 X9：c16—a16	跳A、B、C灯常亮 运行灯闪	开出传动成功

续表

序号	项目	应接通的触点		面板应亮的灯	MMI应显示
7	保护永跳	X7：a2—a10 X7：a2—a14 X7：a6—a22 X7：c2—c10 X7：c2—c14 X7：c6—c22 X7：a4—a16 X7：a4—a18 X7：c26—a26 X7：c30—a30 X8：c22—a22 X9：c10—a10	X7：a2—a12 X7：a6—a20 X7：a6—a24 X7：c2—c12 X7：c6—c20 X7：c6—c24 X7：c4—c16 X7：c4—c18 X7：c28—a28 X7：c32—a32 X8：c24—a24 X9：c12—a12	跳A、B、C灯亮 运行灯闪	开出传动成功
8	远传命令1	X8：c18—a18	X8：c20—a20	运行灯闪	开出传动成功
9	远传命令2	X9：c18—a18	X9：c20—a20	运行灯闪	开出传动成功
10	合闸出口	X9：c2—a2	X9：c4—a4	运行灯闪	开出传动成功
11	沟通三跳	X7：c8—a8		运行灯闪	开出传动成功

7. 模拟量通道检查：此项试验要求对CPU1、CPU2分别进行

（1）零漂检查。

调整零漂时，应断开装置与测试仪或标准源的电气连接，确保装置交流端子上无任何输入，选择菜单“装置主菜单—测试操作—调整零漂”，选择“全部”、“确认”后进行零漂调整；调整成功后会报“零漂调整成功”。然后选择菜单“装置主菜单—测试操作—查看零漂”，电流通道应小于0.1A（TA额定值5A）或小于0.02A（TA额定值1A），电压通道应小于0.1V。

（2）刻度调整。

用0.1级以上测试仪，其输出电压接至装置输入端子UA、UB、UC、UN且UA并连到UX上，测试仪电流输出接装置的IA、IB、IC、IN，其非极性端短接。选择菜单“装置主菜单—测试操作—调整刻度”，按［上、下、左、右］键和［SET］键选择“全部”，设置调整值为I_N与50V，从测试仪输出交流量到装置，最后确认执行。若操作失败，装置将显示模拟通道异常及出错通道号，检查接线、标准值、版本号是否正确。

（3）模拟量精度及线性度检查测试。

刻度和零漂调整好以后，用0.1级以上测试仪检测装置测量线性误差，并记录检测结果。检测要求：在TA二次额定电流为5A时，通入电流分别为25、10A（上述两档时间不许超过10s）、2、1、0.4A；在TA二次额定电流为1A时，通入电流分别为5、2、0.5、0.2、0.08A；通入电压分别为60、30、5、1、0.4V；察面板显示或选择菜单“测试操作—查看刻度”，要求电压通道在0.4、1V时液晶显示值与外部表计值误差小于0.1V，其余小于2.5%；电流通道在$0.08I_N$、$0.2I_N$时误差小于$0.02I_N$，其余小于2.5%。

（4）模拟量极性检查。

交流插件X1的b1～b4短接，测试仪IA、IB、IC、IN输出分别接入装置X1－a1、

X1—a2、X1—a3、X1—a4 端子，加入额定电流。由 X1 的 a10、a9、b9 分别加三相对称交流电压 50V（对 B 型装置，将 b7 与 b10，a7 与 a10 短接），各相电压分别超前于各相电流的相角 60°，检查液晶循环显示或进入菜单“装置主菜单—运行工况—测量量”查看，A、B、C 相电压应相差 120°，A、B、C 相电流应相差 120°，同相电流应落后同相电压 60°（角度误差应≤1°），否则检查装置或交流插件接线是否正确。

加三相对称电压 50V，单加 A 相电流（通入额定电流），滞后 A 相电压 60°，观察 $3I_0$ 幅值与角度显示应与 I_A 相同，否则检查装置或交流插件接线是否正确。

8. 光纤通道检查

在定值中正确设定通道方式、通信速率及相关项。

(1) 双通道方式：正确连接 A 光纤通道和 B 光纤通道，装置加电后，液晶屏幕应显示：“通道 A 通信恢复”和“通道 B 通信恢复”；正常循环显示为：“通道 A 正常　丢帧＝0”和“通道 B 正常　丢帧＝0”；8 号插件通道 A 告警触点（a2—c2、a4—c4、a6—c6、a8—c8）及通道 B 告警触点（a10—c10、a12—c12、a14—c14、a16—c16）应断开。

(2) 单通道方式：正确连接 A 光纤通道或 B 光纤通道，装置加电后，液晶屏幕应显示：“通道 A 通信恢复”或“通道 B 通信恢复”；正常循环显示为：“通道 A 正常　丢帧＝0”或“通道 B 正常　丢帧＝0”；8 号插件通道 A 告警触点（a2—c2、a4—c4、a6—c6、a8—c8）或通道 B 告警触点（a10—c10、a12—c12、a14—c14、a16—c16）应断开。

(3) 断开一路光纤通道，装置告警亮，液晶屏幕应显示：“通道 A 通信中断”或“通道 B 通信中断”；8 号插件通道 A 告警触点（a2—c2、a4—c4、a6—c6、a8—c8）或通道 B 告警触点（a10—c10、a12—c12、a14—c14、a16—c16）应闭合。恢复光纤通道后，液晶屏幕应显示：“通道 A 通信恢复”或“通道 B 通信恢复”，8 号插件通道 A 告警触点（a2—c2、a4—c4、a6—c6、a8—c8）或通道 B 告警触点（a10—c10、a12—c12、a14—c14、a16—c16）应断开。

六、各保护特性及动作值检验

1. 试验接线图

在只有一台装置时可按图 5-16 连线，并根据需要将装置的跳 A、跳 B、跳 C 及公用端与试验仪连接。

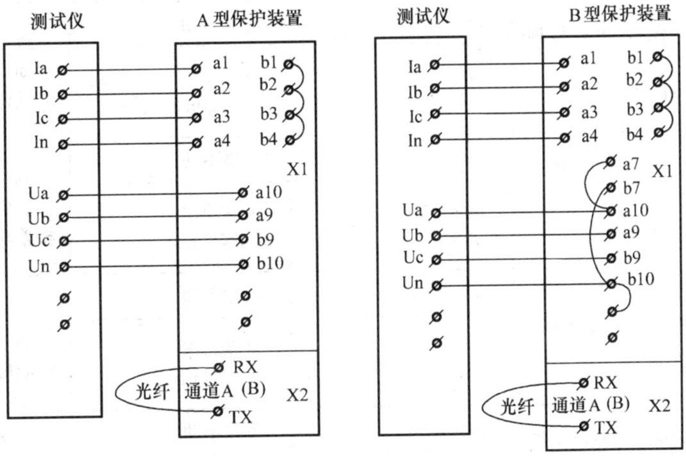

图 5-16　试验接线图

2. 电流差动保护的相关试验方法

（1）装置自环试验。将装置通道环回实验控制位置“1”，定值设为“主机方式”、“内时钟”，将装置光纤接口的 RX 和 TX 用尾纤对接，即可单装置自环，模拟 A、B、C 相区内故障。

通道环回实验控制位投入 10min 后，装置告警“通道环回长期投入”，提示用户装置在通道环回实验状态，此时仍然可以作装置自环试验。正常运行时，必须退出该功能。

（2）通道远方环回试验功能。为方便用户进行带通道整组试验，装置提供带通道远方环回试验功能。正常运行时，必须退出该功能。

将两端装置的差动定值按照实际运行情况整定好后，将 M 侧装置通道环回实验控制位置“1”，M 侧投入检修状态压板，就可在 M 侧进行模拟区内短路试验。

此时 N 侧装置收到 M 侧的采样报文后再回传给 M 侧。

3. 装置整组试验

首先将定值表按定值通知单或典型定值输入并固化某一区，做纵联差动保护整组试验（自环状态）、距离和零序保护各项试验，见表 5-45。

表 5-45　定 值 表

保护	模拟故障类型	m 值	动作行为	面板上报文
高定值差动保护	模拟 A、B、C 单相接地瞬时故障 通入 $I=m\times I_{setH}$	$m=0.95$	可靠不动	跳 A(B、C) 灯亮，保护启动（重合闸出口）、分相差动保护出口、保护复归
		$m=1.05$ $m=2$	可靠动作 $t_{set}\leqslant 20ms$	
	模拟 AB、BC、CA 相间瞬时故障 通入 $I=m\times I_{setH}$	$m=0.95$	可靠不动	跳 A、跳 B、跳 C 灯亮，保护启动（重合闸出口）、分相差动保护出口、保护复归
		$m=1.05$ $m=2$	可靠动作 $t_{set}\leqslant 20ms$	
	模拟 ABC 三相瞬时故障 通入 $I=m\times I_{setH}$	$m=0.95$	可靠不动	跳 A（B、C）灯亮，保护启动（重合闸出口）、分相差动保护出口、保护复归
		$m=1.05$ $m=2$	可靠动作 $t_{set}\leqslant 20ms$	
低定值差动保护	模拟 A、B、C 单相接地瞬时故障 通入 $I=m\times I_{setL}$	$m=0.95$	可靠不动	跳 A(B、C) 灯亮，保护启动（重合闸出口）、分相差动保护出口、保护复归
		$m=1.05$ $m=2$	可靠动作 $t_{set}\leqslant 20ms$	
	模拟 AB、BC、CA 相间瞬时故障 通入 $I=m\times I_{setL}$	$m=0.95$	可靠不动	跳 A、跳 B、跳 C 灯亮，保护启动（重合闸出口）分相差动保护出口、保护复归
		$m=1.05$ $m=2$	可靠动作 $t_{set}\leqslant 20ms$	
	模拟 ABC 三相瞬时故障 通入 $I=m\times I_{setL}$	$m=0.95$	可靠不动	跳 A(B、C) 灯亮，保护启动（重合闸出口）、分相差动保护出口、保护复归
		$m=1.05$ $m=2$	可靠动作 $t_{set}\leqslant 20ms$	
零序差动保护	模拟 A、B、C 单相接地瞬时故障，通入 $I=m\times I_{D0}$，$T=T_{D0}$	$m=0.95$	可靠不动	跳 A(B、C) 灯亮，保护启动（重合闸出口）、零序差动出口、保护复归
		$m=1.05$ $m=2$	t_{set} 误差与定值 $\leqslant 20ms$	

续表

保护	模拟故障类型	m 值	动作行为	面板上报文
零序电流保护	模拟单相瞬时接地故障，零序Ⅰ段 通入 $I=m\times I_{01}$	$m=0.95$	可靠不动	跳 A(B、C) 灯亮，保护启动、(重合闸出口)、零序Ⅰ段出口、保护复归
		$m=1.05$	可靠动作	
		$m=1.2$	$t_{set}\leqslant 20ms$	
	零序Ⅱ、Ⅲ、Ⅳ段通入 $I=m\times I_{0n}$	$m=0.95$	可靠不动	跳 A(B、C) 灯亮、保护启动（重合闸出口）、零序段 n 出口、（其中 n 代表Ⅱ、Ⅲ、Ⅳ）保护复归
		$m=1.05$	可靠动作	
		$m=1.2$	t_{set} 误差与定值 $\leqslant 20ms$	
零序反时限	可选定曲线	$I=m\times I_{set}$ m 为定值配合倍数	动作时间 t_{set} 与要求值误差 $\leqslant 20ms$	仅投入零序反时限压板
距离保护	模拟 A、B、C 单相瞬时接地故障，检验接地距离Ⅰ、Ⅱ、Ⅲ段保护（$I=I_N$）	$U=m\times I\times X_{Dn}(1+K_X)$ $m=0.95$ $m=1.05$ $m=0.7$ ($R_D=0$)	可靠动 可靠不动 对于Ⅰ段 $t_{set}\leqslant 20ms$； 对于Ⅱ、Ⅲ段的 t_{set}，与定值误差 $\leqslant 20ms$	分别投入距离Ⅰ段和Ⅱ、Ⅲ段压板，其中 n=1、2、3； K_X：零序补偿系数电抗分量； X_{Dn}、R_D：接地距离电抗和电阻定值； X_{Xn}、R_X：相间距电抗和电阻整定值
		$U=m\times I\times R_D(X=0)$ $m=0.95$ $m=1.05$ $m=0.7$	可靠动 可靠不动 对于Ⅰ段 $t_{set}\leqslant 20ms$	
	模拟 AB、BC、CA 瞬时相间故障，检验相间距离Ⅰ、Ⅱ、Ⅲ段保护（$I=I_N$）	$U=m\times I\times X_{Xn}(R_X=0)$ $m=0.95$ $m=1.05$ $m=0.7$	可靠动 不靠不动 对于Ⅰ段 $t_{set}\leqslant 20ms$； 对于Ⅱ、Ⅲ段的 t_{set}，与定值误差 $\leqslant 20ms$	
		$U=m\times I\times R_{X1}$ ($X=0$) $m=0.95$ $m=1.05$ $m=0.7$	可靠动 可靠不动 对于Ⅰ段 $t_{set}\leqslant 20ms$	
各保护	模拟反方向出口永久短路，模拟 B 相接地，CA 相间，ABC 三相故障，模拟故障时间应不小于距离Ⅲ段和零序方向Ⅳ段的时间定值	模拟故障时间应不小于距离Ⅲ段和零序Ⅳ段的时间，$X=0.1\Omega$，$R=0.1\Omega$（注意试验条件应保证故障点在第Ⅲ象限）	单相接地可靠不动；两相短路可靠不动；三相短路以相同距离Ⅲ段的延时动	各保护压板均投入

注　试验中注意面板指示灯及报文是否正确。

说明：

（1）试验通入故障电流 I 应大于 $0.2I_N$；同时故障电压应不小于其门槛值。

（2）接地距离计算公式为 $X_D=\dfrac{U_\varphi}{I_\varphi+K_X\times 3I_0}$（阻抗角 $\varphi=90°$），

$$R_D=\frac{U_\varphi}{I_\varphi+K_R\times 3I_0}（阻抗角\ \varphi=0°）。$$

(3) 相间距离计算公式为 $X=\frac{U_{\varphi\varphi}}{I_{\varphi\varphi}}$ (φ=90°), $R=\frac{U_{\varphi\varphi}}{I_{\varphi\varphi}}$ (φ=0°)。

(4) 试验接地距离保护时：

1) 当继保校验仪有 K_X、K_R 时，按装置的 K_X、K_R 定值输入。

2) 当继保校验仪无 K_X、K_R，有 K_L 且保护定值 $K_X=K_R$ 时，将保护校验仪的 K_L 中 $R_e=K_X$、$I_m=0$；无 K_L 一项或保护定值 $K_X\neq K_R$ 时，将装置保护定值中 K_X、K_R 均置"0"或按以下公式：

推导公式：$K_X=(X_0-X_1)/3X_1, K_R=(R_0-R_1)/3R_1, Z_0=R_0+jX_0, Z_1=R_1+jX_1$

$K_L=(Z_0-Z_1)/3Z_1$（可求出 R_e，I_m）

(5) 动作值误差为 $\frac{每次实测值-整定值}{整定值}\times100\%$

七、CSC-103A/103B 保护动作报告及分析

(1) 报告分类。保护装置可保存不少于 2000 条动作报告和 2000 次操作记录。因此，装置对维护和运行当中出现的所有操作和动作行为都能按报告分类记录保存，报告分为动作报告、启动报告、告警报告、操作记录，根据需要每种报告都可以被打印和查询出来供运行和维护人员用。

(2) 报告的调取。装置运行或调试时，如接入打印机，每次的报告均能及时打印出来，如未接打印机，可人工调取，根据汉化的人机对话菜单很方便的可调出来（见菜单操作）。

(3) 典型动作报告分析。

下面是一个典型动作报告，分析说明如下：

保护装置：10

通道 A 通，丢帧：　　0 0 0

通道 B 通，丢帧：　　0 0 0

采样已同步

2004—11—03　14：50：37.564

4ms　　保护启动

22ms　　分相差动出口　I_A=1.219A　I_B=.0000A　I_C=.0000A

数据来源通道 A

三相差动电流	I_A=1.227A	I_B=.0000A	I_C=.0000A
三相制动电流	I_A=.0054A	I_B=.0000A	I_C=.0000A
测距阻抗	X=41.5Ω	R=80.000Ω	A 相
测距	L=208.0km	A 相	
225ms	单跳启动重合		
1725ms	重合出口		
5731ms	重合闸复归		

第 1 行：装置号，即装置在网络中的地址为"10"的装置；

第 2 至 4 行：两个通道状态、丢帧数、采样同步同步状态；

第 5 行：保护启动时间：年—月—日　　时：分：秒：毫秒；

第 6 行以后：是保护动作报文序列，按动作时间顺序排列，格式为毫秒（相对时间），动作报文（如 22ms 分相差动出口）、数据来源、差动电流、制动电流及测距等。

八、故障录波报告调取及分析

1. 故障录波

保护 CPU 可以记录故障录波数据，记录故障前约 3 周和故障后每一开关量动作开始再加 100ms 的采样数据，因此可以说装置能录下所有故障全过程。模拟量录波每周采样 24 点，点与点间 0.833ms。储存容量达 4M，可保存不少于 24 次全过程记录故障数据。

2. 故障录波的调取

故障录波报告可以打印输出，也可以 Comtrade 兼容格式输出至串口或以太网接口（上传），根据需要也可方便的手动调出任何一次的录波报告。

3. 典型录波报告分析

图 5-17 是 B 型装置的一次纵联差动保护动作，重合成功的录波图，前部分是动作报告，后面是录波波形图。从波形图可看出，它可以记录整个故障过程中（包括故障前、故障后）电压、电流的波形，并且可以记录 16 路开关量信息（包括跳合闸信号、保护内部开关量信号等）。录波波形图分析如下：

（1）第一行为装置号（为 10 的录波装置）。

（2）报告起始为本次录波的绝对时间，格式同保护的格式。

（3）接下去是录波的模拟量、开关量的定义，此定义对 CSC—103A/103B 装置是一致的，只是 A 型装置无有关重合闸部分，说明如下：

模拟量定义：

1——I_a（A 相电流）；2——I_b（B 相电流）；3——I_c（C 相电流）；4——$3I_0$；5——U_a（A 相电压）；6——U_b（B 相电压）；7——U_c（C 相电压）；8——U_X（线路抽取电压）。

开关量定义：

1——保护启动；2——跳 A（保护跳 A 开出）；3——跳 B（保护跳 B 开出）；4——跳 C（保护跳 C 开出）；5——永跳；6——沟通三跳（开入）；7——跳位 A（开入）；8——跳位 B（开入）；9——跳位 C（开入）；10——重合；11——远方跳闸；12——远传命令 1；13——远传命令 2；14——单跳启动重合闸；15——三跳启动重合闸；16——闭锁重合闸。

（4）比例尺“└┘81.80V/0.88A”表示录波图上电压模拟量通道一格代表 81.80V；电流模拟量通道一格代表 0.88A。

图 5-17 横坐标依次为模拟量波形、16 路开关量波形（按定义顺序）、模拟量波形，每 8 路开关量为一组，共两组。当某路开关量有信号时，本路信号为粗线条，可以明显的反映出开关量的变化。纵坐标表示时间（ms）。记录从开关量事件前 56ms，开始记录到开关量事件后 100ms，即波形应一直到保护开关量动作再延时 100ms 为止，因此本保护装置的录波长度随保护动作事件多少而变。对应图 5-17 分析：图中录波起点为“4ms 保护启动”（−54ms+4ms=−51ms）；而“24ms 分相差动出口”录波到 24ms+100ms=124ms，图中为 125ms；“重合出口”录波到 1625ms+100ms=1725ms，图中为 1680+52=1732ms。其他开关量变位分析均雷同。

录波数据格式报告分析如下：

第一行：装置号（为 10）；第二行：录波时间、采样率、点数、系统频率及装置类型；第三行：模拟量内容；第四行：开关量；第五行：通道换算系数，这是装置内部换算传递数据用的。后面是每点数据一行的录波数据，从左至右依次为点号（故障前为“一”）、按定义顺序的模拟量数据和 16 开关量数据，当某路开关量有信号时，本路数据为“1”，表示开入触点闭合（通），而“0”表示开入触点打开（不通），这样可以准确地反映出开关量变化的先后顺序和时间。例如：保护启动前记录 3 周约 70 点（从第 5 点到第 60 点），分相差动出口 21ms 约一周 24 点（图中是第 27 点），图 5 - 18 中未示出，方法相同。录波数据格式图能全面反映保护动作过程的各量变化情况和大小，对分析事故是很有用的。

保护装置：10

通道 A 通，丢帧：　　0 0 0

通道 B 通，丢帧：　　0 0 0

采样已同步

2004 - 11 - 03　15：02：07.489

4ms　　保护启动

24ms　　分相差动出口　　IA=1.227A　IB=.0000A　IC=.0000A

数据来源通道 A

三相差动电流　IA=1.227A　IB=.0000A　IC=.0000A

三相制动电流　IA=.0054A　IB=.0000A　IC=.0000A

测距阻抗　X=48.75 欧　R=1.570 欧　A 相

测距　L=244.0km　A 相

124ms　单跳启动重合

1625ms　重合出口

5630ms　重合闸复归

录波装置：10

时间：　2004—11—03　15：02：07.488

模拟量：　1—Ia　2—Ib　3—Ic　4—3I0　5—Ua　6—Ub　7—Uc　8—Ux

开关量：　1—保护启动　2—跳 A　3—跳 B　4—跳 C　5—永跳　6—沟通三跳　7—跳位 A　8—跳位 B　9—跳位 C　10—重合　11—远方跳闸　12—远传命令 1　13—远传命令 2　14—单跳启动重合闸　15—三跳启动重合闸　16—闭锁重合闸

满量程：　└─┘　81.80V/0.88A

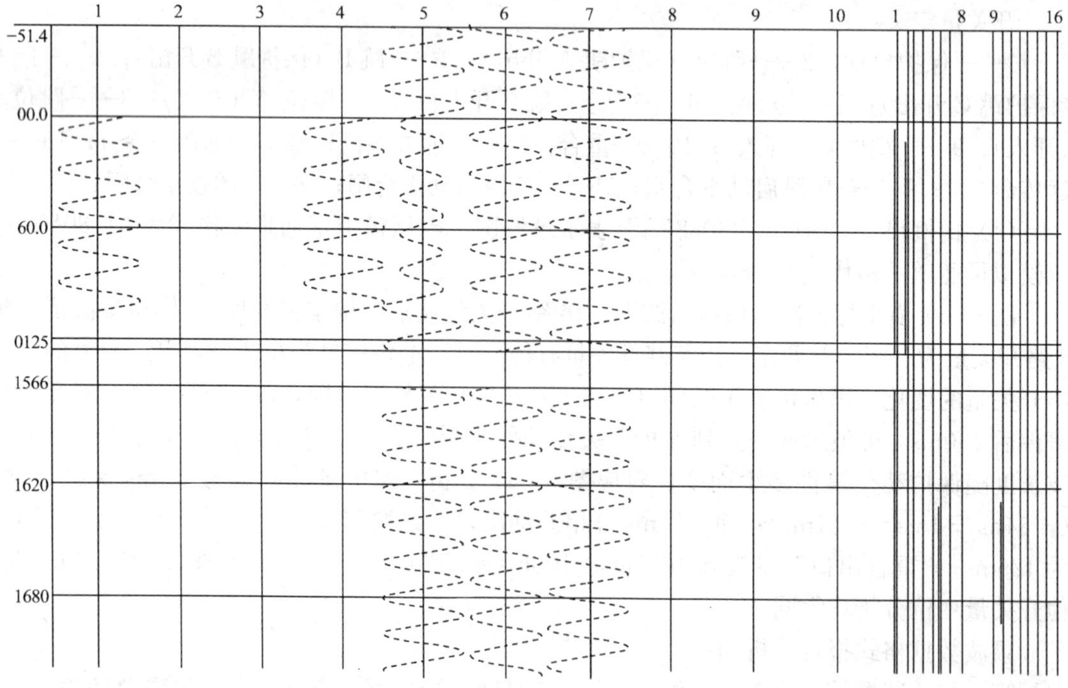

图 5 - 17　录波波形图

保护装置：10
通道 A 通，丢帧：　　　　　　0 0 0
通道 B 通，丢帧：　　　　　　0 0 0
采样已同步
2004－11－03　16：47：26.270
4ms　　保护启动
21ms　　分相差动出口　　　IA=1.094A　IB=1.063A　IC=.0325A
数据来源通道 A
三相差动电流　IA=1.234A　IB=1.234A　IC=.0000A
三相制动电流　IA=.0054A　IB=.0054A　IC=.0000A
测距阻抗　　X=9.813 欧　R=.3848 欧　AB 相
测距　　　L=49.00km　ABC 相
77ms　　　三跳启动重合
1078ms　　重合出口
5083ms　　重合闸复归

录波装置：10

@时间：　2004－11－03　16：47：26.270　采样率：1200　点数：402　系统频率：50　装置类型：36
模拟量：　1—Ia　2—Ib　3—Ic　4—3I0　5—Ua
　　　　　6—Ub　7—Uc　8—Ux
开关量：　1—保护启动　2—跳 A　3—跳 B　4—跳 C
　　　　　5—永跳　6—沟通三跳　7—跳位 A　8—跳位 B
　　　　　9—跳位 C　10—重合　11—远方跳闸　12—远传命令 1
　　　　　13—远传命令 2　14—单跳启动重合闸　15—三跳启动重合闸　16—闭锁重合闸

系数：	.0054	.0054	.0054	0.054	.0125	.0125	.0125	.0208	
[000]	.1350	-.0432	-.0972	.0000	80.55	-28.00	-52.08	.0000	0000000000000000
-0060	.1188	.0000	-.1188	.0054	73.26	-5.530	-67.57	.0000	0000000000000000
-0059	.1026	.0324	-.1404	-.0054	62.49	13.95	-76.81	.0208	0000000000000000
-0058	.0756	.0648	-.1404	-.0054	46.72	34.11	-81.43	.0208	0000000000000000
-0057	.0378	.0972	-.1404	.0000	27.85	52.00	-80.57	.0416	0000000000000000
-0056	.0000	.1242	-.1296	.0000	7.132	66.46	-74.10	.0000	0000000000000000
-0055	-.0324	.1296	-.1080	.0000	-14.13	76.52	-62.57	.0208	0000000000000000
-0002	-.1512	.0756	.0648	.0000	-81.34	47.23	33.77	.0000	0000000000000000
[060]	-.1404	.0378	.0972	.0000	-80.58	28.49	51.71	.0000	0000000000000000
0000	-.1296	-.0054	.1296	.0000	-72.56	4.129	68.37	.0000	0000000000000000
0001	-.4159	.3349	.0810	-.0054	-58.33	-17.63	76.42	-.0208	0000000000000000
0002	-.7724	.7508	.0216	-.0054	-45.49	-35.52	81.39	-.0208	0000000000000000
0003	-.8210	.8102	.0054	.0054	-39.63	-40.81	80.68	.0000	0000000000000000
0004	-.7616	.7562	.0054	.0000	-33.55	-40.63	74.32	.0000	0000000000000000
0005	-.6320	.6266	.0054	-.0108	-25.78	-36.99	62.94	.0000	1000000000000000
0006	-.4645	.4591	.0000	-.0054	-16.38	-30.65	47.32	.0000	1000000000000000
0007	-.2593	.2539	.0054	.0000	-5.893	-22.26	28.57	.0000	1000000000000000
0008	-.0378	.0270	.0000	.0000	5.005	-12.35	7.870	.0000	1000000000000000
[070]	.1945	-.1945	.0000	.0000	15.53	-1.602	-13.41	.0000	1000000000000000
0010	.3943	-.4051	.0000	.0000	24.95	9.171	-33.53	.0000	1000000000000000
0011	.5888	-.5888	.0000	.0054	32.82	19.36	-51.56	.0208	1000000000000000
0012	.7508	-.7508	.0054	.0000	38.95	29.17	-67.69	.0208	1000000000000000
0013	.8318	-.8318	.0054	.0000	41.50	35.13	-76.39	.0000	1000000000000000
0014	.8697	-.8697	.0000	.0000	41.69	39.66	-81.38	.0208	1000000000000000
0015	.8535	-.8535	.0000	-.0054	39.06	41.52	-80.74	.0208	1000000000000000
0016	.7778	-.7778	.0000	.0000	33.75	40.44	-74.41	.0208	1000000000000000
0017	.6482	-.6482	.0000	-.0054	26.11	36.54	-62.97	.0000	1000000000000000
0018	.4753	-.4699	-.0054	.0000	16.77	30.17	-47.40	.0000	1000000000000000
[080]	.2755	-.2647	.0000	.0000	6.281	21.76	-28.62	-.0208	1000000000000000
0045	-.1729	.1837	.0054	.0000	-15.03	1.189	13.18	.0000	1111000000000000
0046	-.3889	.3889	.0000	.0054	-24.51	-9.634	33.37	.0000	1111000000000000
0047	-.5672	.5780	.0000	-.0054	-32.33	-19.74	51.38	-.0208	1111000000000000
0048	-.7184	.7238	.0000	-.0054	-38.00	-28.57	66.01	-.0416	1111000000000000
[110]	-.8156	.8210	.0000	-.0054	-41.04	-35.50	76.29	.0000	1111000000000000
0050	-.8535	.8589	.0054	.0054	-41.27	-40.06	81.35	.0000	1111000000000000
0051	-.8427	.8427	.0000	.0000	-38.60	-41.93	80.77	.0208	1111000000000000
0052	-.7670	.7616	.0000	.0000	-33.27	-40.91	74.51	-.0208	1111000000000000
0053	-.6428	.6374	.0000	-.0054	-25.68	-37.10	63.22	.0000	1111000000000000
0054	-.4699	.4591	.0054	.0000	-16.34	-30.79	47.68	.0000	1111000000000000
0055	-.2647	.2539	.0000	.0000	-5.856	-22.41	28.97	.0208	1111000000000000
0056	-.0378	.0378	.0000	-.0054	5.067	-12.52	8.283	.0000	1111000000000000
0057	.1837	-.1891	.0000	-.0054	15.57	-1.777	-12.99	.0208	1111000000000000
0058	.3943	-.4051	.0054	.0000	25.01	9.071	-33.22	.0208	1111000000000000
[120]	.5834	-.5888	.0054	-.0054	32.82	19.23	-51.29	.0000	1111000000000000
0060	.7238	-.7292	.0000	-.0054	38.48	28.10	-65.95	.0208	1111000000000000
0061	.3133	-.3079	.0054	.0054	49.64	26.85	-76.24	.0000	1111000000000000

图 5－18　录波数据格式

复习思考题

5-1 CSC-103A与CSC-103B有哪些保护功能？试述装置A与装置B的区别。

5-2 采用专用微波或光纤通道时如何设定两侧时钟的工作方式？

5-3 CSC-103有几个CPU插件？各有几项定值，如何整定？有几个控制字且该如何设定？

5-4 重合闸或某种保护功能停用应采用什么方法？

5-5 如何将CSC-103A（B）与电压互感器和电流互感器连接？CSC-103A（B）接线端子是如何定义的？

5-6 CSC-103A（B）面板有哪些按钮、接口、显示器件以及各自的作用是什么？

5-7 CSC-103A（B）正常运行时面板都显示哪些信息？

5-8 装置的保密码是多少？为什么要设置保密码？

5-9 CSC-103A（B）/H装置有几级菜单？每级菜单可进行哪些操作？

5-10 当定值被修改后必须按什么键才被确认？

5-11 投入运行的装置为什么严禁开出量传动试验？

5-12 装置通电前应检查哪些项目？

5-13 用量程为多少的摇表测量装置的绝缘电阻？哪些回路需测绝缘电阻？阻值要求不小于多少？

5-14 装置通电检查都检查哪些项目？如何判断正确与否？

5-15 如何进行模数变换系统的调试？

5-16 如何进行保护动作值检验和动作时间测量？

5-17 装置整组试验的目的是什么？都进行哪些项目的试验？

5-18 如何进行专用光纤通道的调试？

5-19 试述故障报告每行及每个量的含义？

5-20 如何分析故障录波信息？

第六章 CSC-326系列数字式变压器保护装置的检验与调试

第一节 CSC-326系列数字式变压器保护装置概述

一、适用范围

CSC-326数字式变压器保护装置（以下简称装置）是由DSP和MCU合一的32位单片机实现的数字式变压器保护装置，采用主保护和后备保护一体化的设计原则，主要适用于110kV及以上电压等级的各种接线方式的变压器。装置可用于最大五侧制动的变压器。该装置适用于变电所综合自动化系统，也可用于常规的变电所。

二、装置主要特点

1. 高性能、高可靠、大资源的硬件系统

CSC-326系列数字式变压器保护装置采用DSP和MCU合一的32位单片机。其高性能的硬件体系保证了装置对所有继电器进行并行实时计算。

它保持了总线不出芯片的优点，有利于保护装置的高可靠性。

它还有大容量的故障录波的优点，储存容量达4M，全过程记录故障数据，可以保存不少于24次；而且可以保存完整的事件记录和动作报告，其中包括不少于2000条动作报告和2000次操作记录，且停电不丢失。

2. 硬件自检智能化

装置内部各模块智能化设计，实现了装置各模块全面实时自检。

模拟量采集回路采用双A/D冗余设计，实现了模拟量采集回路的实时自检。

继电器检测采用新方法，可以检测继电器励磁回路线圈完好性和监视出口触点的状态，实现了继电器状态的检测与异常告警。

开入回路检测采用新方法，开入状态经两路光隔同时采集后判断。

装置对微机保护的电源模块各级输出电压进行实时监测；对机箱内温度进行实时监测。

3. 用户界面人性化

该装置采用大液晶显示，可实时显示电流、电压、功率、频率、压板状态、定值区等信息，可根据用户要求配置。

汉化操作菜单简单易用，对运行人员和继保人员赋予不同权限，确保安全性；装置提供四个快捷键，可以实现“一键化”操作，方便了现场运行人员的操作。

装置面板采用一体化设计、一次精密铸造成型的弧面结构，造型美观，精度高，造价低，安装方便。

4. 可选择的励磁涌流判别原理

该装置提供了两种方法识别励磁涌流，即二次谐波原理和模糊识别原理，可以根据需要选择其中一种原理。

5. 方便的差动保护二次电流相位自动补偿

装置软件采用Y/△变换调整变压器各侧TA二次电流相位，使的变压器各侧TA可以按Y形接入。

6. 可靠的比例制动差动保护

装置采用三段式折线特性，提高了区外故障大电流导致TA饱和时的制动能力。

7. 自适应的比率制动差动保护

通过自动识别故障状态的变化，采用自适应的差动保护，提高了区外故障切除时防误动的能力。

8. TA饱和综合判据

在比率制动差动保护中采用了TA饱和的综合判据，可以有效识别TA饱和，从而有效防止区外故障时TA饱和引起的差动保护误动作。

9. 可靠、灵敏的制动电流选取方式

新型的制动电流选取方式，既保证了变压器区内故障时制动量较小，区外故障时有较大的制动量，兼顾了保护的灵敏性和可靠性的要求。

10. 灵活完善的后备保护配置

后备保护配置灵活，出口采用矩阵整定，能满足各种变压器接线要求。

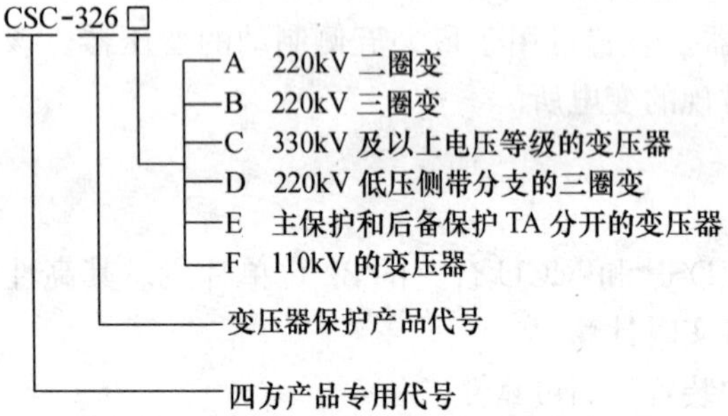

图6-1 CSC-326变压器保护的命名原则

三、装置型号说明及功能配置

根据功能及应用场合的不同，CSC-326系列变压器保护的型号命名如下：

1. CSC-326A变压器保护（主要适用于保护配置要求较为简单的220kV的两圈变压器）

表6-1　CSC-326A变压器保护标准配置

	保护类型	段数	每段时限数	备注
主保护	差动速断			
	二次谐波比例差动			二者任选其一
	模糊判别比例差动			
高压侧后备保护	复合电压闭锁（方向）过流保护	Ⅰ	2/Ⅰ	复合电压可投退，方向可投退
	零序方向过流保护	Ⅰ	2/Ⅰ	可以取中性点 $3I_0$ 和自产 $3I_0$，宜取至中性点 $3I_0$
	间隙过流保护	Ⅰ	2/Ⅰ	可选择与间隙过压保护并联输出
	间隙过压保护	Ⅰ	2/Ⅰ	可选择与间隙过流保护并联输出
	非全相保护	Ⅰ	2/Ⅰ	
	过负荷	Ⅰ	1/Ⅰ	告警
	启动风冷	Ⅰ、Ⅱ	1/Ⅰ、1/Ⅱ	
	闭锁调压	Ⅰ	1/Ⅰ	
低侧后备保护	复合电压闭锁（方向）过流保护	Ⅰ	2/Ⅰ	复合电压可投退
	电流限时速断保护	Ⅰ	2/Ⅰ	
	充电保护	Ⅰ	1/Ⅰ	
	零序过压保护	Ⅰ	1/Ⅰ	告警
	过负荷	Ⅰ	1/Ⅰ	告警

2. CSC－326B变压器保护（主要适用于220kV的二圈或三圈变压器）

表6-2　**CSC－326B变压器标准保护配置**

	保护类型	段数	每段时限数	备注
主保护	差动速断			
	二次谐波比例差动			二者任选其一
	模糊判别比例差动			
	零序差动保护			只适用于自耦变压器
高压侧后备保护	复合电压闭锁（方向）过流保护	Ⅰ、Ⅱ	3/Ⅰ、3/Ⅱ	复合电压可投退，方向可投退
	复合电压闭锁过流保护	Ⅰ	2/Ⅰ	复合电压可投退
	零序方向过流保护	Ⅰ、Ⅱ	3/Ⅰ、3/Ⅱ	可以取中性点 $3I_0$ 和自产 $3I_0$，宜取至中性点 $3I_0$
	零序过流保护	Ⅰ	2/Ⅰ	固定取中性点 $3I_0$
	间隙过流保护	Ⅰ	2/Ⅰ	一般取自专用间隙TA，可选择与间隙过压保护并联输出
	间隙过压保护	Ⅰ	2/Ⅰ	可选择与间隙过流保护并联输出
	非全相保护	Ⅰ	2/Ⅰ	
	过负荷	Ⅰ	1/Ⅰ	告警
	启动风冷	Ⅰ、Ⅱ	1/Ⅰ、1/Ⅱ	
	闭锁调压	Ⅰ	1/Ⅰ	
中压侧后备保护	复合电压闭锁（方向）过流保护	Ⅰ、Ⅱ	3/Ⅰ、3/Ⅱ	复合电压可投退，方向可投退
	复合电压闭锁过流保护	Ⅰ	2/Ⅰ	复合电压可投退
	零序方向过流保护	Ⅰ、Ⅱ	3/Ⅰ、3/Ⅱ	可以取中性点 $3I_0$ 和自产 $3I_0$，宜取至中性点 $3I_0$
	零序过流保护	Ⅰ	2/Ⅰ	固定取中性点 $3I_0$
	间隙过流保护	Ⅰ	2/Ⅰ	一般取自专用间隙TA，可选择与间隙过压保护并联输出
	间隙过压保护	Ⅰ	2/Ⅰ	可选择与间隙过流保护并联输出
	充电保护	Ⅰ	1/Ⅰ	
	过负荷	Ⅰ	1/Ⅰ	告警
低压侧后备保护	复合电压闭锁（方向）过流保护	Ⅰ、Ⅱ	3/Ⅰ、3/Ⅱ	复合电压可投退，方向可投退
	电流限时速断保护	Ⅰ	2/Ⅰ	
	充电保护	Ⅰ	1/Ⅰ	
	零序过压保护	Ⅰ	1/Ⅰ	告警
	过负荷	Ⅰ	1/Ⅰ	告警
公共绕组保护	过负荷	Ⅰ	1/Ⅰ	告警，只适用于自耦变压器
	过流保护	Ⅰ	1/Ⅰ	只适用于自耦变压器
	零序过负荷	Ⅰ	1/Ⅰ	告警，只适用于自耦变压器
	零序过流	Ⅰ	1/Ⅰ	只适用于自耦变压器

3. CSC－326C变压器保护（主要适用于330kV及以上电压等级的普通或自耦三圈变压器）

表6-3　**CSC－326C变压器保护标准配置**

	保护类型	段数	每段时限数	备注
主保护	差动速断			
	二次谐波比例差动			二者任选其一
	模糊判别比例差动			
	零序差动保护			只适用于自耦变压器

续表

	保护类型	段数	每段时限数	备注
高压侧后备保护	阻抗保护	Ⅰ、Ⅱ	3/Ⅰ、2/Ⅱ	
	零序方向过流保护	Ⅰ、Ⅱ	3/Ⅰ、3/Ⅱ	可以取中性点 $3I_0$ 和自产 $3I_0$，宜取至中性点 $3I_0$
	零序过流保护	Ⅰ	2/Ⅰ	固定取中性点 $3I_0$
	定时限过激磁保护	Ⅰ、Ⅱ	1/Ⅰ、1/Ⅱ	其中Ⅰ为告警、Ⅱ为跳闸
	反时限过激磁保护	共7段	每段一个时限	通过其模拟过激磁曲线
	非全相保护	Ⅰ	2/Ⅰ	
	过负荷	Ⅰ	1/Ⅰ	告警
中压侧后备保护	阻抗保护	Ⅰ、Ⅱ	3/Ⅰ、2/Ⅱ	
	零序方向过流保护	Ⅰ、Ⅱ	3/Ⅰ、3/Ⅱ	可以取中性点 $3I_0$ 和自产 $3I_0$，宜取至中性点 $3I_0$
	零序过流保护	Ⅰ	2/Ⅰ	固定取中性点 $3I_0$
	非全相保护	Ⅰ	2/Ⅰ	
	过负荷	Ⅰ	1/Ⅰ	告警
低压侧后备保护	复合电压闭锁（方向）过流保护	Ⅰ、Ⅱ	3/Ⅰ、3/Ⅱ	复合电压可投退，方向可投退
	电流限时速断保护	Ⅰ	2/Ⅰ	
	充电保护	Ⅰ	1/Ⅰ	
	零序过压保护	Ⅰ	1/Ⅰ	告警
	过负荷	Ⅰ	1/Ⅰ	告警
	低压绕组过负荷	Ⅰ	1/Ⅰ	告警
低压Ⅱ侧后备保护	复合电压闭锁（方向）过流保护	Ⅰ、Ⅱ	3/Ⅰ、3/Ⅱ	复合电压可投退，方向可投退
	电流限时速断保护	Ⅰ	2/Ⅰ	
	充电保护	Ⅰ	1/Ⅰ	
	零序过压保护	Ⅰ	1/Ⅰ	告警
	过负荷	Ⅰ	1/Ⅰ	告警
公共绕组保护	过流保护	Ⅰ	1/Ⅰ	只适用于自耦变压器
	过负荷	Ⅰ	1/Ⅰ	告警，只适用于自耦变压器
	零序过负荷	Ⅰ	1/Ⅰ	告警，只适用于自耦变压器
	零序过流	Ⅰ	1/Ⅰ	只适用于自耦变压器

4. CSC－326D变压器保护（主要适用于220kV电压等级低压侧带分支的二圈或三圈变压器）

表6-4　CSC－326D变压器保护标准配置

	保护类型	段数	每段时限数	备注
主保护	差动速断			
	二次谐波比例差动			二者任选其一
	模糊判别比例差动			
	零序差动保护			只适用于自耦变压器
高压侧后备保护	复合电压闭锁（方向）过流保护	Ⅰ、Ⅱ	3/Ⅰ、3/Ⅱ	复合电压可投退，方向可投退
	复合电压闭锁过流保护	Ⅰ	2/Ⅰ	复合电压可投退
	零序方向过流保护	Ⅰ、Ⅱ	3/Ⅰ、3/Ⅱ	可以取中性点 $3I_0$ 和自产 $3I_0$，宜取至中性点 $3I_0$
	零序过流保护	Ⅰ	2/Ⅰ	固定取中性点 $3I_0$

续表

	保护类型	段数	每段时限数	备注
高压侧后备保护	间隙过流保护	Ⅰ	2/Ⅰ	一般取自专用间隙 TA，可选择与间隙过压保护并联输出
	间隙过压保护	Ⅰ	2/Ⅰ	可选择与间隙过流保护并联输出
	非全相保护	Ⅰ	2/Ⅰ	
	过负荷	Ⅰ	1/Ⅰ	告警
	启动风冷	Ⅰ、Ⅱ	1/Ⅰ、1/Ⅱ	
	闭锁调压	Ⅰ	1/Ⅰ	
中压侧后备保护	复合电压闭锁（方向）过流保护	Ⅰ、Ⅱ	3/Ⅰ、3/Ⅱ	复合电压可投退，方向可投退
	复合电压闭锁过流保护	Ⅰ	2/Ⅰ	复合电压可投退
	零序方向过流保护	Ⅰ、Ⅱ	3/Ⅰ、3/Ⅱ	可以取中性点 $3I_0$ 和自产 $3I_0$，宜取至中性点 $3I_0$
	零序过流保护	Ⅰ	2/Ⅰ	固定取中性点 $3I_0$
	间隙过流保护	Ⅰ	2/Ⅰ	一般取自专用间隙 TA，可选择与间隙过压保护并联输出
	间隙过压保护	Ⅰ	2/Ⅰ	可选择与间隙过流保护并联输出
	充电保护	Ⅰ	1/Ⅰ	
	过负荷	Ⅰ	1/Ⅰ	告警
低压侧后备保护	复合电压闭锁（方向）过流保护	Ⅰ、Ⅱ	3/Ⅰ、3/Ⅱ	复合电压可投退，方向可投退
	电流限时速断保护	Ⅰ	2/Ⅰ	
	充电保护	Ⅰ	1/Ⅰ	
	零序过压保护	Ⅰ	1/Ⅰ	告警
	过负荷	Ⅰ	1/Ⅰ	告警
低压Ⅱ侧后备保护	复合电压闭锁（方向）过流保护	Ⅰ、Ⅱ	3/Ⅰ、3/Ⅱ	复合电压可投退，方向可投退
	电流限时速断保护	Ⅰ	2/Ⅰ	
	充电保护	Ⅰ	1/Ⅰ	
	零序过压保护	Ⅰ	1/Ⅰ	告警
	过负荷	Ⅰ	1/Ⅰ	告警
公共绕组保护	过负荷	Ⅰ	1/Ⅰ	告警，只适用于自耦变压器
	过流保护	Ⅰ	1/Ⅰ	只适用于自耦变压器
	零序过负荷	Ⅰ	1/Ⅰ	告警，只适用于自耦变压器
	零序过流	Ⅰ	1/Ⅰ	只适用于自耦变压器

5. CSC－326E 变压器保护（主要适用于主保护和后备保护 TA 分开的情况）

表 6－5　CSC－326E 变压器保护标准配置

	保护类型	段数	每段时限数	备注
主保护	差动速断			
	二次谐波比例差动	五侧		二者任选其一
	模糊判别比例差动	五侧		
	零序差动保护			只适用于自耦变压器

续表

	保护类型	段数	每段时限数	备注
高压侧后备保护	复合电压闭锁（方向）过流保护	Ⅰ、Ⅱ	3/Ⅰ、3/Ⅱ	复合电压可投退，方向可投退
	复合电压闭锁过流保护	Ⅰ	2/Ⅰ	复合电压可投退
	零序方向过流保护	Ⅰ、Ⅱ	3/Ⅰ、3/Ⅱ	可以取中性点 $3I_0$ 和自产 $3I_0$，宜取至中性点 $3I_0$
	零序过流保护	Ⅰ	2/Ⅰ	固定取中性点 $3I_0$
	间隙过流保护	Ⅰ	2/Ⅰ	一般取自专用间隙 TA，可选择与间隙过压保护并联输出
	间隙过压保护	Ⅰ	2/Ⅰ	可选择与间隙过流保护并联输出*
	非全相保护	Ⅰ	2/Ⅰ	
	过负荷	Ⅰ	1/Ⅰ	告警
	启动风冷	Ⅰ、Ⅱ	1/Ⅰ、1/Ⅱ	
	闭锁调压	Ⅰ	1/Ⅰ	
中压侧后备保护	复合电压闭锁（方向）过流保护	Ⅰ、Ⅱ	3/Ⅰ、3/Ⅱ	复合电压可投退，方向可投退
	复合电压闭锁过流保护	Ⅰ	2/Ⅰ	复合电压可投退
	零序方向过流保护	Ⅰ、Ⅱ	3/Ⅰ、3/Ⅱ	可以取中性点 $3I_0$ 和自产 $3I_0$，宜取至中性点 $3I_0$
	零序过流保护	Ⅰ	2/Ⅰ	固定取中性点 $3I_0$
	间隙过流保护	Ⅰ	2/Ⅰ	一般取自专用间隙 TA，可选择与间隙过压保护并联输出
	间隙过压保护	Ⅰ	2/Ⅰ	可选择与间隙过流保护并联输出*
	充电保护	Ⅰ	1/Ⅰ	
	过负荷	Ⅰ	1/Ⅰ	告警
低压侧后备保护	复合电压闭锁（方向）过流保护	Ⅰ、Ⅱ	3/Ⅰ、3/Ⅱ	复合电压可投退，方向可投退
	电流限时速断保护	Ⅰ	2/Ⅰ	
	充电保护	Ⅰ	1/Ⅰ	
	零序过压保护	Ⅰ	1/Ⅰ	告警
	过负荷	Ⅰ	1/Ⅰ	告警
低压Ⅱ侧后备保护	复合电压闭锁（方向）过流保护	Ⅰ、Ⅱ	3/Ⅰ、3/Ⅱ	复合电压可投退，方向可投退
	电流限时速断保护	Ⅰ	2/Ⅰ	
	充电保护	Ⅰ	1/Ⅰ	
	零序过压保护	Ⅰ	1/Ⅰ	告警
	过负荷	Ⅰ	1/Ⅰ	告警
公共绕组保护	过负荷	Ⅰ	1/Ⅰ	告警，只适用于自耦变压器
	过流保护	Ⅰ	1/Ⅰ	只适用于自耦变压器
	零序过负荷	Ⅰ	1/Ⅰ	告警，只适用于自耦变压器
	零序过流	Ⅰ	1/Ⅰ	只适用于自耦变压器

注　以上仅是推荐的保护基本配置。由于程序采用模块化设计，可根据用户要求进行功能配置（定值清单上将只有投入使用的保护的定值），而不用修改程序。

*　自耦变压器与普通变压器的区别，在于把交流端子中的零序电流和间隙零流改成公共绕组相电流和公共绕组零序电流，软件的配置中把间隙保护去掉，改成公共绕组过流和公共绕组零序过流。

第二节　CSC-326 系列数字式变压器保护装置的主要技术参数和技术性能指标

一、主要技术参数

1. 额定直流电源电压（220V 或 110V）

2. 额定交流参数

（1）相电压：$100/\sqrt{3}$V。

（2）开口三角电压：100V。

（3）交流电流：5A 或 1A。

（4）频率：50Hz。

3. 功耗

（1）直流电源回路：当正常工作时，不大于 35W；当保护动作时，不大于 60W。

（2）交流电流回路：当 I_N=5A，不大于 1V·A/相；当 I_N=1A，不大于 0.5V·A/相。

（3）交流电压回路：在额定电压下不大于 0.5VA/相。

4. 过载能力

（1）交流电流回路：2 倍额定电流，可连续工作；40 倍额定电流，只允许通过 1s。

（2）交流电压回路：1.2 倍额定电压，可连续工作。

（3）直流电源回路：80%～120%额定电压可连续工作。

5. 输出触点容量

（1）跳闸触点容量：在电压不大于 250V、电流不大于 1A、时间常数 L/R 为 5±0.75ms 的直流有感负荷回路中，触点断开容量为 50W，允许长期通过电流不大于 5A。

（2）其他触点容量：在电压不大于 250V、电流不大于 0.5A、时间常数 L/R 为 5±0.75ms 的直流有感负荷回路中，触点断开容量为 30W，允许长期通过电流不大于 3A。

二、主要技术性能指标

1. 交流回路精确工作范围

（1）相电压：1～100V。

（2）开口三角电压：3～300V（U_N=300V）或 1～100V（U_N=100V）。

（3）电流：0.08I_N～20I_N（I_N 为装置 TA 的额定电流）。

2. 动作精度

（1）电流元件：小于±3%。

（2）电压元件：小于±5%。

（3）方向元件：小于±2°。

（4）过激磁倍数：小于± 2.5%。

3. 相间差动保护

（1）三折线制动特性的第二段折线斜率：0.3～0.7，一般取 0.3～0.5。

（2）差动保护最小动作电流整定范围：(0.3～1.0)I_N。

（3）纵差速断动作电流整定范围：(6～12)I_N。

（4）二次谐波制动系数整定范围：0.05～0.30。

(5) 整定值误差：不大于±5%或±0.02I_N。

(6) 差动速断保护的固有动作时间为1.5倍整定值时，不大于20ms。

(7) 相间差动保护的固有动作时间为2倍整定值时，不大于30ms。

其中，I_N 为变压器二次额定电流，以下同。

4. 零序差动保护

(1) 采用两段比率制动特性；

(2) 零差保护最小动作电流整定范围：(0.3～1.0)I_N。

(3) 比率制动系数：0.3～0.7，一般取0.3～0.5。

(4) 整定值误差：不大于±5%或±0.02I_N。

(5) 零序差动保护的固有动作时间为2倍整定值时，不大于30ms。

5. 阻抗保护

(1) 整定范围：0.1～25Ω（5A额定值），0.5～125Ω（1A额定值）。

(2) 整定值误差：不大于±3%整定值或±0.1Ω。

(3) 返回系数不大于1.1。

(4) 固有延时（0.7倍整定值）不大于40ms。

6. 相间方向过流保护

(1) 过流整定范围：0.1I_N～20I_N。

(2) 低电压整定范围：40～100V。

(3) 负序电压整定范围：2～20V。

(4) 整定值误差：电压误差不大于±5%或±0.1V，电流误差不大于±3%或±0.02I_N。

(5) 最大灵敏角：−30°或−45°，误差2°。

(6) 方向元件的门槛电压：1V。

(7) 方向元件的动作区：170°±2°。

(8) 返回系数：电流、负序电压不小于0.9，低电压不大于1.1。

(9) 固有延时（1.2倍整定值）不大于40ms。

7. 零序方向过流保护

(1) 过流整定范围：0.1I_N～20I_N。

(2) 整定值误差：误差不大于±3%或±0.02I_N。

(3) 零序功率方向元件的门槛电压：1V。

(4) 零序功率方向元件的动作区：160°±2°。

(5) 返回系数：电流不小于0.9。

(6) 固有延时（1.2倍整定值）不大于40ms。

8. 间隙过流、过压保护

(1) 过流整定范围：0.1I_N～20I_N。

(2) 电压整定范围：100～150V（自产）、160～300V（开口3U_0）。

(3) 整定值误差：电压误差不大于±5%或±0.1V，电流误差不大于±3%或±0.02I_N。

(4) 返回系数：电流、电压不小于0.9。

(5) 固有延时（1.2倍整定值）不大于40ms。

9. 过激磁保护

(1) 整定范围：1.0～1.4。

(2) 整定值误差：不大于±2.5%。

(3) 长延时范围：0～9999s。

(4) 返回系数不小于 0.95。

(5) 定时限固有延时（1.2 倍整定值）不大于 40ms。

(6) 反时限延时误差：不大于整定值的±3.0%±40ms。

10. 非全相保护

(1) 零序电流整定范围：$0.1I_N$～$20I_N$。

(2) 负序电流整定范围：$0.1I_N$～$20I_N$。

(3) 整定值误差：不大于±3%或±$0.02I_N$。

(4) 返回系数：电流不小于 0.9。

(5) 固有延时（1.2 倍整定值）不大于 40ms。

11. 过负荷、闭锁调压、启动通风

(1) 整定范围：$0.1I_N$～$20I_N$。

(2) 整定值误差：不大于±3%或±$0.02I_N$。

(3) 返回系数：电流不小于 0.9。

(4) 固有延时（1.2 倍整定值）不大于 40ms。

第三节　CSC－326 系列数字式变压器保护装置的硬件构成

一、装置的面板布置

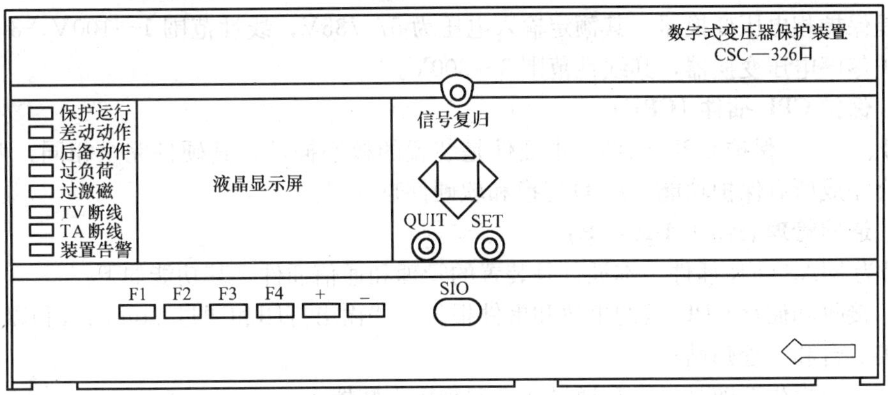

图 6-2　装置面板布置

(1) 液晶左侧为保护运行、差动动作、后备动作、过负荷、过激磁、TV 断线、TA 断线、装置告警状态相应灯。

(2) 液晶右侧的几个键说明如下：

[SET] 键：确认键，用于设置。

[QUIT] 键：按此键则装置取消当前操作，回到上一级菜单；循环显示时，按此键显示可定位到当前显示屏，再按即可取消定位当前屏功能。

[上、下、左、右] 键：选择键，用于从液晶显示屏上选择菜单功能命令。[左、右] 键用于移动光标，[上、下] 键用于改动内容。

(3) 液晶下部几个快捷键的功能如下：

[F1] 键：打印最近一次动作报告，在查看修改定值界面时有向下翻页的功能。

[F2] 键：打印当前定值区的定值，在查看修改定值界面时有向上翻页的功能。

[F3] 键：打印采样值。

[F4] 键：打印装置信息和运行工况。

[+] 键：定值区号加 1。

[−] 键：定值区号减 1。

二、装置插件布置图

装置可容纳 15 个插件，装置内部插件可根据需要配置以满足用户的需求。交流插件、开出插件、开入插件和电源插件为直通式，即插件连接器直接与机箱端子相连，增加了接线的可靠性。插件布置见图 6-3。

	1	2	3	4	5	6	7	8	9	10				12	
	AC	AC	AC	CPU	CPU	MASTER	I	I	O	O		S		POWER	
	交流 1	交流 2	交流 3	保护	保护	管理	开入1	开入2	开出1	开出2		信号1		电源	
	45	45	50	20	20	40	20	20	40	20	20	20	20	35	

图 6-3 装置插件布置图

三、交流插件 (AC)

1 号、2 号、3 号为交流插件。1 号交流插件是保护相电流变换器，其额定输入电流为 5A 时，线性范围为 400mA～100A；额定输入电流为 1A 时，线性范围 8mA～20A。2 号交流插件是保护相电压变换器，其额定输入电压为 57.735V，线性范围 1～100V。3 号交流插件是保护零序电压变换器，其线性范围 3～300V。

四、保护 CPU 插件 (CPU)

4 号、5 号为保护 CPU 插件。本插件是装置的核心插件，其硬件完全相同，两个 CPU 插件配合完成所有保护功能、A/D 变换和软硬件自检等。

五、通信管理插件 (MASTER)

6 号为 MASTER 插件。本插件是装置的管理和通信插件，其功能如下：

(1) 接收和储存 CPU 板的事故和事件报告，并输出打印和通过 Lon 网口和以太网口输送至监控后台和工程师站；

(2) 输出报告至液晶显示和通过面板键盘操作装置。

面板上的标准 RS-232 串口与外接 PC 机通信，完成调试软件 CSPC 的功能。

六、开入插件 (I)

7 号、8 号为开入板。本插件主要接入针对保护功能的开入量。最多可以接 52 个外部开入，包括保护功能压板，保护信号开入（如非全相开入），特殊功能开入（如闭锁远方操作、检修状态）和一些备用开入。

七、开出插件 (O)

9 号、10 号、11 号开出板。本插件为保护跳闸输出触点，每副节点的定义都可以根据工程需要定义。每个开出插件还提供两对保护动作信号开出。

八、信号插件（S）

12号为信号插件，每路包括中央信号、远动信号和录波信号3副节点。

九、电源插件（POWER）

本插件输入直流220V或110V，输出±24、±12、±5V。

注意：所有的开入、开出实际上是可以灵活、方便地进行配置的，其含义可以随不同的工程而改变，以适应各种不同的应用场合。

第四节　CSC-326系列数字式变压器保护装置的软件说明

一、保护程序整体结构

保护CPU程序的总体结构包括主程序、采样中断服务程序和故障处理程序及录波处理程序。

二、保护基本元件

以相电流突变量为主要的启动元件，差流启动元件作为辅助启动元件。

1. 相电流突变量启动元件

$$\begin{cases}\Delta i_{\phi} > I_{Qd} \\ \Delta i_{\phi} = | i_{\phi}(t) - 2 \times i_{\phi}(t-T) + i_{\phi}(t-2T) |\end{cases}$$

式中　I_{Qd}——固定门槛（等于$0.2I_N$）。

2. 差流启动元件

$$\begin{cases}I_{d\phi max} > I_{cdqd} \\ I_{d\phi max} = \text{Max} | I_{d\phi} |, \phi = a、b、c\end{cases}$$

$$I_{cdqd} = 0.8I_{cd}$$

式中　I_{cd}——差动保护的启动电流定值；

$I_{d\phi}$——相差动电流。

三、差动保护

1. 差动速断保护

当任一相差动电流大于差动速断整定值时，差动速断保护瞬时动作，跳开各侧开关，其动作判据为

$$I_d > I_{sd}$$

式中　I_d——变压器差动电流；

I_{sd}——差动电流速断保护定值。

2. 比率差动保护

（1）比率差动保护特性。

采用常规三段式折线见图6-4。

$$\left.\begin{array}{ll}I_{dz} > K_{b1} I_{zd} + I_{cd} & I_{zd} < 0.6I_N \\ I_{dz} > K_{ID}(I_{zd} - 0.6I_N) + K_{b1} \times 0.6I_N + I_{cd} & 0.6I_N < I_{zd} < 5I_N \\ I_{dz} > K_{b3}(I_{zd} - 5I_N) + K_{ID}(5I_N - 0.6I_N) + K_{b1} \times 0.6I_N + I_{cd} & 5I_N < I_{zd}\end{array}\right\}$$

式中　I_{cd}——差动保护的启动电流定值；

I_{dz}——动作电流；

I_{zd}—— 制动电流；

K_{ID}—— 可整定的制动曲线斜率。

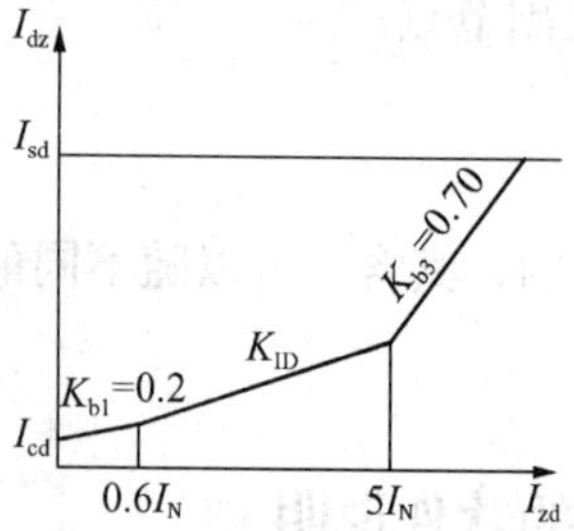

图 6-4 比率制动特性曲线

动作电流和制动电流的计算方法如下

$$\begin{cases} I_{dz} = \sum_{i=1}^{N'} \dot{I}_i \\ I_{zd} = \frac{1}{2} | \dot{I}_{max} - \sum \dot{I}_i | \end{cases}$$

无论被保护元件为第几侧元件，$\dot{I}_{max}$ 都为最大的相电流，$\sum \dot{I}_i$ 为其他各相电流之和。

程序中按相判别，任一相满足以上条件时，比率差动保护动作。比率差动保护经过励磁涌流判别、TA 断线判别（可选择）后出口。

（2）励磁涌流闭锁原理。

1）二次谐波闭锁原理。采用三相差动电流中二次谐波与基波的比值作为励磁涌流闭锁判据，有

$$I_{d\phi2} > K_{xb2} I_{d\phi}$$

式中 $I_{d\phi2}$—— 差动电流中的二次谐波分量；

K_{xb2}—— 二次谐波制动系数；

$I_{d\phi}$—— 差动电流中的基波分量。

采用或门闭锁方式，即三相差流中某相判为励磁涌流，闭锁整个比率差动保护。

2）模糊识别闭锁原理。设差流导数 $I(k)$，每周的采样点数是 $2n$ 点，对数列为

$$X(k) = | I(k) + I(k+n) | / [| I(k) | + | I(k+n) |], k = 0、1、2、\cdots、n$$

可认为 $X(k)$ 越小，该点所含的故障信息越多，即故障的可信度越大；反之，$X(k)$ 越大，该点所包含的涌流的信息越多，即涌流的可信度越大。取一个隶度函数，设为 $A[X(k)]$，综合半周信息，对 k=0、1、2、…、n，求得模糊贴进度 N 为

$$N = \sum_{k=1}^{n} | A[X(k)] | / n$$

取门槛值为 k。当 $N>k$ 时，认为是故障；当 $N<k$ 时，认为是励磁涌流。

采用相闭锁方式，即三相差流中某相判为励磁涌流，仅闭锁该相的比率差动保护。

（3）变压器各侧电流相位差与平衡补偿。

1）TA 接线方法。变压器各侧电流互感器采用星形接线（也可采用常规接线），二次电流直接接入本装置，均以母线侧为极性端。

2）平衡系数的计算。计算变压器各侧一次额定电流，有

$$I_{1N} = \frac{S_N}{\sqrt{3}U_N}$$

式中 S_N——变压器最大额定容量；

U_N——变压器各侧额定电压（应以运行的实际电压为准）。

计算变压器各侧二次额定电流为

$$I_{2N} = \frac{I_{1N}}{n_{TA}}$$

式中　I_{1N}——变压器各侧一次额定电流；

n_{TA}——变压器各侧 TA 变比。

以高压侧为基准，计算变压器中、低压侧平衡系数为

$$K_{phM}=\frac{I_{2NH}}{I_{2NM}}=\frac{I_{1NH}/n_{TAH}}{I_{1NM}/n_{TAM}}=\frac{S_N/\sqrt{3}U_{1NH}}{S_N/\sqrt{3}U_{1NM}}\cdot\frac{n_{TAM}}{n_{TAH}}=\frac{U_{1NM}}{U_{1NH}}\cdot\frac{n_{TAM}}{n_{TAH}}$$

$$K_{phL}=\frac{U_{1NL}}{U_{1NH}}\cdot\frac{n_{TAL}}{n_{TAH}}$$

将中、低压侧各相电流与相应的平衡系数相乘，即得补偿后的各相电流。

3）各侧电流相位补偿。变压器各侧 TA 二次电流相位由软件自校正，采用在 Y 侧进行校正相位。例如对于 $Y_0/\Delta-11$ 的接线，其校正方法如下：

Y_0 侧有

$$\dot{I}'_A=(\dot{I}_A-\dot{I}_B)/\sqrt{3}$$
$$\dot{I}'_B=(\dot{I}_B-\dot{I}_C)/\sqrt{3}$$
$$\dot{I}'_C=(\dot{I}_C-\dot{I}_A)/\sqrt{3}$$

式中　$\dot{I}_A$、$\dot{I}_B$、$\dot{I}_C$——Y 侧 TA 二次电流；

$\dot{I}'_A$、$\dot{I}'_B$、$\dot{I}'_C$——Y 侧校正后的各相电流。

其他接线方式可以类推。装置中可通过变压器接线方式整定控制字选择接线方式。

差动电流与制动电流的相关计算，都是在电流相位校正和平衡补偿后的基础上进行。

3. 异常检测和一些判别

（1）整组复归判别。

启动元件返回后，连续 5s 钟内差流均不越限，则差动保护整组复归。

（2）TA 断线检测。

正常情况下判断 TA 断线是通过检查所有相别的电流中有一相或两相无电流且存在差流，即判为 TA 断线。

在有电流突变时，判据如下：

1）发生突变后电流减小（而不是增大）。

2）本侧三相电流中有一相或两相无电流，且对侧三相电流无变化。

满足以上条件时判为 TA 二次回路断线。TA 二次断线后，发出告警信号，并可选择闭锁或不闭锁差动保护出口。

（3）差流越限告警。

正常情况下，监视各相差流异常，延时 5s 非常告警信号，判据为

$$I_{d\phi}>K_{ad}\times I_{cd}$$

式中　$I_{d\phi}$——各相差动电流；

K_{ad}——装置内部固定的系数（取 0.3）；

I_{cd}——差动保护启动电流定值。

（4）差动保护动作逻辑图。

差动保护动作逻辑框图见图 6-5。

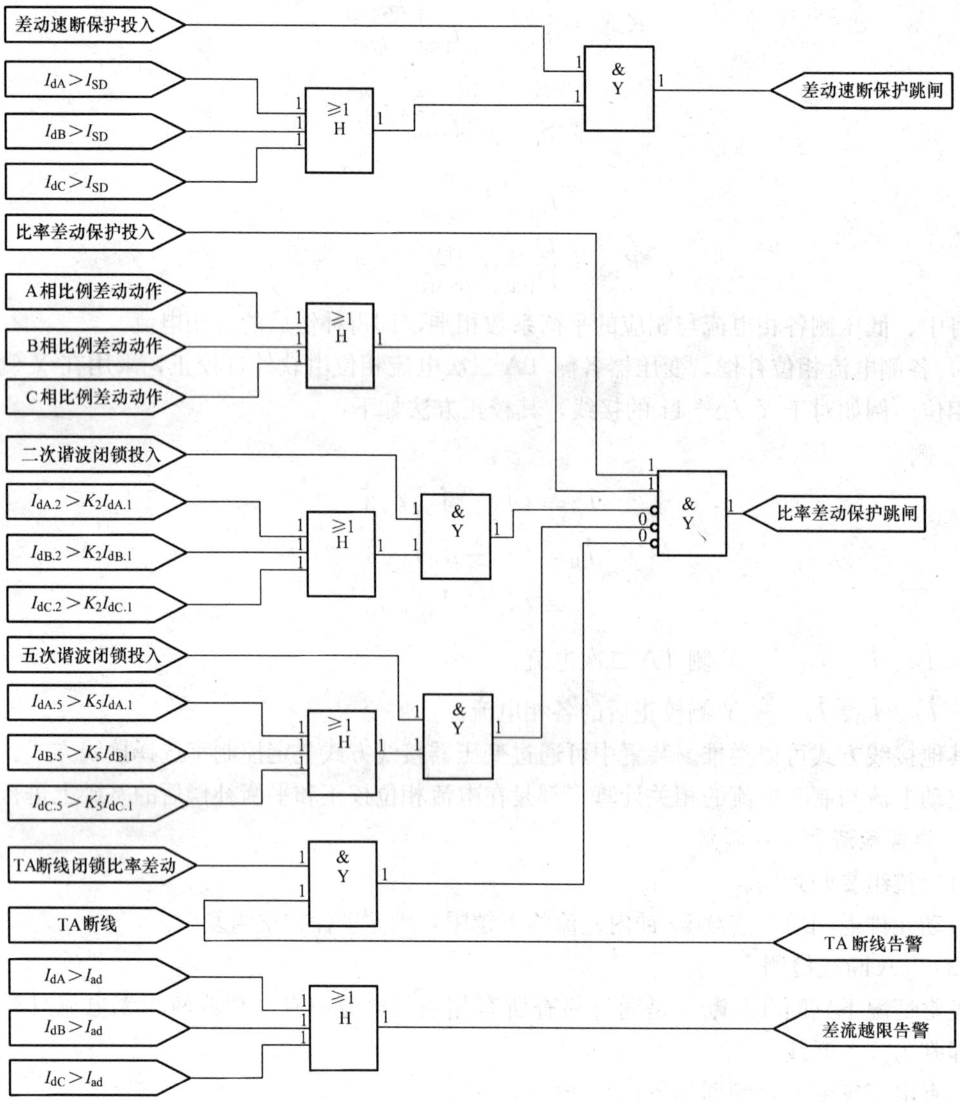

图 6-5　差动保护动作逻辑框图

四、零序差动保护

1. 动作特性及判据

（1）动作特性。

动作特性如图 6-6 所示。

（2）零差保护变压器各侧电流平衡补偿。

1）TA 接线方法。变压器各侧电流互感器采用星形接线，不可采用常规接线，二次电流直接接入本装置，均以母线侧为极性端。

2）平衡系数的计算。其公式如下

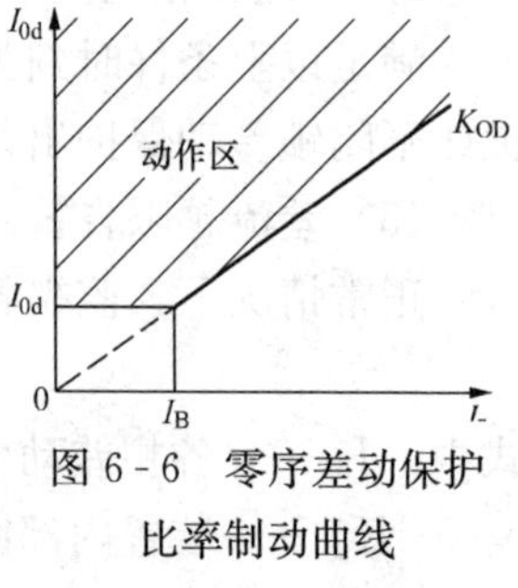

图 6-6　零序差动保护比率制动曲线

中压侧的平衡系数$=\frac{n_{TAM}}{n_{TAH}}$；公共绕组的平衡系数$=\frac{n_{TAOG}}{n_{TAH}}$

式中　n_{TAH}、n_{TAM}、n_{TAOG}——分别为高、中压侧TA变比以及公共绕组零序TA变比。

(3) 动作电流及制动电流的计算。

动作电流及制动电流的计算公式如下

$$I_d = |\dot{I}_{hA} + \dot{I}_{hB} + \dot{I}_{hC} + \dot{I}_{mA} + \dot{I}_{mB} + \dot{I}_{mC} + \dot{I}_{Og}|$$

$$I_r = \max\{|\dot{I}_{hA} + \dot{I}_{hB} + \dot{I}_{hC}|, |\dot{I}_{mA} + \dot{I}_{mB} + \dot{I}_{mC}|, |\dot{I}_{Og}|\}$$

式中　$\dot{I}_{hA}$、$\dot{I}_{hB}$、$\dot{I}_{hC}$——高压侧三相电流；

$\dot{I}_{mA}$、$\dot{I}_{mB}$、$\dot{I}_{mC}$——中压侧三相电流经平衡系数转换后的电流；

$\dot{I}_{Og}$——公共绕组零序电流经平衡系数转换后的电流。

(4) 动作判据。

其动作判据为

$$I_d > I_{Od} \qquad 当 I_r < I_B$$

$$I_d > K_{OD} \times I_r \qquad 当 I_r \geqslant I_B$$

式中　I_d——零序动作电流；

I_r——制动电流；

I_{Od}——零序差动保护门槛值；

I_B——比率制动特性拐点电流定值，$I_B = I_{Od} / K_{OD}$；

K_{OD}——比率制动系数。

2. 零序差流越限告警

正常情况下，监视各相零序差流异常，延时5s报异常告警信号，判据如下

$$I_d > K_{ad} \times I_{Od}$$

式中　I_d——零差电流；

K_{ad}——装置内部固定的系数（取0.3）；

I_{Od}——零差保护起动电流定值。

3. 零差保护动作逻辑图

零差保护动作逻辑见图6-7。

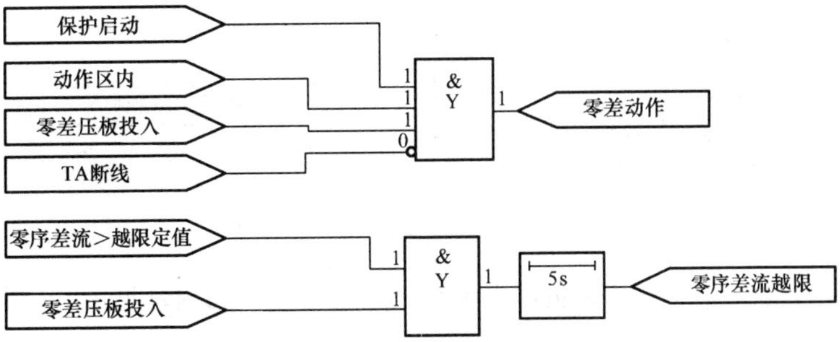

图6-7　零差保护动作逻辑图

4. 公共绕组零序TA的极性检查

本功能只在投产时测试变压器中性极性时使用，正常运行时将控制字该位整定为“0”

而退出此功能。

装置只在对变压器充电时测试一次，测试时，不影响零差保护的正常工作。零差保护是否投入，仍由零差保护投退的控制字决定。

具体方法如下：

(1) 零差保护的控制字中“测试 TA 极性”置“1”。

(2) 在变压器的高压或中压侧对变压器充电时，通过对励磁涌流的零序分量在零差保护中形成差电流的判别，确定中性点 TA 的相对极性是否正确。测试完毕后，装置将打出测试结果，供用户在确定中性点 TA 的相对极性时参考。

(3) 装置将测试结果打印为

$|\dot{I}_{0TAX}/\dot{I}_{0TAF}|=0\sim\infty$ 参考意见：极性正确、极性不正确、极性模糊

式中 $\dot{I}_{0TAX}$——中性点 TA 现有接法产生的零序差电流；

$\dot{I}_{0TAF}$——中性点 TA 反极性接法产生的零序差电流。

因为励磁涌流是穿越性电流，所以，只要 TA 接法极性正确，零序差电流应该很小，一般情况，$|\dot{I}_{0TAX}/\dot{I}_{0TAF}|<0.2$。

装置将打印参考意见，供参考：

$0<|\dot{I}_{0TAX}/\dot{I}_{0TAF}|<0.7$ 参考意见:极性正确

$0.7<|\dot{I}_{0TAX}/\dot{I}_{0TAF}|<1.3$ 参考意见:极性模糊

$1.3<|\dot{I}_{0TAX}/\dot{I}_{0TAF}|<\infty$ 参考意见:极性不正确

当 $|\dot{I}_{0TAX}/\dot{I}_{0TAF}|$ 的值接近于 1 时，除中性点 TA 的极性外，还应该考虑可能引起零序差电流的其他因素。

(4) 测试完毕正常投运时，在零差保护的控制字中“测试 TA 极性”置“0”。

五、后备保护功能说明

另外所有带方向元件的保护功能，其所指的方前均是指 TA 的正极性端在母线侧情况下。

1. 阻抗保护

阻抗保护通常作为 330kV 及以上大型变压器相间短路故障的后备保护，由保护启动，相间阻抗测量元件，延时、电压回路断线闭锁元件等部分组成。逻辑框图如图 6-8 所示。

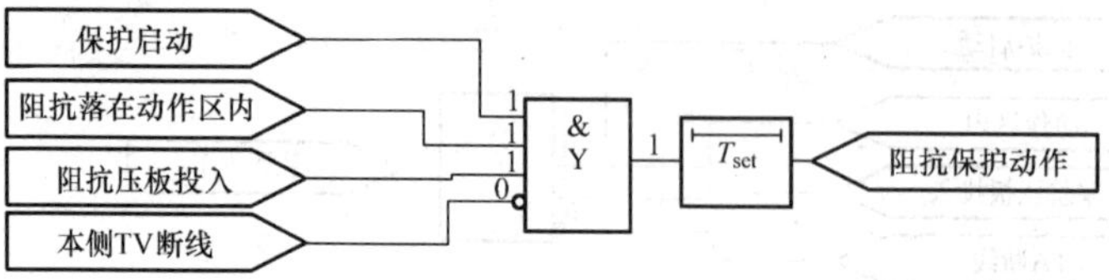

图 6-8 阻抗保护逻辑框图

保护启动元件有突变量启动和负序电流启动，其中突变量启动同差动保护、负序电流启动如下：

负序电流启动元件的启动判据为

$$\begin{cases}I_2>I_{Qd2}\\I_{Qd2}=0.2I_e\end{cases}$$

式中 I_2——负序电流的有效值；

I_{Qd2}——固定门槛；

I_e——变压器的额定电流。

相间阻抗保护的动作特性可根据需要整定成为全阻抗特性或偏移特性阻抗。阻抗的正方向可以指向变压器，也可以指向母线，由控制字来控制。装置可提供两段阻抗整定值，其中第一段带三个时限，第二段带两个时限。

相间阻抗保护采用0°接线，电压选最小线电压，如 $\dot{U}=\dot{U}_A-\dot{U}_B$，电流取对应的线电流 $\dot{I}_A-\dot{I}_B$ 计算阻抗。

阻抗保护的动作特性如图6-9所示。

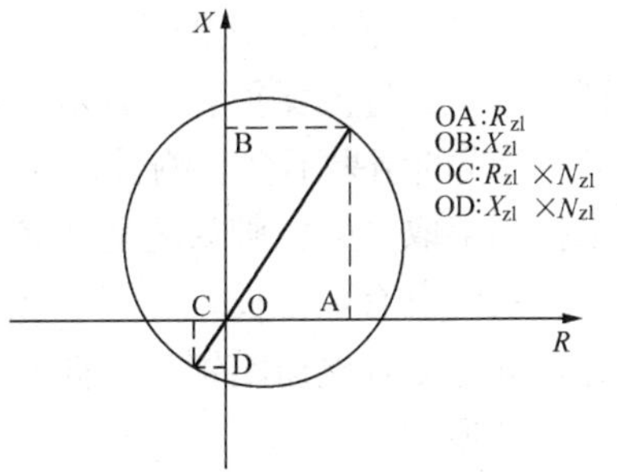

图6-9 阻抗保护的动作特性

R_{z1}—电阻分量定值；X_{z1}—电抗分量定值；N_{z1}—反向偏移比

接地阻抗也采用0°接线，交流量取自本侧的TA和TV，其计算公式如下

$$Z_{jd\phi}=\frac{\dot{U}_\phi}{\dot{I}_\phi+K3\dot{I}_0}$$

式中 $\dot{U}_\phi$——相电压；

$\dot{I}_\phi$——相电流；

K——零序补偿系数。

接地阻抗保护动作特性，可根据需要整定成为全抗特性和偏移特性阻抗。阻抗的正方向可以指向变压器，也可以指向母线，由控制字来控制。装置可提供一段三个延时。

2. 复合电压闭锁（方向）过流保护

本保护反应相间短路故障，作为变压器和相邻元件的后备保护。

（1）复合电压元件。

复合电压由低电压和负序电压或门构成，变压器各侧的电压均可作为闭锁电压引入，动作判据为

$\min(U_{ab},U_{bc},U_{ca})<U_{xjzd}$ 或者 $U_2>U_{fxzd}$

式中 U_{ab}、U_{bc}、U_{ca}——三个相间电压；

U_{xjzd}——低电压的定值；

U_2——负序电压；

U_{fxzd}——负序电压定值。

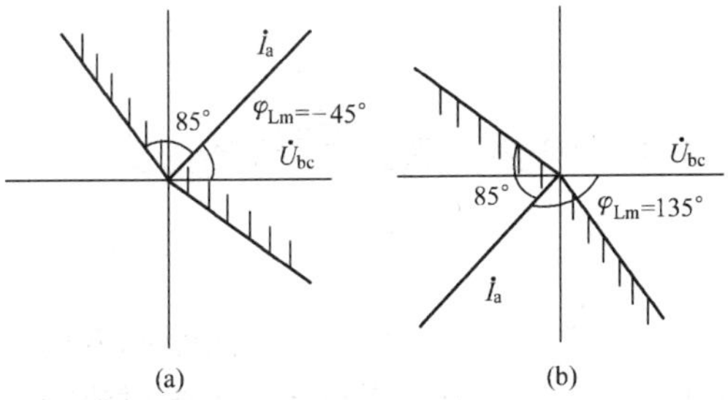

图6-10 相间方向元件动作特性

（a）方向指向变压器；（b）方向指向系统

（2）方向元件。

方向元件采用90°接线方式，最大灵敏角 φ_{Lm} 有−30°和−45°两种，由控制选择，动作范围为 $\varphi_{Lm}\pm85°$。方向元件的方向可以由控制字选择为指向母线或指向变压器。为了消除保护安装处附近三相短路的电压死区，方向元件带记忆。

（3）过流元件。

过流元件为按相动作方式，动作方程为

$$\max(I_a,I_b,I_c)>I_{zd}$$

式中 I_{zd}——过流定值。

(4) TV断线和电压退出对保护的影响。

控制字提供了两种选择，分别为：控制字为“1”时表示TV断线后方向和复压不满足；控制字为“0”时表示TV断线后方向和复压满足。

详细解释如下：

对方向：当方向电压所取侧发生TV断线时，如果该控制字取“0”，则认为方向为正向，如果该控制字取“1”，则认为方向为反向。

对复合电压：当某侧TV断线时，则只退出本侧保护的断线侧的复压元件，复合电压闭锁（方向）过流保护和复合电压闭锁过流保护仍然可以通过其他侧的复压来启动。因此某侧TV断线的结果不会影响其他侧复压元件的动作情况。当复压所取侧都发生TV断线时，如果控制字取“0”，则认为复压条件满足；如果控制字取“1”，则认为复压条件不满足。

装置设有电压投入压板，当TV检修时退出该压板，此时退出复合电压元件和方向元件，本侧复合电压闭锁（方向）过流保护就变为不带方向的复合电压闭锁过流保护（复压仍可取其他侧）。

如果各侧的电压压板都退出或者通过控制字不选取任何一侧的复压，则复压条件自动满足，复合电压闭锁（方向）过流保护变成了过流保护。

(5) 复合电压闭锁（方向）过流保护动作逻辑。

复合电压闭锁（方向）过流保护动作逻辑见图6-11。

3. 零序（方向）过流保护

本保护反应大电流接地系统的接地故障，作为变压器和相邻元件的后备保护。共设三段零序过流保护。其中Ⅰ、Ⅱ段可带方向，均有三个时限，可根据控制字选择外接零序电流或自产零序电流；Ⅲ段不带方向，有两个时限，且固定采用外接零序电流。

(1) 零压元件。

动作判据为

$$3U_0 > 3U_{0zd}$$

式中 $3U_{0zd}$——零序电压闭锁定值。

(2) 零序方向元件。

零序方向元件中的零序电压和零序电流均由元件自身的零序产生的，最大灵敏角 φ_{Lm} 为 $-100°$，动作范围为 $\varphi_{Lm} \pm 85°$。方向元件的方向可以由控制字选择为指向母线或指向变压器。

(3) 零序过流元件。

零序过流元件采用的零序电流可以采用元件自身产生的零序或者外接零序，可由控制字选择。

动作判据为

$$3I_0 > 3I_{0zd}$$

式中 $3I_{0zd}$——零序过流定值。

(4) 二次谐波闭锁。

零序过流保护增加了2次谐波的闭锁（定值中可以分别选择一段、二段是否需要闭锁），系数固定取值15%。

(5) TV断线和电压退出对保护的影响。

TV断线后保护的动作行为由控制字来选择，当选择“TV断线取消零压闭锁和方向元件”时，表示此时方向条件自动满足，零压闭锁条件自动满足，所以零压闭锁方向过流或零压闭锁过流变成了纯过流保护。当选择“TV断线退零压闭锁零流保护”时，表示这时方向条件不满足，零压闭锁条件不满足，所以零压闭锁方向过流或零压闭锁过流自动退出。

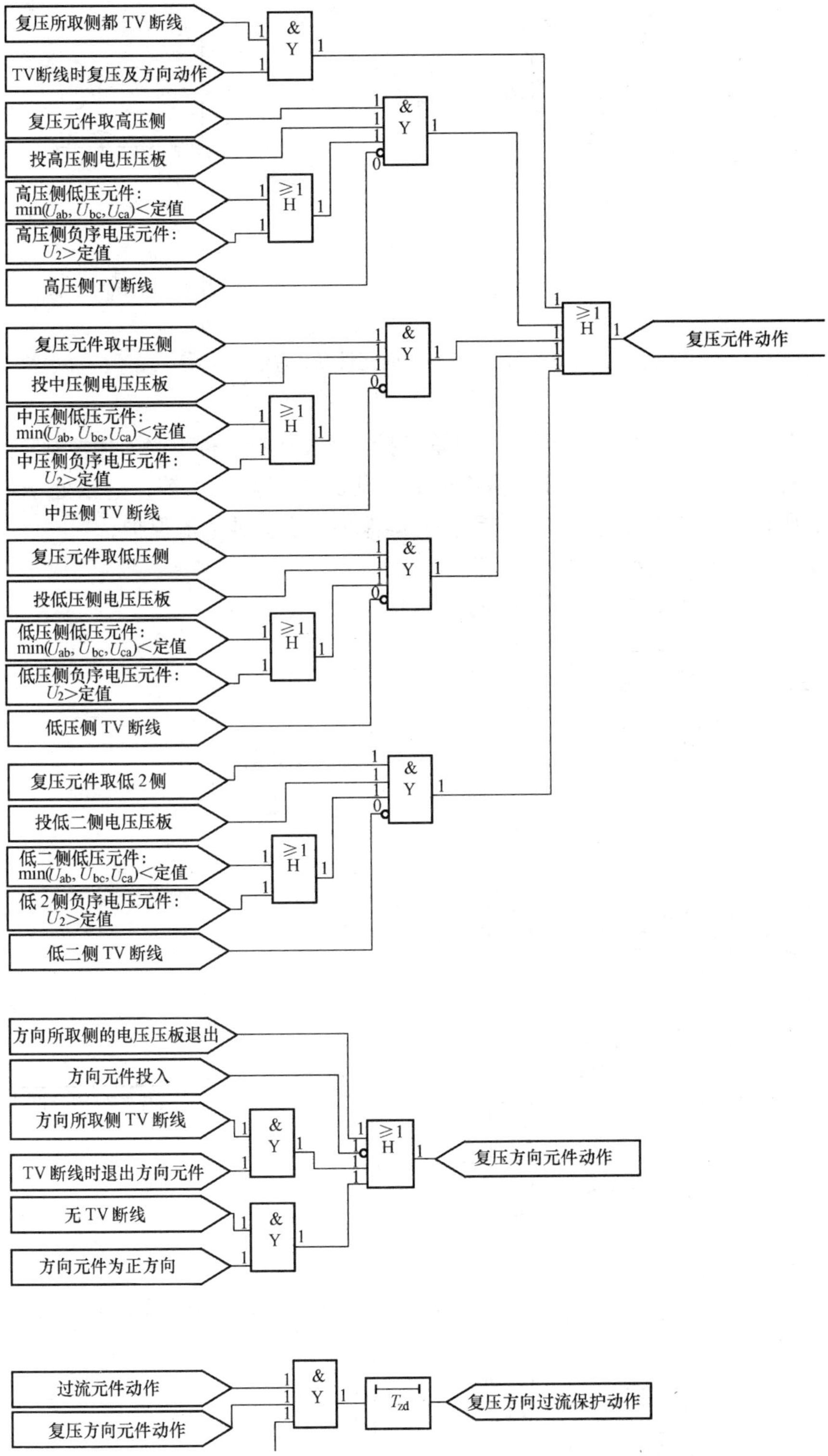

图6－11 复合电压闭锁（方向）过流保护动作逻辑图

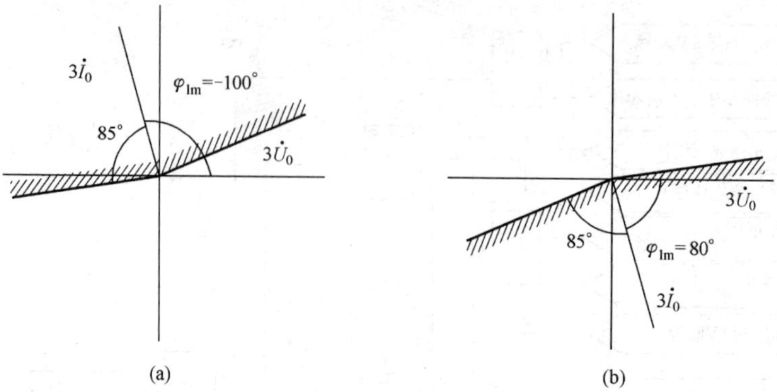

图 6-12 零序方向元件动作特性

(a) 方向指向变压器；(b) 方向指向系统

在 TV 断线时，如果零压闭锁零压元件取外接，零压闭锁元件不受上述控制字的影响。

装置设有电压退出压板，当 TV 检修或旁路代路未切换 TV 等，电压处于不正常状态时，投入该压板，退出零压元件和方向元件，本保护就变为纯电流保护。

(6) 零序（方向）过流保护动作逻辑。

零序（方向）过流保护动作逻辑见图 6-13。

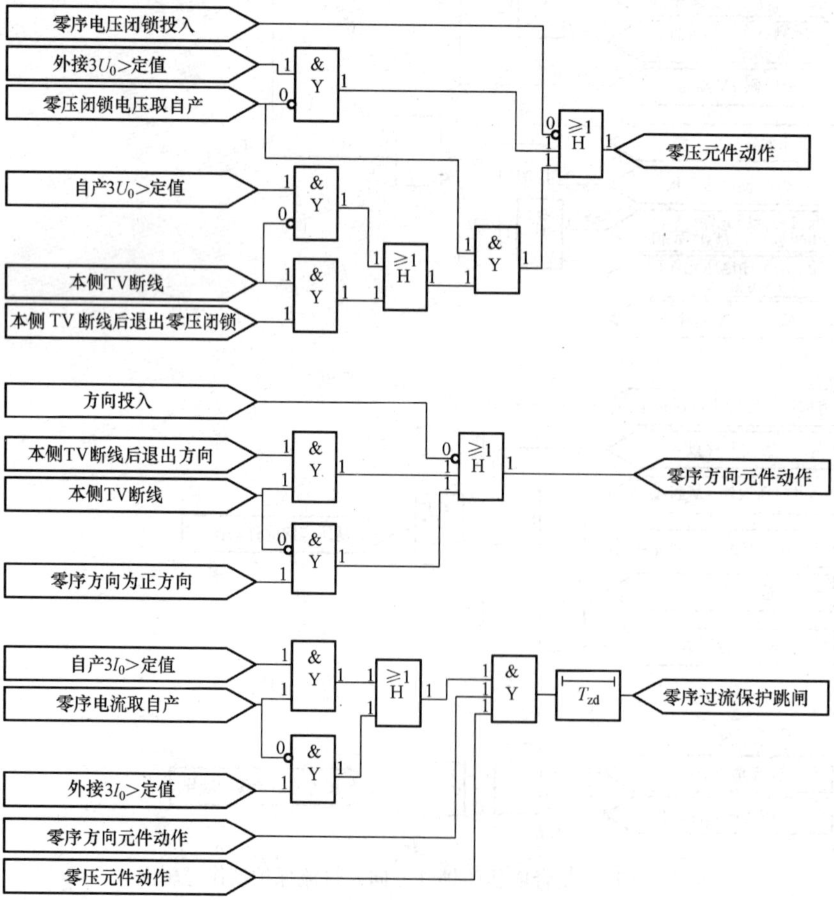

图 6-13 零序（方向）过流保护动作逻辑

4. 间隙零序保护

间隙零序保护包括包含间隙零压元件和间隙零流元件，间隙零压元件使用外接 $3U_0$，间隙零流元件使用变压器经间隙接地的间隙零序电流。间隙零压元件和间隙零流元件各设一段两时限，也可以通过整定选择为间隙保护并联输出，或门启动间隙零序保护的时间元件（采用间隙电压保护的两时限）逻辑图见图 6－14。

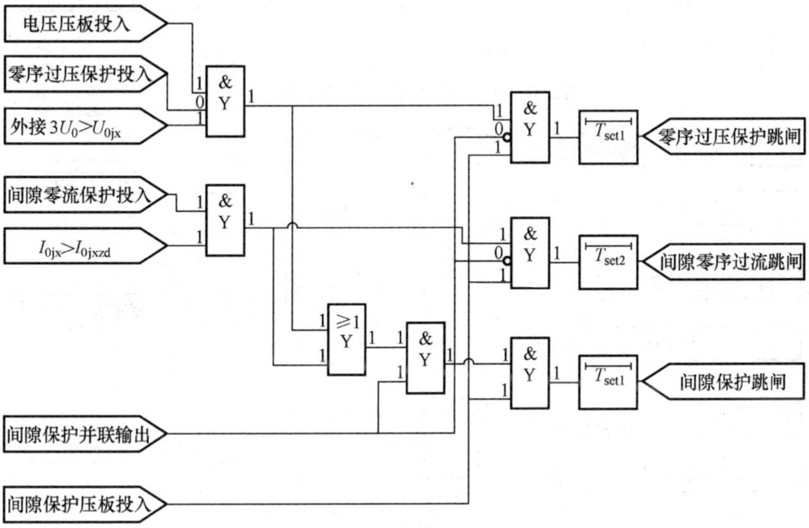

图 6－14　间隙零序保护的动作逻辑

5. 非全相保护

采用负序电流或零序电流和断路器三相位置不对应辅助触点作为判据。另外当三相有电流，并且有非全相开入时，过 10s 发非全相开入告警。非全相保护动作逻辑图见图 6－15。

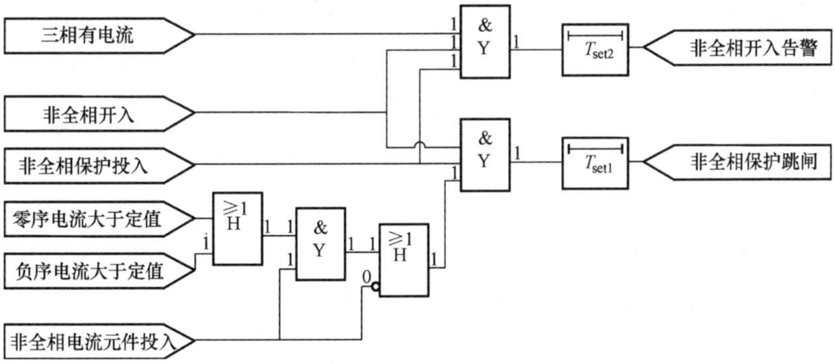

图 6－15　非全相保护动作逻辑图

6. 充电保护

充电保护由外部的充电保护压板来控制，其保护的逻辑图见图 6－16。

7. 过励磁保护

过励磁保护能有效地防止变压器因过励磁造成的损坏，过励磁保护应与变压器允许的过励磁特性相配合。因此，过励磁保护整定时，必须有变压器制造厂提供的过励磁能力曲线。过励磁保护有定时限和反时限两部分，逻辑框图见图 6－17。

定时限告警：当过激磁倍数 n 大于定时限告警定值时发出告警信号。

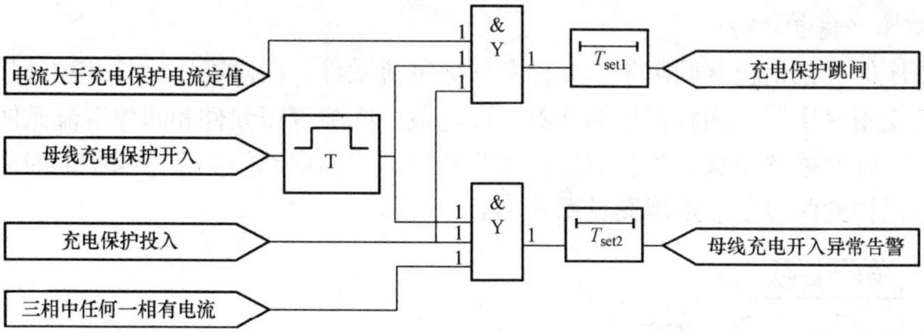

图 6-16　充电保护动作逻辑图

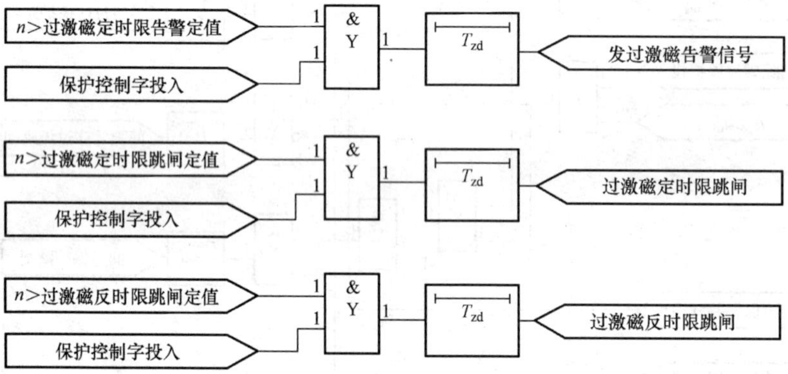

图 6-17　过激磁保护逻辑框图

定时限跳闸：当过激磁倍数 n 大于定时限跳闸定值时跳闸。

反时限跳闸：分成 7 段，从 1.1 至 1.4，级数为 0.05，每段都有一个跳闸时限，落在相邻段之间跳闸时限采用线性插值计算。

过激磁倍数计算公式为

$$\begin{cases} U^* = \dfrac{U}{U_{BASE}} \\ f^* = \dfrac{f}{50} \\ n = \dfrac{U^*}{f^*} \end{cases}$$

式中　U_{BASE}——定值中的基准电压；

U^*——电压标么值；

f^*——频率标么值；

n——过激磁倍数。

8. 零序过压保护

零序过压保护作为变压器小电流接地侧接地故障保护。零序电压取自产 $3U_0$，保护只告警。

9. 其他保护

装置各侧后备保护还设有过负荷报警、启动风冷、过载闭锁调压等异常保护，均可根据控制字投退。此保护只检测 B 相电流。

10. 低压绕组保护

此保护具有过负荷报警功能，可根据控制字投退。

11. 公共绕组保护

只有自耦变才装设此保护。有过流、零序过流、过负荷报警、零序过负荷报警等功能，均可根据控制字投退。其中过流保护可以选择是否经复压闭锁。

12. TV断线检测

TA断线分为三相失压和不对称断线。

(1) 三相电压均小于18V，且任一相电流大于无流定值（TA为5A时，定值为0.4A；TA为1A时，定值为0.08A）时，超过一定延时（10s）后判断为三相失压。

(2) 自产$3U_0$大于18V，并且三个线电压不相等（用于区分小电流接地系统的一点接地），超过一定延时（10s）后，判断为TV断线。

(3) 自产$3U_0$大于90V，并且三个线电压小于18V（用于检测TA回路有并联支路时的两相断线），超过一定延时（10s）后判断为TV线。

第五节 CSC－326系列数字式变压器保护装置定值及整定

一、系统参数定值及整定说明

1. 定值（表6－6）

表6－6 系统参数定值

代码	定值名称	范围	单位	代码	定值名称	范围	单位
KGXT	系统参数控制字	0000～FFFF	无	KMD	变压器接线型式	0000～FFFF	无
CLK	接线方式钟点数	0～12	无	Se	变压器额定容量	0～9999	MV·A
UHe	高压侧额定电压	0～1000	kV	HTVN	高压侧TV变比	0～9999	
HTA1	高压侧TA一次值	0～9999	A	HTA2	高压侧TA二次值	1或5	A
H02	高压零序TA二次值	1或5	A	HJ2	高压间隙TA二次值	1或5	A
UMe	中压侧额定电压	0～1000	kV	MTVN	中压侧TV变比	0～9999	
MTA1	中压侧TA一次值	0～9999	A	MTA2	中压侧TA二次值	1或5	A
M02	中压零序TA二次值	1或5	A	MJ2	中压间隙TA二次值	1或5	A
ULe	低压侧额定电压	0～1000	kV	LTVN	低压侧TV变比	0～9999	
LTA1	低压侧TA一次额定值	0～9999	A	LTA2	低压侧TA二次额定值	1或5	A
RTA2	低压绕组TA二次值	1或5	A	GTA1	公共绕组TA一次值	0～9999	A
GTA2	公共绕组TA二次值	1或5	A	G0C1	公共零序TA一次值	0～9999	A
G0C2	公共零序TA二次值	1或5	A				

2. 整定说明

(1) 系统参数定值中的整定值均按照变压器、TV、TA的实际参数整定。

(2) 控制字。

系统参数控制字见表6－7。

表6－7 系统参数控制字

位号	置“0”时的含义	置“1”时的含义	位号	置“0”时的含义	置“1”时的含义
B15～B4	备用	备用	B3	备用	备用
B2	低压侧无分支	低压侧有分支	B1	三圈变压器	两圈变压器
B0	普通变压器	自耦变压器			

变压器接线方式控制字见表 6-8。

表 6-8 变压器接线方式

位号	置“0”时的含义	置“1”时的含义	位号	置“0”时的含义	置“1”时的含义
B15～B4	备用	备用	B3	备用	备用
B2	由软件做 Y-△变换	由外部接线做 Y-△变换	B1	低压绕组 Y 接线	低压绕组三角接线
B0	中压绕组 Y 接线	中压绕组三角接线			

二、差动保护定值及整定说明

1. 定值（表 6-9）

表 6-9 差动保护定值

代码	定值名称	范围	单位	代码	定值名称	范围	单位
KGCD	差动保护控制字	0000～FFFF	无	ISD	差动速断电流定值	$2I_e$～$12I_e$	A
ICD	差动保护电流定值	$(0.3～1.0)I_N$	A	KID	比率制动特性斜率	0.20～0.70	无
ICT	TA 断线开放差动定值	$(0.1～20)I_N$	A	KXB	二次谐波制动系数	0.05～0.30	无

2. 整定说明

(1) 控制字。

差动保护控制字见表 6-10。

表 6-10 差动保护控制字

位号	置“0”时的含义	置“1”时的含义	位号	置“0”时的含义	置“1”时的含义
B15～B8	备用	备用	B7	备用	备用
B6	退出五次谐波闭锁	投入五次谐波闭锁	B5	TA 断线不闭锁比率差动保护	TA 断线闭锁比率差动保护
B4	TA 断线检测退出	TA 断线检测投入	B3	备用	备用
B2	二次谐波制动	模糊识别制动	B1	差流越限告警退出	差流越限告警投入
B0	差流速断保护退出	差流速断保护投入			

(2) 差动速断电流定值。

按躲过变压器空投时出现的最大涌流电流整定，一般整定为$(6～12)I_N$（I_N 为变压器高压侧的二次额定电流）。

(3) 差动保护电流定值。

(4) 比率制动特性斜率。

(5) TA 断线开放差动定值。

当差动电流大于此定值时，自动解除 TA 断线的闭锁功能。一般整定为 $1.5I_N$（I_N 为变压器高压侧的二次额定电流）。

(6) 二次谐波制动系数。

当差动保护的涌流判据采用二次谐波原理时，此整定值有效。工程中一般整定为 0.15～0.20，推荐整定为 0.15。

三、零序差动保护定值及整定说明

1. 定值（表6-11）

表6-11　零序差动保护定值

代码	定值名称	范围	单位	代码	定值名称	范围	单位
KG0	零差保护控制字	0000～FFFF	无	I0D	零差电流定值	$(0.3\sim1.0)I_N$	A
K0D	零差比率制动特性斜率	0.20～0.70	无				

2. 整定说明

零差保护控制字见表6-12。

表6-12　零差保护控制字

位号	置“0”时的含义	置“1”时的含义	位号	置“0”时的含义	置“1”时的含义
B15～B4	备用	备用	B3～B1	备用	备用
B0	退出公共绕组零序TA极性判别	投入公共绕组零序TA极性判别			

四、高压侧复合电压闭锁（方向）过流保护定值及整定说明

1. 定值（表6-13）

表6-13　复合电压闭锁（方向）过流保护定值

代码	定值名称	定值范围	单位	代码	定值名称	定值范围	单位
KGFL	复流保护控制字	0000～FFFF	无	KG	复流保护投退控制字	0000～FFFF	无
VL	低电压闭锁定值	2～100	V	V2	负序电压闭锁定值	2～100	V
IL1	复流一段定值	$(0.1\sim20)I_N$	A	TL11	复流一段一时限	0.1～20s	s
TL12	复流一段二时限	0.1～20s	s	TL13	复流一段三时限	0.1～20s	s
IL2	复流二段定值	$(0.1\sim20)I_N$	A	TL21	复流二段一时限	0.1～20s	s
TL22	复流二段二时限	0.1～20s	s	TL23	复流二段三时限	0.1～20s	s
IL3	复流三段定值	$(0.1\sim20)I_N$	A	TL31	复流三段一时限	0.1～20s	s
TL32	复流三段二时限	0.1～20s	s				

2. 复合电压闭锁（方向）过流保护整定说明

复合电压闭锁（方向）过流保护控制字见表6-14。

表6-14　复合电压闭锁（方向）过流保护控制字

位号	置“0”时的含义	置“1”时的含义	位号	置“0”时的含义	置“1”时的含义
B15	方向电压取本侧	方向电压取对侧*	B14	TV断线后方向和复压满足	TV断线后方向和复压不满足
B13、B12	备用	备用	B11	复压闭锁不取低压二侧	复压闭锁取低压二侧
B10	复压闭锁不取低压侧	复压闭锁取低压侧	B9	复压闭锁不取中压侧	复压闭锁取中压侧
B8	复压闭锁不取高压侧	复压闭锁取高压侧	B7	复流三段复压退出	复流三段复压投入

续表

位　号	置“0”时的含义	置“1”时的含义	位　号	置“0”时的含义	置“1”时的含义
B6	复流二段复压退出	复流二段复压投入	B5	复流二段方向指向变压器	复流二段方向指向系统
B4	复流二段方向退出	复流二段方向投入	B3	复流一段复压闭锁退出	复流一段复压闭锁投入
B2	复流一段方向指向变压器	复流一段方向指向系统	B1	复流一段方向退出	复流一段方向投入
B0	复流方向元件灵敏角−45°	复流方向元件灵敏角−30°			

* 对于高压侧复合电压闭锁（方向）过流保护，本侧指高压侧，对侧指中压侧；
对于中压侧复合电压闭锁（方向）过流保护，本侧指中压侧，对侧指高压侧。

复合电压闭锁（方向）过流保护投退控制字见表6-15。

表6-15　复合电压闭锁（方向）过流保护投退控制字

位　号	置“0”时的含义	置“1”时的含义	位　号	置“0”时的含义	置“1”时的含义
B15～B8	备　用	备　用	B7	退出三段二时限	投入三段二时限
B6	退出三段一时限	投入三段一时限	B5	退出二段三时限	投入二段三时限
B4	退出二段二时限	投入二段二时限	B3	退出二段一时限	投入二段一时限
B2	退出一段三时限	投入一段三时限	B1	退出一段二时限	投入一段二时限
B0	退出一段一时限	投入一段一时限			

五、高压侧零压闭锁零序（方向）过流保护定值及整定说明

1. 定值（表6-16）

表6-16　零压闭锁零序（方向）过流保护定值

代　码	定值名称	定值范围	单　位
KGJD	接地保护控制字	0000～FFFF	无
KG0	接地保护投退控制字	0000～FFFF	无
VI0	零序电压闭锁定值	2～100V	V
I01	零流一段定值	$(0.1\sim20)I_N$	A
TO11	零流一段一时限	0.1～20s	s
TO12	零流一段二时限	0.1～20s	s
TO13	零流一段三时限	0.1～20s	s
I02	零流二段定值	$(0.1\sim20)I_N$	A
TO21	零流二段一时限	0.1～20s	s
TO22	零流二段二时限	0.1～20s	s
TO23	零流二段三时限	0.1～20s	s
I03	零流三段定值	$(0.1\sim20)I_N$	A
TO31	零流三段一时限	0.1～20s	s
TO32	零流三段二时限	0.1～20s	s

2. 整定说明

接地保护控制字见表6-17。

表6-17　接地保护控制字

位　号	置“0”时的含义	置“1”时的含义	位　号	置“0”时的含义	置“1”时的含义
B15～B13	备　用	备　用	B12	零流三段零压闭锁退出	零流三段零压闭锁投入
B11	零流二段谐波闭锁退出	零流二段谐波闭锁投入	B10	零流一段谐波闭锁退出	零流一段谐波闭锁投入
B9	TV断线退零压闭锁零流保护	TV断线取消零压闭锁和方向元件	B8	闭锁零压取自产	闭锁零压取外接
B7	零序二段使用自产零流	零流二段使用中性点零流	B6	零流二段零压闭锁退出	零流二段零压闭锁投入
B5	零流二段方向指向变压器	零流二段方向指向系统	B4	零流二段方向退出	零流二段方向投入
B3	零流一段使用自产零流	零流一段使用中性点零流	B2	零流一段零压闭锁退出	零流一段零压闭锁投入
B1	零流一段方向指向变压器	零流一段方向指向系统	B0	零流一段方向退出	零流一段方向投入

接地保护投退控制字见表6-18。

表6-18　保护投退控制字

位　号	置“0”时的含义	置“1”时的含义	位　号	置“0”时的含义	置“1”时的含义
B15～B8	备　用	备　用	B7	退出三段二时限	投入三段二时限
B6	退出三段一时限	投入三段一时限	B5	退出二段三时限	投入二段三时限
B4	退出二段二时限	投入二段二时限	B3	退出二段一时限	投入二段一时限
B2	退出一段三时限	投入一段三时限	B1	退出一段二时限	投入一段二时限
B0	退出一段一时限	投入一段一时限			

六、高压侧相间阻抗保护定值及整定说明

1. 定值（表6-19）

表6-19　相间阻抗保护定值

代码	定值名称	定值范围	单位	代码	定值名称	定值范围	单位
KGZK	阻抗保护控制字	0000～FFFF	无	XZ1	阻抗一段电抗分量定值	0.1～125Ω	Ω
RZ1	阻抗一段电阻分量定值	0.1～125Ω	Ω	NZ1	阻抗一段反向偏移比	0～1	无
TZ11	阻抗一段一时限	0.1～20s	s	TZ12	阻抗一段二时限	0.1～20s	s
TZ13	阻抗一段三时限	0.1～20s	s	XZ2	阻抗二段电抗分量定值	0.1～125Ω	Ω
RZ2	阻抗二段电阻分量定值	0.1～125Ω	Ω	TZ21	阻抗二段一时限	0.1～20s	s
TZ22	阻抗二段二时限	0.1～20s	s				

2. 整定说明

相间阻抗保护控制字见表6-20。

表 6-20 相间阻抗保护控制字

位号	置"0"时的含义	置"1"时的含义	位号	置"0"时的含义	置"1"时的含义
B15~B8	备用	备用	B7	备用	备用
B6	退出二段二时限	投入二段二时限	B5	退出二段一时限	投入二段一时限
B4	退出一段三时限	投入一段三时限	B3	退出一段二时限	投入一段二时限
B2	退出一段一时限	投入一段一时限	B1	阻抗二段方向指向变压器	阻抗二段方向指向系统
B0	阻抗一段方向指向变压器	阻抗一段方向指向系统			

七、高压侧接地阻抗保护定值及整定说明

1. 定值（表 6-21）

表 6-21 接地阻抗保护定值

代码	定值名称	定值范围	单位	代码	定值名称	定值范围	单位
KGZK	接地阻抗控制字	0000~FFFF	无	XZ1	接地阻抗一段电抗	0.1~125Ω	Ω
RZ1	接地阻抗一段电阻	0.1~125Ω	Ω	NZ1	反向偏移比	0~1	无
K	零序补偿系数	0.1~99	无	TZ11	接地阻抗一段一时限	0.1~20s	s
TZ12	接地阻抗一段二时限	0.1~20s	s	TZ13	接地阻抗一段三时限	0.1~20s	s

2. 定值整定说明

接地阻抗保护控制字见表 6-22。

表 6-22 接地阻抗保护控制字

位号	置"0"时的含义	置"1"时的含义	位号	置"0"时的含义	置"1"时的含义
B15~B4	备用	备用	B3	退出一段三时限	投入一段三时限
B2	退出一段二时限	投入一段二时限	B1	退出一段一时限	投入一段一时限
B0	偏移阻抗方向指向变压器	偏移阻抗方向指向系统			

八、过激磁保护定值及整定说明

1. 定值（表 6-23）

表 6-23 过激磁保护定值

代码	定值名称	定值范围	单位	代码	定值名称	定值范围	单位
KG	过激磁投退控制字	0000~FFFF	无	U	基准电压	40~100V	V
MD1	过激磁告警定值	1.0~1.5	无	TD1	过激磁告警时限	0.1~9999s	s
MD2	过激磁跳闸定值	1.0~1.5	无	TD2	过激磁跳闸时限	0.1~9999s	s
TF1	反时限过激磁一段	0.1~9999s	s	TF2	反时限过激磁二段	0.1~9999s	s
TF3	反时限过激磁三段	0.1~9999s	s	TF4	反时限过激磁四段	0.1~9999s	s
TF5	反时限过激磁五段	0.1~9999s	s	TF6	反时限过激磁六段	0.1~9999s	s
TF7	反时限过激磁七段	0.1~9999s	s				

2. 定值整定说明

基准电压是计算过激磁倍数时用的，因有些超高压系统中正常运行电压比额定电压高一定的百分数。反时限是通过曲线拟合的方式来实现的，现在固定反时限过激磁一段的过激磁倍数为1.1，以0.05的级差递增。

过激磁保护控制字见表6-24。

表6-24 过激磁保护控制字

位号	置“0”时的含义	置“1”时的含义	位号	置“0”时的含义	置“1”时的含义
B15～B4	备用	备用	B1	退出定时限跳闸段	投入定时限跳闸段
B3	备用	备用	B0	退出告警时限	投入告警时限
B2	退出反时限	投入反时限			

九、高压侧间隙保护定值及整定说明

1. 定值（表6-25）

表6-25 间隙保护定值

代码	定值名称	定值范围	单位
KG	间隙保护控制字	0000～FFFF	无
VJ0	间隙零压定值	3～300V	V
TV1	间隙（零压）一时限	0.1～20s	s
TV2	间隙（零压）二时限	0.1～20s	s
IJ0	间隙零流定值	$(0.1\sim20)I_N$	A
TJ1	间隙零流一时限	0.1～20s	s
TJ2	间隙零流二时限	0.1～20s	s

2. 定值整定说明

间隙保护控制字见表6-26。

表6-26 间隙保护控制字

位号	置“0”时的含义	置“1”时的含义
B15～B8	备用	备用
B7～B5	备用	备用
B4	退出间隙零流保护一段二时限	投入间隙零流保护一段二时限
B3	退出间隙零保护一段一时限	投入间隙零保护一段一时限
B2	退出间隙（零压）保护一段二时限	投入间隙（零压）保护一段二时限
B1	退出间隙（零压）保护一段一时限	投入间隙（零压）保护一段一时限
B0	间隙零流、零压保护不并联输出	间隙零流、零压保护并联输出

十、高压侧其他保护定值及整定说明

1. 其他保护定值（表6-27）

表6-27 其他保护定值

代码	定值名称	定值范围	单位
KGQT	其他保护控制字	0000～FFFF	无
IFH	过负荷告警定值	(0.1～5)I_N	A
TFH	过负荷告警延时	0～9000s	s
ITF1	启动通风一段定值	(0.1～5)I_N	A
TTF1	启动通风一段延时	0.1～9000s	s
ITF2	启动通风二段定值	(0.1～5)I_N	A
TTF2	启动通风二段延时	0.1～9000s	s
IFV	闭锁调压定值	(0.1～5)I_N	A
TFV	闭锁调压延时	0.1～9000s	s
I0F	非全相零序电流	(0.1～20)I_N	A
I2F	非全相负序电流	(0.1～20)I_N	A
TF1	非全相保护一时限	0.1～20s	s
TF2	非全相保护二时限	0.1～20s	s

2. 整定说明

（1）非全相保护一时限固定跳高压侧开关，二时限固定跳各侧开关。

（2）控制字，见表6-28。

表6-28 其他保护控制字

位号	置“0”时的含义	置“1”时的含义
B15～B12	备用	备用
B11～B9	备用	备用
B8	非全相电流元件退出	非全相电流元件投入
B7	非全相保护二时限退出	非全相保护二时限投入
B6	非全相保护一时限退出	非全相保护一时限投入
B5	闭锁调压退出	闭锁调压投入
B4	启动通风二段退出	启动通风二段投入
B3	启动通风一段退出	启动通风一段投入
B2～B1	备用	备用
B0	过负荷告警退出	过负荷告警投入

十一、中压侧复合电压闭锁（方向）过流保护定值及整定说明

同高压侧，说明略。

十二、中压侧零压闭锁零序（方向）过流保护定值及整定说明

同高压侧，说明略。

十三、中压侧相间阻抗保护定值及整定说明

同高压侧，说明略。

十四、中压侧接地阻抗保护定值及整定说明

同高压侧，说明略。

十五、中压侧间隙保护定值及整定说明

同高压侧，说明略。

十六、中压侧其他保护定值及整定说明

1. 定值（表6-29）

表6-29　其他保护定值

代　码	定值名称	定值范围	单　位
KGQT	其他保护控制字	0000～FFFF	无
IFH	过负荷告警定值	（0.1～5）I_N	A
TFH	过负荷告警延时	0～9000s	s
I0F	非全相零序电流	（0.1～20）I_N	A
I2F	非全相负序电流	（0.1～20）I_N	A
TF1	非全相保护一时限	0.1～20s	s
TF2	非全相保护二时限	0.1～20s	s
ICD	充电保护电流定值	（0.1～5）I_N	A
TCD	充电保护时限	0.1～20s	s

2. 整定说明

（1）非全相保护一时限固定跳中压侧开关，二时限固定跳各侧开关。

（2）充电保护固定跳本侧开关。

（3）其他保护控制字见表6-30。

表6-30　其他保护控制字

位　号	置“0”时的含义	置“1”时的含义
B15～B12	备　用	备　用
B11～B10	备　用	备　用
B9	充电保护退出	充电保护投入
B8	非全相电流元件退出	非全相电流元件投入
B7	非全相保护二时限退出	非全相保护二时限投入
B6	非全相保护一时限退出	非全相保护一时限投入
B5～B4	备　用	备　用
B3～B1	备　用	备　用
B0	过负荷告警退出	过负荷告警投入

十七、低压侧复合电压闭锁（方向）过流保护定值及整定说明

1. 定值（表6-31）

表6-31　复合电压闭锁（方向）过流保护定值

代　码	定值名称	定值范围	单位	代码	定值名称	定值范围	单位
KGFL	复流保护控制字	0000～FFFF	无	IL2	复流二段定值	（0.1～20）I_N	A
KG	复流保护投退控制字	0000～FFFF	无	TL21	复流二段一时限	0.1～20s	s
VL	低电压闭锁定值	2～100V	V	TL22	复流二段二时限	0.1～20s	s
V2	负序电压闭锁定值	2～100V	V	TL23	复流二段三时限	0.1～20s	s

续表

代码	定值名称	定值范围	单位	代码	定值名称	定值范围	单位
IL1	复流一段定值	$(0.1\sim20)I_N$	A	ISD	电流速断保护定值	$(0.1\sim20)I_N$	A
TL11	复流一段一时限	0.1～20s	s	TSD1	电流速断一时限	0.1～20s	s
TL12	复流一段二时限	0.1～20s	s	TSD2	电流速断二时限	0.1～20s	s
TL13	复流一段三时限	0.1～20s	s				

2. 整定说明

复合电压闭锁（方向）过流保护控制字见表6-32。

表6-32　复合电压闭锁（方向）过流保护控制字

位号	置“0”时的含义	置“1”时的含义	位号	置“0”时的含义	置“1”时的含义
B15	备用	备用	B6	复流二段复压闭锁退出	复流二段复压闭锁投入
B14	TV断线后方向和复压满足	TV断线后方向和复压不满足	B5	复流二段方向指向变压器	复流二段方向指向系统
B13～B12	备用	备用	B4	复流二段方向退出	复流二段方向投入
B11	复压闭锁、不取低压二侧	复压闭锁、取低压二侧	B3	复流一段复压闭锁退出	复流一段复压闭锁投入
B10	复压闭锁、不取低压侧	复压闭锁、取低压侧	B2	复流一段方向指向变压器	复流一段方向指向系统
B9	复压闭锁、不取中压侧	复压闭锁、取中压侧	B1	复流一段方向退出	复流一段方向投入
B8	复压闭锁、不取高压侧	复压闭锁、取高压侧	B0	复流方向元件灵敏角－45°	复流方向元件灵敏角－30°
B7	备用	备用			

复合电压闭锁（方向）过流保护投退控制字见表6-33。

表6-33　复合电压闭锁（方向）过流保护投退控制字

位号	置“0”时的含义	置“1”时的含义	位号	置“0”时的含义	置“1”时的含义
B15～B8	备用	备用	B3	退出二段一时限	投入二段一时限
B7	退出速断二时限	投入速断二时限	B2	退出一段三时限	投入一段三时限
B6	退出速断一时限	投入速断一时限	B1	退出一段二时限	投入一段二时限
B5	退出二段三时限	投入二段三时限	B0	退出一段一时限	投入一段一时限
B4	退出二段二时限	投入二段二时限			

十八、低压侧其他保护定值及整定说明

1. 定值（表6-34）

表6-34　其他保护定值

代码	定值名称	定值范围	单位	代码	定值名称	定值范围	单位
KGQT	其他保护控制字	0000～FFFF	无	IFL	过负荷告警定值	$(0.1\sim5)I_N$	A
VJ0	零序过压电压定值	3～150V	V	TFL	过负荷告警延时	0.1～9000s	s
TV0	零序过压延时	0.1～20s	s	IFR	绕组过负荷电流	$(0.1\sim5)I_N$	A
IMC	充电保护电流定值	$(0.1\sim5)I_N$	A	TFR	绕组过负荷延时	0.1～9000s	s
TMC	充电保护时限	0.1～9000s	s				

2. 整定说明

(1) 零序过电压保护只告警。

(2) 充电保护固定跳本侧开关。

(3) 绕组过负荷保护所取的电流是低压绕组三角环内部的电流。

(4) 其他保护控制字见表6-35。

表6-35　　其他保护控制字

位　号	置"0"时的含义	置"1"时的含义	位　号	置"0"时的含义	置"1"时的含义
B15～B13	备　用	备　用	B7～B4	备　用	备　用
B12	零序过压保护退出	零序过压保护投入	B3～B2	备　用	备　用
B11	充电保护退出	充电保护投入	B1	低压绕组过负荷告警退出	低压绕组过负荷告警投入
B10～B8	备　用	备　用	B0	过负荷告警退出	过负荷告警投入

十九、低压Ⅱ侧复合电压闭锁（方向）过流保护定值及整定说明

同低压侧，说明略。

二十、低压Ⅱ侧其他保护定值及整定说明

1. 定值（表6-36）

表6-36　　其他保护定值

代　码	定值名称	定值范围	单　位	代　码	定值名称	定值范围	单　位
KGQT	其他保护控制字	0000～FFFF	无	TMC	充电保护时限	0.1～9000s	s
VJ0	零序过压电压定值	3～150V	V	IFL	过负荷告警定值	(0.1～5)I_N	A
TV0	零序过压延时	0.1～20s	s	TFL	过负荷告警延时	0.1～9000s	s
IMC	充电保护电流定值	(0.1～5) I_N	A				

2. 整定说明

(1) 零序过电压保护只告警。

(2) 充电保护固定跳本侧开关。

(3) 其他保护控制字见表6-37。

表6-37　　其他保护控制字

位　号	置"0"时的含义	置"1"时的含义	位　号	置"0"时的含义	置"1"时的含义
B15～B13	备　用	备　用	B7～B4	备　用	备　用
B12	零序过压保护退出	零序过压保护投入	B3～B1	备　用	备　用
B11	充电保护退出	充电保护投入	B0	过负荷告警退出	过负荷告警投入
B10～B8	备　用	备　用			

二十一、公共绕组保护定值及整定说明

1. 定值（表6-38）

表6-38　　公共绕组保护定值

代　码	定值名称	定值范围	单　位	代　码	定值名称	定值范围	单　位
KGGR	公共绕组控制字	0000～FFFF	无	IGL	公共绕组过流定值	(0.1～20)I_N	A
IGF	公共绕组过负荷	(0.1～5)I_N	A	TGL	公共绕组过流延时	0.1～20s	s

续表

代码	定值名称	定值范围	单位	代码	定值名称	定值范围	单位
TGF	公共过负荷延时	0.1～9999s	s	I0G	公共绕组零流定值	(0.1～20)I_N	A
IG0F	公共零序过负荷	(0.1～5)I_N	A	T0G	公共绕组零流延时	0.1～20s	s
TG0F	公共零序延时	0.1～9999s	s				

2. 整定说明（表6-39）

表6-39　　公共绕组保护控制字

位号	置"0"时的含义	置"1"时的含义	位号	置"0"时的含义	置"1"时的含义
B15～B8	备用	备用	B3	公共绕组零序过流退出	公共绕组零序过流投入
B7	过流保护不经低二压侧复压闭锁	过流保护经低二压侧复压闭锁	B2	公共绕组过流保护退出	公共绕组过流保护投入
B6	过流保护不经低压侧复压闭锁	过流保护经低压侧复压闭锁	B1	公共绕组零序过负荷退出	公共绕组零序过负荷投入
B5	过流保护不经中压侧复压闭锁	过流保护经中压侧复压闭锁	B0	公共绕组过负荷告警退出	公共绕组过负荷告警投入
B4	过流保护不经高压侧复压闭锁	过流保护经高压侧复压闭锁			

二十二、装置参数定值及整定说明

1. 定值（表6-40）

表6-40　　装置参数定值

定值名称	定值范围	单位	定值名称	定值范围	单位
高复流T11跳闸	0000～FFFF	无	中接地阻抗T11跳闸	0000～FFFF	无
高复流T12跳闸	0000～FFFF	无	中接地阻抗T12跳闸	0000～FFFF	无
高复流T13跳闸	0000～FFFF	无	中接地阻抗T13跳闸	0000～FFFF	无
高复流T21跳闸	0000～FFFF	无	中相间阻抗T11跳闸	0000～FFFF	无
高复流T22跳闸	0000～FFFF	无	中相间阻抗T12跳闸	0000～FFFF	无
高复流T23跳闸	0000～FFFF	无	中相间阻抗T13跳闸	0000～FFFF	无
高复流T31跳闸	0000～FFFF	无	中相间阻抗T21跳闸	0000～FFFF	无
高复流T32跳闸	0000～FFFF	无	中相间阻抗T22跳闸	0000～FFFF	无
高接地阻抗T11跳闸	0000～FFFF	无	中零序T11跳闸	0000～FFFF	无
高接地阻抗T12跳闸	0000～FFFF	无	中零序T12跳闸	0000～FFFF	无
高接地阻抗T13跳闸	0000～FFFF	无	中零序T13跳闸	0000～FFFF	无
高相间阻抗T11跳闸	0000～FFFF	无	中零序T21跳闸	0000～FFFF	无
高相间阻抗T12跳闸	0000～FFFF	无	中零序T22跳闸	0000～FFFF	无
高相间阻抗T13跳闸	0000～FFFF	无	中零序T23跳闸	0000～FFFF	无
高相间阻抗T21跳闸	0000～FFFF	无	中零序T31跳闸	0000～FFFF	无

续表

定值名称	定值范围	单位	定值名称	定值范围	单位
高相间阻抗 T22 跳闸	0000～FFFF	无	中零序 T32 跳闸	0000～FFFF	无
高零序 T11 跳闸	0000～FFFF	无	中间隙零压 T1 跳闸	0000～FFFF	无
高零序 T12 跳闸	0000～FFFF	无	中间隙零压 T2 跳闸	0000～FFFF	无
高零序 T13 跳闸	0000～FFFF	无	中间隙零流 T1 跳闸	0000～FFFF	无
高零序 T21 跳闸	0000～FFFF	无	中间隙零流 T2 跳闸	0000～FFFF	无
高零序 T22 跳闸	0000～FFFF	无	低一复流 T11 跳闸	0000～FFFF	无
高零序 T23 跳闸	0000～FFFF	无	低一复流 T12 跳闸	0000～FFFF	无
高零序 T31 跳闸	0000～FFFF	无	低一复流 T13 跳闸	0000～FFFF	无
高零序 T32 跳闸	0000～FFFF	无	低一复流 T21 跳闸	0000～FFFF	无
定时限过激磁跳闸	0000～FFFF	无	低一复流 T22 跳闸	0000～FFFF	无
定时限过激磁跳闸	0000～FFFF	无	低一复流 T23 跳闸	0000～FFFF	无
高间隙零压 T1 跳闸	0000～FFFF	无	低一速断 T31 跳闸	0000～FFFF	无
高间隙零压 T2 跳闸	0000～FFFF	无	低一速断 T32 跳闸	0000～FFFF	无
高间隙零流 T1 跳闸	0000～FFFF	无	低二复流 T11 跳闸	0000～FFFF	无
高间隙零流 T2 跳闸	0000～FFFF	无	低二复流 T12 跳闸	0000～FFFF	无
中复流 T11 跳闸	0000～FFFF	无	低二复流 T13 跳闸	0000～FFFF	无
中复流 T12 跳闸	0000～FFFF	无	低二复流 T21 跳闸	0000～FFFF	无
中复流 T13 跳闸	0000～FFFF	无	低二复流 T22 跳闸	0000～FFFF	无
中复流 T21 跳闸	0000～FFFF	无	低二复流 T23 跳闸	0000～FFFF	无
中复流 T22 跳闸	0000～FFFF	无	低二速断 T31 跳闸	0000～FFFF	无
中复流 T23 跳闸	0000～FFFF	无	低二速断 T32 跳闸	0000～FFFF	无
中复流 T31 跳闸	0000～FFFF	无	公共绕组过流跳闸	0000～FFFF	无
中复流 T32 跳闸	0000～FFFF	无	公共绕组零序过流跳闸	0000～FFFF	无

2. 整定说明

每个跳闸控制字的定义完全相同，定义见表 6-41。

表 6-41 跳 闸 控 制 字

位号	置“0”时的含义	置“1”时的含义	位号	置“0”时的含义	置“1”时的含义
B15～B12	备用	备用	B11	备用	备用
B10	备用	备用	B9	不跳跳闸备用 2	跳跳闸备用 2
B8	不跳跳闸备用 1	跳跳闸备用 1	B7	不跳低压侧分段开关	跳低压侧分段开关
B6	不跳低压二侧开关	跳低压二侧开关	B5	不跳低压侧开关	跳低压侧开关
B4	不跳中压侧母联开关	跳中压侧母联开关	B3	不跳中压侧开关	跳中压侧开关
B2	不跳高压侧母联开关	跳高压侧母联开关	B1	不跳高压侧开关	跳高压侧开关
B0	备用	备用			

第六节 装置接线及端子说明

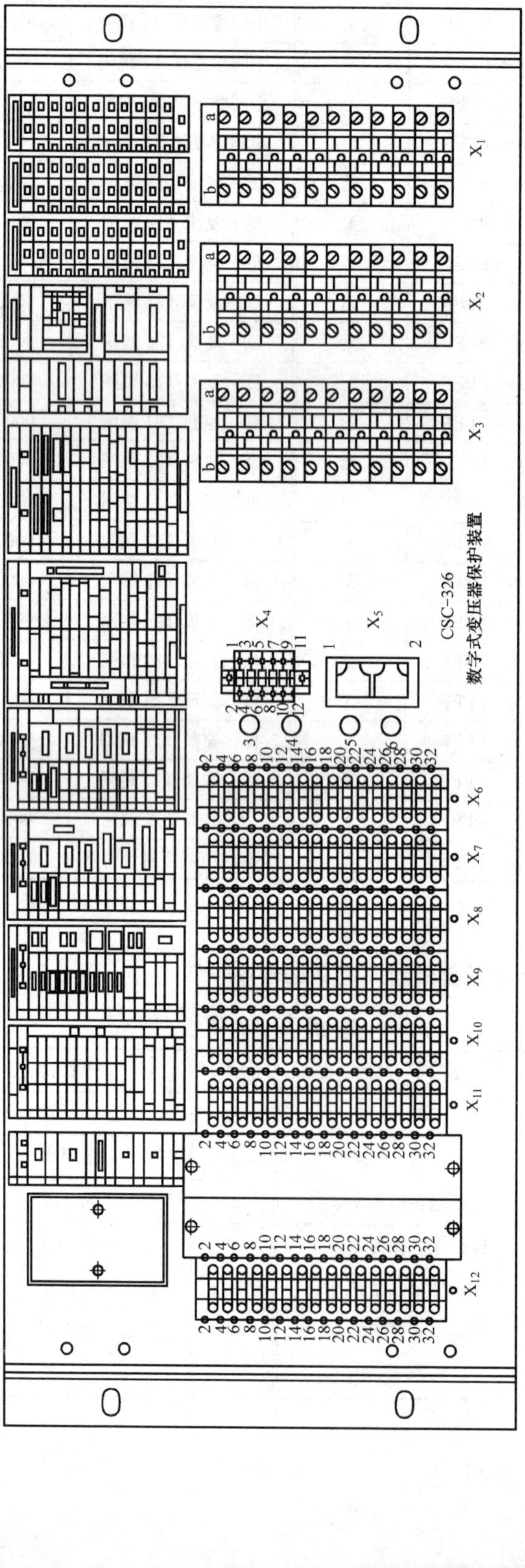

图 6-18 背板端子排布示意图

一、背板端子排布示意图（图 6－18）

二、装置端子说明

下面表 6－42 对图形中很难表述清楚的交流端子名称进行说明。

表 6－42　　交流端子含义

端子名称	含　义	备　注
IH1A，IH1A′	高压一侧 A 相电流	IH1A 为正极性端
IH1B，IH1B′	高压一侧 B 相电流	IH1B 为正极性端
IH1C，IH1C′	高压一侧 C 相电流	IH1C 为正极性端
IH2A，IH2A′	高压二侧 A 相电流	IH2A 为正极性端
IH2B，IH2B′	高压二侧 B 相电流	IH2B 为正极性端
IH2C，IH2C′	高压二侧 C 相电流	IH2C 为正极性端
UHA，UHA′	高压侧 A 相电压	UHA 为正极性端
UHB，UHB′	高压侧 B 相电压	UHB 为正极性端
UHC，UHC′	高压侧 C 相电压	UHC 为正极性端
UH0，UH0′	高压侧零序电压	UH0 为正极性端
IMA，IMA′	中压侧 A 相电流	IMA 为正极性端
IMB，IMB′	中压侧 B 相电流	IMB 为正极性端
IMC，IMC′	中压侧 C 相电流	IMC 为正极性端
UMA，UMA′	中压侧 A 相电压	UMA 为正极性端
UMB，UMB′	中压侧 B 相电压	UMB 为正极性端
UMC，UMC′	中压侧 C 相电压	UMC 为正极性端
UM0，UM0′	中压侧零序电压	UM0 为正极性端
IL1A，IL1A′	低压侧 A 相电流	IL1A 为正极性端
IL1B，IL1B′	低压侧 B 相电流	IL1B 为正极性端
IL1C，IL1C′	低压侧 C 相电流	IL1C 为正极性端
UL1A，UL1A′	低压侧 A 相电压	UL1A 为正极性端
UL1B，UL1B′	低压侧 B 相电压	UL1B 为正极性端
UL1C，UL1C′	低压侧 C 相电压	UL1C 为正极性端
IL2A，IL2A′	低压二侧 A 相电流	IL2A 为正极性端
IL2B，IL2B′	低压二侧 B 相电流	IL2B 为正极性端
IL2C，IL2C′	低压二侧 C 相电流	IL2C 为正极性端
UL2A，UL2A′	低压二侧 A 相电压	UL2A 为正极性端
UL2B，UL2B′	低压二侧 B 相电压	UL2B 为正极性端

续表

端子名称	含　　义	备　　注
UL2C，UL2C′	低压二侧C相电压	UL2C为正极性端
IGA（IH0），IGA′	公共绕组A相电流或高压侧中性点电流	IGA（IH0）为正极性端
IGB（IHJX），IGB′	公共绕组B相电流或高压侧间隙电流	IGB（IHJX）为正极性端
IGC（IM0），IGC′	公共绕组C相电流或中压侧中性点电流	IGC（IM0）为正极性端
IG0（IMJX），IG0′	公共绕组零序电流或中压侧间隙电流	IG0（IMJX）为正极性端
IRA，IRA′	低压绕组A相电流	IRA为正极性端
IRB，IRB′	低压绕组B相电流	IRB为正极性端
IRC，IRC′	低压绕组C相电流	IRC为正极性端

三、插件及端子图

1. 交流插件1、2原理图（图6-19）

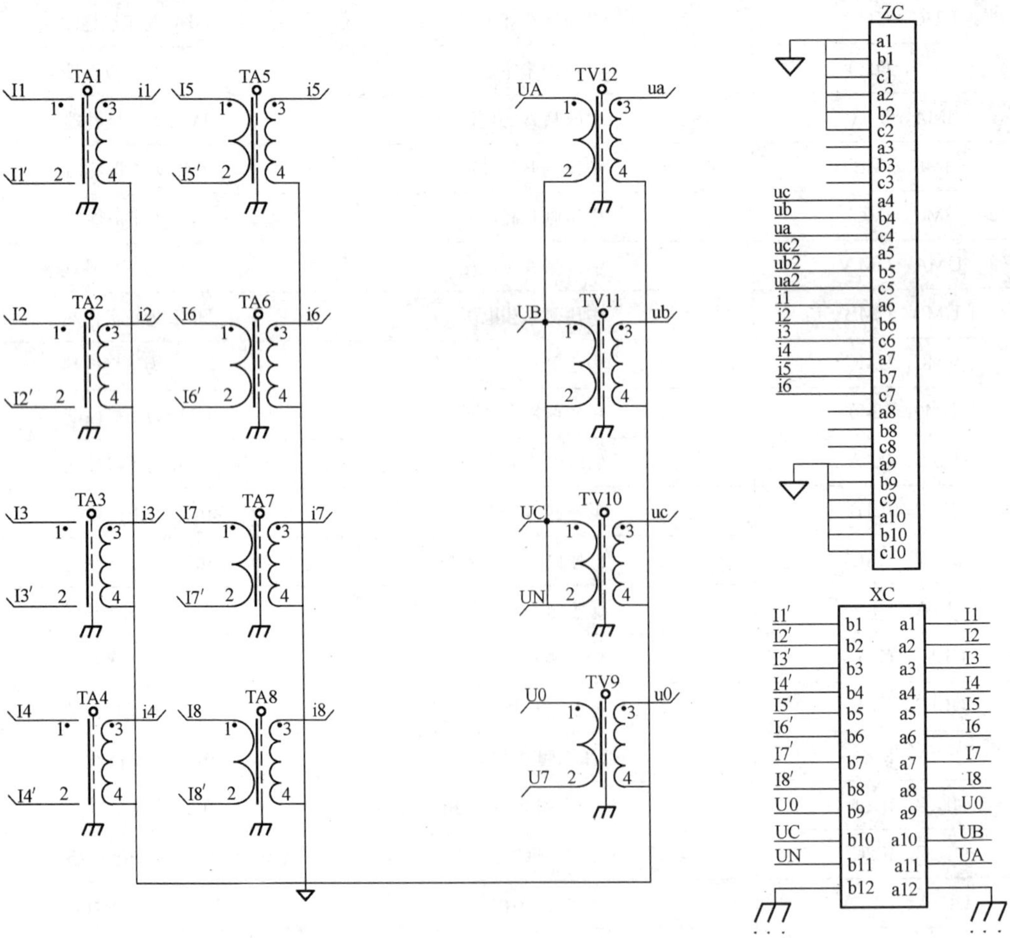

图6-19　交流插件1、2原理图

2. 交流插件 3 原理图（图 6-20）

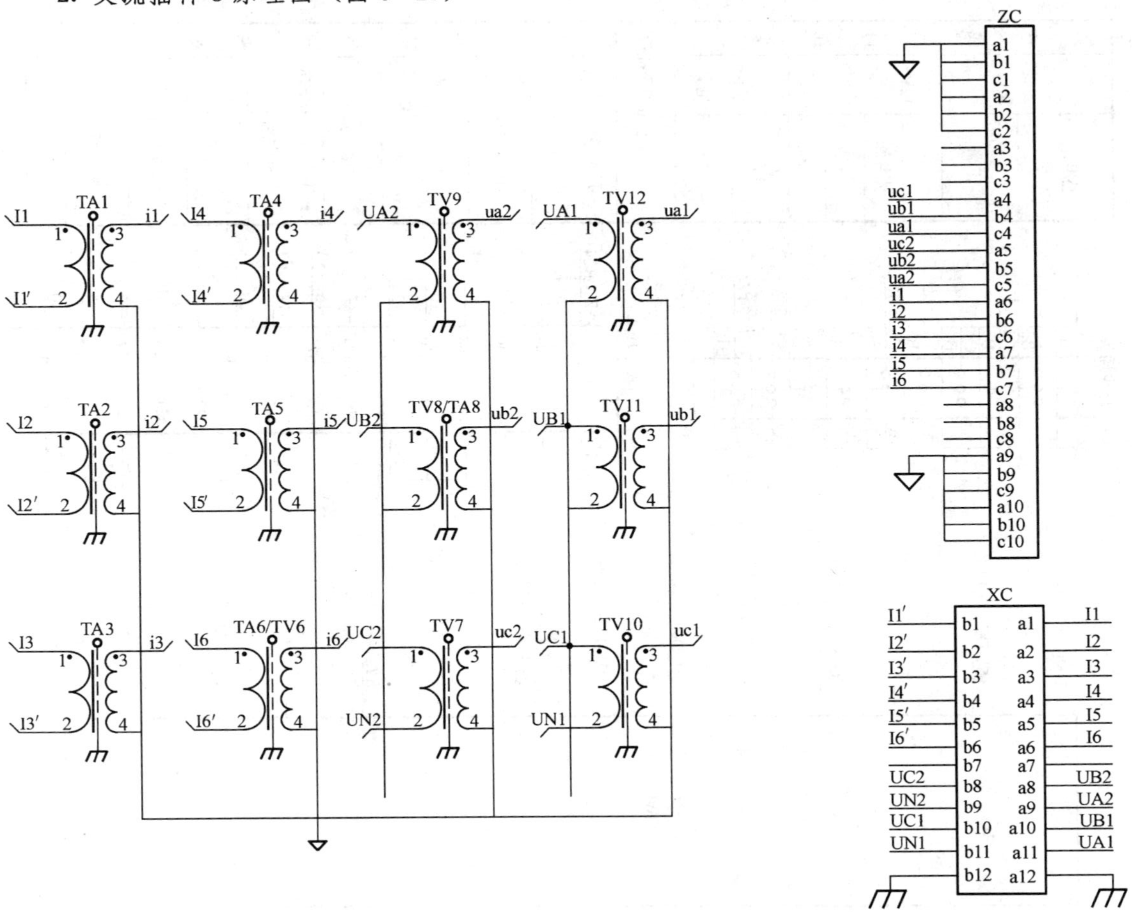

图 6-20 交流插件 3 原理图

3. 电源插件原理图（图 6 - 21）

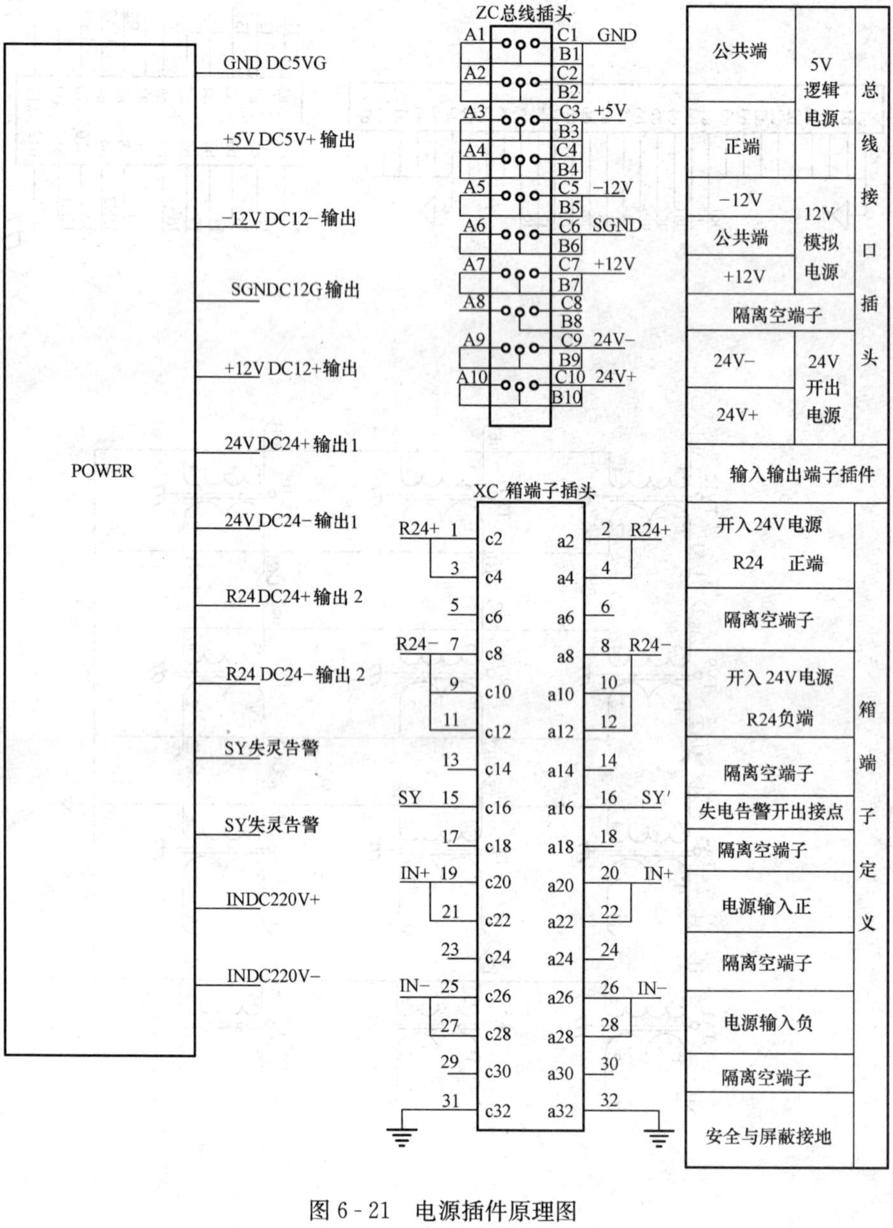

图 6 - 21 电源插件原理图

4. CSC－326A 装置背板端子图(图 6－22)

X5(开入插件)

	c	a
2	开入电源＋	
4	高压侧非全相	差动保护压板
6	备用	备用
8	备用	高压复流保护
10	低压充电保护	备用
12	备用	高压零流保护
14	备用	备用
16	高压电压压板	高压间隙零压
18	备用	高压间隙零流
20	低压电压压板	备用
22	备用	闭锁远方操作
24	低压复流保护	检修状态压板
26	备用	信号复归
28	开入电源－	
30	备用信号(非保持)	
32	备用信号(保持)	

光以太网为可选项

3	光以太网 1 收	3
4	光以太网 1 发	4
5	光以太网 2 收	5
6	光以太网 2 发	6

X3(管理插件)

2		GPSGND	1
4		GPS	3
6	⏚		5
8			7
10	LONA	485A	9
12	LONA	485B	11

X4(以太网)

以太网 1	1
以太网 2	2

X2(交流插件)

	b	a
1	IL1A′	IL1A
2	IL1B′	IL1B
3	IL1C′	IL1C
4		
5		
6		
7		
8		
9		
10	UL1C	UL1B
11	UL1N	UL1A
12		

X1(交流插件)

	b	a
1	IH1A′	IH1A
2	IH1B′	IH1B
3	IH1C′	IH1C
4	IH2A′	IH2A
5	IH2B′	IH2B
6	IH2C′	IH2C
7	IH0′	IH0
8	IHJX′	IHJX
9	UH0′	UH0
10	UHC	UHB
11	UHN	UHA
12		

X10(电源插件)

	c	a
2	R24V＋输出	
4		
6		
8	R24V－输出	
10		
12		
14		
16	直流消失	
18		
20	1	
22		
24		
26	2	
28		
30		
32	⏚	

X9(信号插件)　c○—⁄—○a

2	中央信号公共端 1	中央信号公共端 2
4	告警 1	TA 断线
6	告警 2	TV 断线
8	差动动作	过负荷
10	后备动作	低零序过压
12	远动信号公共端 1	远动信号公共端 2
14	告警 1	TA 断线
16	告警 2	TV 断线
18	差动动作	过负荷
20	后备动作	低零序过压
22	录波信号公共端 1	录波信号公共端 1
24	告警 1	TA 断线
26	告警 2	TV 断线
28	差动动作	过负荷
30	后备动作	低零序过压
32	备用	

X8(开出插件 3)　c○—⁄—○a

2	跳闸 1	备用
4	跳闸 2	
6	跳闸 1	闭锁低压侧备投
8	跳闸 2	
10	跳闸 1	复压动作
12	跳闸 2	
14	跳闸 1	启动通风 1
16	跳闸 2	
18	跳闸 1	启动通风 2
20	跳闸 2	
22	跳闸 1	闭锁调压
24	跳闸 2	
26	信号 1(保持)	备用信号 1
28	信号 1(非保持)	
30	信号 2(保持)	备用信号 2
32	信号 2(非保持)	

X7(开出插件 2)　c○—⁄—○a

2	跳闸 1	备用
4	跳闸 2	
6	跳闸 3	
8	跳闸 1	备用
10	跳闸 2	
12	跳闸 1	备用
14	跳闸 2	
16	跳闸 1	跳闸备用 1
18	跳闸 2	
20	跳闸 1	备用
22	跳闸 2	
24	跳闸 1	跳闸备用 2
26	跳闸 2	
28	跳闸 6	备用
30	信号(保持)	后备保护动作
32	信号(非保持)	

X6(开出插件 1)　c○—⁄—○a

2	跳闸 1	高压开关
4	跳闸 2	
6	跳闸 3	
8	跳闸 4	
10	跳闸 5	
12	跳闸 1	高压母联
14	跳闸 2	
16	跳闸 1	高压开关
18	跳闸 2	
20	跳闸 1	低压开关
22	跳闸 2	
24	跳闸 1	低压分段
26	跳闸 2	
28	跳闸 6	备用
30	信号(保持)	差动保护动作
32	信号(非保持)	

图 6－22　CSC－326A 装置背板端子图

5. CSC－326B 装置背板端子图（图 6－23）

X6(开入插件 1)		
	c	a
2	开入电源＋	
4	高压侧非全相	差动保护压板
6	备用	零差保护压板
8	中压充电保护	高压复流Ⅰ、Ⅱ段保护
10	低压充电保护	高压复流Ⅲ段保护
12	备用	高压零流Ⅰ、Ⅱ段保护
14	备用	高压零流Ⅲ段保护
16	备用	高压间隙零压
18	备用	高压间隙零流
20	备用	备用
22	备用	闭锁远方操作
24	备用	检修状态压板
26	备用	信号复归
28	开入电源－	
30	备用信号(非保持)	
32	备用信号(保持)	

光以太网为可选项		
3	光以太网 1 收	3
4	光以太网 1 发	4
5	光以太网 2 收	5
6	光以太网 2 发	6

X4(管理插件)			
2		GPSGND	1
4		GPS	3
6	⏚		5
8			7
10	LONA	485A	9
12	LONA	485B	11

X5(以太网)	
以太网 1	1
以太网 2	2

X3(交流插件)		
	b	a
1	IL1A′	IL1A
2	IL1B′	IL1B
3	IL1C′	IL1C
4		
5		
6		
7		
8		
9		
10	UL1C	UL1B
11	UL1N	UL1A
12		

X2(交流插件)		
	b	a
1	IMA′	IMA
2	IMB′	IMB
3	IMC′	IMC
4	IGA′	IGA(IH0)
5	IGB′	IGB(IHJX)
6	IGC′	IGC(IM0)
7	IG0′	IG0(IMJX)
8		
9	UM0′	UM0
10	UMC	UMB
11	UMN	UMA
12		

X1(交流插件)		
	b	a
1	IH1A′	IH1A
2	IH1B′	IH1B
3	IH1C′	IH1C
4	IH2A′	IH2A
5	IH2B′	IH2B
6	IH2C′	IH2C
7		
8		
9	UH0′	UH0
10	UHC	UHB
11	UHN	UHA
12		

X12(电源插件)		
	c	a
2	R24V＋输出	
4		
6		
8	R24V－输出	
10		
12		
14		
16	直流消失	
18		
20	1	
22		
24		
26	2	
28		
30		
32	⏚	

X11(信号插件)		
	c—/—a	
2	中央信号公共端 1	中央信号公共端 2
4	告警 1	TA 断线
6	告警 2	TV 断线
8	差动动作	过负荷
10	后备动作	低零序过压
12	远动信号公共端 1	远动信号公共端 2
14	告警 1	TA 断线
16	告警 2	TV 断线
18	差动动作	过负荷
20	后备动作	低零序过压
22	录波信号公共端 1	录波信号公共端 1
24	告警 1	TA 断线
26	告警 2	TV 断线
28	差动动作	过负荷
30	后备动作	低零序过压
32	备用	

X10(开出插件 3)		
	c—/—a	
2	跳闸 1	闭锁中压
4	跳闸 2	侧备投
6	跳闸 1	闭锁低压
8	跳闸 2	侧备投
10	跳闸 1	复压动作
12	跳闸 2	
14	跳闸 1	启动通风 1
16	跳闸 2	
18	跳闸 1	启动通风 2
20	跳闸 2	
22	跳闸 1	闭锁调压
24	跳闸 2	
26	信号 1(保持)	备用信号 1
28	信号 1(非保持)	
30	信号 2(保持)	备用信号 2
32	信号 2(非保持)	

X9(开出插件 2)		
	c—/—a	
2	跳闸 1	中压开关
4	跳闸 2	
6	跳闸 3	
8	跳闸 1	中压母联
10	跳闸 2	
12	跳闸 1	中压开关
14	跳闸 2	
16	跳闸 1	跳闸备用 1
18	跳闸 2	
20	跳闸 1	备用
22	跳闸 2	
24	跳闸 1	跳闸备用 2
26	跳闸 2	
28	跳闸 6	备用
30	信号(保持)	后备保护动作
32	信号(非保持)	

X8(开出插件 1)		
	c—/—a	
2	跳闸 1	高压开关
4	跳闸 2	
6	跳闸 3	
8	跳闸 4	
10	跳闸 5	
12	跳闸 1	高压母联
14	跳闸 2	
16	跳闸 1	高压开关
18	跳闸 2	
20	跳闸 1	低压开关
22	跳闸 2	
24	跳闸 1	低压分段
26	跳闸 2	
28	跳闸 6	备用
30	信号(保持)	差动保护动作
32	信号(非保持)	

X7(开入插件 2)		
	c	a
2	R24V＋输入	
4	高压电压	中压复流Ⅰ、Ⅱ段保护
6	中压电压	中压复流Ⅲ段保护
8	低压电压	中压零流Ⅰ、Ⅱ段保护
10	备用	中压零流Ⅲ段保护
12	备用	备用
14	备用	中压间隙零压
16	备用	中压间隙零流
18	备用	备用
20	备用	低压复流
22	备用	备用
24	备用	备用
26	备用	备用
28	备用	备用
30	备用	备用
R24V－输入		

图 6－23　CSC－326B 装置背板端子图

6. CSC－326C 装置背板端子图(图 6－24)

X6(开入插件 1)

	c	a
2	开入电源＋	
4	高压侧非全相	差动保护压板
6	中压侧非全相	零差保护压板
8	备用	备用
10	低压充电保护	备用
12	备用	高压零流Ⅰ、Ⅱ段保护
14	备用	高压零流Ⅲ段保护
16	备用	高压间隙零压
18	备用	高压间隙零流
20	备用	过激磁保护
22	备用	闭锁远方操作
24	高压相间阻抗	检修状态压板
26	备用	信号复归
28	开入电源－	
30	备用信号(非保持)	
32	备用信号(保持)	

X4(管理插件)

光以太网为可选项			
3	光以太网 1 收	3	
4	光以太网 1 发	4	
5	光以太网 2 收	5	
6	光以太网 2 发	6	

2		GPSGND	1
4		GPS	3
6	接地		5
8			7
10	LONA	485A	9
12	LONB	485B	11

X5(以太网)

以太网 1	1
以太网 2	2

X3(交流插件)

	b	a
1	IL1A′	IL1A
2	IL1B′	IL1B
3	IL1C′	IL1C
4	IL2A′	IL2A
5	IL2B′	IL2B
6	IL2C′	IL2C
7		
8	UL2C	UL2B
9	UL2N	UL2A
10	UL1C	UL1B
11	UL1N	UL1A
12		

X2(交流插件)

	b	a
1	IMA′	IMA
2	IMB′	IMB
3	IMC′	IMC
4	IGA′	IGA(IH0)
5	IGB′	IGB(IHJX)
6	IGC′	IGC(IM0)
7	IG0′	IG0(IMJX)
8	IRC′	IRC
9	UM0′	UM0
10	UMC	UMB
11	UMN	UMA
12		

X1(交流插件)

	b	a
1	IH1A′	IH1A
2	IH1B′	IH1B
3	IH1C′	IH1C
4	IH2A′	IHA
5	IH2B′	IH2B
6	IH2C′	IH2C
7	IRA′	IRA
8	IRB′	IRB
9	UH0′	UH0
10	UHC	UHB
11	UHN	UHA
12		

X12(电源插件)

	c	a
2	R24V＋输出	
4		
6		
8	R24V－输出	
10		
12		
14		
16	直流消失	
18		
20	1	
22		
24		
26	2	
28		
30		
32	接地	

X11(信号插件)

	c	a
2	中央信号公共端 1	中央信号公共端 2
4	告警 1	TA 断线
6	告警 2	TV 断线
8	差动动作	过负荷
10	后备动作	低零序过压
12	远动信号公共端 1	远动信号公共端 2
14	告警 1	TA 断线
16	告警 2	TV 断线
18	差动动作	过负荷
20	后备动作	低零序过压
22	录波信号公共端 1	录波信号公共端 1
24	告警 1	TA 断线
26	告警 2	TV 断线
28	差动动作	过负荷
30	后备动作	低零序过压
32	备用	

X10(开出插件 3)

	c	a
2	跳闸 1	闭锁中压侧备投
4	跳闸 2	
6	跳闸 1	闭锁低压侧备投
8	跳闸 2	
10	跳闸 1	复压动作
12	跳闸 2	
14	跳闸 1	启动通风 1
16	跳闸 2	
18	跳闸 1	启动通风 2
20	跳闸 2	
22	跳闸 1	闭锁调压
24	跳闸 2	
26	信号 1(保持)	备用信号 1
28	信号 1(非保持)	
30	信号 2(保持)	备用信号 2
32	信号 2(非保持)	

X9(开出插件 2)

	c	a
2	跳闸 1	中压开关
4	跳闸 2	
6	跳闸 3	
8	跳闸 1	中压母联
10	跳闸 2	
12	跳闸 1	中压开关
14	跳闸 2	
16	跳闸 1	跳闸备用 1
18	跳闸 2	
20	跳闸 1	备用
22	跳闸 2	
24	跳闸 1	跳闸备用 2
26	跳闸 2	
28	跳闸 6	备用
30	信号(保持)	后备保护动作
32	信号(非保持)	

X8(开出插件 1)

	c	a
2	跳闸 1	高压开关
4	跳闸 2	
6	跳闸 3	
8	跳闸 4	
10	跳闸 5	
12	跳闸 1	高压母联
14	跳闸 2	
16	跳闸 1	高压开关
18	跳闸 2	
20	跳闸 1	低压开关
22	跳闸 2	
24	跳闸 1	低压分段
26	跳闸 2	
28	跳闸 6	备用
30	信号(保持)	差动保护动作
32	信号(非保持)	

X7(开入插件 2)

	c	a
2	R24V＋输入	
4	高压电压	备用
6	中压电压	备用
8	低压电压	中压零流Ⅰ、Ⅱ段保护
10	低Ⅱ电压	中压零流Ⅲ段保护
12	中压相间阻抗	备用
14	备用	中压间隙零压
16	备用	中压间隙零流
18	备用	备用
20	低Ⅱ复流	低压复流
22	备用	备用
24	备用	备用
26	备用	备用
28	备用	备用
30	备用	备用
32	R24V－输入	

图 6－24　CSC－326C 装置背板端子图

7. CSC－326D 装置背板端子图（图 6－25）

X6（开入插件）

	c	a
2	开入电源＋	
4	高压侧非全相	差动保护压板
6	备用	零差保护压板
8	中压充电保护	高压复流Ⅰ、Ⅱ段保护
10	低压充电保护	高压复流Ⅲ段保护
12	低压2充电保护	高压零流Ⅰ、Ⅱ段保护
14	备用	高压零流Ⅲ段保护
16	备用	高压间隙零压
18	备用	高压间隙零流
20	备用	备用
22	备用	闭锁远方操作
24	备用	检修状态压板
26	备用	信号复归
28	开入电源－	
30	备用信号（非保持）	
32	备用信号（保持）	

光以太网为可选项

3	光以太网 1 收	3
4	光以太网 1 发	4
5	光以太网 2 收	5
6	光以太网 2 发	6

X4（管理插件）

2		GPSGND	1
4		GPS	3
6	⏚		5
8			7
10	LONA	485A	9
12	LONA	485B	11

X5（以太网）

以太网 1	1
以太网 2	2

X3（交流插件）

	b	a
1	IL1A′	IL1A
2	IL1B′	IL1B
3	IL1C′	IL1C
4	IL2A′	IL2A
5	IL2B′	IL2B
6	IL2C′	IL2C
7		
8	UL2C	UL2B
9	UL2N	UL2A
10	UL1C	UL1B
11	UL1N	UL1A
12	⏚	⏚

X2（交流插件）

	b	a
1	IMA′	IMA
2	IMB′	IMB
3	IMC′	IMC
4	IGA′	IGA(IH0)
5	IGB′	IGB(IHJX)
6	IGC′	IGC(IM0)
7	IG0′	IG0(IMJX)
8		
9	UM0′	UM0
10	UMC	UMB
11	UMN	UMA
12	⏚	⏚

X1（交流插件）

	b	a
1	IH1A′	IH1A
2	IH1B′	IH1B
3	IH1C′	IH1C
4	IH2A′	IH2A
5	IH2B′	IH2B
6	IH2C′	IH2C
7		
8		
9	UH0′	UH0
10	UHC	UHB
11	UHN	UHA
12	⏚	⏚

X12（电源插件）

	c	a
2	R24V＋输出	
4		
6		
8	R24V－输出	
10		
12		
14		
16	直流消失	
18		
20	1	
22		
24		
26	2	
28		
30		
32	⏚	

X11（信号插件）c—╱—a

	c	a
2	中央信号公共端 1	中央信号公共端 2
4	告警 1	TA 断线
6	告警 2	TV 断线
8	差动动作	过负荷
10	后备动作	低零序过压
12	远动信号公共端 1	远动信号公共端 2
14	告警 1	TA 断线
16	告警 2	TV 断线
18	差动动作	过负荷
20	后备动作	低零序过压
22	录波信号公共端 1	录波信号公共端 1
24	告警 1	TA 断线
26	告警 2	TV 断线
28	差动动作	过负荷
30	后备动作	低零序过压
32	备用	

X10（开出插件 3）c—╱—a

	c	a
2	跳闸 1	闭锁中压侧备投
4	跳闸 2	
6	跳闸 1	闭锁低压侧备投
8	跳闸 2	
10	跳闸 1	复压动作
12	跳闸 2	
14	跳闸 1	启动通风 1
16	跳闸 2	
18	跳闸 1	启动通风 2
20	跳闸 2	
22	跳闸 1	闭锁调压
24	跳闸 2	
26	信号 1（保持）	备用信号 1
28	信号 1（非保持）	
30	信号 2（保持）	备用信号 2
32	信号 2（非保持）	

X9（开出插件 2）c—╱—a

	c	a
2	跳闸 1	中压开关
4	跳闸 2	
6	跳闸 3	
8	跳闸 1	中压母联
10	跳闸 2	
12	跳闸 1	中压开关
14	跳闸 2	
16	跳闸 1	跳闸备用 1
18	跳闸 2	
20	跳闸 1	低压Ⅱ开关
22	跳闸 2	
24	跳闸 1	跳闸备用 2
26	跳闸 2	
28	跳闸 6	备用
30	信号（保持）	后备保护动作
32	信号（非保持）	

X8（开出插件 1）c—╱—a

	c	a
2	跳闸 1	高压开关
4	跳闸 2	
6	跳闸 3	
8	跳闸 4	
10	跳闸 5	
12	跳闸 1	高压母联
14	跳闸 2	
16	跳闸 1	高压开关
18	跳闸 2	
20	跳闸 1	低压开关
22	跳闸 2	
24	跳闸 1	低压分段
26	跳闸 2	
28	跳闸 6	备用
30	信号（保持）	差动保护动作
32	信号（非保持）	

X7（开入插件 2）

	c	a
2	R24V＋输入	
4	高压电压	中压复流Ⅰ、Ⅱ段保护
6	中压电压	中压复流Ⅲ段保护
8	低压电压	中压零流Ⅰ、Ⅱ段保护
10	低Ⅱ电压	中压零流Ⅲ段保护
12	备用	备用
14	备用	中压间隙零压
16	备用	中压间隙零流
18	备用	备用
20	低Ⅱ复流	低压复流
22	备用	备用
24	备用	备用
26	备用	备用
28	备用	备用
30	备用	备用
32	R24V－输入	

图 6－25　CSC－326D 装置背板端子图

8. CSC－326E 装置背板端子图(图 6－26)

X7(开入插件1)		
	c	a
2	开入电源＋	
4	高压侧非全相	差动保护压板
6	备用	零差保护压板
8	中压充电保护	高压复流Ⅰ、Ⅱ段保护
10	低压充电保护	高压复流Ⅲ段保护
12	低压2充电保护	高压零流Ⅰ、Ⅱ段保护
14	备用	高压零流Ⅲ段保护
16	备用	高压间隙零压
18	备用	高压间隙零流
20	备用	备用
22	备用	闭锁远方操作
24	备用	检修状态压板
26	备用	信号复归
28	开入电源－	
30	备用信号(非保持)	
32	备用信号(保持)	

光以太网为可选项		
3	光以太网1收	3
4	光以太网1发	4
5	光以太网2收	5
6	光以太网2发	6

X5(管理插件)			
2		GPSGND	1
4		GPS	3
6	⏚		5
8			7
10	LONA	485A	9
12	LONA	485B	11

X6(以太网)	
以太网1	1
以太网2	2

X4(交流插件)		
	b	a
1	IMAHB′	IMAHB
2	IMBHB′	IMBHB
3	IMCHB′	IMCHB
4	IL1AHB′	IL1AHB
5	IL1BHB′	IL1BHB
6	IL1CHB′	IL1CHB
7	IL2AHB′	IL2AHB
8	IL2BHB′	IL2BHB
9	IL2CHB′	IL2CHB
10		
11		

X3(交流插件)		
	b	a
1	IL1A′	IL1A
2	IL1B′	IL1B
3	IL1C′	IL1C
4	IL2A′	IL2A
5	IL2B′	IL2B
6	IL2C′	IL2C
7		
8	UL2C	UL2B
9	UL2N	UL2A
10	UL1C	UL1B
11	UL1N	UL1A
12		

X2(交流插件)		
	b	a
1	IM1A′	IM1A
2	IM1B′	IM1B
3	IM1C′	IM1C
4	IGA′	IGA(IH0)
5	IGB′	IGB(IHJX)
6	IGC′	IGC(IM0)
7	IG0′	IG0(IMJX)
8		
9	UM0′	UM0
10	UMC	UMB
11	UMN	UMA
12		

X1(交流插件)		
	b	a
1	IH1A′	IH1A
2	IH1B′	IH1B
3	IH1C′	IH1C
4	IHAHB′	IHAHB
5	IHBHB′	IHBHB
6	IHCHB′	IHCHB
7		
8		
9	UH0′	UH0
10	UHC	UHB
11	UHN	UHA
12		

X13(电源插件)		
	c	a
2	R24V＋输出	
4		
6		
8	R24V－输出	
10		
12		
14		
16	直流消失	
18		
20	1	
22		
24		
26	2	
28		
30		
32	⏚	

X12(信号插件)		
	c—╱—a	
2	中央信号公共端1	中央信号公共端2
4	告警1	TA断线
6	告警2	TV断线
8	差动动作	过负荷
10	后备动作	低零序过压
12	远动信号公共端1	远动信号公共端2
14	告警1	TA断线
16	告警2	TV断线
18	差动动作	过负荷
20	后备动作	低零序过压
22	录波信号公共端1	录波信号公共端1
24	告警1	TA断线
26	告警2	TV断线
28	差动动作	过负荷
30	后备动作	低零序过压
32	备用	

X11(开出插件3)		
	c—╱—a	
2	跳闸1	闭锁中压侧备投
4	跳闸2	
6	跳闸1	闭锁低压侧备投
8	跳闸2	
10	跳闸1	复压动作
12	跳闸2	
14	跳闸1	启动通风1
16	跳闸2	
18	跳闸1	启动通风2
20	跳闸2	
22	跳闸1	闭锁调压
24	跳闸2	
26	信号1(保持)	备用信号1
28	信号1(非保持)	
30	信号2(保持)	备用信号2
32	信号2(非保持)	

X10(开出插件2)		
	c—╱—a	
2	跳闸1	中压开关
4	跳闸2	
6	跳闸3	
8	跳闸1	中压母联
10	跳闸2	
12	跳闸1	中压开关
14	跳闸2	
16	跳闸1	跳闸备用1
18	跳闸2	
20	跳闸1	低压Ⅱ开关
22	跳闸2	
24	跳闸1	跳闸备用2
26	跳闸2	
28	跳闸6	备用
30	信号(保持)	后备保护动作
32	信号(非保持)	

X9(开出插件1)		
	c—╱—a	
2	跳闸1	高压开关
4	跳闸2	
6	跳闸3	
8	跳闸4	
10	跳闸5	
12	跳闸1	高压母联
14	跳闸2	
16	跳闸1	高压开关
18	跳闸2	
20	跳闸1	低压开关
22	跳闸2	
24	跳闸1	低压分段
26	跳闸2	
28	跳闸6	备用
30	信号(保持)	差动保护动作
32	信号(非保持)	

X8(开入插件2)		
	c	a
2	R24V＋输入	
4	高压电压	中压复流Ⅰ、Ⅱ段保护
6	中压电压	中压复流Ⅲ段保护
8	低压电压	中压零流Ⅰ、Ⅱ段保护
10	低Ⅱ电压	中压零流Ⅲ段保护
12	备用	备用
14	备用	中压间隙零压
16	备用	中压间隙零流
18	备用	备用
20	低Ⅱ复流	低压复流
22	备用	备用
24	备用	备用
26	备用	备用
28	备用	备用
30	备用	备用
32	R24V－输入	

图 6－26　CSC－326E 装置背板端子图

9. CSC－326F 装置背板端子图(图 6－27)

	光以太网为可选项	
3	光以太网 1 收	3
4	光以太网 1 发	4
5	光以太网 2 收	5
6	光以太网 2 发	6

X4(管理插件)			
2		GPSGND	1
4		GPS	3
6			5
8			7
10	LONA	485A	9
12	LONA	485B	11

X5(以太网)	
以太网 1	1
以太网 2	2

X3(交流插件)	b	a
1	IL1A′	IL1A
2	IL1B′	IL1B
3	IL1C′	IL1C
4	IL2A′	IL2A
5	IL2B′	IL2B
6	IL2C′	IL2C
7		
8	UL2C	UL2B
9	UL2N	UL2A
10	UL1C	UL1B
11	UL1N	UL1A
12		

X2(交流插件)	b	a
1	IM1A′	IM1A
2	IM1B′	IM1B
3	IM1C′	IM1C
4	IM0	IM0
5	IMJX′	IMJX
6	I1N′	I1N
7	I2N′	I2N
8		
9	UM0′	UM0
10	UMC	UMB
11	UMN	UMA
12		

X1(交流插件)	b	a
1	IH1A′	IH1A
2	IH1B′	IH1B
3	IH1C′	IH1C
4	IH2A′	IH2A
5	IH2B′	IH2B
6	IH2C′	IH2C
7	IH0′	IH0
8	IHJX′	IHJX0
9	UH0′	UH0
10	UHC	UHB
11	UHN	UHA
12		

X9(电源插件)	c	a
2	R24V＋输出	
4		
6		
8	R24V－输出	
10		
12		
14		
16	直流消失	
18		
20	1	
22		
24		
26	2	
28		
30		
32	(接地)	

X8(开出插件 2)	c	a
2	跳闸 1	跳闸备用 1
4	跳闸 2	
6	跳闸 1	跳闸备用 2
8	跳闸 2	
10	跳闸 1	备用
12	跳闸 2	
14	跳闸 1	启动通风
16	跳闸 2	
18	跳闸 1	备用
20	跳闸 2	
22	跳闸 1	闭锁调压
24	跳闸 2	
26	信号 1(保持)	告警 2
28	信号 1(非保持)	
30	信号 2(保持)	保护动作
32	信号 2(非保持)	

X7(开出插件)	c	a
2	跳闸 1	高压开关 1
4	跳闸 2	高压开关 2
6	跳闸 3	高压母联 1
8	跳闸 4	高压母联 2
10	跳闸 5	中压开关
12	跳闸 6	中压母联
14	跳闸 7	低压 1 开关
16	跳闸 8	低压 2 开关
18	跳闸 9	低压母联 1
20	跳闸 10	备用
22	跳闸 11	高选跳开出
24	跳闸 12	中选跳开出
26	跳闸 13	高备用电源自投
28	跳闸 14	中备用电源自投
30	跳闸 15	低备用电源自投
32	跳闸 16	低 2 备用电源自投

X6(开入插件)	c	a
2	开入电源＋	
4	高压侧选跳开入	差动保护压板
6	中压侧选跳开入	高压复流保护
8	中母充保护开入	高压零流保护
10	低 1 母充保护开入	高压间隙零流
12	低 2 母充保护开入	高压间隙零压
14	备用	中压复流保护
16	高压电压压板	中压零流保护
18	中压电压压板	中压间隙零流
20	低压 1 电压压板	中压间隙零压
22	低压 2 电压压板	闭锁远方操作
24	低压 1 复流保护	检修状态压板
26	低压 2 复流保护	信号复归
28	开入电源－	
30	信号(非保持)	告警 1
32	信号(保持)	

图 6－27　CSC－326F 装置背板端子图

四、接入装置电流互感器的极性

变压器各侧电流互感器二次均采用星形接线（也可选择按常规接线），其二次电流直接接入装置，如图 6-28 所示。

各侧相电流互感器均为减极性，都以母线侧为极性端（如图 6-28 所示）。中性点零序 TA 的极性需要注意，为减极性，以变压器侧为极性端。

装置内部电流回路装有小 TA（电流变换器），装置端子图上标“′”的为接装置内部 TA 非极性端的端子。

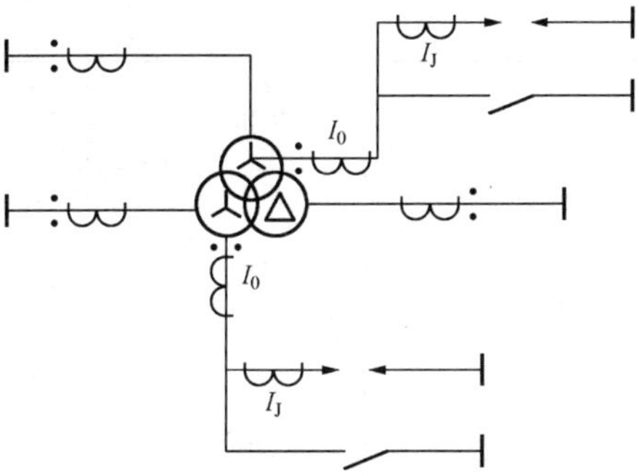

图 6-28　电流互感器连接极性示意图

第七节　人机接口及其操作

一、菜单结构图

装置人机接口的菜单结构见表 6-43。

二、显示说明

装置显示分为循环显示、装置主菜单、出厂调试菜单、主动上送报文窗口。

装置循环显示模拟量、投入的压板、当前定值区号；在屏幕顶部显示当前时间。[QUIT] 键可以固定显示某一屏的信息，再按 [QUIT] 键继续循环显示。

装置菜单分为主菜单和出厂调试菜单。

在循环显示时按 [SET] 键进入装置主菜单，按 [QUIT] + [SET] 键进入出厂调试菜单。

三、密码说明

操作密码默认为 8888，出厂调试密码默认为 7777，权限密码默认为 9999。

表 6-43　　菜单结构图

主菜单	一级菜单	二级菜单		说明
装置主菜单	运行工况	模入量		查看装置模拟输入量
		装置工况		查看装置工况
		装置版本		显示装置内 CPU 的版本信息，同时送打印机打印
		装置编码		显示装置编码信息
		开　入		查看开入状态
		测量量		显示装置测量量
	定值设置	修改保护定值		整定装置定值
		设置装置参数		设置装置参数
	报告查询	动作报告	查询最近一次报告	列出最近一次动作报告的时间，按 [SET] 键查看内容
			查询最后六次报告	列出最近六次动作报告的时间，[上、下] 键选择报告，[SET] 键查看报告内容
			按时间段查询报告	列出按时间段检索的动作报告时间，[上、下] 键选择报告，[SET] 键查看报告内容

续表

主菜单	一级菜单	二级菜单			说明
装置主菜单	报告查询	启动报告	查询最近一次报告		列出最近一次启动报告的时间，按［SET］键查看内容
			查询最后六次报告		列出最近六次启动报告的时间，［上、下］键选择报告，［SET］键查看报告内容
			按时间段查询报告		列出按时间段检索的启动报告时间，［上、下］键选择报告，［SET］键查看报告内容
		告警报告	查询最后六次报告		列出最近六次告警报告的时间，［上、下］键选择报告，［SET］键查看报告内容
			按时间段查询报告		列出按时间段检索的告警报告时间，［上、下］键选择报告，［SET］键查看报告内容
		操作记录	查询最后六次报告		列出最近六次运行报告的时间，［上、下］键选择报告，［SET］键查看报告内容
			按时间段查询报告		列出按时间段检索的运行报告时间，［上、下］键选择报告，［SET］键查看报告内容
	装置设定	间隔名称			内码输入间隔层名称
		对时方式	网络对时方式		设置网络对时方式
			秒脉冲对时方式		设置秒脉冲对时方式
			分脉冲对时方式		设置分脉冲对时方式
		通信地址			设置 LON 网地址
		SOE 复归选择			自动复归或手动复归
		规约选择			选择装置对外通信规约 V1.00 或 V1.10 高亮选项为当前设置，［上、下］键选择，［SET］键设定
		打印设置	录波打印量设置		按保护类型列出的模入和录波事件列表，可以选择 10 路模入 16 个事件，作为以后录波打印量，可随时更改
			打印方式设置		设置打印方式
		修改密码			修改装置密码
		103 功能类型			设置 103 功能类型
	开出传动				开出传动
	修改时钟				修改时钟
	液晶调节				调节液晶亮度
	压板投退				投退压板操作
	打印	定值			打印定值
		报告	动作报告	查询最近一次报告	列出最近一次动作报告的时间，按［SET］键查看内容
				查询最后六次报告	列出最近六次动作报告的时间，［上、下］键选择报告，［SET］键查看报告内容
				按时间段查询报告	列出按时间段检索的动作报告时间，［上、下］键选择报告，［SET］键查看报告内容
			启动报告	查询最近一次报告	列出最近一次启动报告的时间，按［SET］键查看内容
				查询最后六次报告	列出最近六次启动报告的时间，［上、下］键选择报告，［SET］键查看报告内容
				按时间段查询报告	列出按时间段检索的启动报告时间，［上、下］键选择报告，［SET］键查看报告内容

续表

主菜单	一级菜单	二级菜单			说　　明
装置主菜单	打印	报告	告警报告	查询最后六次报告	列出最近六次告警报告的时间，[上、下] 键选择报告，[SET] 键查看报告内容
				按时间段查询报告	列出按时间段检索的告警报告时间，[上、下] 键选择报告，[SET] 键查看报告内容
			操作记录	查询最后六次报告	列出最近六次运行报告的时间，[上、下] 键选择报告，[SET] 键查看报告内容
				按时间段查询报告	列出按时间段检索的运行报告时间，[上、下] 键选择报告，[SET] 键查看报告内容
		装置设定			打印装置设定
		装置参数			打印装置参数
		工况	模入量		打印模拟输入量
			装置工况		打印装置工况
			装置编码		打印装置编码
			开　入		打印开入
			压　板		打印压板状态
		录波报告			打印录波报告
	测试操作	进入调试状态			设置保护CPU进入调试状态
		退出调试状态			设置保护CPU退出调试状态
		遥信对点	告警对点		设置告警对点方式
			动作对点		设置动作对点方式
			压板对点		设置压板对点方式
			开入对点		设置开入对点方式
		切换定值区			切换装置定值区
		查看零漂			查看指定CPU的零漂
		调整零漂			调整所有CPU的零漂，[上、下] 键移动选择，[SET] 键选中调整的通道，在确定上按 [SET] 键即可完成调整
		查看刻度			查看指定CPU的刻度
		调整刻度			调整所有CPU的刻度，[上、下] 键移动选择，[SET] 键选中调整的通道或设置电流电压值，在确定上按 [SET] 键即可完成调整
		打印采样值			打印采样值

第八节　CSC－326系列数字式变压器保护装置的检验与调试

一、目的

检测CSC－326（以CSC－326EC型为例）数字式变压器保护装置各插件元器件及整机质量，并进行整机调试，保证硬件及软件正确、可靠。

二、装置调试与检验项目

装置调试和检验项目如下：

(1) 插件跳线检查。

(2) 逆变电源检查。

(3) 外观检查。

(4) 绝缘电阻检查。

(5) 装置设置及基本功能检查。

(6) 模拟量检查。

(7) 开入检测。

(8) 开出传动。

(9) 保护性能测试。

三、硬件调试

1. 所需设备和工具

0.5 级以上继电保护测试仪一台；

0.5 级以上电压表，电流表各一只；

网络打印接口及打印机各一台。

注意：CPU 插件 1（CPU 号为 CPU1、CPU3）用于保护，CPU 插件 2（CPU 号为 CPU2、CPU4）用于启动，但定值完全一样。

2. 插件跳线检查

(1) 保护 CPU 插件：J3、J203、J403 可以不跳线。

(2) MASTER 插件：J8—RESET 端插短接块。

(3) 开入插件 1：J4—0～2 短接至 L。

(4) 信号及开出插件。

1) 信号插件：J2—0～3 短接至 L。

2) 开出插件 1：J2—0 短接至 H；J2—1～3 短接至 L。

3) 开出插件 2：J4—1 短接至 H；J4—0，2，3 短接至 L。

4) 开出插件 3：J4—0，1 短接至 H；J4—2，3 短接至 L。

3. 逆变电源检查

仅插入直流电源插件做以下检验：

(1) 加额定直流电源，失电告警继电器应可靠吸合，用万用表检查其触点，电源插件的 c16 和 a16 应可靠断开。

(2) 检查电源的自启动性能。当外加试验直流电源由零缓慢调至 80%额定值时，用万用表监视失电告警继电器触点应为从闭合到断开。然后，拉合一次直流电源，万用表应有同样反应。

(3) 检查输出电压值及稳定性。在断电的情况下，转插电源插件，然后在输入电压为 (80% ～ 110%)U_N 时，各级输出电压值应保持稳定，见表 6-44。

表 6-44 各级输出电压值及允许误差范围

直流输出电压额定值	5V	+12V	−12V	24V
允许误差范围	±1%	−20%～0%	0%～20%	±8%

(4) 查看开入、开出插件 24V 电压值。

进入“装置主菜单—运行工况—装置工况”中，查看开入1组电压、开入2组电压和开出电压，查看的结果和表6－44中测量的结果偏差应在±0.5V范围内。

4. 外观检查

将交流插件、CPU插件、MASTER插件、开入插件、开出插件、信号插件、电源插件依次插入机箱（参考CSC－326EC装置的插件布置图），注意插件顺序不可弄错。各插件应插拔灵活、接触可靠。

5. 绝缘电阻检查

进行本项试验前，应先检查保护装置内所有互感器的屏蔽层的接地线是否全部可靠接地。在装置端子处按表6－45分组短接。

表6－45　分组短接表

A组：交流电压输入回路	按端子上标注的所有有效电压输入端子
B组：交流电流输入回路	按端子上标注的所有有效电流输入端子
C组：直流电源输入回路	电源插件　a/c20、a/c22、a/c26、a/c28
D组：开出触点	开出1、开出2、开出3的所有端子； 信号插件所有端子； 开入1的端子a/c30、a/c32
E组：开入触点	开入1—除a/c30、a/c32所有端子； 电源插件的端子a/c2、a/c4、a/c8、a/c10、a/c12

用500V摇表依次测量以上五组短接端子间及各组对地的绝缘电阻，绝缘电阻应不小于100MΩ，测绝缘电阻时，施加摇表电压时间不少于5s，待读数稳定时读取绝缘电阻值。

6. 装置基本功能检查

（1）合上直流电源，装置的运行灯亮，液晶显示应正常。若有定值错告警，请重新固化定值；若有定值区指针错，请切换定值区到00区。

（2）MASTER板设置。用CSPC软件直接将MASTER设置配置下载到装置的MASTER板，装置重新加电后，检查核对MASTER设置配置CRC校验码是否正确。

（3）时钟检查。在“装置主菜单—修改时钟”菜单中正确设置装置时钟。回到液晶正常显示下，观察时钟应运行正常。拉掉装置电源5min，然后再加电，检查液晶显示的时间和日期，在掉电时间内装置时钟应保持运行，并走时准确。

（4）在“装置主菜单—定值设置菜单”中进行修改保护定值及设置装置参数，检查是否可以正确设置。

（5）用以太网线接入CSPC，检查是否可以修改和固化保护的定值。用串口线接CSPC，检查是否可以修改和固化保护的定值。

（6）按复归按钮，此时应无任何告警，然后进行版本号记录。进入“装置主菜单—运行工况—装置编码”菜单，记录装置类型、各软件的版本号和CRC校验码，并检查其与有效版本是否一致。

（7）快捷键试验及打印功能。操作装置MMI液晶下部的快捷键，应正常反映。

［F1］键：打印最近一次动作报告，在定值菜单中为向下翻页功能。

［F2］键：打印当前定值区的定值，在定值菜单中为向上翻页功能。

[F3] 键：打印采样值。

[F4] 键：打印装置信息和运行工况。

(8) 功能键试验。

[+] 键：定值区号加 1；

[-] 键：定值区号减 1。

操作 [+] 键和 [-] 键，根据提示进行定值区号加 1、减 1 操作，应正确反映。

7. 模拟量检查

(1) 通道说明（表 6-46）。

表 6-46　　交流通道与显示名称对照表

装置液晶显示	含　义	装置端子名称	CPU 号
I1A	分支 1 电流 A 相	I1A	CPU1，CPU2
I1B	分支 1 电流 B 相	I1B	CPU1，CPU2
I1C	分支 1 电流 C 相	I1C	CPU1，CPU2
I2A	分支 2 电流 A 相	I2A	CPU1，CPU2
I2B	分支 2 电流 B 相	I2B	CPU1，CPU2
I2C	分支 2 电流 C 相	I2C	CPU1，CPU2
I3A	分支 3 电流 A 相	I3A	CPU1，CPU2
I3B	分支 3 电流 B 相	I3B	CPU1，CPU2
I3C	分支 3 电流 C 相	I3C	CPU1，CPU2
I4A	分支 4 电流 A 相	I4A	CPU1，CPU2
I4B	分支 4 电流 B 相	I4B	CPU1，CPU2
I4C	分支 4 电流 C 相	I4C	CPU1，CPU2
I5A	分支 5 电流 A 相	I5A	CPU1，CPU2
I5B	分支 5 电流 B 相	I5B	CPU1，CPU2
I5C	分支 5 电流 C 相	I5C	CPU1，CPU2
I6A	分支 6 电流 A 相	I6A	CPU1，CPU2
I6B	分支 6 电流 B 相	I6B	CPU1，CPU2
I6C	分支 6 电流 C 相	I6C	CPU1，CPU2
IBHA	高压侧后备保护 A 相电流	IBHA	CPU3，CPU4
IBHB	高压侧后备保护 B 相电流	IBHB	CPU3，CPU4
IBHC	高压侧后备保护 C 相电流	IBHC	CPU3，CPU4
UHA	高压侧 A 相电压	UHA	CPU3，CPU4
UHB	高压侧 B 相电压	UHB	CPU3，CPU4
UHC	高压侧 C 相电压	UHC	CPU3，CPU4
UH0	高压侧零序电压	UH0	CPU3，CPU4
IBMA	中压侧后备保护 A 相电流	IBMA	CPU3，CPU4
IBMB	中压侧后备保护 B 相电流	IBMB	CPU3，CPU4

续表

装置液晶显示	含　义	装置端子名称	CPU号
IBMC	中压侧后备保护C相电流	IBMC	CPU3，CPU4
UMA	中压侧A相电压	UMA	CPU3，CPU4
UMB	中压侧B相电压	UMB	CPU3，CPU4
UMC	中压侧C相电压	UMC	CPU3，CPU4
UM0	中压侧零序电压	UM0	CPU3，CPU4
IBLA	低压侧后备保护A相电流	IBLA	CPU3，CPU4
IBLB	低压侧后备保护B相电流	IBLB	CPU3，CPU4
IBLC	低压侧后备保护C相电流	IBLC	CPU3，CPU4
ULA	低压侧A相电压	ULA	CPU3，CPU4
ULB	低压侧B相电压	ULB	CPU3，CPU4
ULC	低压侧C相电压	ULC	CPU3，CPU4
IBL2A	低压二侧后备保护A相电流	IBL2A	CPU3，CPU4
IBL2B	低压二侧后备保护B相电流	IBL2B	CPU3，CPU4
IBL2C	低压二侧后备保护C相电流	IBL2C	CPU3，CPU4
UL2A	低压二侧A相电压	UL2A	CPU3，CPU4
UL2B	低压二侧B相电压	UL2B	CPU3，CPU4
UL2C	低压二侧C相电压	UL2C	CPU3，CPU4
IH0	高压侧中性点电流	IH0	CPU3，CPU4
IHJ	高压侧间隙电流	IHJ	CPU3，CPU4
IM0	中压侧中性点电流	IM0	CPU3，CPU4
IMJ	中压侧间隙电流	IMJ	CPU3，CPU4

（2）零漂调整。

调整零漂时，应断开装置与测试仪或标准源的电气连接，确保装置交流端子上无任何输入，选择菜单“装置主菜单—测试操作—调整零漂”上所有通道，进行零漂调整，调整成功后会报“零漂调整成功”，然后选择菜单“装置主菜单—测试操作—查看零漂”电流通道应小于0.5（5A额定值TA）或小于0.1（1A额定值TA），电压通道应小于0.5。注意：所有通道必须对保护CPU以及启动CPU调整。

（3）刻度调整。

试验前将所有保护压板退出，以防装置频繁启动。变压器保护采用按侧调整。将调整侧所有有效电流回路串接，所有有效电压回路并接。用0.5级以上测试仪，输出标准电压50V，电流为I_N（1A或5A），用电流表及电压表监视保证标准值的误差在5‰。选择菜单“装置主菜单—测试操作—调整刻度”，按方向键和［SET］键选择需要调整的通道，设置调整值为I_N（1A或5A）和50V。从测试仪输出交流量到装置，然后确认执行。若操作失败，装置将显示采样出错及出错通道号，检查接线、标准值、版本号是否正确。注意：所有通道必须对保护CPU以及启动CPU调整。

其中，后备保护模拟量必须按侧调整，即：

高压侧：IBHA、IBHB、IBHC、IH0、IH0JX、UHA、UHB、UHC、UH0 需同时加入模拟量进行调整。

中压侧：IBMA、IBMB、IBMC、IM0、IM0JX、UMA、UMB、UMC、UM0 需同时加入模拟量进行调整。

低压侧：IBLA、IBLB、IBLC、UL1A、UL1B、UL1C 需同时加入模拟量进行调整。

低压二侧：IBL2A、IBL2B、IBL2C、UL2A、UL2B、UL2C 需同时加入模拟量进行调整。

(4) 模拟量精度及线性度检查测试。

刻度和零漂调整好以后，用 0.5 级或以上测试仪检测装置测量线性误差，并记录结果。要求：通入电流分别为 $5I_N$（时间不许超过 10s），如果测试仪不能加 $5I_N$，则加 $2I_N$、I_N、$0.08I_N$（I_N 分别为 1A 或 5A），通入相电压分别为 80、60、1，通入 $3U_0$ 分别为 200、100、3V。

观察面板显示或选择菜单“装置主菜单—测试操作—查看刻度”，要求相电压通道在 1V，液晶显示值与外部表计值误差小于 0.2V，其余小于 2.5。要求 $3U_0$ 电压通道在 3V 时液晶显示值与外部表计值误差小于 0.2V，其余小于 2.5。电流通道在 $0.08I_N$ 时误差小于 $0.02I_N$，其余小于 2.5%。注意：每路模拟量需要观察保护 CPU 及启动 CPU 的显示结果。

(5) 模拟量极性检查。

先将所有电流回路串接，电压回路并接。加标准电压和电流，角度分别为 0°和 90°。检查液晶循环显示或进入菜单“装置主菜单—运行工况—测量量”查看所有通道的电流、电压相角是否为 0°和 90°，角度误差≤3°。否则检查装置或交流插件接线是否正确。

注意：每路模拟量需要观察保护 CPU 及启动 CPU 的显示结果。

8. 开入检测

(1) 进行开入自动检测。

进入“装置主菜单—修改时钟”，整定时间为 0：59：50，等待约 1min 后，装置应正常，没有开入错的告警。

(2) 进行开入检查。

选择菜单“装置主菜单—运行工况—开入”，将开入和 24V+电源短接，根据不同装置型号需要检验的开入不一样。查看各开入状态是否正确，如某一路不正确，检查与之对应的光隔、电阻等元件有无虚焊、焊反或损坏。

9. 开出检测

(1) 进行开出自动检测。

进入“装置主菜单—修改时钟”，整定时间为 1：59：50，等待约 1min 后，装置应正常，没有开出错的告警。完成后恢复时钟为实际时间。

(2) 开出传动。

选择菜单“装置主菜单—开出传动”，根据不同装置型号需要检验的开出不一样。依次进行开出传动，开出时运行灯闪烁，开出信号保持直到按复归按钮或接收到远方复归命令。如果该通道正常则可以听到继电器动作声音，MMI 相应的灯应点亮，同时液晶显示“开出传动成功”，此时万用表应当可以测到相应开出触点为导通状态；否则检查该通道的继电器管脚有无漏焊、虚焊，光隔有无虚焊、焊错。

四、保护性能测试

（1）输入定值。输入装置参数和保护定值。请参照说明书和相应的版本说明。

（2）根据背板端子图，正确接入交流电流电压输入回路，引出装置动作触点（表6-47），用于监视保护动作行为，测试保护动作时间。

表6-47 保护类型及引出触点

保护类型	监视的保护动作触点	保护类型	监视的保护动作触点
差动速断保护	高压侧开关触点	中后备保护	低压二侧或中压侧开关触点
比率差动保护	中或高压侧开关触点	低压一侧后备保护	高母联开关触点
高后备保护	低压一侧开关触点	低压二侧后备保护	中母联开关触点或低压二侧开关触点

（3）差动速断保护。

1）投入差动保护压板及相应控制位。

2）模拟区内瞬时性短路故障，记录保护报文，面板信号灯及打印报告，检查动作值及动作时间是否准确，保护动作行为是否正确。

（4）比率差动保护。

1）投入差动保护压板。

2）模拟区内瞬时性故障，记录保护报文，面板信号灯及打印报告，检查动作值及动作时间是否准确，保护动作行为是否正确。

（5）后备保护。

要求每侧后备保护各做一个试验。如下：

高压侧：间隙保护。

中压侧：零序过流保护。

低压Ⅰ：复压过流保护。

低压Ⅱ：复压过流保护。

1）间隙保护。

①投入间隙保护相应压板（间隙电压压板及间隙电流压板）以及按表6-47投入跳闸矩阵相应位。②根据间隙保护控制字，间隙电压定值、间隙电流定值及各时限定值模拟故障。③检查定值是否正确，保护动作行为是否正确。

2）零序过流保护。

①投入零压电压闭锁零序（方向）过流保护相应压板以及按表6-47投入跳闸矩阵相应位。②根据零序保护控制字，零序电流、零序电压闭锁及各时限定值模拟区内外接地短路故障。③检查定值是否正确，保护动作行为是否正确。

3）复合电压闭锁（方向）过流保护。

①投入复合电压闭锁（方向）过流保护相应压板以及按表6-47投入跳闸矩阵相应位。②根据复流保护控制字，电流、低电压及负序电压闭锁及各时限定值模拟区内外相间短路故障。③检查定值是否正确，保护动作行为是否正确。

将以上试验结果分别填入调试记录表格中。

五、录波打印功能试验

1. 主保护录波打印量设置

进入“装置主菜单—装置设定—打印设置—录波打印量设置CSC-326EC MB—模拟量

打印设置”菜单，设置电流量为“√”，设置其他通道为“×”，即不打印。

其中电流量为模拟量，即：I1A、I1B、I1C、I2A、I2B、I2C、I3A、I3B、I3C、I4A、I4B、I4C、I5A、I5B、I5C、I6A、I6B、I6C。

进入“装置主菜单—装置设定—打印设置—录波打印量设置－326EC MB－开关量打印设置”菜单，设置“差动保护启动”、“A相涌流闭锁”、“B相涌流闭锁”、“C相涌流闭锁”、“差动A相动作区”、“差动B相动作区”、“差动C相动作区”、“比例差动A相动作”、“比例差动B相动作”、“比例差动C相动作”、“差动速断A相动作”、“差动速断B相动作”、“差动速断C相动作”为“√”，设置其他通道为“×”，即不打印。

2. 后备保护录波打印量设置

进入“装置主菜单—装置设定—打印设置—录波打印量设置－326EC BB－模拟量打印设置”菜单，设置电流量为“√”，设置其他通道为“×”，即不打印。

其中电流量为模拟量，即：IBHA、IBHB、IBHC、UHA、UHB、UHC、IBMA、IB-MB、IBMC、UMA、UMB、UMC。

进入“装置主菜单—装置设定—打印设置—录波打印量设置－326EC BB－开关量打印设置”菜单，设置所有通道为“×”，即不打印开关量。

3. 录波打印

进入“装置主菜单—装置设定—打印设置—打印方式设置”菜单，禁止打印录波设为“×”，模拟故障试验，保护出口后，正确打印录波。

六、查看相关设置

（1）密码设置。

若权限密码不是“8888”，进入“装置主菜单—装置设定－修改密码”中，设置新的权限密码为“8888”。保证装置的权限密码为“8888”。

（2）定值区切换至0区。

七、快速拉合直流试验

做三次快速拉合直流试验，装置无任何异常。

八、高温连续通电试验

整机在45℃环境下连续通电运行72h，高温运行过程中装置应工作正常，信号指示正确，无异常告警，显示屏字体清晰。

九、定值安全值固化（在整屏调试完成后进行）

厂内调试完毕后，必须通过CSPC软件将0定值区的所有定值整定为退出模式，对于控制字整定为退出，对于电流等反映增量的保护定值整定为定值上限，对于阻抗等反映减量的保护整定为定值下限，最后把0区定值拷贝到1区、2区、3区。

复习思考题

6-1 CSC-326由几种保护构成？其各自的作用是什么？

6-2 如何正确交流插件所需的电流？相电流TA与中性线零序TA的极性如何？

6-3 为什么有CSC-326构成的变压器差动保护，变压器的Y侧和△侧的TA的二次侧均可Y接线？

6－4　CSC－326有几项定值？如何整定？

6－5　如何正确连接CSC－326的开入、开出、信号、通信端子？

6－6　对CSC－326进行检验调试的目的是什么？

6－7　对CSC－326进行检验调试项目有哪些？

6－8　对CSC－326进行检验调试所用的仪器设备有哪些？

6－9　如何检验和调试CSC－326数字式变压器保护装置？

第七章　CSC-150型数字式母线保护装置的检验与调试

第一节　概　　述

一、适用范围

CSC-150型数字式母线保护装置是适用于750kV及以下电压等级，包括单母线、单母分段、双母线、双母分段及一个半断路器接线等多种接线型式，24个最大接入单元（包括线路、元件、母联及分段开关）的数字式成套母线保护装置（以下简称装置）。

二、技术条件

1. 热性能（过载能力）

装置的热性能（过载能力）符合DL/T478—2001的以下规定：

（1）交流电流回路：在2倍额定电流下连续工作，10倍额定电流下允许10s，50倍额定电流下允许1s。

（2）交流电压回路：在1.2倍额定电压下连续工作，1.4倍额定电压下允许10s。

2. 功率消耗

装置的功率消耗符合DL/T478—2001的以下规定：

（1）直流电源回路：当正常工作时，不大于50W；当保护动作时，不大于80W。

（2）交流电流回路：当额定电流为5A时，每相不大于1V·A；额定电流为1A时，每相不大于0.5V·A。

（3）交流电压回路：在额定电压下每相不大于0.5V·A。

3. 输出触点容量

（1）跳闸触点容量：在电压不大于250V、电流不大于1A、时间常数L/R为（5±1.75）ms的直流有感负荷回路中，触点断开容量为50W，长期允许通过电流不大于5A。

（2）其他触点容量：在电压不大于250V、电流不大于0.5A、时间常数L/R为（5±1.75）ms的直流有感负荷回路中，触点断开容量为30W，长期允许通过电流不大于3A。

4. 装置主要功能

装置具有以下功能：

（1）快速虚拟比相式电流突变量保护。

（2）常规比率制动式电流差动保护。

（3）断路器失灵保护。

（4）母联充电保护。

（5）母联失灵及死区保护。

（6）母联过流保护。

另外根据用户需要可配置母联非全相保护。

5. 装置主要技术参数

(1) 额定参数。

1) 直流电压为220V或110V（按订货要求）。

2) 交流电压为相电压$100/\sqrt{3}$V。

3) 交流电流为5A或1A（按订货要求）。

4) 频率为50Hz。

(2) 差动电流元件整定范围。

1) 差动电流门槛整定范围为$(0.2\sim10)I_N$。

2) 比率制动斜率整定范围为0.3～1。

3) 低电压（相电压）整定范围为$(0\sim1)U_N$。

4) 负序电压整定范围为$(0\sim1)U_N$。

5) 零序电压整定范围为$(0\sim1)U_N$。

其中I_N为二次额定电流，U_N为二次额定电压。

(3) 动作值误差。

1) 电流动作值误差不超过±5%。

2) 电压动作值误差不超过±3%。

3) 时间动作值误差不超过20ms。

(4) 交流回路工作范围。

1) 相电压为0.4～70V。

2) 电流为$(0.08\sim50)I_N$。

(5) 整组动作时间。

差动保护整组动作时间小于15ms。

第二节 CSC-150数字式母线保护装置的硬件构成

一、装置的面板布置

面板布置如图7-1，包括一个8U高度的保护箱和一个4U高度的辅助箱。装置内部的功能组件具有锁紧机构，前插拔方式。装置的安装方式为嵌入式，接线为后接线方式。

二、装置功能组件概述

装置包括一个8U高度的保护箱（CSC-150/1）和一个4U辅机箱（CSC-150/2）。针对母线系统的不同接线形式，每面屏所含机箱可参照表7-1所示的原则选配。8U保护机箱共配置17个插件和1个CAN网接口，包括8个交流插件、CPU1插件、CPU2插件、开入插件1、管理板、开出插件1（主板加副板）、开出插件2（主板）、开出插件3（主板加副板）及电源插件；此外还有一定的空间，可以根据用户需要设置独立的电压闭锁CPU及独立的电压闭锁电源。4U辅助机箱共配置7个插件，包括开入连接板1、开入插件2、开入插件3、开入插件4、开入插件5、开入插件6、开入连接板2。此外对于双母线系统辅助机箱还配置了模拟盘显示功能，除直观显示主接线形式外，还提供强分/强合控制开关，供用户强行干预不对应的隔离刀闸辅助触点状态。装置内部插件可根据需要配置以满足用户的需求。交流插件、开出插件、开入插件和电源插件为“直通式”，即插件连接器直接与机箱端子相连，增加了接线的可靠性。插件布置见图7-2和图7-3。

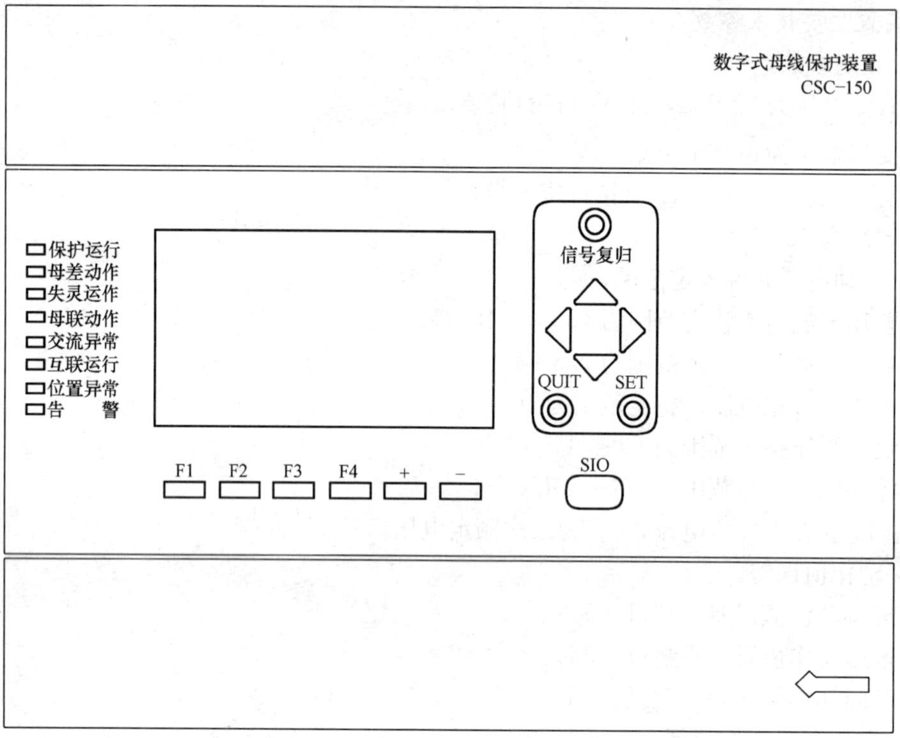

图 7-1　CSC-150/1 面板布置图

表 7-1　　屏数及每面屏所含机箱

母线接线形式	供货屏数（面）	每面屏选配机箱
单母线接线（包括带旁路方式）	1	1套8U机箱
单母分段接线（包括带旁路方式）	1	1套8U机箱
一个半接线	2	1套8U机箱
双母线接线（包括带旁路方式）	1	1套8U机箱、1套4U机箱
双母单分段接线（包括带旁路方式）	1	1套8U机箱、1套4U机箱
双母双分段接线（包括带旁路方式）	2	1套8U机箱、1套4U机箱

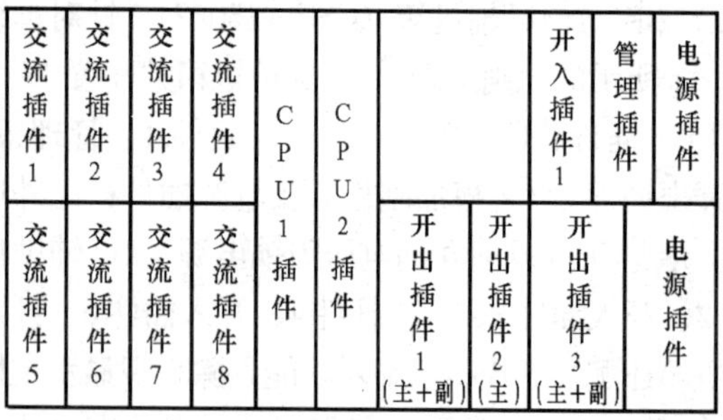

图 7-2　8U 保护机箱（CSC-150/1 插件）布置图

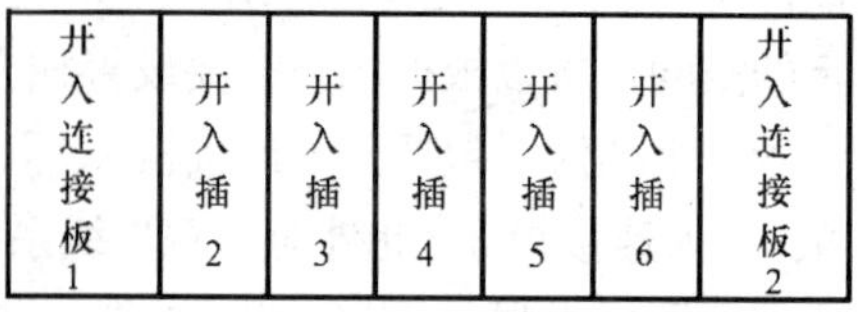

图 7-3　4U 辅助机箱（CSC-150/2 插件）布置图

三、交流插件（AC）

本插件共有 8 块交流插件，包括电压变换器和电流变换器两部分。电压变换器相电压额定值为 $100/\sqrt{3}$V；电流变换器额定输入电流 5A 或额定输入电流 1A。

四、保护 CPU 插件（CPU）

本装置共有 2 块 CPU 插件，根据需要可配置第 3 块电压闭锁 CPU 插件。CPU 插件是装置的核心插件，CPU1 和 CPU2 硬件完全相同，完全冗余完成所有保护功能、A/D 变换、软硬件自检等。电压闭锁 CPU 完成硬的电压闭锁功能，具有独立的供电电源。

五、通信管理插件（MASTER）

本插件是装置的管理和通信插件，其功能为：

（1）接收和储存 CPU 板的事故和事件报告，将信息输送至打印机打印并通过 Lon 网口、以太网口或 RS485 口输送至监控后台和工程师站。

（2）输出报告至液晶显示和通过面板键盘操作装置。

连接面板上的标准 RS—232 串口与外接 PC 机通信，完成调试软件 CSPC 的功能。

六、开入插件（DI）

开入插件用来接入各保护压板、隔离刀闸辅助触点位置、断路器失灵开入等开关量输入信号。开入插件对各路开入回路进行实时自检。

装置设置了 6 个开入插件，同时还留有若干个开入插件的备用位置。开入插件 1 为主开入插件，主要为保护功能压板（24V）及保护信号开入（220V 或 110V）。开入插件 2、开入插件 6 为隔离开关辅助触点位置，开入插件 3、开入插件 4、开入插件 5 为断路器失灵开入，开入插件 2 至开入插件 6 均为 220V 或 110V。

七、开出插件（DO）

装置共设置了 5 块开出插件，主要输出跳闸及信号触点。

八、源插件（POW）

装置采用了直流逆变电源插件，输入直流 220V 或 110V，输出＋24V、±12V、＋5V，电源插件用户可根据需要选用独立双电源或者双路冗余双电源模式。

注意：所有的开入、开出实际上是可以灵活、方便地进行配置，其含义可以随不同的工程而改变以适应于各种不同的应用场合。

第三节　CSC-150 数字式母线保护装置的软件说明

一、保护程序整体结构

保护 CPU 软件包括主程序、采样中断程序和故障处理中断程序。主程序完成装置的硬件自检、投切压板、固化定值、上送报告等功能。每隔一个采样间隔时间执行一次采样中断程序，然后进行电气量的采集、录波、突变量启动判别等。故障处理中断也是每隔固定时间执行一次，完成保护功能的逻辑和 TV、TA 异常判别等。如果有异常，则发出相应的告警信号和报文。对于危及保护安全性和可靠性的严重告警，发出信号的同时闭锁保护出口；对于普通告警，发出信号提示运行人员注意检查处理。发生故障时，在故障处理中断中完成故障判别、出口跳闸等功能。

基本功能分为主保护和辅助保护两部分。

二、主保护

装置的主保护采用分相式快速虚拟比相式电流突变量保护和比率制动式电流差动保护原理。快速虚拟比相式电流突变量保护仅在故障开始时投入，然后改用比率制动式电流差动保护。两种原理保护均设有大差启动元件、小差选择元件和电压闭锁元件。大差启动元件和小差选择元件中有反映任意一相电流突变或电压突变的启动量，它和差动动作判据一起在每个采样中断中实时进行判断，以确保内部故障时电流保护正确动作，在同时满足电压闭锁开放条件时跳开故障母线上所有断路器。其出口逻辑如图 7-4 所示。

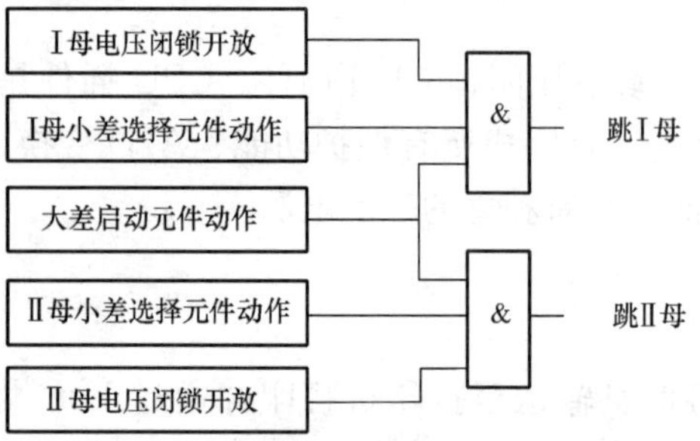

图 7-4 双母线方式的保护出口逻辑图

快速虚拟比相式电流突变量保护和比率制动式电流差动保护均基于电流采样值构建，采取持续多点满足动作条件才开放母线保护电流元件方式实现。下面的原理分析对于每一个采样时刻均成立，因此在部分公式中省去了采样时刻标识。

1. 比率制动式电流差动保护原理

装置的稳态判据采用常规比率制动原理。母线在正常工作或其保护范围外部故障时所有流入及流出母线的电流之和为零（差动电流为零），而在内部故障情况下所有流入及流出母线的电流之和不再为零（差动电流不为零）。基于这种前提，差动保护可以正确地区分母线内部和外部故障。

比率制动式电流差动保护的基本判据为

$$|i_1+i_2+\cdots+i_n|\geqslant I_0 \tag{7-1}$$

$$|i_1+i_2+\cdots+i_n|\geqslant K(|i_1|+|i_2|+\cdots+|i_n|) \tag{7-2}$$

式中 i_1、i_2、…、i_n——支路电流；

K——制动系数；

I_0——差动电流门槛值。

式（7-1）的动作条件是由不平衡差动电流决定的，而式（7-2）的动作条件是由母线所有元件的差动电流和制动电流的比率决定的。在外部故障短路电流很大时，不平衡差电流较大，式（7-1）易于满足，但不平衡差动电流占制动电流的比率很小，因而式（7-2）不会满足。装置的动作条件由上述两判据的与门输出，提高了差动保护的可靠性，所以当外部故障短路电流较大时，由于式（7-2）使得保护不误动，而内部故障时，式（7-2）易于满足，只要同时满足式（7-1）提供的差动电流动作门槛，保护就能正确动作，这样提高了差动保护的可靠性。比率制动式电流差动保护动作曲线如图 7-5 所示。图 7-5中 $i_d=|i_1+i_2+\cdots+i_n|$ 为差动电流，$i_f=|i_1|+|i_2|+\cdots+|i_n|$ 为制动电流，K 为制动系数。

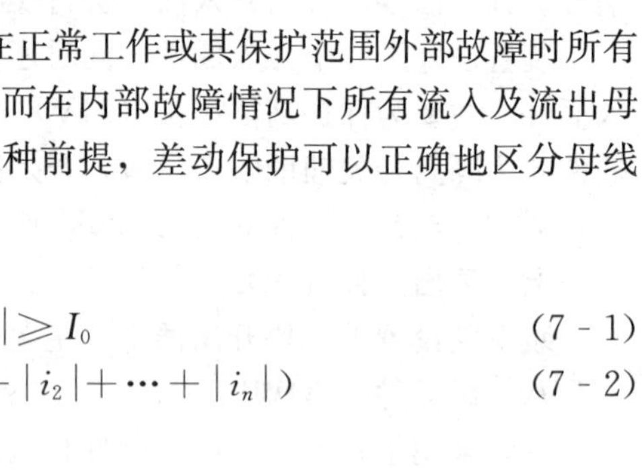

图 7-5 比率制动式电流差动保护动作曲线

2. 虚拟比相式电流突变量保护原理

为了加快差动保护的动作速度，提高重负荷、高阻接地及系统功角摆开时常规比率制动式差动保护的灵敏度，装置采用了快速虚拟比相式电流突变量保护，该保护和制动系数为 0.3 的高灵敏度常规比率制动原理配合使用。

假设母线系统故障发生后 t 时刻各支路电流为 i_{1t}、$i_{2t}\cdots i_{nt}$，突变量为 Δi_{1t}、$\Delta i_{2t}\cdots\Delta i_{nt}$，前一周正常负荷电流为 $i_{1(t-T)}$、$i_{2(t-T)}\cdots i_{n(t-T)}$，母线 t 时刻的差动电流为

$i_{dt}=\sum\limits_{j=1}^{n}i_{jt}=\sum\limits_{j=1}^{n}(i_{j(t-T)}+\Delta i_{jt})=\sum\limits_{j=1}^{n}i_{j(t-t)}+\sum\limits_{j=1}^{n}\Delta i_{jt}=\sum\limits_{j=1}^{n}i_{jt}=\sum\limits_{j=1}^{n}i_{jt+}-\sum\limits_{j=1}^{n}\Delta i_{jt-}$。我们把同一时刻所有电流正突变量之和 $\sum\limits_{j=1}^{n}\Delta i_{jt+}$ 虚拟成流入电流，所有电流负突变量之和 $\sum\limits_{j=1}^{n}\Delta i_{jt-}$ 虚拟成流出电流，当母线发生区外故障时每一采样时刻均满足 $i_{dt}=\sum\limits_{j=1}^{n}\Delta i_{jt+}-\sum\limits_{j=1}^{n}\Delta i_{jt-}=0$，虚拟流入电流等于虚拟流出电流，即 $\dfrac{\left|\mathop{Z}\limits_{j=1}^{n}\Delta i_{jt+}\right|}{\left|\sum\limits_{j=1}^{n}\Delta i_{jt-}\right|}=1$。此时虚拟流入电流和虚拟流出电流的对应关系如图 7－6 所示。当母线发生区内故障时 $i_{dt}=\sum\limits_{j=1}^{n}\Delta i_{jt+}-\sum\limits_{j=1}^{n}\Delta i_{jt-}\neq 0$，虚拟流入电流不等于虚拟流出电流，即 $\dfrac{\left|\sum\limits_{j=1}^{n}\Delta i_{jt+}\right|}{\left|\sum\limits_{j=1}^{n}\Delta i_{jt-}\right|}\neq 1$，若各支路系统参数一致则满足 $\dfrac{\left|\sum\limits_{j=1}^{n}\Delta i_{jt+}\right|}{\left|\sum\limits_{j=1}^{n}\Delta i_{jt-}\right|}=\infty$ 或 $\dfrac{\left|\sum\limits_{j=1}^{n}\Delta i_{jt+}\right|}{\left|\sum\limits_{j=1}^{n}\Delta i_{jt-}\right|}=0$，若考虑各支路系统参数之间的差异，则 $\dfrac{\left|\sum\limits_{j=1}^{n}\Delta i_{jt+}\right|}{\left|\sum\limits_{j=1}^{n}\Delta i_{jt-}\right|}>1$ 或 $\dfrac{\left|\sum\limits_{j=1}^{n}\Delta i_{jt+}\right|}{\left|\sum\limits_{j=1}^{n}\Delta i_{jt-}\right|}<1$，此时虚拟流入电流和虚拟流出电流的对应关系如图 7－7 所示。因此快速虚拟比相式电流突变量保护的主要判据如下

$$\frac{\left|\sum\limits_{j=1}^{n}\Delta i_{jt+}\right|}{\left|\sum\limits_{j=1}^{n}\Delta i_{jt-}\right|}\geqslant K\text{ 或 }\frac{\left|\sum\limits_{j=1}^{n}\Delta i_{jt+}\right|}{\left|\sum\limits_{j=1}^{n}\Delta i_{jt-}\right|}\leqslant\frac{1}{K}$$

其中 K 为大于 1 的常数。该常数根据系统结构和短路容量确定。

3. TA 变比的自动调整

母线保护因所连接的支路负载情况不同，所选 TA 也不尽相同。装置根据用户整定的一次 TA 变比自动进行换算，使得二次电流满足基尔霍夫定理。假设支路 1 的 TA 变比为 n_{TA1}，支路 2 的 TA 变比为 n_{TA2}，支路 n 的 TA 变比为 n_{TAn} 等，则 TA 变比的归算方法如下

$$n_{TA\cdot max}=\max\{n_{TA1}、n_{TA2}、\cdots、n_{TAn}\}$$

$$n_{TA1\cdot r}=\frac{n_{TA1}}{n_{TA\cdot max}}$$

$$n_{TA2\cdot r}=\frac{n_{TA2}}{n_{TA\cdot max}}$$

$$\cdots$$

$$n_{TAn\cdot r}=\frac{n_{TAn}}{n_{TA\cdot max}}$$

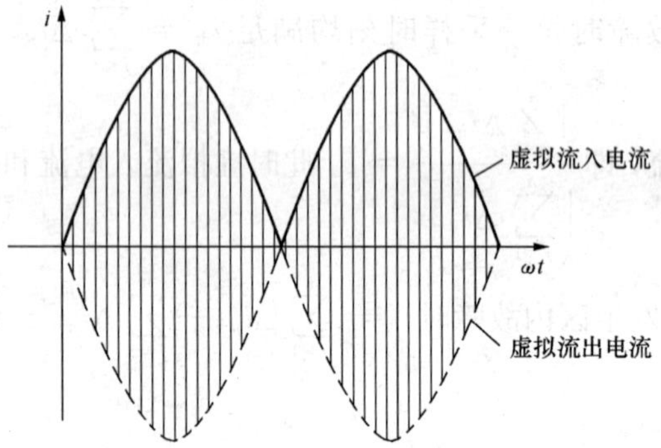

图 7-6　母线区外故障时虚拟流入电流和虚拟流出电流对照图

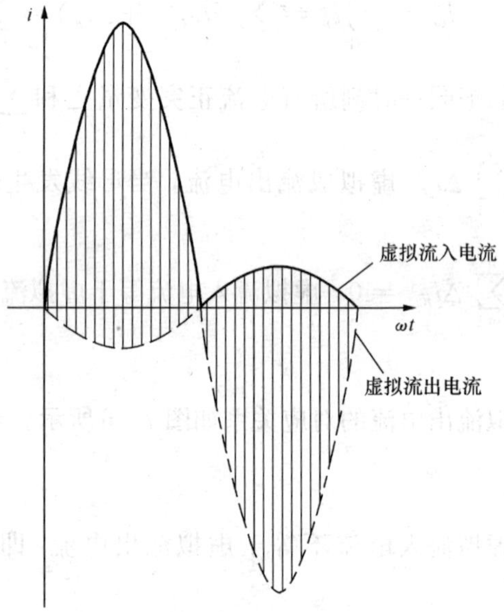

图 7-7　母线区内故障时虚拟流入电流和虚拟流出电流对照图

差动电流和制动电流是基于变换后的 TA 二次相对变比而得的。$n_{TA\cdot r}$为折算系数。

4. 电压闭锁

装置的电压闭锁功能采取复合电压开放逻辑，当任意相电压低于低电压定值、负序电压高于负序电压定值、零序电压高于零序电压定值或母线 TV 断线时开放电压闭锁元件。双母线（分段母线）接线形式在通过母联分段断路器或其他支路刀闸双跨互联运行时，若某段母线 TV 出现异常，电压闭锁元件能自动切换到另一段母线 TV 上。电压闭锁开放逻辑图如图 7-8 所示。

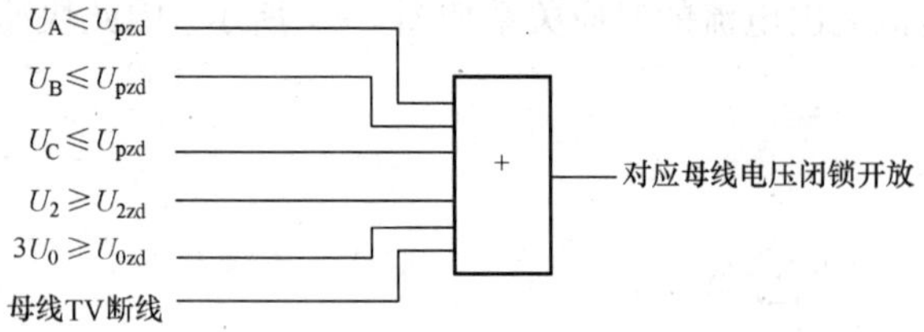

图 7-8　电压闭锁开放逻辑图

5. 母线运行方式字的识别

双母线运行的一个特点是操作灵活、多变，但是运行的灵活却给保护的配置带来了一定的困难，常规保护中通过引入隔离开关辅助触点的方法来动态跟踪现场的运行工况，如图 7-9 所示。L 为连接在双母线上的一条支路，QS1、QS2 是 L 的隔离开关。将 QS1、QS2

辅助触点的状态送到母线保护的开关量输入端子，若用高电平“1”表示开关合上，低电平“0”表示开关断开，则保护可将L的运行状态表述如表7-2。

微机母线保护通过其开关量输入读取各支路状态，形成Ⅰ母运行方式字和Ⅱ母运行方式字，同时辅以电流校验，实时跟踪母线运行方式。装置配备了母线运行方式显示屏，对应于某种运行方式，在电流不平衡时会出现告警，提醒用户进行干预。用户可以根据现场的运行方式选择自动、强合、强分来干预显示屏上每个隔离开关辅助触点，使得运行方式识别准确可靠。装置在支路有电流但其刀闸辅助触点信号因故消失时可以通过记忆保持正常状态。另外针对因隔离刀闸辅助触点工作电源丢失而导致的所有刀闸位置都为“0”的情况，装置能够记忆掉电前的刀闸位置和母线运行方式字，直到开入电源恢复正常为止，使得母线保护在该状态下仍可以正确跳闸。

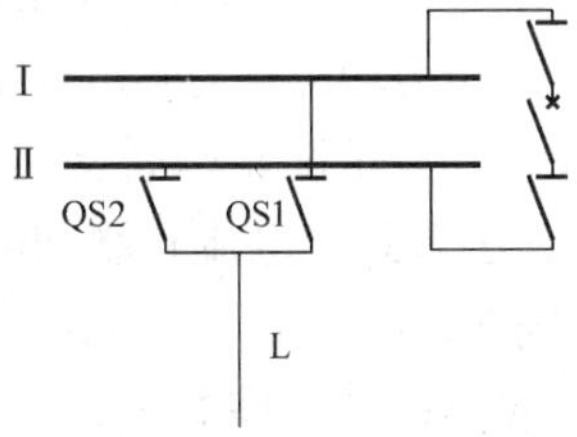

图7-9　双母线运行方式示意图

表7-2　L的运行状态

QS1	QS2	说明
0	0	L停运
0	1	L运行在Ⅱ母线
1	0	L运行在Ⅰ母线
1	1	L同时运行在Ⅰ、Ⅱ母线（倒闸操作时）

下面简单介绍双母线不同运行方式下差动电流、制动电流的处理方法，正、负电流突变量之和处理方法相似。

（1）双母线专用母联方式。

双母线专用母联接线图如图7-10所示。在此种接线形式下所有支路的Ⅰ母刀、Ⅱ母刀均应作为确定母线运行方式字的输入量，大差差动电流和制动电流均不计及母联电流，各段小差差动电流和制动电流均应根据母联刀闸辅助触点的状态和母联TA的极性计及母联电流。N单元双母线专用母联差动电流和制动电流表述如下

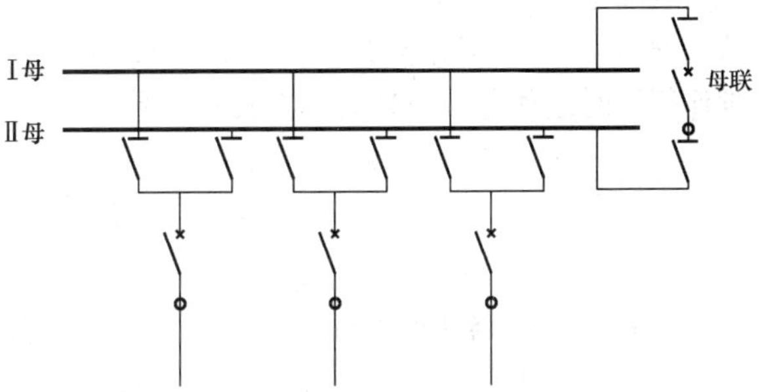

图7-10　双母线专用母联接线图

$$i_d = |K_{m1} \cdot i_{m1} + K_1 \cdot i_1 + \cdots + K_{N-1} \cdot i_{N-1}|$$
$$i_f = |K_{m1}| \cdot |i_{m1}| + K_1 \cdot |i_1| + \cdots + K_{N-1} \cdot |i_{N-1}|$$

其中K_{m1}为母联支路系数；K_1、K_2、…、K_{N-1}为非母联支路系数；i_{m1}、i_1、…、i_{N-1}为经过换算后的一次电流或二次电流。计算大差差动电流和制动电流时$K_{m1}=0$，$K_1=\cdots=K_{N-1}=1$。若母联TA极性与Ⅰ母一致，计算Ⅰ母差动电流和制动电流时，$K_{m1}=1$，K_1、…、K_{N-1}根据对应支路运行于Ⅰ母取1，不运行于Ⅰ母取0；而计算Ⅱ母差动电流和制动电流时，$K_{m1}=-1$，K_1、…、K_{N-1}根据对应支路运行于Ⅱ母取1，不运行于Ⅱ母取0。若母联TA极性与Ⅱ母一致，计算Ⅰ母差动电流和制动电流时，$K_{m1}=-1$，K_1、…、K_{N-1}根据对应支路运行

于Ⅰ母取1，不运行于Ⅰ母取0；而计算Ⅱ母差动电流和制动电流时，$K_{m1}=1$，K_1、…、K_{N-1}根据对应支路运行于Ⅱ母取“1”，不运行于Ⅱ母取“0”。

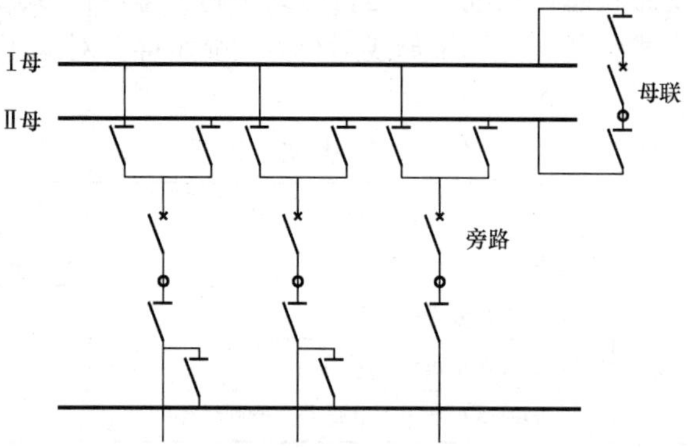

图7-11 双母线专用母联专用旁路接线图

（2）双母线专用母联专用旁路方式。

双母线专用母联专用旁路接线图如图7-11所示。在这种接线形式下，所有支路的Ⅰ母刀、Ⅱ母刀均应作为确定母线运行方式字的输入量，旁路按非母联支路处理，其电流参与大、小差差动电流和制动电流计算，处理方法同双母线专用母联方式。

（3）双母线母联兼旁路方式。

双母线母联兼旁路方式分Ⅰ母兼旁路和Ⅱ母兼旁路两种。在此种接线形式下，除所有支路的Ⅰ母刀、Ⅱ母刀外，还应将母联旁母刀作为确定母线运行方式字的输入量。

1）Ⅰ母兼旁路。双母线母联兼旁路（Ⅰ母兼旁路）接线图如图7-12所示。母联兼旁路支路作母联时该支路旁母刀断开，电流处理如同双母线专用母联。作旁路时母联兼旁路支路Ⅰ母刀和旁母刀合上，Ⅱ母刀断开，此时计算大差和Ⅰ母差动电流和制动电流时应计及该支路电流，计算Ⅱ母差动电流和制动电流时不需计及该支路电流。假设该支路编号为1，其余支路编号为2、…、N，则作旁路时差动电流和制动电流表述如下

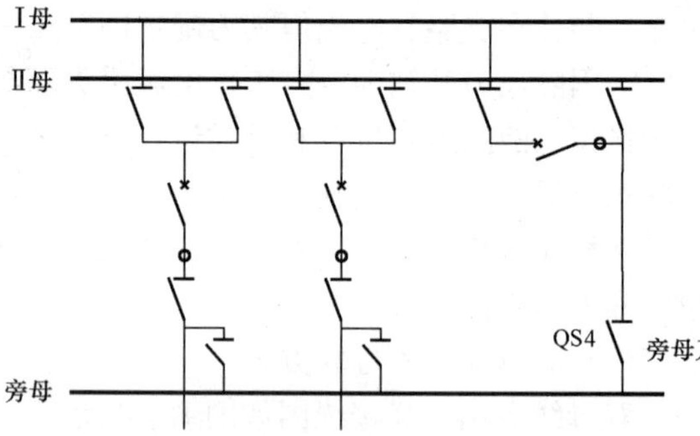

图7-12 双母线母联兼旁路（Ⅰ母兼旁路）接线图

$$i_d=|K_1 \cdot i_1+K_2 \cdot i_2+\cdots+K_N \cdot i_N|$$

$$i_f=K_1 \cdot |i_1|+K_2 \cdot |i_2|+\cdots+K_N \cdot |i_N|$$

其中K_1、K_2、…、K_N为支路系数，i_1、i_2、…、i_N为经过换算后的一次电流或二次电流。若母联兼旁路TA极性与Ⅰ母一致，则计算大差差动电流和制动电流时$K_1=K_2=\cdots=K_N=1$，计算Ⅰ母差动电流和制动电流时$K_1=1$，K_2、…、K_N根据对应支路运行于Ⅰ母取1，不运行于Ⅰ母取0，而计算Ⅱ母差动电流和制动电流时$K_1=0$，K_2、…、K_N根据对应支路运行于Ⅱ母取1，不运行于Ⅱ母取0；若母联TA极性与Ⅱ母一致，则计算大差差动电流和制动电流时$K_1=-1$，$K_2=\cdots=K_N=1$，计算Ⅰ母差动电流和制动电流时$K_1=-1$，K_2、…、K_N根据对应支路运行于Ⅰ母取1，不运行于Ⅰ母取0，而计算Ⅱ母差动电流和制动电流时$K_1=0$，K_2、…、K_N根据对应支路运行于Ⅱ母取1，不运行于Ⅱ母取0。

2）Ⅱ母兼旁路。双母线母联兼旁路（Ⅱ母兼旁路）接线图如图7-13所示。母联兼旁路支路作母联时该支路旁母刀断开，电流处理如同双母线专用母联。作旁路时母联兼旁路支路Ⅱ母刀和旁母刀合上，Ⅰ母刀断开，此时计算大差和Ⅱ母差动电流和制动电流时应计及该支路电流，计算Ⅰ母差动电流和制动电流时不需计及该支路电流。假设该支路编号为1，其余支路编号为2、3、…、N，则作旁路时差动电流和制动电流表述如下

$$i_d = |K_1 \cdot i_1 + K_2 \cdot i_2 + \cdots + K_N \cdot i_N|$$

$$i_f = K_1 \cdot |i_1| + K_2 \cdot |i_2| + \cdots + K_N \cdot |i_N|$$

其中 K_1、K_2、…、K_N 为支路系数，i_1、i_2、…、i_N 为经过换算后的一次电流或二次电流。若母联兼旁路 TA 极性与Ⅰ母一致，则计算大差差动电流和制动电流时 $K_1=-1$，$K_2=\cdots=K_N=1$。计算Ⅰ母差动电流和制动电流时 $K_1=0$，K_2、…、K_N 根据对应支路运行于Ⅰ母取 1，不运行于Ⅰ母取 0，而计算Ⅱ母差动电流和制动电流时 $K_1=-1$，K_2、…、K_N 根据对应支路运行于Ⅱ母取 1，不运行于Ⅱ母取 0；若母联 TA 极性与Ⅱ母一致，则计算大差差动电流和制动电流时 $K_1=K_2=\cdots=K_N=1$，计算Ⅰ母差动电流和制动电流时 $K_1=0$，K_2、…、K_N 根据对应支路运行于Ⅰ母取 1，不运行于Ⅰ母取 0，而计算Ⅱ母差动电流和制动电流时 $K_1=1$，K_2、…、K_N 根据对应支路运行于Ⅱ母取 1，不运行于Ⅱ母取 0。

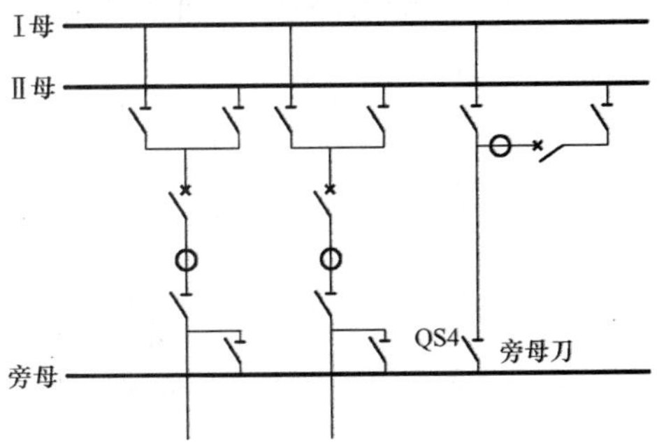

图 7－13　双母线母联兼旁路（Ⅱ母兼旁路）接线

（4）双母线旁路兼母联方式。

双母线旁路兼母联方式分旁路至Ⅰ母有跨条和旁路至Ⅱ母有跨条两种。在此种接线形式下，旁路Ⅰ母刀、Ⅱ母刀、旁母刀、跨条刀及其他支路的Ⅰ、Ⅱ母刀均应作为确定母线运行方式字的输入量。

1）旁路至Ⅰ母有跨条。

双母线旁路兼母联（旁路至Ⅰ母有跨条）接线图如图 7－14 所示。旁路兼母联支路作旁路时跨条刀断开，该支路电流处理同双母线专用旁路方式。作母联时旁路兼母联支路Ⅰ母刀和旁母刀断开，Ⅱ母刀和跨条刀合上，此时差动电流和制动电流处理同双母线专用母联方式。

2）旁路至Ⅱ母有跨条。

双母线旁路兼母联（旁路至Ⅱ母有跨条）接线图如图 7－15 所示。旁路兼母联支路作旁路时跨条刀断开，该支路电流处理同双母线专用旁路方式。作母联时旁路兼母联支路Ⅱ母刀和旁母刀断开，Ⅰ母刀和跨条刀合上，此时差动电流和制动电流处理同双母线专用母联方式。

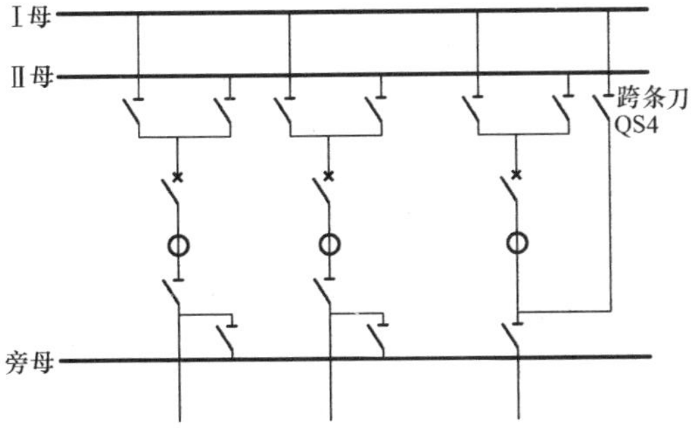

图 7－14　双母线旁路兼母联（旁路至Ⅰ母有跨条）接线图

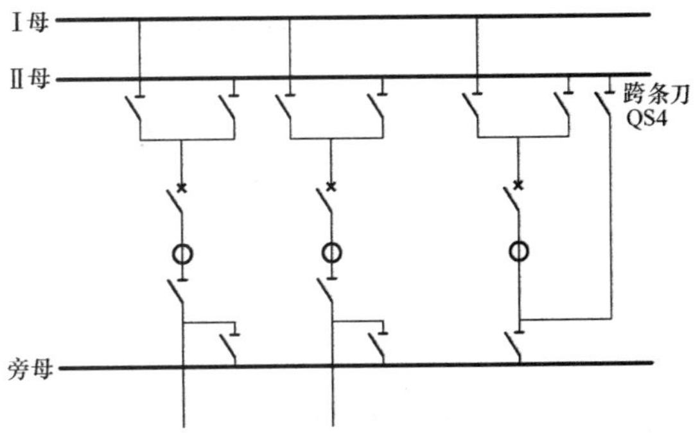

图 7－15　双母线旁路兼母联（旁路至Ⅱ母有跨条）接线图

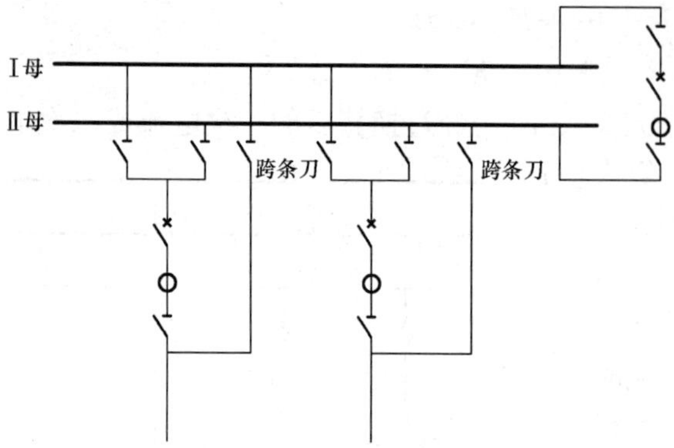

图 7 - 16 母线兼旁母接线图

(5) 母线兼旁母方式。

母线兼旁母方式就是以线路跨条代替旁母的运行方式，其接线图如图 7 - 16 所示。假设跨条连接于Ⅰ母，合跨条刀前应将所有支路倒闸操作到Ⅱ母上，然后断开所有支路的Ⅰ母刀，再合上跨条刀，最后拉开需检修的开关和它的Ⅱ母刀。在整个倒闸操作过程中，跨条未合上时按双母线专用母联处理电流，跨条合上后母联支路作为普通支路，按单母线运行方式处理，此时在处理母联电流时应注意母联 TA 的极性。跨条刀的状态影响母线的运行方式，应作为确定运行方式的输入量。跨条刀合上后差动电流和制动电流表述如下

$$i_{\mathrm{d}}=i_1+\cdots+i_{N-1}+K_{\mathrm{ml}}\cdot i_{\mathrm{ml}}$$
$$i_{\mathrm{f}}=|i_1|+\cdots+|i_{N-1}|+|i_{\mathrm{ml}}|$$

假设跨条连接于Ⅰ母，若母联 TA 极性与Ⅰ母一致，则在计算差动电流时 $K_{\mathrm{ml}}=-1$，若母联 TA 极性与Ⅱ母一致，则在计算差动电流时 $K_{\mathrm{ml}}=1$；假设跨条连接于Ⅱ母，若母联 TA 极性与Ⅰ母一致，则在计算差动电流时 $K_{\mathrm{ml}}=1$，若母联 TA 极性与Ⅱ母一致，则在计算差动电流时 $K_{\mathrm{ml}}=-1$。

(6) 双母单分段。

双母单分段接线如图 7 - 17 所示。在此种接线形式下所有支路的Ⅰa 母刀、Ⅰb 母刀、Ⅱ母刀均应作为确定母线运行方式字的输入量，大差差动电流和制动电流均不计及母联电流和分段电流，各段小差差动电流和制动电流均应根据母联分段刀闸辅助触点的状态和母联分段 TA 的极性计及母联或分段电流。N 单元双母单分段差动电流和制动电流表述如下

$$i_{\mathrm{d}}=|K_{\mathrm{ml1}}\cdot i_{\mathrm{ml1}}+K_{\mathrm{ml2}}\cdot i_{\mathrm{ml2}}+K_{\mathrm{fd}}\cdot i_{\mathrm{fd}}+K_1\cdot i_1+\cdots+K_{N-3}\cdot i_{N-3}|$$
$$i_{\mathrm{f}}=|K_{\mathrm{ml1}}\cdot i_{\mathrm{ml1}}|+|K_{\mathrm{ml2}}\cdot i_{\mathrm{ml2}}|+|K_{\mathrm{fd}}\cdot i_{\mathrm{fd}}|+|K_1\cdot i_1|+\cdots+|K_{N-3}\cdot i_{N-3}|$$

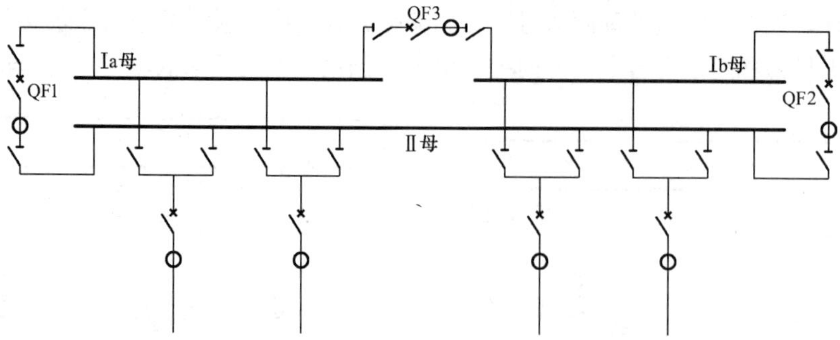

图 7 - 17 双母单分段接线图

其中 K_{ml1}、K_{ml2} 为母联支路系数，K_{fd} 为分段支路系数，K_1、…、K_{N-3} 为非母联分段支路系数，i_{ml1}、i_{ml2}、i_{fd}、i_1、…、i_{N-3} 为经过换算后的一次电流或二次电流。计算大差差动电流和制动电流时 $K_{\mathrm{ml1}}=0$、$K_{\mathrm{ml2}}=0$，$K_{\mathrm{fd}}=0$，$K_1=\cdots=K_{N-3}=1$；固定母联 TA1 极性与

Ⅰa母一致；母联TA2极性与Ⅰb母一致，分段TA极性与Ⅰa母一致，计算Ⅰa母差动电流和制动电流时，$K_{ml1}=1$，$K_{fd}=1$，K_1、…、K_{N-3}根据对应支路运行于Ⅰa母取1，不运行于Ⅰa母取0；计算Ⅱ母差动电流和制动电流时，$K_{ml1}=-1$，$K_{ml2}=-1$，K_1、…K_{N-3}根据对应支路运行于Ⅱ母取1，不运行于Ⅱ母取0；计算Ⅰb母差动电流和制动电流时，$K_{fd}=-1$，$K_{ml2}=1$，K_1、…K_{N-3}根据对应支路运行于Ⅰb母取1，不运行于Ⅰb母取0。

（7）双母双分段。

双母双分段接线如图7－18所示。在此种接线形式下按两个双母线系统配置两套母线保护。每套母线保护均应把两个分段回路视为两个非母联单元对待，这两个单元为固定连接，不可倒闸。综合分段失灵和死区保护，每套保护将母联设为1单元，分段Ⅰ设为2单元，分段Ⅱ设为3单元。

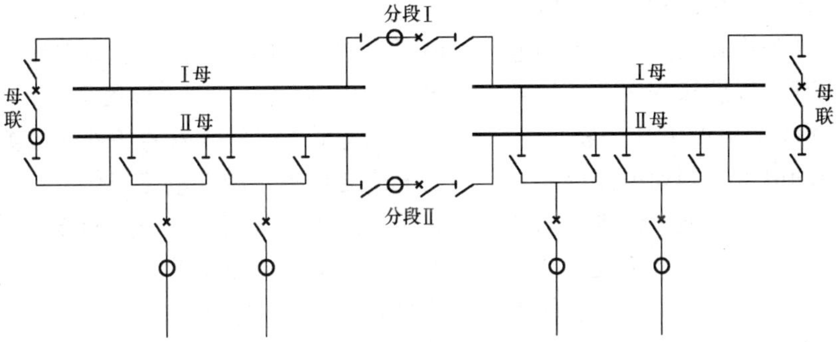

图7－18　双母双分段接线图

（8）单母分段带旁母。

单母分段带旁母接线图如图7－19所示。在此种接线形式下除分段断路器外均为固定连接方式，所以只需考虑分段断路器两侧的隔离刀闸位置和旁母刀闸状态来决定分段TA电流的计算范围，分段支路的Ⅰa母刀、Ⅰb母刀、旁路刀QS3、QS4均应作为确定分段支路运行状态的输入量。大差差动电流和制动电流均不计及分段电流，各段小差差动电流和制动电流均应根据分段刀闸辅助触点的状态、旁母刀状态和分段TA的极性计及分段电流。假设N单元单母分段系统有N_1条支路运行于Ⅰa母，N_2条支路运行于Ⅰb母，则差动电流和制动电流表述如下

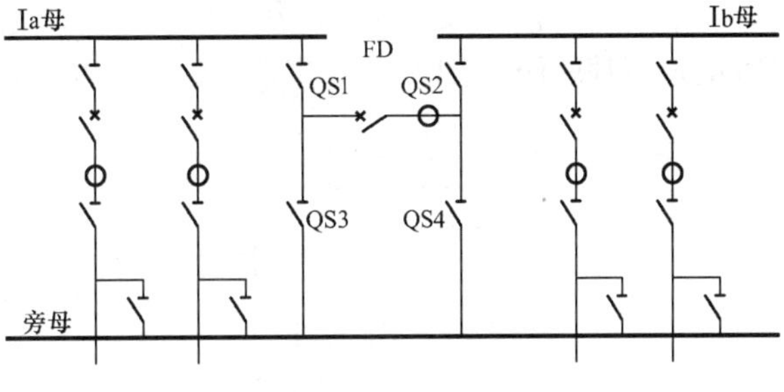

图7－19　单母分段带旁母接线图

$$i_d=\left|K_1\cdot\sum_{j=1}^{N_1}i_j+K_2\cdot\sum_{j=1}^{N_2}i_j+K_{fd}\cdot i_{fd}\right|$$

$$i_f=K_1\cdot\sum_{j=1}^{N_1}|i_j|+K_2\cdot\sum_{j=1}^{N_2}|i_j|+|K_{fd}|\cdot|i_{fd}|$$

其中K_{fd}为分段支路系数，K_1为Ⅰa母系数，K_2为Ⅰb母系数。计算大差差动电流和制动电流时，$K_{fd}=0$，$K_1=K_2=1$；计算Ⅰa母差动电流和制动电流时，$K_1=1$，$K_2=0$，计算Ⅰb母差动电流和制动电流时，$K_1=0$，$K_2=1$。当QS3、QS4断开时，计算两段母线差动

电流和制动电流时若分段 TA 极性与某段母线一致则 $K_{fd}=1$，否则 $K_{fd}=-1$；当 QS1、QS4 合而 QS2、QS3 分，或 QS2、QS3 合而 QS1、QS4 分时均处于旁路状态，分段电流根据带路状态和 TA 极性被计及到各段差动电流和制动电流计算中。Ⅰa 母带路时（QS1、QS4 合而 QS2、QS3 分），计算Ⅰa 母差动电流和制动电流时，若分段 TA 极性与Ⅰa 母一致则 $K_{fd}=1$，否则 $K_{fd}=-1$，计算Ⅰb 母差动电流和制动电流时 $K_{fd}=0$；Ⅰb 母带路时（QS2、QS3 合而 QS1、QS4 分），计算Ⅰa 母差动电流和制动电流时 $K_{fd}=0$，计算Ⅰb 母差动电流和制动电流时，若分段 TA 极性与Ⅰb 母一致则 $K_{fd}=1$，否则 $K_{fd}=-1$。

6. TA 饱和判别

为防止母线保护在母线近端发生区外故障时，由于 TA 严重饱和形成的差动电流而引起母线保护误动作，根据 TA 饱和发生后二次电流波形的特点，装置设置了 TA 饱和检测元件。用来区分区外 TA 饱和与母线区内故障。

区外故障 TA 饱和虽然产生差动电流，但即使最严重的 TA 饱和，在电流的过零点和故障初始阶段仍存在线性转变区。在该转变区内差动电流为零，过了该区就会产生差动电流。TA 次饱和检测元件就是利用该特点，通过实时处理线性转变区内的各种变量关系，包括电压突变量、差动电流、制动电流突变量、差动电流变化率、制动电流变化率等，形成几个并行的 TA 饱和判据，根据不同判据的特点，赋予不同的同步因子。通过同步因子和时间变量的关系来准确地鉴别 TA 饱和发生的时刻，加上差动电流谐波量的谐波分析，使得该 TA 饱和检测元件具有极强的抗 TA 饱和能力，能够鉴别 2msTA 饱和。对于饱和相区外转区内故障，由于采用波形识别技术，可以快速切除故障。

7. TA 断线判别

装置的 TA 断线判别分为两段，即告警段和闭锁段。告警段差动电流定值低于闭锁段差动电流定值，可以根据需要通过设置控制字进行各段功能投退。告警段和闭锁段均经固定延时 10s 发信号，在闭锁段投入时判断 TA 断线后按相、按段闭锁装置，TA 断线消失后，自动解除闭锁。母联 TA 断线后，只报警不闭锁装置。TA 断线逻辑图如图 7-20 和图 7-21 所示。

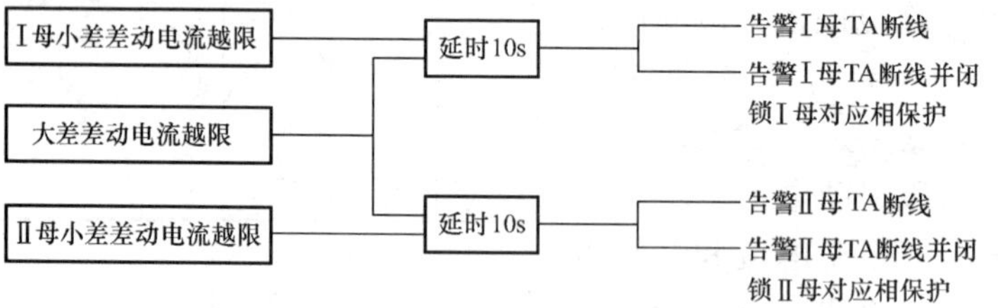

图 7-20 TA 断线逻辑图

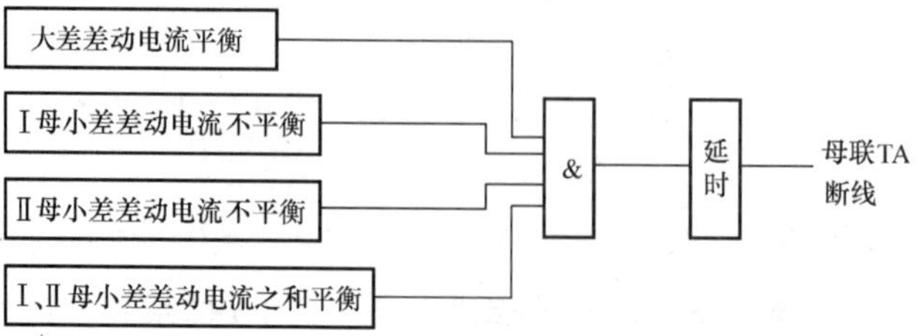

图 7-21 母联 TA 断线逻辑图

8. TV 断线判别

中性点接地系统 TV 断线判据如下：

（1）三相 TV 断线：三相母线电压均小于 8V 且运行于该母线上的支路电流不全为 0；

（2）单相或两相 TV 断线：自产 $3U_0$ 大于 7V。

中性点不直接接地系统 TV 断线判据如下：

（1）三相 TV 断线：三相母线电压均小于 8V，且运行于该母线上的支路电流不全为 0；

（2）单相 TV 断线：自产 $3U_0$ 大于 7V，且线电压两两模值之差中有一个大于 18V；

（3）两相 TV 断线：自产 $3U_0$ 大于 7V，且 3 个线电压均小于 7V。

持续 1s 满足以上判据确定母线 TV 断线，TV 断线后电压闭锁元件对电压回路自动进行切换，并发告警信号，但不闭锁保护。

9. 刀闸双跨

在线路倒闸操作出现刀闸双跨时，装置采取将两段母线合并为一段母线，其实现方法完全等同于大差，此时小差失去选择性。在母线发生区外故障时差动保护可靠不动作，发生区内故障时跳开所有连接在母线上的断路器。

10. 母线保护补跳功能

在双母线运行方式下，装置的动作跳闸逻辑如下：①差动保护动作速动跳开运行于故障母线上的所有支路；②差动保护动作跳闸后经母联失灵延时判别大差差动电流是否平衡，若不平衡则补跳无刀闸引入（既不在Ⅰ母也不在Ⅱ母上）的其他支路。差动保护补跳逻辑如图 7－22 所示。

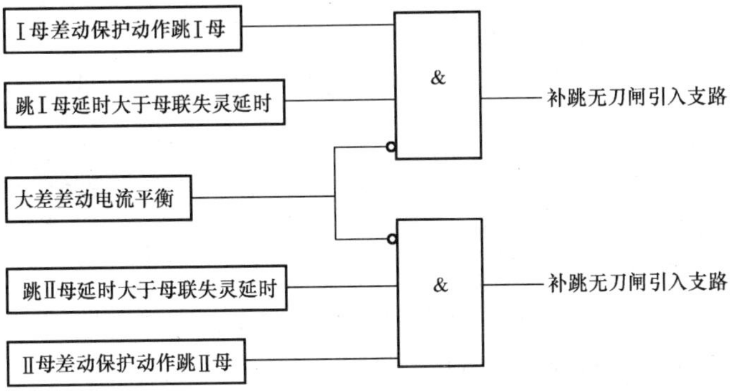

图 7－22　双母线方式差动保护出口补跳逻辑图

三、辅助功能

1. 断路器失灵保护

装置在应用于 110kV 以上母线时，配置了两种启动方式的断路器失灵保护，分别为：①无电流元件的断路器失灵保护，该方式的失灵保护由外部失灵启动装置启动本装置失灵保护，本装置无电流元件，不进行电流判别；②有电流元件的断路器失灵保护，该方式的失灵保护由线路保护装置或元件保护装置跳闸触点启动本装置失灵保护，电流判别及失灵逻辑由本装置自身完成。可以根据需要，通过设置控制字选择断路器失灵保护电流判别元件是否投入。断路器失灵保护具有独立的复合电压闭锁元件，该元件在双母线运行方式母线互联运行（母联断路器闭合或非母联间隔刀闸双跨）TV 异常时自动进行 TV 切换。此外断路器失灵保护还具有失灵启动开入超时告警并闭锁失灵保护功能。

（1）无电流判别元件的断路器失灵保护。

无电流元件的断路器失灵保护本身只完成选择失灵元件所在的母线段以及复合电压闭锁功能。断路器失灵保护检查有失灵启动开入，且复合电压闭锁元件开放时，按如下逻辑出口，其出口逻辑图如图 7-23 所示。

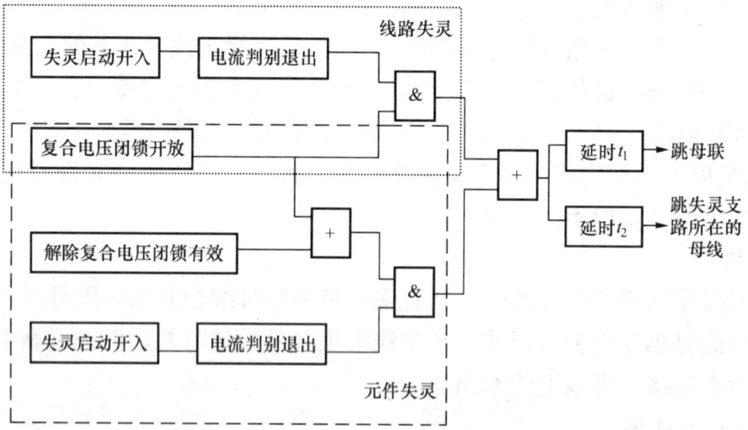

图 7-23 无电流判别元件的断路器失灵保护动作逻辑图

1）经较短的时间延时跳开母联断路器。

2）经较长的时间延时跳开与该支路所在同一母线上的所有支路断路器。

（2）有电流判别元件的断路器失灵保护。

具有电流判别元件的断路器失灵保护，是由线路保护（跳 A、跳 B、跳 C）或元件保护（三跳）出口继电器动作启动的。开入持续有效、跳闸相有故障电流且复合电压闭锁元件开放时，断路器失灵保护确定失灵单元，完成选择失灵单元所在的母线段，并按如下逻辑出口，其出口逻辑图如图 7-24 所示。

1）在整定的时间内跟跳本断路器。

2）若经延时确定故障还未切除，则以较短的时间跳开母联断路器，以较长的时间跳开与该支路所在同一母线上的所有支路断路器。

（3）断路器失灵保护开入设置。

断路器失灵保护无论是否具有电流判别元件，每一支路失灵启动开入均设置 3 个端子。对于线路支路，若断路器失灵保护无电流判别元件，则单元失灵 A 端子、失灵 B 端子和失灵 C 端子并联后接至对应的外部失灵启动装置开出触点，若断路器失灵保护有电流判别元件，则单元失灵 A 端子、失灵 B 端子和失灵 C 端子分别接对应的线路保护跳 A、跳 B 和跳 C 触点，这满足与绝大多数线路保护配合（当线路上没有装设并联电抗器，而线路保护在发三相跳闸命令同时启动跳 A、跳 B 和跳 C），若不满足可以通过灵活添加开入板以满足特殊工程的要求（提供跳 A、跳 B、跳 C 和三跳接入）。对于元件支路，单元失灵 A 端子、失灵 B 端子和失灵 C 端子并联后接至对应的外部失灵启动装置开出触点或元件保护的三跳触点。为了解决变压器或发变组支路低压侧故障时高压侧断路器失灵而复合电压闭锁不能开放时，断路器失灵保护可靠动作，对应支路除提供启动母线保护装置失灵开入外，还必须提供一个开入供断路器失灵保护解除电压闭锁用。装置提供两种解除变压器或发电机—变压器机组支

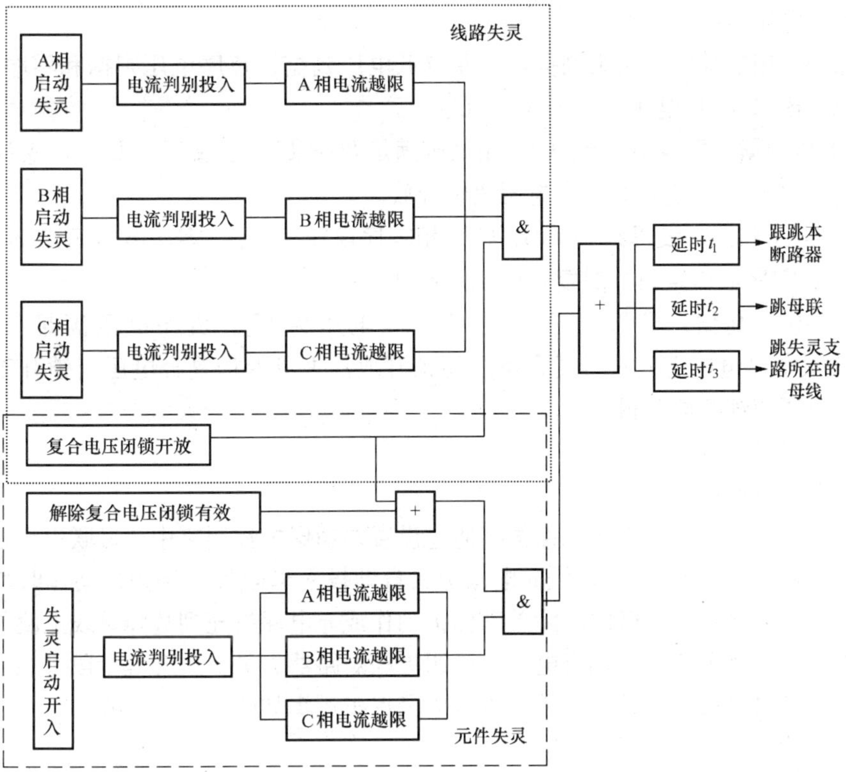

图 7－24　有电流判别元件的断路器失灵保护动作逻辑图

路断路器失灵保护电压闭锁的方式，可以根据需要通过设置控制位进行选择（特殊订制）。

1）外部解除电压闭锁。装置解除复合电压闭锁控制位置“0”，解除电压闭锁端子接外部解除电压闭锁信号量。装置预留 4 个解除电压闭锁开入（解除电压闭锁 1、2、3、4）分别对应单元 4、5、6、7。此种方式当元件支路断路器失灵时，若复合电压闭锁不满足开放条件，而解除电压闭锁开入存在，则失灵保护开放电压闭锁元件，使得失灵保护可靠动作。

2）内部解除电压闭锁。装置解除复合电压闭锁控制位置“1”，解除电压闭锁端子接元件支路断路器三相位置不对应触点（发变组间隔）或断路器合位（变压器间隔）。当对应支路失灵启动开入有效，解除电压闭锁开入有效，且对应支路零序电流或负序电流越限时，解除断路器失灵保护电压闭锁元件，保证断路器失灵保护可靠动作。三相位置不对应开入或断路器合位消失后，解除电压闭锁无效，该支路的失灵启动回路退出运行。断路器失灵保护内部解除电压闭锁逻辑图如图 7－25 所示。

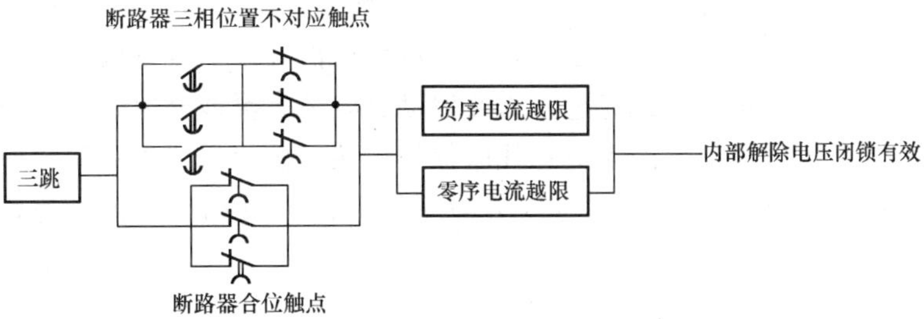

图 7－25　元件支路失灵内部解除电压闭锁逻辑图

(4) 复合电压闭锁。

失灵保护采用复合电压闭锁判据，主要有低电压判据、负序电压判据和零序电压判据。假设母线 A、B、C 三相电压为 U_A、U_B、U_C。

1) 低电压判据。母线 A、B、C 三相电压满足 $U_A \leqslant U_{psl \cdot set}$ 或 $U_B \leqslant U_{psl \cdot set}$ 或 $U_C \leqslant U_{psl \cdot set}$ ($U_{psl \cdot set}$ 为低电压动作定值) 时复合电压闭锁开放。

2) 零序电压判据。设母线 A、B、C 三相零序电压为 U_0。零序电压满足 $3U_0 \geqslant U_{0sl \cdot set}$ ($U_{0sl \cdot set}$ 为失灵零序电压定值) 时复合电压闭锁开放。

3) 负序电压判据。设母线 A、B、C 三相电压为 U_2。负序电压满足 $U_2 \geqslant U_{2sl \cdot set}$ ($U_{2sl \cdot set}$ 为失灵负序电压定值) 时复合电压闭锁开放。失灵保护复合电压闭锁开放逻辑同母线保护复合电压闭锁开放逻辑。

2. 母联失灵和死区保护

(1) 母联失灵保护。

在双母线运行方式下，当母线保护（通过设置差动保护控制字中“母联失灵投入/退出”控制位来启停母联失灵保护）、母线充电保护（自动投入母联失灵保护）动作时均启动母联失灵保护。当某段母线发生区内故障差动保护动作或充电保护充到故障母线上跳母联后经延时确认是否母联支路无流，若仍有电流，说明母联断路器失灵，跳开健全段母线上所连的所有断路器，起到母联失灵保护的作用。母联失灵保护逻辑如图 7 - 26 所示。

(2) 母联死区保护。

在双母线运行方式下，当某条母线发生区内故障跳开母联后，通过监视母联断路器是否三相全部断开来实现母联死区保护。当监视到母联断路器三相全部跳开后，若母联上仍有电流则发生的是死区故障，装置跳开健全母线上所连的所有断路器，起到母联死区保护的作用。母联死区保护逻辑图如图 7 - 27 所示。

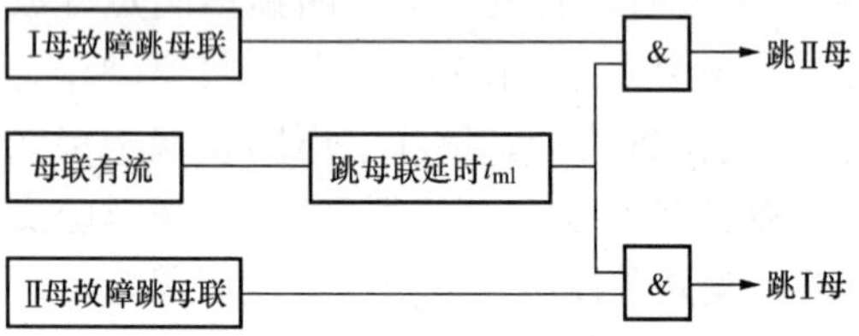

图 7 - 26 双母线母联失灵保护逻辑图

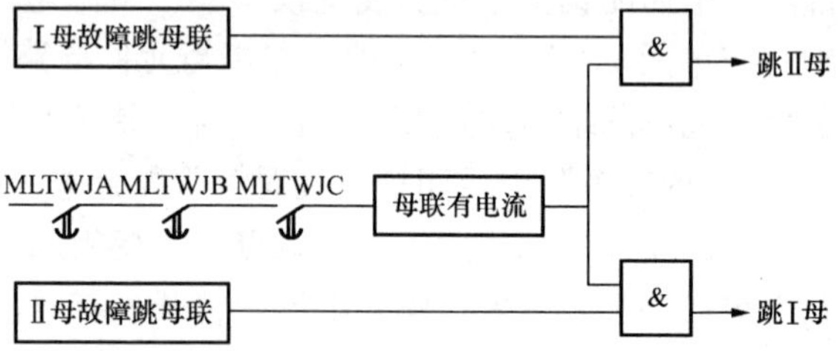

图 7 - 27 双母线母联死区保护逻辑图

(3) 双母双分段方式下分段失灵和死区保护。

双母双分段接线的母线保护按两个双母线系统配置，每个双母线系统配置一套母线保护。为了实现分段失灵和死区保护，必须将一套母线保护分段 1 或分段 2 的出口节点接至另一套母线保护的启动分段 1 失灵或充电开入或启动分段 2 失灵或充电开入，当装置检测到此类开入后启动装置对应分段单元的失灵和死区保护，然后按双母线母联失灵或死区保护逻辑判别是否跳该分段所连接的母线。双母双分段系统分段失灵和死区保护逻辑图如图 7 - 28 所示。

3. 母线充电保护

装置对双母线运行方式下的Ⅰ段、Ⅱ段母线充电保护设置了充电保护自动短时开放模

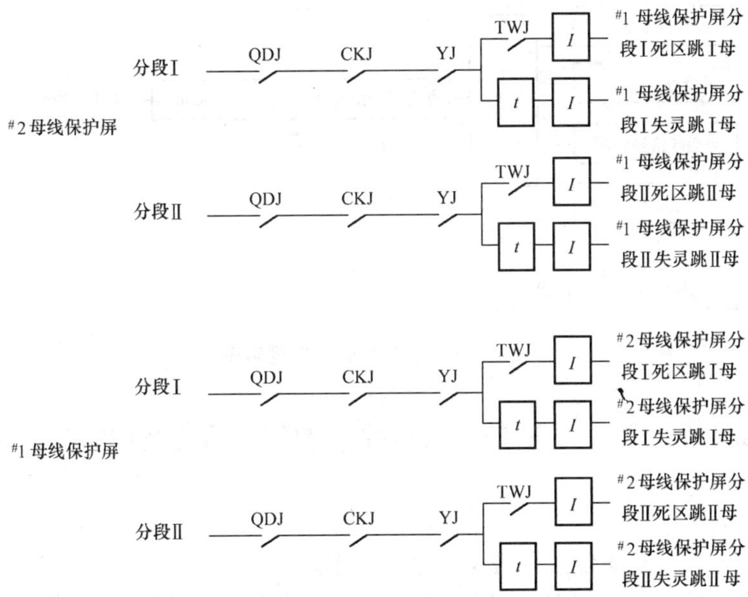

图7－28　双母双分段系统分段失灵和死区保护逻辑图

式，可以根据需要选用，通过设置软硬压板和对应的控制位对充电保护进行投退选择。

自动短时开放模式是在充电保护功能投入且控制位有效的情况下，自动监测以下条件是否满足，若满足即启动充电保护功能。这些条件如下：

（1）一段母线正常运行，另一段母线停运。

（2）母联断路器断开。

（3）母联电流从无到有。

满足以上条件时充电保护投入并自动展宽300ms，当母联电流大于充电保护电流定值且充电延时到后跳开母联开关，可以根据控制字选择300ms内是否闭锁差动保护。

另外针对特殊订制，装置可以提供手合充电模式，当手合充电开入有效时按充电保护逻辑完成充电保护功能，另外装置还可以设置一个充电保护开入端子用作外部充电保护闭锁母线差动保护，当该端子有开入超过设定时限后不管开入是否存在差动保护均恢复正常。

充电保护的电流定值一般按充电保护对空母线充电有灵敏度整定，该电流定值可能躲不过对变压器充电时的励磁涌流，但如果确需对带变压器的母线充电，充电保护的电流定值应按躲过变压器的励磁涌流整定，此时如充电保护对母线的灵敏度不够，还应同时投入母联过流保护。充电保护动作逻辑如图7－29所示。

4．母联过流保护

装置设置了两段母联过流保护和两段母联零流保护，每段可以独立整定。可以根据需要选用，通过设置软硬压板和控制字中对应的控制位来实现。在整定延时内，母联电流越限即跳开母联断路器。

5．母联非全相保护

可根据需要选用有母联零序电流和三相位置不一致触点组成的非全相保护。

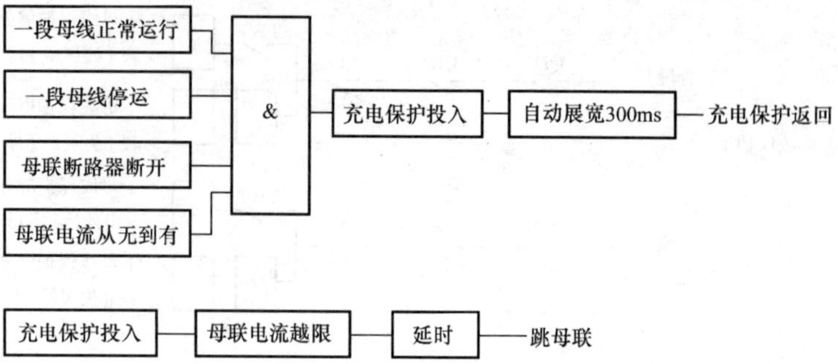

图 7-29 充电保护动作逻辑图

第四节 CSC-150 数字式母线保护装置的安装检验与调试

一、开箱检查

(1) 打开包装后，检查装置外观是否完好无损。

(2) 检查装置的合格证明书、配套文件、附件、备品备件等是否与订货要求一致，是否与装箱单规定的型号、名称、数量等一致和齐全。

(3) 如有问题，请与制造厂及时联系。

二、安装调试

1. 安装

(1) 装置应牢固地在屏（柜）上固定，装置各连接螺钉应紧固。

(2) 各装置地应与屏（柜）地用接地线与接地母排及系统大地可靠连接。

(3) 装置接线应符合接线图的要求。

2. 通电前的检查

(1) 逐一检查插件上的机械零件。元器件是否松动、脱落，有无机械损伤，接线是否牢固。

(2) 检查各插件连接器是否能插入到位、锁紧是否可靠。

(3) 检查人机接口（MASTER）和面板连接是否可靠。

(4) 检查装置面板型号标示、灯光标示、背板端子贴图、端子号标示、装置铭牌标注是否完整、正确。

(5) 各插件插、拔灵活，插件和插座之间定位良好，插入深度合适。大电流端子的短接片在插件插入时应能顶开。

3. 绝缘电阻测量

进行本项试验前，应先检查保护装置内所有互感器屏蔽层的接地线是否全部可靠接地。在装置端子处分别短接，如下：

A 组：交流电压输入回路。

B 组：交流电流输入回路。

C 组：直流电源输入回路。

D 组：开出触点（中央信号、出口回路端子、远动信号端子）。

E 组：开入触点。

然后用 500V 摇表依次测量以上五组短接端子间及各组对地的绝缘电阻。

测绝缘电阻时，施加摇表电压时间不少于 5s，待读数稳定时读取绝缘电阻值，其阻值均应不小于 100MΩ。当有某一组不合格时则需打开该组的短接线，再分别检验每一端子的绝缘，找出问题并予以消除。

4. 直流稳压电源通电检查

（1）电源输出检查。

在断电的情况下，转插电源插件，然后在直流电压分别为 80%、100%、115%额定值下，用万用表测量，各级电压允许范围如表 7-3 所示，+5V，±12V，+24V 不共地。

表 7-3　电源输出允许范围

标准电压（V）	输出允许范围
+5	4.8～5.2
+12	11～13
−12	−11～−13
+24	22～26

（2）失电告警。

通入额定直流电源，失电告警继电器应可靠吸合，用万用表检查其触点（端子 X9/a16－c16）应可靠断开。切断额定直流电源，失电告警继电器可靠失磁，用万用表检查其触点（端子 X9/a16－c16）应可靠闭合。

5. 装置设置

（1）加电观察。

在断电情况下，按说明书中装置插件布置图插入全部插件，连接好面板与管理板之间的扁平电缆线。合上直流电源，装置的运行灯应亮，液晶显示正常。以双母线为例，装置正常工作时液晶分屏显示母线主接线和相关模拟量。第一屏显示母线保护经校验后的运行方式即主接线；第二屏的第一行显示装置的实时时钟，后续 6 行展示各段母线电压的有效值及相角，第 8 行显示当前定值区号；第三屏的第一行显示装置的实时时钟，后续 6 行显示 A、B 相大差、Ⅰ母小差和Ⅱ母小差差动电流和制动电流的大小，第 8 行显示当前定值区号；第四屏的第一行显示装置的实时时钟，后续 3 行显示 C 相大差、Ⅰ母小差和Ⅱ母小差差动电流和制动电流的大小，从第 4 行开始显示投入的保护功能名称，第 8 行显示当前定值区号；若投入的保护功能超过 6 个时，多余的保护功能将显示到第五屏，该屏第 1 行显示装置的实时时钟，后续行显示投入的保护功能，第 8 行显示当前定值区。循环显示的模拟量含义如表 7-4 所示。

表 7-4　循环显示的模拟量含义

显示代码	代码意义
UA1=×××．××V　φ=×××．××°	Ⅰ母 A 相电压的大小及相角
UB1=×××．××V　φ=×××．××°	Ⅰ母 B 相电压的大小及相角
UC1=×××．××V　φ=×××．××°	Ⅰ母 C 相电压的大小及相角
UA2=×××．××V　φ=×××．××°	Ⅱ母 A 相电压的大小及相角
UB2=×××．××V　φ=×××．××°	Ⅱ母 B 相电压的大小及相角
UC2=×××．××V　φ=×××．××°	Ⅱ母 C 相电压的大小及相角
IACD=×××．××A　IAZD=×××．××A	A 相大差动电流和制动电流的大小
IACD1=×××．××A　IAZD1=×××．××A	Ⅰ母 A 相差动电流和制动电流的大小
IACD2=×××．××A　IAZD2=×××．××A	Ⅱ母 A 相差动电流和制动电流的大小
IBCD=×××．××A　IBZD=×××．××A	B 相大差动电流和制动电流的大小

续表

显示代码	代码意义
IBCD1=×××.××A IBZD1=×××.××A	Ⅰ母B相差动电流和制动电流的大小
IBCD2=×××.××A IBZD2=×××.××A	Ⅱ母B相差动电流和制动电流的大小
ICCD=×××.××A ICZD=×××.××A	C相大差动电流和制动电流的大小
ICCD1=×××.××A ICZD1=×××.××A	Ⅰ母C相差动电流和制动电流的大小
ICCD2=×××.××A ICZD2=×××.××A	Ⅱ母C相差动电流和制动电流的大小

(2) 操作说明。

请查阅第九(菜单)部分。

(3) 保护设置。

按[SET]键进入装置主菜单，在“定值设置—装置参数”菜单中正确设置装置参数。

(4) 装置设定。

按[SET]键进入装置主菜单，在“装置设定”菜单中分别正确设置间隔名称、对时方式、通信地址、SOE复归选择、规约选择、打印设置、修改密码和103功能类型。

按[SET]键进入装置主菜单，在“修改时钟”菜单中正确设置装置时钟。回到液晶正常显示下，观察时钟应运行正常。拉掉装置电源5min，然后再加电，检查液晶显示的时间和日期，在掉电时间内装置时钟应保持运行，并走时准确。

6. 软件版本号及CRC校验码检查

软件的正确性是通过其CRC校验码来判别的。按[SET]键进入装置主菜单，进入“运行工况—装置编码”菜单，记录装置类型、各软件的版本号和CRC校验码，并检查其与有效版本是否一致。

7. 定值整定及定值区切换

(1) 定值整定。

按[SET]键进入装置主菜单，进入“定值设置—保护定值”菜单，选择定值区，根据定值通知单输入定值并固化到相应区。

(2) 定值区切换。

在液晶面板循环显示内容中，确认当前定值区是否正确。若不正确，按[SET]键进入装置主菜单，进入“测试操作—切换定值区”菜单中，将定值区切换至正确定值区。

8. 保护压板投退

当装置配置的保护功能不用时，可以将相应的压板退出。

装置提供两种压板模式供选择，可以根据需要设置硬压板模式或软硬压板串联模式，出厂默认配置为“软硬压板串联”模式。若仅需软压板，则需将屏上相应硬压板投入。若仅需硬压板，可将相应软压板全部投入。

装置硬压板为24V开入，均布置在插件X5上，硬压板投退必须通过合上或断开屏上的短连片来实现。装置硬压板的具体定义及端子编号如表7-5所示。

当选用硬压板模式时，“压板操作—软压板投退”菜单中所显示压板不可投退；选用软硬压板串联模式时，“压板操作—软压板投退”菜单中所展示压板可以投退。但每次只能投退一个。

表7-5　装置硬件压板定义及端子编号

序　号	功能压板定义	插件号	端　子　号	序　号	功能压板定义	插件号	端　子　号
1	母差投入压板	X5	a4	5	母联非全相压板	X5	a12
2	断路器失灵压板	X5	a6	6	母线互联压板	X5	a14
3	母联充电压板	X5	a8	7	电压断线告警压板	X5	a16
4	母联过流压板	X5	a10				

在“压板操作—查看压板状态”菜单中，可以查看压板投入情况。第一列为压板名称，第二列为软压板状态，第三列为总压板状态。

9. 打印功能检查

在确认打印机不带电的情况下，把打印卡的一端通过专用的打印电缆与打印机相连，另一端通过另一种专用打印电缆与装置相连，然后打开打印机。每次打开打印机都应打印1行打印卡的版本号，确认打印卡版本号为有效版本。否则即认为打印盒工作不正常，应更换。

按［SET］键进入装置主菜单，进入“打印定值”菜单中，选择定值区打印定值。打印机应正确打印。

按［SET］键进入装置主菜单，进入“打印—工况—装置编码”菜单中，打印机应自动正确打印所显示的软件版本号。

10. 开入检查

装置开入根据性能分为功能压板类开入和信号类开入。功能压板类开入在保护压板投退中已经介绍；信号类开入主要为220V（或110V）开入和少数的24V开入220V（或110V）开入包括隔离刀闸辅助触点开入（插件X19、X24）、失灵启动开入（插件X20、X21、X22）、母联跳位及合位、母联旁路状态、手合充电、解除电压闭锁等（插件X5），24V开入包括信号复归、刀闸位置确认等（插件X5）。隔离刀闸辅助触点开入是通过MMI循环显示的主接线图来确认开入的正确性的，主要有两种检测方法，分别为：①把4U机箱面板上的开关拨到“自动”，用＋220V（或110V）接通各开入端子；②把4U机箱面板上的开关拨到“强合”或“强分”。失灵开入和其他的220V（或110V）开入通过用＋220V（或110V）接通各开入端子，查看MASTER的开入显示状态来确认。刀闸位置确认开入通过用＋24V接通其端子后查看开入显示状态确认；信号复归开入可以用＋24V接通其端子号后查看开入显示状态确认，也可以在模拟试验时进行，保护动作后用＋24V接通信号复归开入可以使CPU复位。

11. 开出传动试验

按［SET］键进入装置主菜单，进入“开出传动”菜单中进行传动试验。传动时，装置相应的继电器触点应动作，并有灯光信号，无关触点应不动作。复归已驱动的开出只要按面板上的复归按钮即可。开出传动如表7-6所示。

表7-6　开出传动对应结果

开　出　功　能	结　　果
装置异常告警	告警灯闪，X18插件a22－c22、a24－c24导通
其他告警	告警灯亮，X18插件a26－c26、a28－c28导通
Ⅰ母动作（远动）	X17插件a2－c2、a4－c4导通
Ⅱ母动作（远动）	X17插件a6－c6、a8－c8导通

续表

开 出 功 能	结 果
母联动作（远动）	X18 插件 a2—c2、a4—c4 导通
Ⅰ母差动出口	差动动作灯亮，X17 插件 a10—c10、a12—c12 导通
Ⅱ母差动出口	差动动作灯亮，X17 插件 a14—c14、a16—c16 导通
母联出口信号	母联动作灯亮，X18 插件 a10—c10、a12—c12 导通
备用出口信号	X17 插件 a18—c18、a20—c20 导通
Ⅰ母失灵出口	失灵动作灯亮，X17 插件 a22—c22、a24—c24 导通
Ⅱ母失灵出口	失灵动作灯亮，X17 插件 a26—c26、a28—c28 导通
TA 或 TV 交流告警信号	交流异常灯亮，X18 插件 a14—c14、a16—c16 导通
刀闸告警信号	位置异常灯亮，X18 插件 a18—c18、a20—c20 导通
母线互联告警信号	互联运行灯亮，X17 插件 a30—c30、a32—c32 导通
单元 1 跳闸	X14 插件 a2—c2、a4—c4 导通
单元 2 跳闸	X14 插件 a6—c6、a8—c8 导通
单元 3 跳闸	X14 插件 a10—c10、a12—c12 导通
单元 4 跳闸	X14 插件 a14—c14、a16—c16 导通
单元 5 跳闸	X14 插件 a18—c18、a20—c20 导通
单元 6 跳闸	X14 插件 a22—c22、a24—c24 导通
单元 7 跳闸	X14 插件 a26—c26、a28—c28 导通
单元 8 跳闸	X14 插件 a30—c30、a32—c32 导通
单元 9 跳闸	X15 插件 a2—c2、a4—c4 导通
单元 10 跳闸	X15 插件 a6—c6、a8—c8 导通
单元 11 跳闸	X15 插件 a10—c10、a12—c12 导通
单元 12 跳闸	X15 插件 a14—c14、a16—c16 导通
单元 13 跳闸	X15 插件 a18—c18、a20—c20 导通
单元 14 跳闸	X15 插件 a22—c22、a24—c24 导通
单元 15 跳闸	X15 插件 a26—c26、a28—c28 导通
单元 16 跳闸	X15 插件 a30—c30、a32—c32 导通
单元 17 跳闸	X16 插件 a2—c2、a4—c4 导通
单元 18 跳闸	X16 插件 a6—c6、a8—c8 导通
单元 19 跳闸	X16 插件 a10—c10、a12—c12 导通
单元 20 跳闸	X16 插件 a14—c14、a16—c16 导通
单元 21 跳闸	X16 插件 a18—c18、a20—c20 导通
单元 22 跳闸	X16 插件 a22—c22、a24—c24 导通
单元 23 跳闸	X16 插件 a26—c26、a28—c28 导通
单元 24 跳闸	X16 插件 a30—c30、a32—c32 导通

12. 模/数转换检查

（1）试验前退出所有压板。

（2）装置零漂在出厂时已调整完毕。用户需要检查时，可以利用打印机打印出各 CPU 的零漂（不加任何交流量时的正常采样值），电流回路的采样值应在－0.1～0.1A 范围内，电压回路的采样值应在－0.2～0.2V 范围内。

(3) 根据背板端子图，将所有电流回路顺极性串联，然后串入0.2级（或0.5级）电流表，分组通入额定交流电流。

(4) 根据背板端子图，将所有电压回路同极性并联，然后并接0.2级（或0.5级）电压表，在UA1与UN3两端通入50V交流电压。

(5) 同时注入电压和电流，电压超前电流90°。按［SET］键进入装置主菜单，进入“运行工况—测量量”菜单中，查看各交流量幅值相位是否正确。幅值显示误差小于3%，相位显示误差不大于2°。电流幅值为通过相对变比归算后的值。

13. 模拟短路故障试验

以下以专用母联的双母线为例，如图7－30所示。

(1) 试验准备。

1) 根据背板端子图，正确接入交流电流电压输入回路，引出装置动作触点，用于监视保护动作行为，测试保护动作时间。

2) 根据定值通知单，输入装置定值。定值说明详见第七部分。

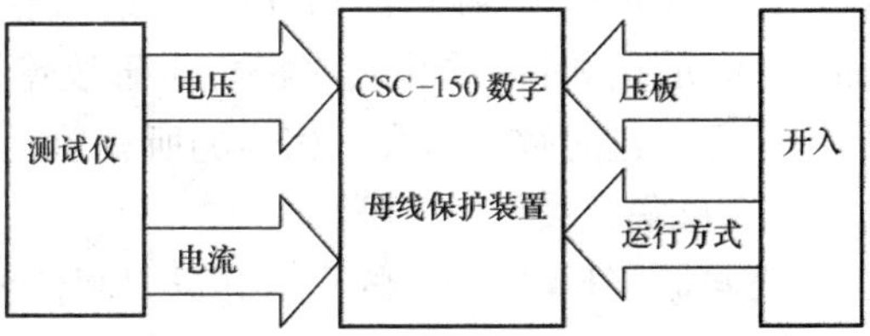

图7－30　检验接线示意图

(2) 差动试验（按A、B、C分相进行）。

投入差动保护功能。

1) 区内故障模拟。

合母联（1＃单元）的Ⅰ、Ⅱ母刀闸位置触点，无母联TWJ开入，合2＃单元的Ⅰ母刀闸位置触点和3＃单元的Ⅱ母刀闸位置触点。在保证母线保护电压闭锁开放的条件下，在2＃单元上加入一个大于差动电流定值的电流，模拟Ⅰ母区内故障，此时保护应动作跳开与Ⅰ母相联的所有单元包括母联，再在3＃单元上加入一个大于差动电流定值的电流，模拟Ⅱ母区内故障，此时保护应动作跳开与Ⅱ母相联的所有单元包括母联，保护动作行为应正确、可靠，其误差应小于±5%。

在大于2倍整定电流、小于0.5倍整定电压下，保护整组动作时间不大于15ms。

2) 区外故障模拟。

合母联（1＃单元）的Ⅰ、Ⅱ母刀闸位置触点，无母联TWJ开入，合2＃单元的Ⅰ母刀闸位置触点和3＃单元的Ⅱ母刀闸位置触点。在保证母线保护电压闭锁开放的条件下。将母联与2＃单元TA反极性串联，再与3＃单元TA同极性串联，模拟母线区外故障，保护动作应正确、可靠，不出口。

3) 制动系数测试。

合2＃单元的Ⅰ母刀闸位置触点和3＃单元的Ⅰ母刀闸位置触点。在2＃单元上加电流I_1，在3＃单元上加电流I_2（注意电流I_1和I_2应加在2＃单元和3＃单元的同一相上），将2＃单元电流I_1固定（大于$0.02I_N$），3＃单元电流I_2极性与I_1极性相反，缓慢增大I_2的值，记下保护刚好动作时的两个电流值，然后计算$|I_1-I_2|$和$|I_1+I_2|$的值，两者相除即为制动系数。

4) 互联。

(a) 自动互联。合2＃单元的Ⅰ、Ⅱ母刀闸位置触点和3＃单元的Ⅱ母刀闸位置触点，在3＃单元上加入电流模拟Ⅱ母区内故障，此时保护应该动作跳开所有运行单元。合2＃单元的大Ⅰ、Ⅱ母刀闸位置触点和3＃单元的Ⅰ母刀闸位置触点，在3＃单元上加入电流模拟Ⅰ母区内故障，此时保护应该动作跳开所有运行单元。

(b) 强制互联。投入母线互联运行功能。合2＃单元的Ⅰ母刀闸位置触点和3＃单元的Ⅱ母刀闸位置触点，在2＃单元上加入电流模拟Ⅰ母区内故障，此时保护应该动作跳开所有运行单元。在3＃单元上加入电流模拟Ⅱ母区内故障，此时保护应该动作跳开所有运行单元。

5）母联开关失灵故障。

投入“母联失灵投入”控制位。合母联（1＃单元）的Ⅰ、Ⅱ母刀闸位置触点且无母联TWJ开入，合2＃单元的Ⅰ母刀闸位置触点和3＃单元的Ⅱ母刀闸位置触点。在保证母线保护电压闭锁开放的条件下，在母联和2＃单元上反串一个电流来模拟Ⅱ母区内故障且母联失灵，此时保护应瞬时跳开与Ⅱ母相连的所有单元并延时跳开与Ⅰ母相连的所有单元。在母联和3＃单元上顺串一个电流来模拟Ⅰ母故障且母联失灵，此时保护应瞬时跳开与Ⅰ母相连的所有单元并延时跳开与Ⅱ母相连的所有单元。

6）母联开关死区故障。

合母联（1＃单元）的Ⅰ、Ⅱ母刀闸位置触点，合2＃单元的Ⅰ母刀闸位置触点和3＃单元的Ⅱ母刀闸位置触点，母联出口触点接入母联跳位。在保证母线保护电压闭锁开放的条件下，在母联和2＃单元上反串一个电流来模拟Ⅱ母区内故障，此时保护应瞬时跳开与Ⅱ母相连的所有单元，延时200ms跳开与Ⅰ母相连的所有单元。在母联和3＃单元上顺串一个电流来模拟Ⅰ母区内故障，此时保护应瞬时跳开与Ⅰ母相连的所有单元，延时200ms跳开与Ⅱ母相连的所有单元。

(3) TA断线。

投入差动保护功能和相应的TA断线控制位。

在某单元上加入电流使得差动电流大于TA断线告警段定值，此时装置延时10s左右发“TA断线”告警信号，但不闭锁差动保护。

在某单元上加入电流使得差动电流大于TA断线闭锁段定值，此时装置延时10s左右发“TA断线”告警信号，并闭锁差动保护。

两段可以通过控制字投退分别测试，也可以通过电流定值区分。

(4) 充电保护。

投入充电保护功能，并设置控制字投入相应的充电保护段。

母联断路器断开（母联TWJ存在）其中一段母线正常运行而另一段母线无压，当母联电流从无到有时自动判为充电状态，充电保护自动展宽300ms。若在整定延时内母联电流越限即跳开母联断路器。

(5) 母联过流保护。

投入母联过流保护功能，并设置控制字投入相应的母联过流保护段。

当母联TA电流大于母联过流保护电流定值时，母联过流保护经整定延时动作跳开母联。

(6) 切换异常（运行方式位置异常）。

合母联（1＃单元）的Ⅰ、Ⅱ母刀闸位置触点，2＃单元的Ⅰ母刀闸位置触点及3＃单元的Ⅱ母刀闸位置触点，在2＃、3＃单元上反串一个电流大于0.1I_N的方式识别电流门槛值，装置延时2s左右发“切换异常”信号。

（7）电压闭锁。

在差动动作的情况下，分别校验低电压、负序电压、零序电压的动作值，误差应在±5%之内。

（8）TV断线。

中性点接地系统TV断线判据如下：

1）三相TV断线。三相母线电压均小于8V，且运行于该母线上的支路电流不全为0。

2）单相和两相TV断线。自产$3U_0$大于7V。

中性点不直接接地系统TV断线判据如下：

1）三相TV断线模拟。三相母线电压均小于8V且运行于该母线上的支路电流不全为0；

2）单相TV断线模拟。自产$3U_0$大于7V，且线电压两两模值之差中有一者大于18V；

3）两相TV断线模拟。自产$3U_0$大于7V，且三个线电压均小于7V。

持续10s满足以上判据，确定为TV断线。TV断线后发告警信号，但不闭锁保护。

（9）断路器失灵保护。

投入断路器失灵保护功能，并设置控制字选择失灵保护有无电流判别模式。

1）自带电流模式。

在保证失灵保护电压闭锁条件开放的前提下，短接任一分相失灵启动触点，并在对应单元的对应相别中加入大于$0.2I_N$的电流，失灵保护启动后经跟跳延时再次动作于该断路器。延时确认仍没有跳开后，经跳母联延时动作于母联断路器，经失灵母线延时切除该单元所在母线上的其他连接单元。

2）无电流模式。

在保证失灵保护电压闭锁条件开放的前提下，短接除母联外其他单元的失灵开入，断路器失灵保护经跳母联延时跳开母联，经跳失灵母线延时切除相应母线上的其他连接单元。

失灵开入持续2s存在则告警失灵开入出错。

3）电压闭锁元件。

在满足失灵电流元件动作的条件下，分别检验失灵保护电压闭锁元件中相电压、负序和零序电压定值，误差应在±5%以内。

14. 装置告警报文说明

（1）告警Ⅰ为严重告警。有告警Ⅰ时，装置面板告警灯闪烁，退出所有保护的功能，装置闭锁保护出口电源。

（2）告警Ⅱ为其他告警。有告警Ⅱ时，装置面板告警灯常亮，仅退出相关保护功能（如TV断线），不闭锁保护出口电源。

装置的告警报文、告警类别及处理措施见表7-7、表7-8。

表7-7　　装置告警类别及处理措施（一）

序号	告警报文	告警类别	可能原因及处理措施
1	模拟量采集错	告警Ⅰ	检查电源输出情况、更换保护CPU插件
2	装置参数错	告警Ⅰ	重新固化装置参数，若无效，更换保护CPU插件
3	ROM和校验	告警Ⅰ	更换保护CPU插件

续表

序　号	告警报文	告警类别	可能原因及处理措施
4	定值错	告警Ⅰ	重新固化保护定值及装置参数，若仍无效，更换保护 CPU 插件
5	定值区指针错	告警Ⅰ	切换定值区，若仍无效，更换保护 CPU 插件
6	开出不响应	告警Ⅰ	检查是否有其他告警Ⅰ导致闭锁 24V+失电，否则更换相应开出插件
7	开出击穿	告警Ⅰ	更换相应开出插件
8	压板模式未确认	告警Ⅰ	没有设置压板模式，进入出厂调试菜单进行设置
9	软压板错	告警Ⅰ	进行一次软压板投退
10	系统配置错	告警Ⅰ	重新下载保护配置，由厂家完成
11	开出 EEPROM 出错	告警Ⅰ	更换相应开出插件

表 7-8　　装置告警类别及处理措施（二）

序　号	告警报文	告警类别	可能原因及处理措施
1	A 相失灵启动异常	告警Ⅱ	长期有“A 相失灵启动”开入，检查 A 相失灵启动开入回路
2	B 相失灵启动异常	告警Ⅱ	长期有“B 相失灵启动”开入，检查 B 相失灵启动开入回路
3	C 相失灵启动异常	告警Ⅱ	长期有“C 相失灵启动”开入，检查 C 相失灵启动开入回路
4	解除电压闭锁异常	告警Ⅱ	长期有“解除电压闭锁”开入，检查解除电压闭锁开入回路
5	母联手合异常	告警Ⅱ	长期有“母联手合”开入，检查母联手合开入回路
6	模拟通道异常	告警Ⅱ	调整刻度时，可能输入值和选择的基准值不一致。重新调整刻度
7	传动状态未复归	告警Ⅱ	开出传动后没有复归，按复归按钮
8	开入击穿	告警Ⅱ	检查开入情况，更换开入插件
9	开入输入不正常	告警Ⅱ	检查装置的电源 24V 输出情况，或更换开入插件
10	双位置输入不一致	告警Ⅱ	检查或更换开入插件
11	开入自检回路出错	告警Ⅱ	检查或更换开入插件
12	开入 EEPROM 出错	告警Ⅱ	更换相应开入插件
13	开入异常	告警Ⅱ	检查相应开入外回路及开入插件
14	开入配置错	告警Ⅱ	重新下载保护配置，由厂家完成
15	开入通信中断	告警Ⅱ	检查开入插件是否插紧，更换开入插件
16	开出通信中断	告警Ⅱ	检查开出插件是否插紧，更换开入插件
17	通信中断	告警Ⅱ	检查保护 CPU 是否插紧，更换保护 CPU 插件

15. 投运

(1) 投运前的准备工作。

1) 做电流互感器的升流试验，确保变比和定值一致。

2) 确保接入装置的电流的相别和极性正确，母线上除母联极性可以通过控制字进行定义外，其他单元的 TA 极性应完全一致。

3) 投入直流电源，运行指示灯亮，其余指示灯灭。

4) 核对保护定值清单，无误后存档。

(2) 带负荷时的检查项目。

1) 检查面板显示的电压相量是否正确，A、B、C 相大差、各段小差的差动电流是否平衡。

2) 检查面板显示的主接线型式是否与实际的运行方式相对应。

确认无问题后再投入所需的保护功能。

三、整定值及整定计算说明

装置定值分为保护定值和装置参数两大部分。保护定值又分为差动保护、失灵保护、充电保护和过流保护等部分。

1. 定值整定说明

（1）装置参数。

装置参数主要是指母线系统的设计参数，包括各单元的TA变比及TA二次额定电流等级，这些均为固定参数，可以由保护调试及运行维护人员根据现场实际参数自行整定。一般要求母线上各单元的TA二次电流一致，如有不一致的情况，应在订货时说明。同时按所选的TA的二次电流和最大的TA变比计算整定值。

（2）差动保护定值。

1）差动电流门槛应保证在最小运行方式下双母线分裂运行时有足够的灵敏度，尽可能躲过母线系统的正常运行的不平衡电流和母线各出线的最大负荷电流，整定范围为$(0.2\sim10)I_N$。

2）比率制动系数主要根据母线故障时流出电流占故障电流的比例和外部故障时由于TA误差产生的不平衡电流整定，对一个半接线可以整定在0.3～0.5，对双母线系统整定在0.5～0.7。

3）TA断线告警电流定值和TA断线闭锁电流定值，均应大于正常运行时的差动最大不平衡电流，闭锁定值不应低于告警定值，一般整定在$0.1I_N$左右。

4）低电压定值是相电压，应保证母线对称故障时有足够的灵敏度，并不大于最低运行电压，推荐范围30～45V。

5）零序电压（$3U_0$）定值按母线故障时有足够的灵敏度，并躲过母线正常运行时出现的最大零序电压，推荐范围3～20V。

6）负序电压（U_2）定值按母线故障时有足够的灵敏度，并躲过母线正常运行时出现的最大负序电压，推荐范围3～220V。

7）母联失灵时间定值大于母联断路器最大跳闸灭弧时间，并考虑一定裕度，推荐范围0.15～1s。

8）母联失灵电流定值按照母线保护在最小运行方式下有足够的灵敏度整定，可以和差动电流门槛相同。

（3）断路器失灵保护定值。

1）失灵跟跳本断路器延时应大于断路器动作时间和保护返回时间之和，并考虑一定裕度，满足与其他保护的配合要求，推荐范围0.15～1s。在无需跟跳时可整定该定值大于2s，或跟跳而需简化整定时，该时间定值可以和失灵跳母联延时整定得完全一致。

2）失灵跳母联延时可以与失灵跟跳本断路器延时整定得完全一致，若需整定得不一致则应大于失灵跟跳本断路器延时加上断路器动作时间和保护返回时间之和，并考虑一定裕度，满足与其他保护的配合要求，推荐范围0.15～1s。

3）失灵跳故障母线延时应在失灵跳母联延时时间基础上，再加上母联（或分段）断路器动作时间和保护返回时间之和，并考虑一定裕度，在保证满足与其他保护的配合要求前提下，时间应尽可能短，推荐范围0.4～1.5s。

4）失灵低电压定值（相电压）按连接本母线的任意线路末端发生对称故障有足够的灵敏度，同时又躲过正常运行的最低电压整定，推荐范围30～50V。

5）失灵零序电压定值（$3U_0$）按连接母线的任意线路末端发生接地故障时有足够的灵敏度，同时又躲过正常运行的不平衡零序电压整定，推荐范围3～20V。

6）失灵负序电压定值（U_2）按连接母线的任意线路末端发生不对称故障时有足够的灵敏度，同时又躲过正常运行时不平衡负序电压整定，推荐范围3～20V。

以上电压整定值均不能保证在母线所连变压器的其他侧发生故障时有灵敏度，若变压器非母线侧故障断路器失灵而复合电压不能开放时，启用元件支路解除电压闭锁措施。

（4）充电保护定值。

充电电流定值按被充电元件发生故障时，在最小运行方式下流过母联断路器的故障电流整定。充电保护延时根据实际运行需要整定，推荐范围0～0.25s。

（5）母联过流保护定值。

母联过流保护电流定值和时间定值主要是满足与母联其他保护的配合要求而设定的。

注意：①当TA变比不一致时，差动电流定值按最大TA变比折算后的二次值；其他保护按实际变比折算。②I_N表示TA二次额定值（1A或5A）。

2．装置参数

装置参数见表7-9。

表7-9　装置参数

序号	定值名称	整定范围	单位
1	系统控制字	0000～FFFF	无
2	元件TA1变比定值	0～3000	无
3	元件TA2变比定值	0～3000	无
4	元件TA3变比定值	0～3000	无
5	元件TA4变比定值	0～3000	无
6	元件TA5变比定值	0～3000	无
7	元件TA6变比定值	0～3000	无
8	元件TA7变比定值	0～3000	无
9	元件TA8变比定值	0～3000	无
10	元件TA9变比定值	0～3000	无
11	元件TA10变比定值	0～3000	无
12	元件TA11变比定值	0～3000	无
13	元件TA12变比定值	0～3000	无
14	元件TA13变比定值	0～3000	无
15	元件TA14变比定值	0～3000	无
16	元件TA15变比定值	0～3000	无
17	元件TA16变比定值	0～3000	无
18	元件TA17变比定值	0～3000	无
19	元件TA18变比定值	0～3000	无
20	元件TA19变比定值	0～3000	无
21	元件TA20变比定值	0～3000	无
22	元件TA21变比定值	0～3000	无
23	元件TA22变比定值	0～3000	无
24	元件TA23变比定值	0～3000	无
25	元件TA24变比定值	0～3000	无

系统控制字按16位二进制数方式整定，B15为最高位，B0为最低位，每4位组成一个十六进制数，按位说明见表7－10。

表7－10　　系统控制字按位说明

位	置"1"的含义	置"0"的含义
B15～B3	备用（置"0"）	备用（置"0"）
B2	母联TA极性与Ⅱ母一致	母联TA极性与Ⅰ母一致
B1	中性点不直接接地系统	中性点接地系统
B0	TA二次额定电流为1A	TA二次额定电流为5A

3. 差动保护

差动保护定值见表7－11。

表7－11　　差动保护定值

序号	定值名称	整定范围	单位
1	差动保护控制字	0000～FFFF	无
2	差动电流门槛定值	$(0.2\sim10)I_N$	A
3	比率制动系数定值	0.3～1	无
4	TA断线告警差动电流定值	$(0.1\sim10)I_N$	A
5	TA断线闭锁差动电流定值	$(0.1\sim10)I_N$	A
6	差动保护低电压定值	$0\sim U_N$	V
7	差动保护零序电压定值	$0\sim U_N$	V
8	差动保护负序电压定值	$0\sim U_N$	V
9	母联失灵时间定值	0～99.9	s
10	母联失灵电流定值	$0.1\sim10I_N$	A

注　U_N表示TV二次额定相电压值（57.7V）。

差动保护控制字按16位二进制数方式整定，B15为最高位，B0为最低位，每4位组成一个十六进制数，按位说明见表7－12。

表7－12　　差动保护控制字按位说明

位	置"1"含义	置"0"含义
B15～B6	备用（置"0"）	备用（置"0"）
B5	TA断线闭锁段投入	TA断线闭锁段退出
B4	TA断线告警段投入	TA断线告警段退出
B3	备用（置"0"）	备用（置"0"）
B2	备用（置"0"）	备用（置"0"）
B1	母联失灵投入	母联失灵退出
B0	备用（置"0"）	备用（置"0"）

4. 断路器失灵保护

断路器失灵保护定值见表7－13。

表 7-13 断路器失灵保护定值

序号	定值名称	整定范围	单位
1	失灵保护控制字	0000～FFFF	无
2	失灵跟跳断路器时间定值	0～99.9	s
3	失灵跳母联时间定值	0～99.9	s
4	失灵跳故障母线时间定值	0～99.9	s
5	失灵保护低电压定值	0～U_N	V
6	失灵保护零序电压定值	0～U_N	V
7	失灵保护负序电压定值	0～U_N	V

断路器失灵控制字按16位二进制数方式整定，B15为最高位，B0为最低位，每4位组成一个十六进制数，按位说明见表7-14。

断路器失灵保护当选择“失灵电流判别投入”时，断路器失灵电流定值可以根据用户需要按每个单元独立整定，若用户不进行独立整定时则各单元失灵电流固定为$0.2I_N$。

5. 充电保护

充电保护定值见表7-15。

表 7-14 断路器失灵控制字按位说明

位	置“1”含义	置“0”含义
B15～B2	备用（置“0”）	备用（置“0”）
B1	失灵电流判别投入	失灵电流判别退出
B0	备用（置“0”）	备用（置“0”）

表 7-15 充电保护定值

序号	定值名称	整定范围	单位
1	充电保护控制字	0000～FFFF	无
2	充电Ⅰ段电流定值	$(0.1～10)I_N$	A
3	充电Ⅰ段时间定值	0～99.9	s
4	充电Ⅱ段电流定值	$(0.1～10)I_N$	A
5	充电Ⅱ段时间定值	0～99.9	s

充电保护控制字按16位二进制数方式整定，B15为最高位，B0为最低位，每4位组成一个十六进制数，按位说明见表7-16。

表 7-16 充电保护控制字按位说明

位	置“1”含义	置“0”含义	位	置“1”含义	置“0”含义
B15～B6	备用（置“0”）	备用（置“0”）	B2	充电保护Ⅱ段投入	充电保护Ⅱ段退出
B5	充电闭锁差动投入	充电闭锁差动退出	B1	充电保护Ⅰ段投入	充电保护Ⅰ段退出
B4	自动充电投入	自动充电退出	B0	备用（置“0”）	备用（置“0”）
B3	手合充电投入	手合充电退出			

6. 母联过流保护

过流保护定值见表7-17。

表 7-17 过流保护定值

序号	名称	整定范围	单位
1	过流保护控制字	0000～FFFF	无
2	过流保护Ⅰ段电流定值	$(0.1～10)I_N$	A
3	过流保护Ⅰ段时间定值	0～99.9	s
4	过流保护Ⅱ段电流定值	$(0.1～10)I_N$	A

续表

序号	名　　称	整定范围	单　位
5	过流保护Ⅱ段时间定值	0～99.9	s
6	零流保护Ⅰ段电流定值	$(0.1\sim10)I_N$	A
7	零流保护Ⅰ段时间定值	0～99.9	s
8	零流保护Ⅱ段电流定值	$(0.1\sim10)I_N$	A
9	零流保护Ⅱ段时间定值	0～99.9	s

过流保护控制字按16位二进制数方式整定，B15为最高位，B0为最低位，每4位组成一个十六进制数，按位说明见表7-18。

表7-18　　过流保护控制字按位说明

位	置"1"含义	置"0"含义	位	置"1"含义	置"0"含义
B15～B5	备用（置"0"）	备用（置"0"）	B2	过流Ⅱ段投入	过流Ⅱ段退出
B4	零流Ⅱ段投入	零流Ⅱ段退出	B1	过流Ⅰ段投入	过流Ⅰ段退出
B3	零流Ⅰ段投入	零流Ⅰ段退出	B0	备用（置"0"）	备用（置"0"）

四、装置接线及端子说明

1. 背板端子排布示意图

CSC－150/1和CSC－150/2的背板端子图见图7-34和图7-35。

2. 装置端子说明

以下对各端子分别详细介绍中，端子号的定义与称呼如下，X4插座中的a2端子表示为X4—a2。X4为插座号，a2为端子号。

（1）CSC－150/1为8U机箱，对外端子包括X1～X18共18组端子。

X1、X2、X3、X4、X10、X11、X12、X13为电流及电压端子，电流端子的接入和隔离刀闸的接入必须按单元一一对应，Ia、Ib、Ic为三相电流的极性端，Ia′、Ib′、Ic′为三相电流非极性端。UA1、UB1、UC1为Ⅰ母三相电压输入端，UN1为Ⅰ母三相电压公共端。UA2、UB2、UC2为Ⅱ母三相电压输入，UN2为Ⅱ母三相电压公共端。UA3、UB3、UC3为Ⅲ母三相电压输入端，UN3为Ⅲ母三相电压公共端。详细的交流端子说明见表7-19。

交流插件的ba11端子为装置屏蔽地，装置内部已经与X9－ca32相连，此端子空出，不必连接其他任何信号。

表7-19　　交流端子说明

插件	X1		X2		X3	
端子	a	b	a	b	a	b
1	元件1IA	元件1IA′	元件11IA	元件11IA′	元件21IA	元件21IA′
2	元件2IA	元件2IA′	元件12IA	元件12IA′	元件22IA	元件22IA′
3	元件3IA	元件3IA′	元件13IA	元件13IA′	元件23IA	元件23IA′
4	元件4IA	元件4IA′	元件14IA	元件14IA′	元件24IA	元件24IA′
5	元件5IA	元件5IA′	元件15IA	元件15IA′	元件1IB	元件1IB′
6	元件6IA	元件6IA′	元件16IA	元件16IA′	元件2IB	元件2IB′
7	元件7IA	元件7IA′	元件17IA	元件17IA′	元件3IB	元件3IB′
8	元件8IA	元件8IA′	元件18IA	元件18IA′	元件4IB	元件4IB′
9	元件9IA	元件9IA′	元件19IA	元件19IA′	元件5IB	元件5IB′
10	元件10IA	元件10IA′	元件20IA	元件20IA′	元件6IB	元件6IB′
11	GND		GND		GND	

续表

插件	X4		X10		X11	
端子	a	b	a	b	a	b
1	元件 7IB	元件 7IB′	元件 17IB	元件 17IB′	元件 3IC	元件 3IC′
2	元件 8IB	元件 8IB′	元件 18IB	元件 18IB′	元件 4IC	元件 4IC′
3	元件 9IB	元件 9IB′	元件 19IB	元件 19IB′	元件 5IC	元件 5IC′
4	元件 10IB	元件 10IB′	元件 20IB	元件 20IB′	元件 6IC	元件 6IC′
5	元件 11IB	元件 11IB′	元件 21IB	元件 21IB′	元件 7IC	元件 7IC′
6	元件 12IB	元件 12IB′	元件 22IB	元件 22IB′	元件 8IC	元件 8IC′
7	元件 13IB	元件 13IB′	元件 23IB	元件 23IB′	元件 9IC	元件 9IC′
8	元件 14IB	元件 14IB′	元件 24IB	元件 24IB′	元件 10IC	元件 10IC′
9	元件 15IB	元件 15IB′	元件 1IC	元件 1IC′	元件 11IC	元件 11IC′
10	元件 16IB	元件 16IB′	元件 2IC	元件 2IC′	元件 12IC	元件 12IC′
11	GND		GND		GND	

插件	X12		X13	
端子	a	b	a	b
1	元件 13IC	元件 13IC′	元件 23IC	元件 23IC′
2	元件 14IC	元件 14IC′	元件 24IC	元件 24IC′
3	元件 15IC	元件 15IC′		
4	元件 16IC	元件 16IC′		
5	元件 17IC	元件 17IC′	UB3	UC3
6	元件 18IC	元件 18IC′	UA3	UN3
7	元件 19IC	元件 19IC′	UB2	UC2
8	元件 20IC	元件 20IC′	UA2	UN2
9	元件 21IC	元件 21IC′	UB1	UC1
10	元件 22IC	元件 22IC′	UA1	UN1
11	GND		GND	

X15 为压板和一些特殊需要的开入，是主开入插件。插件 c4 是母联跳位；c6 为母联合位置，有跳位的可以不接合位；c8 的母联旁路状态应用在旁路兼母联或者母联兼旁路主接线形式中，接 G4 的隔离刀闸辅助触点。c10 为母联手合充电开入，兼有手合充电和闭锁的功能，是考虑有外部手动充电的时候接入手合触点；c12、c14、c16、c18 为对应元件支路（固定单元 4、5、6、7）相应的解除电压闭锁开入（断路器失灵保护用）。母线互联压板仅在倒闸时需要强制互联的时候投入。

X6、X7 为 MASTER 管理和网络通信端子网络端子。装置提供一组 GPS 对时端子，一组 485 网络端子，一组 LonWorks 网络端子，两组电以太网络端子。X6－5、X6－6、X6－7、X6－8 端子为 LON 网屏蔽地，应可靠接地。

X8 为 CAN 网接线连接口，通过专有连接线和 4U 机箱相连。X9－ca2，X9－ca4 端子为装置＋24V 电源输出；X9－ca8，X9－ca10，X9－ca12 为装置的－24V 电源输出；X9－a16 和 X9－c16 为直流消失触点；X9－ca20，X9－ca22 端子为装置正电源输入；X9－ca26，X9－ca28 端子为装置负电源输入；X9－ca32 端子为装置屏蔽地，要求必须与变电所的大地可靠相连。

X14、X15、X16 为跳闸继电器出口触点，共 24 组，和 24 个单元相对应。每个单元两组出口，用来驱动双跳闸线圈的断路器，对于只有一个跳闸线圈的断路器可以使用其中任意一组出口；也可一组用来闭锁重合闸，一组用来驱动跳闸线圈。保护的每个出口是两个硬触点的串联，一个是有闭锁 CPU 开放的闭锁触点，另一个是有动作 CPU 开放的出口触点。

X17、X18 为信号继电器出口触点，X18－ac22 为装置异常告警（告警 1，严重告警）的保持触点。X18—ac24 为装置异常告警（告警 1，严重告警）的非保持触点。X18—ac26 为装置其他告警（告警 2）的保持触点。X18—ac28 为装置其他告警（告警 2）的非保持触点。

（2）CSC－150/2 为 4U 机箱对外端子包括 X19、X20、X21、X23、X24 5 组端子。

X19 和 X24 为母线隔离刀闸位置触点开入，接现场断路器隔离刀闸辅助触点的常开位置触点。对于双母线和单母分段，X19 的 a4 触点和 c4 触点必须固定接母联或分段。对于双母线单分段，X19 的 a4、c4 触点必须接母联 1 或分段Ⅰ，X19 的 a6、c6 触点必须接母联 2 或分段Ⅱ，X19 的 a8、c8 触点必须接母联 3 或分段Ⅲ。

X20、X21、X22 失灵端子也接入和隔离刀闸对应单元的失灵启动回路，无分相启动的并联使用。

X8 为 CAN 网接线，通过专有连接线和 8U 机箱相连。

五、菜单

1. 菜单结构

装置人机接口的菜单结构见表 7－20。

表 7－20　　菜 单 结 构

主菜单	一级菜单	二级菜单		说明
装置主菜单	运行工况	模入量		查看装置模拟输入量
		装置工况		查看装置工况
		装置版本		显示装置内保护 CPU 的版本信息
		装置编码		显示装置各种插件编码信息
		开　入		查看开入状态
		测量量		显示装置测量量（按 TA 调整系数归算后的量）
	定值设置	保护定值		整定装置定值
		装置参数		设置装置参数
	报告查询	动作报告	查询最近一次报告	列出最近一次动作报告的时间，按［SET］键查看内容
			查询最后六次报告	列出最近六次动作报告的时间，［上、下］键选择报告，［SET］键查看报告内容
			按时间段查询报告	列出按时间段检索的动作报告时间，［上、下］键选择报告，［SET］键查看报告内容
		启动报告	查询最近一次报告	列出最近一次启动报告的时间，按［SET］键查看内容
			查询最后六次报告	列出最近六次启动报告的时间，［上、下］键选择报告，［SET］键查看报告内容
			按时间段查询报告	列出按时间段检索的启动报告时间，［上、下］键选择报告，［SET］键查看报告内容
		告警报告	查询最后六次报告	列出最近六次告警报告的时间，［上、下］键选择报告，［SET］键查看报告内容
			按时间段查询报告	列出按时间段检索的告警报告时间，［上、下］键选择报告，［SET］键查看报告内容
		操作记录	查询最后六次报告	列出最近六次运行报告的时间，［上、下］键选择报告，［SET］键查看报告内容
			按时间段查询报告	列出按时间段检索的运行报告时间，［上、下］键选择报告，［SET］键查看报告内容

续表

主菜单	一级菜单	二级菜单			说明
装置主菜单	装置设定	间隔名称			内码输入间隔层名称
		对时方式	网络对时方式		设置网络对时方式
			秒脉冲对时方式		设置秒脉冲对时方式
			分脉冲对时方式		设置分脉冲对时方式
		通信地址			设置 LON 网地址
		SOE复归选择			自动复归或手动复归
		规约选择			选择装置对外通信规约 V1.20 或 V1.10 高亮选项为当前设置，[上、下] 键选择，[SET] 键设定
		打印设置	录波打印量设置		按保护类型列出的模入和录波事件列表，可以选择 10 路模入 16 个事件，作为以后录波打印量，可是随时更改
			打印方式设置		设置打印方式，选择图形或数据方式
		修改密码			修改装置密码
		103 功能类型			设置 103 功能类型
	开出传动				开出传动
	修改时钟				修改时钟
	液晶调节				调节液晶亮度
	压板操作				投退压板操作
	打印	定值			打印定值
		报告	动作报告	查询最近一次报告	列出最近一次动作报告的时间，按 [SET] 键查看打印内容
				查询最后六次报告	列出最近六次动作报告的时间，[上、下] 键选择报告，[SET] 键查看报告打印内容
				按时间段查询报告	列出按时间段检索的动作报告时间，[上、下] 键选择报告，[SET] 键查看报告打印内容
			启动报告	查询最近一次报告	列出最近一次启动报告的时间，按 [SET] 键查看打印内容
				查询最后六次报告	列出最近六次启动报告的时间，[上、下] 键选择报告，[SET] 键查看报告打印内容
				按时间段查询报告	列出按时间段检索的启动报告时间，[上、下] 键选择报告，[SET] 键查看报告打印内容
			告警报告	查询最后六次报告	列出最近六次告警报告的时间，[上、下] 键选择报告，[SET] 键查看报告打印内容
				按时间段查询报告	列出按时间段检索的告警报告时间，[上、下] 键选择报告，[SET] 键查看报告打印内容
			操作记录	查询最后六次报告	列出最近六次运行报告的时间，[上、下] 键选择报告，[SET] 键查看报告打印内容
				按时间段查询报告	列出按时间段检索的运行报告时间，[上、下] 键选择报告，[SET] 键查看报告打印内容

续表

主菜单	一级菜单	二级菜单		说明
装置主菜单	打印	装置设定		打印装置设定
		装置参数		打印装置参数
		工况	模入量	打印模拟输入量
			装置工况	打印装置工况
			装置版本	打印装置内保护CPU的版本信息
			装置编码	打印装置编码
			开入	打印开入
			压板状态	打印压板状态
		打印采样值		打印采样值
	测试操作	遥信对点	告警对点	设置告警对点方式
			动作对点	设置保护动作对点方式
			压板对点	设置压板对点方式
			开入对点	设置开入对点方式
			模拟上送录波	模拟主动上送后台录波
		切换定值区		切换装置定值区
		查看零漂		查看指定CPU的零漂
		调整零漂		调整所有CPU的零漂，[上、下]键移动选择，[SET]键选中调整的通道，在确定上按[SET]键即可完成调整
		查看刻度		查看指定CPU的刻度
		调整刻度		调整所有CPU的刻度，[上、下]键移动选择，[SET]键选中调整的通道或设置电流电压值，在确定上按[SET]键即可完成调整
		打印采样值		打印采样值

2. 显示流程

显示分为循环显示、装置主菜单、出厂调试菜单、主动上送报文窗口。

装置循环显示模拟量、投入的压板、当前定值区号，在屏幕顶部显示当前时间。[QUIT]键可以固定显示某一屏的信息，再按[QUIT]键继续循环显示。

装置菜单分为主菜单和出厂调试菜单。

在循环显示时按[SET]键进入装置主菜单。按[QUIT]＋[SET]键进入出厂调试菜单（厂家专用）。

液晶下部有四个快捷键及两个功能键，主要目的是方便操作人员使用。

[F1]键：打印最近一次动作报告。

[F2]键：打印当前定值区的定值。

[F3] 键：打印采样值。

[F4] 键：打印装置信息和运行工况。

[+] 键：功能键，定值区号加 1。

[-] 键：功能键，定值区号减 1。

六、运行及维护

1. 装置投运前检查

(1) 装置上电后面板运行灯应亮，其他灯应不亮。

(2) 装置面板液晶显示的运行方式和电压幅值、角度应与运行状态相符。

(3) 检查面板显示差动电流是否平衡。

(4) 检查定值区和定值。

(5) 按调度命令投入保护压板（一次只能投一个压板）。

(6) 检查面板显示保护压板状态应与投入的一致。

2. 运行中的注意事项

(1) 运行中，不允许不按指定操作程序随意按动面板上键盘。

(2) 严禁随意操作如下命令：

1) 开出传动；

2) 修改定值，固化定值；

3) 设置运行 CPU 数目；

4) 改变定值区；

5) 改变本装置在通信网中地址。

七、附图

1. 装置各插件联系图（图 7-31）

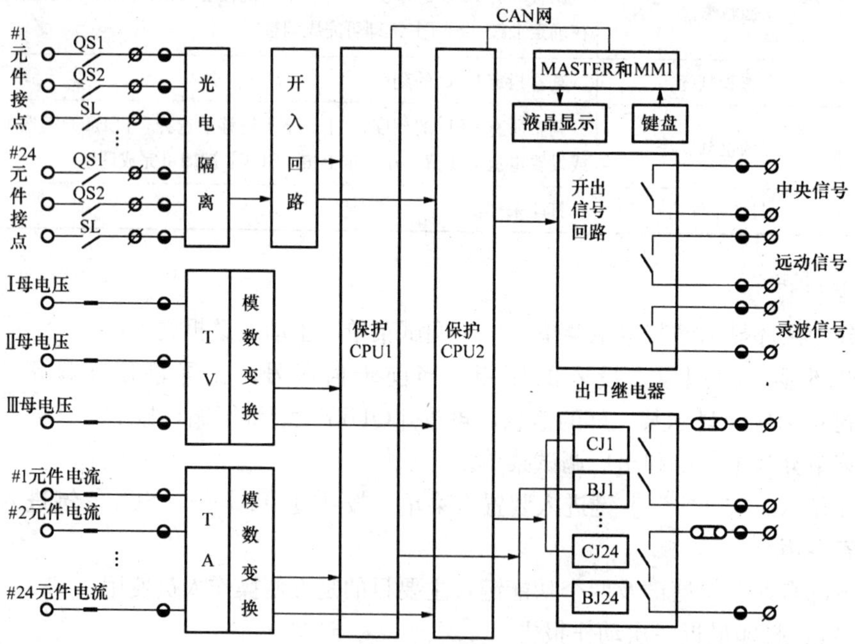

图 7-31 各插件联系图

2. 装置背板后视图（图 7-32）

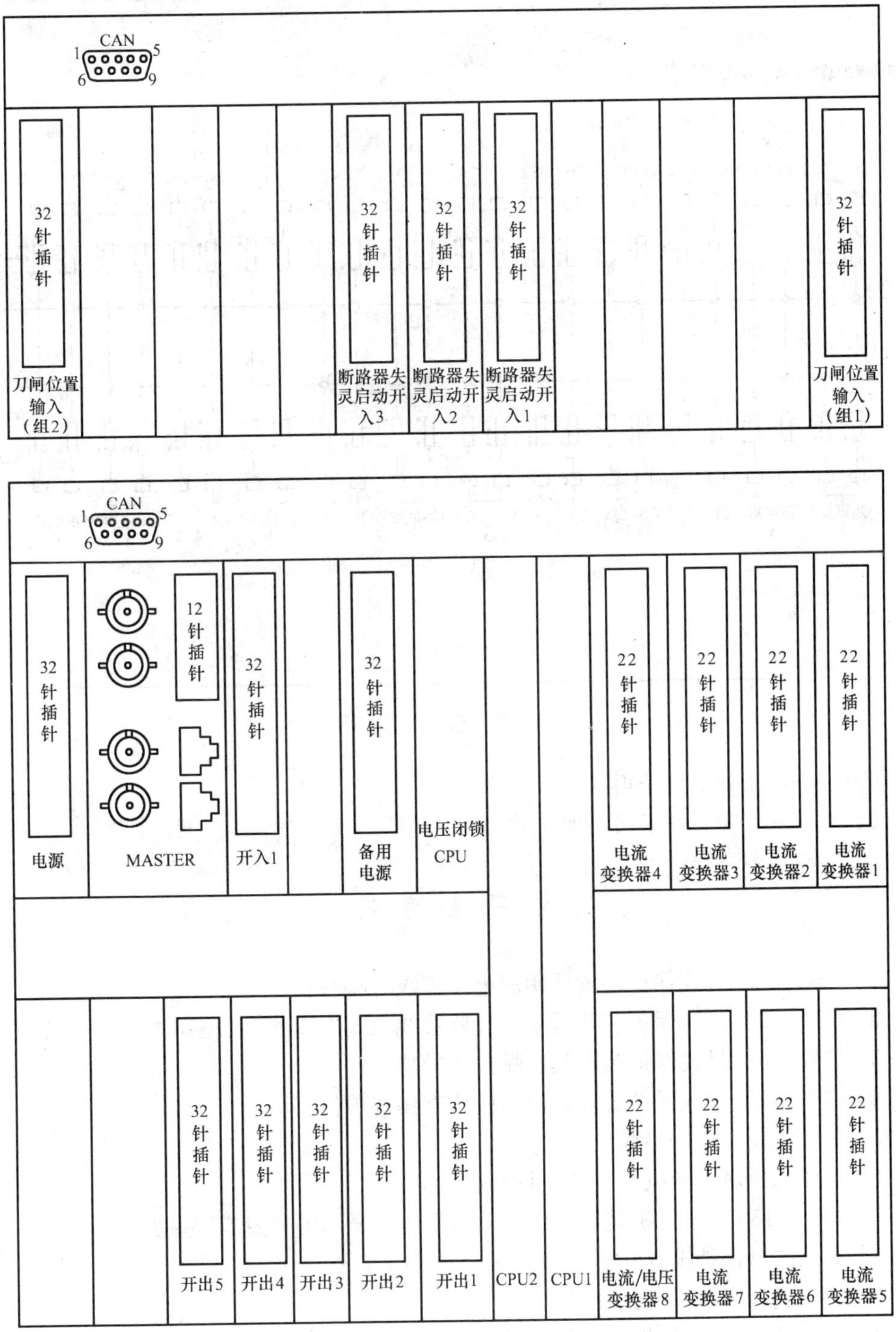

图 7-32　背板后视图

3. CSC—150/2 模拟盘布置图（图 7-33）

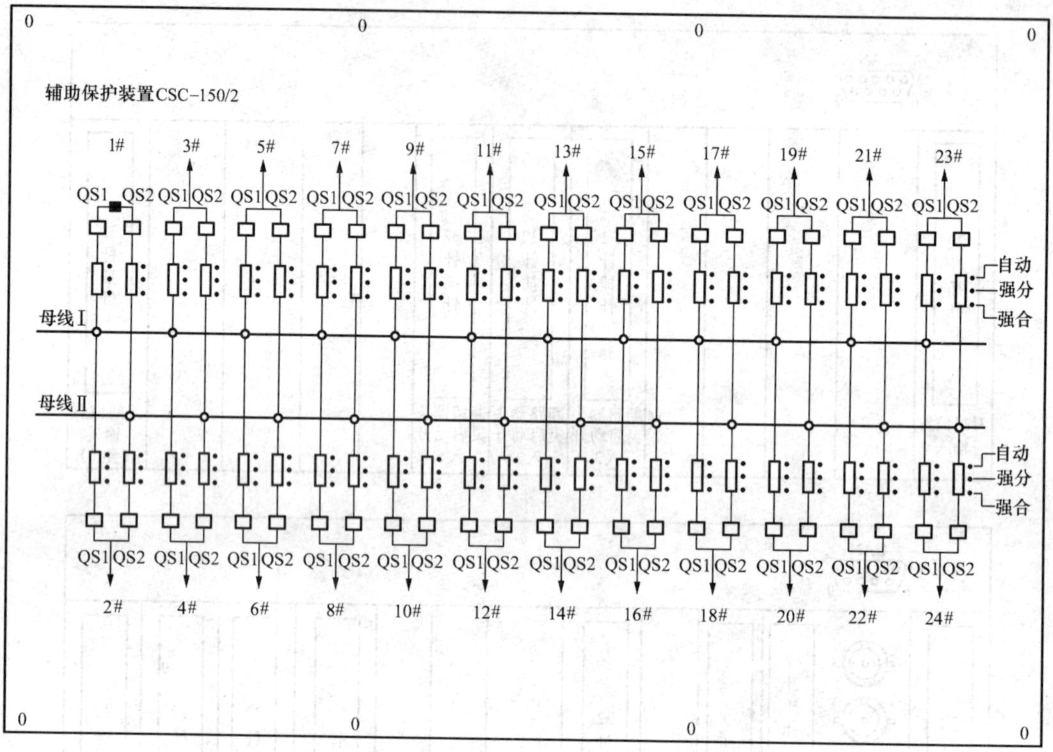

图 7-33 模拟盘布置图

4. CSC-150/1 背板端子图（图 7-34）

5. CSC-150/2 背板端子图（图 7-35）

复习思考题

7-1 CSC-150 母线保护装置适用的电压等级有哪些？

7-2 CSC-150 母线保护装置适用的母线接线形式有哪些？最多可接入多少个元件？

7-3 CSC-150 母线保护装置具有哪些保护功能？

7-4 CSC-150 母线保护装置通电前应检查哪些项目？

7-5 如何测量装置的绝缘电阻？

7-6 直流稳压电源通电检查的项目有哪些？

7-7 CSC-150 母线保护装置的液晶显示器正常显示的信息有哪些？

7-8 如何进行保护设置？

7-9 如何进行装置设定？

7-10 如何检验装置软件的正确性？

7-11 如何整定及固化保护定值？

7-12 如何正确使用保护装置的软硬压板？

7-13 如何检验装置的打印功能？

X1(交流插件)

	b	a
1	IA1'	IA1
2	IA2'	IA2
3	IA3'	IA3
4	IA4'	IA4
5	IA5'	IA5
6	IA6'	IA6
7	IA7'	IA7
8	IA8'	IA8
9	IA9'	IA9
10	IA10'	IA10
11	GND	

X2(交流插件)

	b	a
1	IA11'	IA11
2	IA12'	IA12
3	IA13'	IA13
4	IA14'	IA14
5	IA15'	IA15
6	IA16'	IA16
7	IA17'	IA17
8	IA18'	IA18
9	IA19'	IA19
10	IA20'	IA20
11	GND	

X3(交流插件)

	b	a
1	IA21'	IA21
2	IA22'	IA22
3	IA23'	IA23
4	IA24'	IA24
5	IB1'	IB1
6	IB2'	IB2
7	IB3'	IB3
8	IB4'	IB4
9	IB5'	IB5
10	IB6'	IB6
11	GND	

X4(交流插件)

	b	a
1	IB7'	IB7
2	IB8'	IB8
3	IB9'	IB9
4	IB10'	IB10
5	IB11'	IB11
6	IB12'	IB12
7	IB13'	IB13
8	IB14'	IB14
9	IB15'	IB15
10	IB16'	IB16
11	GND	

X5(开入插件)

	c	a
2	KM+	R24V+
4	母联跳位	母差投入压板
6	母联合位	断路器失灵压板
8	母联旁路状态	母联充电压板
10	手合充电开入	母联过流压板
12	解除电压闭锁1	母联非全相压板
14	解除电压闭锁2	母线互联压板
16	解除电压闭锁3	TV断线告警压板
18	解除电压闭锁4	备用开入5
20	备用开入1	备用开入6
22	备用开入2	刀闸位置确认
24	备用开入3	备用开入7
26	备用开入4	信号复归
28	KM−	R24V−
30	默认常备装置告警(非保持)	
32	默认常备装置告警(保持)	

X6(管理插件)

	c	a	
2	GPSGND		1
4		GPS	3
6	GND		5
8			7
10	LONA	485A	9
12	LONB	485B	11

X7(以太网)

以太网1	1
以太网2	2

3	光以太网1收
4	光以太网1发
5	光以太网2收
6	光以太网2发

(光以太网为可选项)

X8(CAN网联接口)

X9(电源插件)

	c	a
2	R24V+	
4		
6		
8	R24V−	
10		
12		
14		
16	直流消失	
18		
20	IN+	
22		
24		
26	IN−	
28		
30		
32	GND	

X10(交流插件)

	b	a
1	IB17'	IB17
2	IB18'	IB18
3	IB19'	IB19
4	IB20'	IB20
5	IB21'	IB21
6	IB22'	IB22
7	IB23'	IB23
8	IB24'	IB24
9	IC1'	IC1
10	IC2'	IC2
11	GND	

X11(交流插件)

	b	a
1	IC3'	IC3
2	IC4'	IC4
3	IC5'	IC5
4	IC6'	IC6
5	IC7'	IC7
6	IC8'	IC8
7	IC9'	IC9
8	IC10'	IC10
9	IC11'	IC11
10	IC12'	IC12
11	GND	

X12(交流插件)

	b	a
1	IC13'	IC13
2	IC14'	IC14
3	IC15'	IC15
4	IC16'	IC16
5	IC17'	IC17
6	IC18'	IC18
7	IC19'	IC19
8	IC20'	IC20
9	IC21'	IC21
10	IC22'	IC22
11	GND	

X13(交流插件)

	b	a
1	IC23'	IC23
2	IC24'	IC24
3		
4		
5	UC3	UB3
6	UN4	UA3
7	UC2	UB2
8	UN2	UA2
9	UC1	UB1
10	UN1	UA1
11	GND	

X14(开出插件)

	c—BJ—CK—a
2	元件1出口1
4	元件1出口2
6	元件2出口1
8	元件2出口2
10	元件3出口1
12	元件3出口2
14	元件4出口1
16	元件4出口2
18	元件5出口1
20	元件5出口2
22	元件6出口1
24	元件6出口2
26	元件7出口1
28	元件7出口2
30	元件8出口1
32	元件8出口2

X15(开出插件)

	c—BJ—CK—a
2	元件9出口1
4	元件9出口2
6	元件10出口1
8	元件10出口2
10	元件11出口1
12	元件11出口2
14	元件12出口1
16	元件12出口2
18	元件13出口1
20	元件13出口2
22	元件14出口1
24	元件14出口2
26	元件15出口1
28	元件15出口2
30	元件16出口1
32	元件16出口2

X16(开出插件)

	c—BJ—CK—a
2	元件17出口1
4	元件17出口2
6	元件18出口1
8	元件18出口2
10	元件19出口1
12	元件19出口2
14	元件20出口1
16	元件20出口2
18	元件21出口1
20	元件21出口2
22	元件22出口1
24	元件22出口2
26	元件23出口1
28	元件23出口2
30	元件24出口1
32	元件24出口2

X17(开出插件)

	c—a	
2	I母动作(远动)	
4	I母动作(录波)	
6	II母动作(远动)	
8	II母动作(录波)	
10	母差跳I母(保持)	信号
12	母差跳I母(非保持)	
14	母差跳II母(保持)	
16	母差跳II母(非保持)	
18	备用信号B(保持)	
20	备用信号B(非保持)	
22	失灵跳I母(保持)	
24	失灵跳I母(非保持)	
26	失灵跳II母(保持)	
28	失灵跳II母(非保持)	
30	母线互联告警(保持)	
32	母线互联告警(非保持)	

X18(开出插件)

	c—a	
2	母联动作(远动)	
4	母联动作(录波)	
6	备用出口	
8	备用出口	
10	母联动作(保持)	信号
12	母联动作(非保持)	
14	交流断线告警(保持)	
16	交流断线告警(非保持)	
18	刀闸/开关位置告警(保持)	
20	刀闸/开关位置告警(非保持)	
22	装置异常告警(保持)	
24	装置异常告警(非保持)	
26	其他告警(保持)	
28	其他告警(非保持)	
30	备用信号A(保持)	
32	备用信号A(非保持)	

图 7－34 CSC－150/1 背板端子

X24(开入插件)

	c	a
2	KM+ ○———	———○
4	元件13II母位置	元件13I母位置
6	元件14II母位置	元件14I母位置
8	元件15II母位置	元件15I母位置
10	元件16II母位置	元件16I母位置
12	元件17II母位置	元件17I母位置
14	元件18II母位置	元件18I母位置
16	元件19II母位置	元件19I母位置
18	元件20II母位置	元件20I母位置
20	元件21II母位置	元件21I母位置
22	元件22II母位置	元件22I母位置
24	元件23II母位置	元件23I母位置
26	元件24II母位置	元件24I母位置
28	空	
30		
32		

X23(CAN网联接口)

X22(开入插件)

	c	a
2	KM+ ○———	———○
4	元件21失灵A	元件17失灵A
6	元件21失灵B	元件17失灵B
8	元件21失灵C	元件17失灵C
10	元件22失灵A	元件18失灵A
12	元件22失灵B	元件18失灵B
14	元件22失灵C	元件18失灵C
16	元件23失灵A	元件19失灵A
18	元件23失灵B	元件19失灵B
20	元件23失灵C	元件19失灵C
22	元件24失灵A	元件20失灵A
24	元件24失灵B	元件20失灵B
26	元件24失灵C	元件20失灵C
28	备用开入10	备用开入9
30	备用开入12	备用开入11
32	KM- ○———	———○

X21(开入插件)

	c	a
2	KM+ ○———	———○
4	元件13失灵A	元件9失灵A
6	元件13失灵B	元件9失灵B
8	元件13失灵C	元件9失灵C
10	元件14失灵A	元件10失灵A
12	元件14失灵B	元件10失灵B
14	元件14失灵C	元件10失灵C
16	元件15失灵A	元件11失灵A
18	元件15失灵B	元件11失灵B
20	元件15失灵C	元件11失灵C
22	元件16失灵A	元件12失灵A
24	元件16失灵B	元件12失灵B
26	元件16失灵C	元件12失灵C
28	备用开入6	备用开入5
30	备用开入8	备用开入7
32	KM- ○———	———○

X20(开入插件)

	c	a
2	KM+ ○———	———○
4	元件5失灵A	元件1失灵A
6	元件5失灵B	元件1失灵B
8	元件5失灵C	元件1失灵C
10	元件6失灵A	元件2失灵A
12	元件6失灵B	元件2失灵B
14	元件6失灵C	元件2失灵C
16	元件7失灵A	元件3失灵A
18	元件7失灵B	元件3失灵B
20	元件7失灵C	元件3失灵C
22	元件8失灵A	元件4失灵A
24	元件8失灵B	元件4失灵B
26	元件8失灵C	元件4失灵C
28	备用开入2	备用开入1
30	备用开入4	备用开入3
32	KM- ○———	———○

X19(开入插件)

	c	a
2	KM+ ○———	———○
4	元件1II母位置	元件1I母位置
6	元件2II母位置	元件2I母位置
8	元件3II母位置	元件3I母位置
10	元件4II母位置	元件4I母位置
12	元件5II母位置	元件5I母位置
14	元件6II母位置	元件6I母位置
16	元件7II母位置	元件7I母位置
18	元件8II母位置	元件8I母位置
20	元件9II母位置	元件9I母位置
22	元件10II母位置	元件10I母位置
24	元件11II母位置	元件11I母位置
26	元件12II母位置	元件12I母位置
28	空	
30		
32		

图 7-35 CSC-150/2 背板端子图

7-14 如何将装置与 TA、TV 正确连接？

7-15 如何正确连接装置的开入、开出量？

7-16 如何进行开入量的检查？

7-17 如何进行开出量的传动试验？

7-18 如何进行模/数转换的检查？

7-19 根据以下各项如何进行模拟短路故障试验？

①差动试验；②TA 断线；③充电保护；④母联过流保护；
⑤切换异常；⑥电压闭锁；⑦TV 断线；⑧断路器失灵保护。

7-20 装置投运前应检查的项目有哪些？

7-21 装置运行中应注意的事项有哪些？

参 考 文 献

1. 韩天行. 继电保护及自动化装置检验手册 . 北京：机械工业出版社，2004.
2. 李火元 . 电力系统继电保护与自动装置 . 北京：中国电力出版社，2002.
3. 邹伋平 . 实用电气二次回路 200 例 . 北京：中国电力出版社，2000.
4. 山西电力工业局 . 全国火力发电工人通用培训教材（继电保护）. 北京：中国电力出版社，1997.
5. 中国电器工业协会继电器及其装置分会，机械工业继电器及装置科技情报网 . 继电器检验调试手册 . 北京：中国电力出版社，2001.
6. 李素心 . 电气运行人员技术问答（继电保护）. 北京：中国电力出版社，1998.
7. 王荣先 . 中小型变电站电气设备试验 . 北京：中国水利电力出版社，1992.
8. 王浩，李高合，武文平 . 电气设备试验技术问答. 北京：中国电力出版社，2001.
9. 林正馨 . 电力系统继电保护 . 北京：中国电力出版社，1986.
10. 北京四方继保自动化有限公司 . CSC-103A/B 微机线路保护装置说明书 V1. 21. 2005，9.
11. 北京四方继保自动化有限公司 . CSC-326 系列数字式变压器保护装置说明书 V1. 01. 2004，5.
12. 北京四方继保自动化有限公司 . CSC-150 数字式母线保护装置说明书 V1. 01. 2004，7.
13. 许建安 . 保护继电器检验 . 北京：中国水利水电出版社，1999.
14. 北京博电新力电力系统仪器有限公司 . PW 系列继电保护测试仪用户手册（PW2. 32 版）. 2005，9.
15. 广州昂立电气公司 . ONLLY 系列计算机继电保护测试系统用户手册.
16. 成都天进仪器有限公司 . M 系列继电保护测试仪用户手册.